普通高等教育“十三五”规划教材

数 控 技 术

吴明友　主编
保金凤　卢桂萍　副主编

化学工业出版社
·北京·

全书共9章，主要介绍了数控技术概述、数控系统、数控伺服系统、数控机床机械结构、数控车削（车削中心）加工工艺、数控铣削（镗铣削中心）加工工艺、数控机床编程基础、数控车床（FANUC）编程、数控铣床（FANUC）编程等内容。

本书可作为高等院校机械设计与制造及其自动化、机械工程、机械电子工程、数控技术等专业的教材，也可以作为高职高专、技校职高相关专业的参考教材。

图书在版编目（CIP）数据

数控技术/吴明友主编. —北京：化学工业出版社，2016.12（2018.8重印）
普通高等教育“十三五”规划教材
ISBN 978-7-122-28548-5

Ⅰ.①数… Ⅱ.①吴… Ⅲ.①数控技术-高等学校-教材 Ⅳ.①TP273

中国版本图书馆CIP数据核字（2016）第280861号

责任编辑：高 钰　　文字编辑：陈 喆
责任校对：边 涛　　装帧设计：刘丽华

出版发行：化学工业出版社（北京市东城区青年湖南街13号 邮政编码100011）
印　　装：三河市延风印装有限公司
787mm×1092mm 1/16 印张18½ 字数459千字 2018年8月北京第1版第2次印刷

购书咨询：010-64518888（传真：010-64519686） 售后服务：010-64518899
网　　址：http://www.cip.com.cn
凡购买本书，如有缺损质量问题，本社销售中心负责调换。

定　　价：39.00元

前　言

本书是应用型本科机电类教学用书。在编写时，我们从应用型技术人才的工程教育实际出发，以应用为目的，以必需、够用为度，以讲清概念、强化应用为重点，加强针对性和实用性作为编写本教材的指导思想。

全书共9章，主要介绍了数控技术概述、数控系统、数控伺服系统、数控机床机械结构、数控车削（车削中心）加工工艺、数控铣削（镗铣削中心）加工工艺、数控机床编程基础、数控车床（FANUC）编程、数控铣床（FANUC）编程等内容。

本书可作为高等院校机械设计与制造及其自动化、机械工程、机械电子工程、数控技术等专业的教材，也可以作为高职高专、技校职高相关专业的参考教材或参考资料。

本书的内容已制作成用于多媒体教学的PPT课件，并将免费提供给采用本书作为教材的院校使用。如有需要，请发电子邮件至cipedu@163.com获取，或登录www.cipedu.com.cn。免费下载。

本书由吴明友主编，保金凤、卢桂萍任副主编，刘耀、林盛、高绍锦参编，吴明友编写第1、2、3、6、9章，保金凤编写第5、8章，卢桂萍编写第7章，卢桂萍、刘耀编写第4章，高绍锦校核了第8章例题程序，林盛校核了第9章例题程序。

本书在编写过程中，参考了部分文献资料，在此一并表示诚挚的感谢。

本书虽经反复推敲、校对，但因编者水平有限，书中难免存在不足之处，敬请广大读者和同行原谅，并提出宝贵意见。编者联系方式：wumy20090101@163.com。

编　者

2016年8月

目录

第 1 章　数控技术概述

1.1　数控技术

数控技术，即数字控制技术，简称数控（NC），是指用数字、字符或者其他符号组成的数字指令来实现对一台或多台机械设备动作进行编程控制的技术。它所控制的通常是位置、角度、速度等机械量和与机械能量流向有关的开关量。

采用计算机实现数字程序控制，称为计算机数控（CNC）。计算机按事先存储的控制程序来执行对设备的控制功能。由于采用计算机替代原先用硬件逻辑电路组成的数控装置，因此输入数据的存储、处理、运算、逻辑判断等各种控制机能的实现，均可以通过计算机软件来完成。计算机数控的优点有：

① 程序控制易于修改：改变控制规律不需修改硬件，通过修改控制子程序就可以满足不同的控制要求，因此相对于连续控制系统更具有灵活性。

② 精度高：模拟控制器的精度由硬件决定，同一批次的元器件可能具有不同的性能，例如电阻、电容的标称值和实际测量值会有不同，达到高精度很不容易，元器件的价格随精度不同变化很大；而数字控制器的精度与计算机的控制算法和字长有关，在系统设计时就已经决定了。

③ 稳定性好：数控计算机只有“0”“1”状态，抗干扰能力强，不像电阻、电容等受外界环境影响较大。

④ 软件复用：硬件不能复用，子程序却可以，所以具有可重复性。而且计算机系统和软件都可以更新换代。

⑤ 分时控制：可同时控制多系统、多通道。

数控技术的应用领域有：

① 制造行业：机械制造行业是最早应用数控技术的行业，它担负着为国民经济各行业提供先进装备的重任。如图 1-1～图 1-3 所示为常用的几种数控机床。现代化生产中需要的重要设备都是数控设备，如高性能 3 轴和 5 轴高速立式加工中心，5 坐标加工中心，大型 5 坐标龙门铣等；汽车行业发动机、变速箱、曲轴柔性加工生产线上用的数控机床和高速加工中心，以及焊接、装配、喷漆机器人、板件激光焊接机和激光切割机等；航空、船舶、发电行业加工螺旋桨、发动机、发电机和水轮机叶片零件用的高速 5 坐标加工中心、重型车铣复合加工中心等。

② 信息行业：在信息产业中，从计算机到网络、移动通信、遥测、遥控等设备，都需要采用基于超精技术、纳米技术的制造装备，如芯片制造的引线键合机、晶片键合机和光刻机等，这些装备的控制都需要采用数控技术。

③ 医疗设备行业：在医疗行业中，许多现代化的医疗诊断、治疗设备都采用了数控技术，如 CT 诊断仪、全身刀治疗机以及基于视觉引导的微创手术机器人等。

④ 军事装备：现代的许多军事装备，都大量采用伺服运动控制技术，如火炮的自动瞄准控制、雷达的跟踪控制和导弹的自动跟踪控制等。

⑤ 其他行业：在轻工行业，采用多轴伺服控制（最多可达几十个运动轴）的印刷机械、纺织机械、包装机械以及木工机械等；在建材行业，用于石材加工的数控水刀切割机；用于玻璃加工的数控玻璃雕花机；用于床垫加工的数控绗缝机和用于服装加工的数控绣花机等。

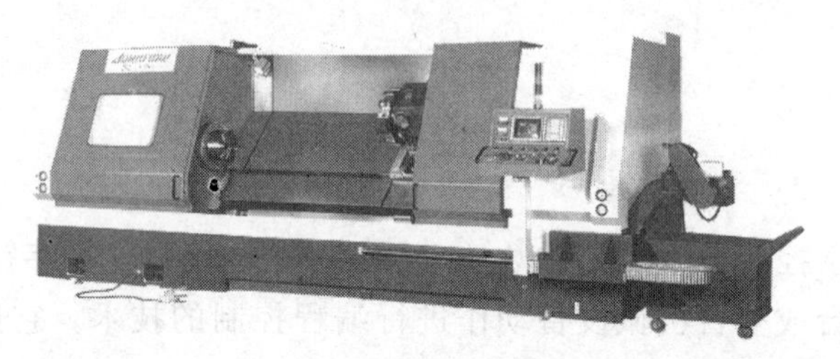

图 1-1 数控车床

图 1-2 数控铣床

图 1-3 立式加工中心

1.2 数控机床的组成及工作原理

1.2.1 数控机床的组成

数控机床即是用数控技术实施加工控制的机床，是机电一体化的典型产品，是集机床、计算机、电动机及拖动、运动控制、检测等技术为一体的自动化设备。数控机床一般由输入输出装置、数控装置、伺服系统、测量反馈装置和机床本体等组成，如图 1-4 所示。数控机床的结构框图如图 1-5 所示。

（1）输入输出装置

数控机床工作时，不需要人去直接操作机床，但又要执行人的意图，这就必须在人和数控机床之间建立某种联系，这种联系的中间媒介物即为程序载体，常称之为“控制介质”。在普通机床上加工零件时，由工人按图样和工艺要求进行加工。在数控机床加工时，控制介质是存储数控加工所需要的全部动作和刀具相对于工件位置等信息的信息载体，它记载着零件的加工工序。数控机床中，常用的控制介质有：穿孔纸带、盒式磁带、软盘、磁盘、U盘及其他可存储代码的载体。

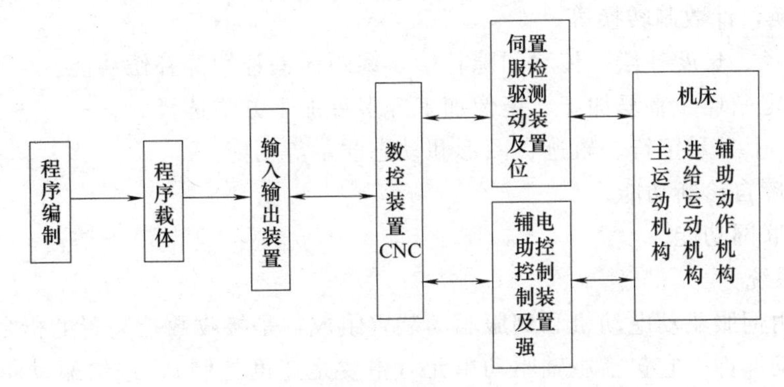

图 1-4　数控机床的组成

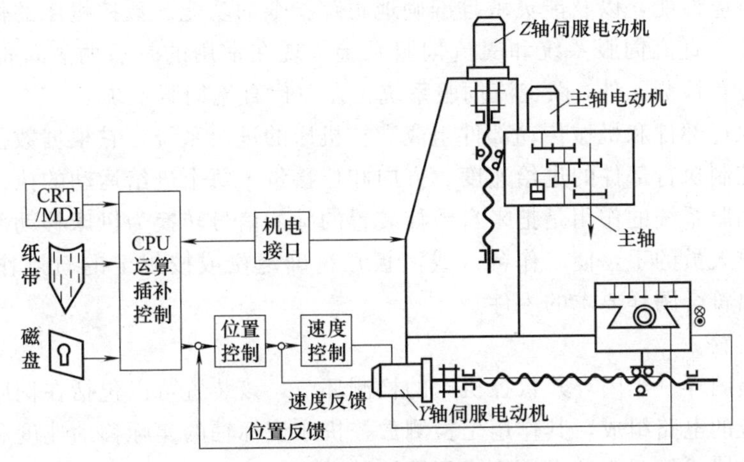

图 1-5　数控机床的结构框图

至于采用哪一种，则取决于数控系统的类型。早期时，使用的是 8 单位（8 孔）穿孔纸带，并规定了标准信息代码 ISO（国际标准化组织制定）和 EIA（美国电子工业协会制定）两种代码。随着技术的不断发展，控制介质也在不断地改进。对于不同的控制介质有相应的输入装置：对于穿孔纸带，配用光电阅读机；对于盒式磁带，配用录放机；对于软磁盘，配用软盘驱动器和驱动卡；现代数控机床还可以通过手动方式（MDI 方式）、DNC 网络通信、RS-232 串口通信等方式输入程序。输出装置包括打印机、存储器和显示器等。

（2）数控装置

数控装置是数控机床的核心。其接受输入装置输入的数控程序中的加工信息，经过译码、运算和逻辑处理后，发出相应的指令给伺服系统，使伺服系统带动机床的各个运动部件按数控程序预定要求动作。数控装置是由中央处理单元（CPU）、存储器、总线和相应的软件构成的专用计算机。整个数控机床的功能强弱主要由这一部分决定。数控装置作为数控机床“指挥系统”，能完成信息的输入、存储、变换、插补运算以及实现各种控制功能。它具备的主要功能如下：

① 多轴联动控制。

② 直线、圆弧、抛物线等多种函数的插补。

③ 输入、编辑和修改数控程序功能。

④ 数控加工信息的转换功能：ISO/EIA 代码转化，米/英制转换，坐标转换，绝对值

和相对值的转换，计数制转换等。

⑤ 刀具半径、长度补偿，传动间隙补偿，螺距误差补偿等补偿功能。

⑥ 实现固定循环、重复加工、镜像加工等多种加工方式选择。

⑦ 在 CRT 上显示字符、轨迹、图形和动态演示等功能。

⑧ 具有故障自诊断功能。

⑨ 通信和联网功能。

(3) 伺服系统

伺服系统由伺服驱动电动机和伺服驱动装置组成，是接收数控装置的指令驱动机床执行机构运动的驱动部件。它包括主轴驱动单元（主要是速度控制）、进给驱动单元（主要有速度控制和位置控制）、主轴电动机和进给电动机等。一般来说，数控机床的伺服驱动系统要求有好的快速响应性能，以及能灵敏且准确地跟踪指令的功能。数控机床的伺服系统有步进电动机伺服系统、直流伺服系统和交流伺服系统，现在常用的是后两者，都带有感应同步器、编码器等位置检测元件，而交流伺服系统正在取代直流伺服系统。

机床上的执行部件和机械传动部件组成数控机床的进给系统，它根据数控装置发来的速度和位移指令控制执行部件的进给速度、方向和位移量。每个进给运动的执行部件都配有一套伺服系统。伺服系统的作用是把来自数控装置的脉冲信号转换为机床移动部件的运动，它相当于手工操作人员的手，使工作台（或溜板）精确定位或按规定的轨迹作严格的相对运动，最后加工出符合图样要求的零件。

(4) 反馈装置

反馈装置是闭环（半闭环）数控机床的检测环节，该装置可以包括在伺服系统中，它由检测元件和相应的电路组成，其作用是检测数控机床坐标轴的实际移动速度和位移，并将信息反馈到数控装置或伺服驱动中，构成闭环控制系统。检测装置的安装、检测信号反馈的位置，决定于数控系统的结构形式。无测量反馈装置的系统称为开环系统。由于先进的伺服系统都采用了数字式伺服驱动技术（称为“数字伺服”），伺服驱动和数控装置间一般都采用总线进行连接。反馈信号在大多数场合都是与伺服驱动进行连接，并通过总线传送到数控装置，只有在少数场合或采用模拟量控制的伺服驱动（称为“模拟伺服”）时，反馈装置才需要直接和数控装置进行连接。伺服电动机内装式脉冲编码器、感应同步器、光栅和磁尺等都是数控机床常用的检测器件。

伺服系统及检测反馈装置是数控机床的关键环节。

(5) 机床本体

机床本体是数控机床的主体，它包括机床的主运动部件、进给运动部件、执行部件和基础部件，如底座、立柱、工作台、滑鞍、导轨等。数控机床的主运动和进给运动都由单独的伺服电动机驱动，因此它的传动链短，结构比较简单。为了保证数控机床的高精度、高效率和高自动化加工要求，机床的机械机构应具有较高的动态特性、动态刚度、耐磨性以及抗热变形的性能。为了保证数控机床功能的充分发挥，还有一些配套部件（如冷却、排屑、防护、润滑、照明等一系列装置）和辅助装置（如对刀仪、编程机等）。对于加工中心类的数控机床，还有存放刀具的刀库、交换刀具的机械手等部件。数控机床中的机床本体，在开始阶段沿用普通机床，只是在自动变速、刀架或工作台自动转位和手柄等方面作些改变。随着数控技术的发展，对机床结构的技术性能要求更高，在总体布局、外观造型、传动系统结构、刀具系统以及操作性能方面都已经发生很大的变化。因为数控机床除切削用量大、连续加工发热多等影响工件精度外，还由于在加工中自动控制，不能由人工进行补偿，所以其设计要求比通用机床更完善，制造要求比通用机床更精密。

1.2.2　数控机床工作过程

数控机床加工零件时，首先必须将工件的几何数据和工艺数据等加工信息按规定的代码和格式编制成零件的数控加工程序，这是数控机床的工作指令。将加工程序用适当的方法输入到数控系统，数控系统对输入的加工程序进行数据处理，输出各种信息和指令，控制机床主运动的变速、启停、进给的方向、速度和位移量，以及其他如刀具选择交换、工件的夹紧松开、冷却润滑的开关等动作，使刀具与工件及其他辅助装置严格地按照加工程序规定的顺序、轨迹和参数进行工作。数控机床的运行处于不断地计算、输出、反馈等控制过程中，以保证刀具和工件之间相对位置的准确性，从而加工出符合要求的零件。数控机床加工工件的过程如图 1-6 所示。

机床依靠各个部件的相对运动实现零件的加工。在普通机床上，加工过程主要由人来控

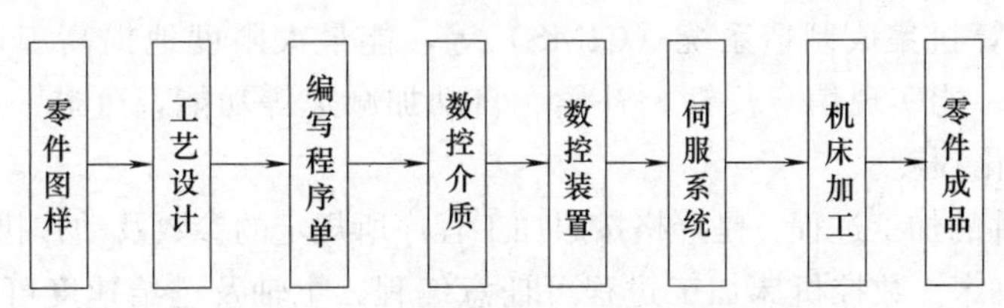

图 1-6　数控机床加工工件的过程

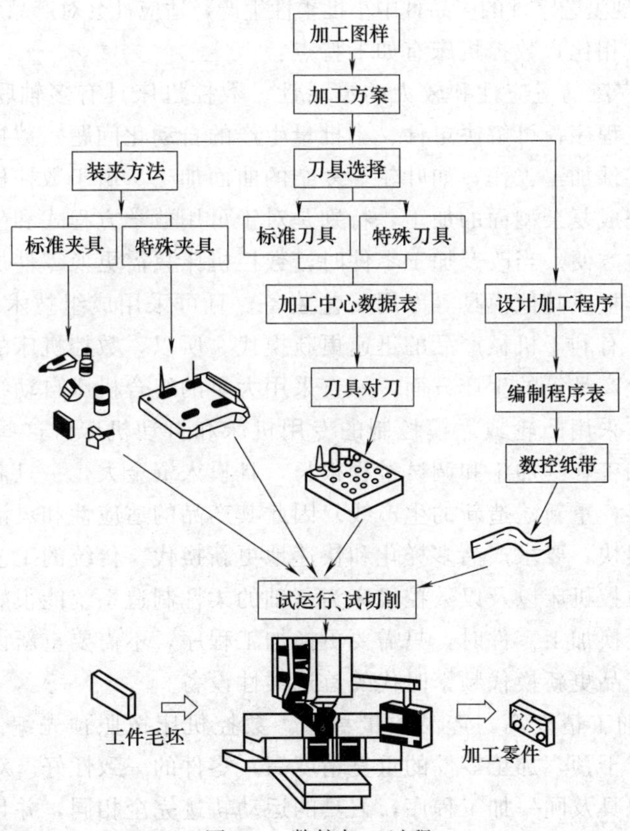

图 1-7　数控加工过程

制，如手摇进刀，主轴或进给电动机的停止也是靠按钮或行程开关来实现。而在数控机床上，机床各部件的相对运动和动作以数字指令方式控制，零件的加工过程自动完成。

数控机床的工作过程如图 1-7 所示，首先要将被加工零件图纸上的几何信息和工艺信息用规定的代码和格式编写成加工程序，然后将加工程序输入数控装置，按照程序的要求，经过数控系统信息处理、分配，使各坐标移动若干个最小位移量，实现刀具与工件的相对运动，完成零件的加工。

1.3 数控机床的特点及分类

1.3.1 数控机床的特点

数控机床是以电子控制为主的机电一体化机床，充分发挥了微电子、计算机技术特有的优点，易于实现信息化、智能化和网络化，可较容易地组成各种先进制造系统，如柔性制造系统（FMS）和计算机集成制造系统（CIMS）等，能最大限度地提高工业生产效率。利用硬件和软件相组合，能实现信息反馈、补偿、自动加减速等功能，可进一步提高机床的加工精度、效率和自动化程度。

数控机床对零件的加工过程，是严格按照加工程序所规定的参数及动作执行的。它是一种高效能自动或半自动机床。数控机床加工过程可任意编程，主轴及进给速度可按加工工艺需要变化，且能实现多坐标联动，易加工复杂曲面。对于加工对象具有“易变、多变、善变”的特点，换批调整方便，可实现复杂零件的多品种中小批柔性生产，适应社会对产品多样化的需求。

与普通加工设备相比，数控机床有如下特点：

① 数控机床有广泛的适应性和较大的灵活性。数控机床具有多轴联动功能，可按零件的加工要求变换加工程序，可解决单件、小批量生产的自动化问题。数控机床能完成很多普通机床难以胜任的零件加工工作，如叶轮等复杂的曲面加工。由于数控机床能实现多个坐标的联动，因此它能完成复杂型面的加工，特别是对于可用数学方程式和坐标点表示的形状复杂的零件，加工非常方便。当改变加工零件时，数控机床只需更换零件加工的 NC 程序，不必用凸轮、靠模、样板或其他模具等专用工艺装备，且可采用成组技术的成套夹具。因此，其生产准备周期短，有利于机械产品的迅速更新换代。所以，数控机床的适应性非常强。

在汽车、轻工业产品等的生产方面，一直采用大量的组合机床自动线、流水线；在标准件等的大量生产中，采用凸轮或靠模控制的专用机床和自动机床。这些生产线适合于批量大、品种少的产品加工，其加工和调试过程很长，且投入资金大，一旦需要更换产品，则整个生产设备都要抛弃，重新建造新的生产线。因此其产品的适应性和灵活性很差。而现今社会的市场需求变化很快，要求产品多样化和快速地更新换代。传统的工艺装备已不能满足现今市场的需求，而数控机床以及以数控机床为基础的柔性制造系统能很好地适应市场需求变化，在数控机床上更换加工零件时，只需要更换加工程序，不需要重新设计凸轮、靠模、样板等工艺装备，是产品更新换代频繁时代的首选柔性设备。

② 数控机床的加工精度高，产品质量稳定。数控机床按照预先编制的程序自动加工，加工过程不需要人工干预，加工零件的重复精度高，零件的一致性好。对于同一批零件，由于使用同一机床和刀具及同一加工程序，刀具的运动轨迹完全相同，并且数控机床是根据数控程序实现计算机控制自动进行加工，可以避免人为的误差，这就保证了零件加工的一致性

好，且质量稳定可靠。

另外数控机床本身的精度高，刚度好，精度的保持性好，能长期保持加工精度。数控机床有硬件和软件的误差补偿能力，因此能获得比机床本身精度还高的零件加工精度。

③ 自动化程度高，生产效率高。数控机床本身的精度高、刚性大，可以采用较大的切削用量，停机检测次数少，加工准备时间短，有效地节省了机动工时。它还有自动换速、自动换刀和其他辅助操作自动化等功能，使辅助时间大为缩短，而且无需工序间的检验与测量，所以比普通机床的生产效率高3～4倍，对某些复杂零件的加工，生产效率可以提高十几倍甚至几十倍。数控机床的主轴转速及进给范围都比普通机床大。

④ 工序集中，一机多用。数控机床在更换加工零件时，可以方便地保存原来的加工程序及相关的工艺参数。不需要更换凸轮、靠模等工艺装备，也就没有这类工艺装备需要保存，因此可缩短生产准备时间，大大节省了占用厂房面积。加工中心等采用多主轴、车铣复合、分度工作台或数控回转工作台等复合工艺，可实现一机多能功能，实现在一次零件定位装夹中完成多工位、多面、多刀加工，省去工序间工件运输、传递的过程，减少了工件装夹和测量次数和时间，既可以提高加工精度，又可以节省厂房面积，提高了生产效率。

⑤ 有利于生产管理的现代化。采用数控机床加工零件，能准确地计算零件的加工工时，并有效地简化了检验、工装和半成品的管理工作；数控机床具有通信接口，可连接计算机，也可以连接到局域网上；这些都有利于使生产向计算机控制与管理生产方面发展，为实现生产过程自动化创造了条件。

数控机床是一种高度自动化机床，整个加工过程采用程序控制，数控加工前需要做好详尽的加工工艺、完成程序编制等，前期准备工作较为复杂。机床加工精度因受切削用量大、连续加工发热多等影响，使其设计要求比普通机床更加严格，制造要求更精密，因此数控机床的制造成本比较高。此外，数控机床属于典型的机电一体化产品，控制系统比较复杂、技术含量高，一些元器件、部件精密度较高，所以对数控机床的调试和维修比较困难。

1.3.2 数控机床的分类

如今数控机床已发展成品种齐全、规格繁多的满足现代化生产的主流机床。可以从不同的角度对数控机床进行分类和评价，通常按如下方法分类。

(1) 按工艺用途分类

1) 一般数控机床。这类机床和传统的通用机床种类一样，有数控的车、铣、镗、钻、磨床等，而且每一种又有很多品种，例如数控铣床中就有立铣、卧铣、工具铣、龙门铣等。这类机床的工艺性和通用机床相似，所不同的是它能加工复杂形状的零件。

2) 数控加工中心机床。这类机床是在一般数控机床的基础上发展起来的。它是在一般数控机床上加装一个刀库（可容纳10～100多把刀具）和自动换刀装置而构成的一种带自动换刀装置的数控镗铣床，这使数控机床更进一步地向自动化和高效化方向发展。

数控加工中心机床和一般数控机床的区别是：工件经一次装夹后，数控装置就能控制机床自动地更换刀具，连续地对工件的各加工面自动完成铣、镗、钻、铰及攻螺纹等多工序加工。这类机床大多是以镗铣为主的，主要用来加工箱体零件。它和一般的数控机床相比具有如下优点：

① 减少机床台数，便于管理，对于多工序的零件只要一台机床就能完成全部加工，并可以减少半成品的库存量；

② 由于工件只要一次装夹，因此减少了由于多次安装造成的定位误差，可以依靠机床

精度来保证加工质量；

③ 工序集中，减少了辅助时间，提高了生产效率；

④ 由于零件在一台机床上一次装夹就能完成多道工序加工，因此大大减少了专用工夹具的数量，进一步缩短了生产准备时间。

由于数控加工中心机床的优点很多，因此它在数控机床生产中占有很重要的地位。

另外还有一类加工中心，是在车床基础上发展起来的，以轴类零件为主要加工对象。除可进行车削、镗削外，还可以进行端面和周面上任意部位的钻削、铣削和攻螺纹加工。这类加工中心也设有刀库，可安装 4～12 把刀具，习惯上称此类机床为“车削中心”。

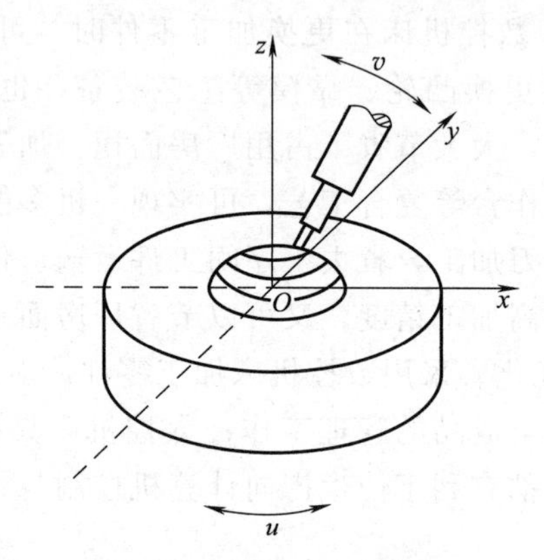

图 1-8　5 轴联动的数控加工

3）多坐标数控机床。有些复杂形状的零件，用 3 坐标的数控机床还是无法加工，如螺旋桨、飞机曲面零件的加工等，需要 3 个以上坐标的合成运动才能加工出所需形状。于是出现了多坐标的数控机床，其特点是数控装置控制的轴数较多，机床结构也比较复杂，其坐标轴数通常取决于加工零件的工艺要求。现在常用的是 4、5、6 坐标的数控机床。图 1-8 为 5 轴联动的数控加工示意图。这时，x、y、z 三个坐标与转台的回转、刀具的摆动可以同时联动，以加工机翼等类零件。

（2）按运动控制的特点分类

按对刀具与工件间相对运动的轨迹的控制，可将数控机床分为点位控制数控机床、直线控制数控机床、轮廓控制数控机床等。

① 点位控制数控机床。机床只需控制刀具从某一位置移到下一个位置，不考虑其运动轨迹，只要求刀具能最终准确到达目标位置，即仅控制行程终点的坐标值，在移动过程中不进行任何切削加工，至于两相关点之间的移动速度及路线则取决于生产效率，如图 1-9（a）所示。为了在精确定位的基础上有尽可能高的生产效率，所以两相关点之间的移动先是以快速移动到接近新的位置，然后降速 1～3 级，使之慢速趋近定位点，以保证其定位精度。

点位控制可用于数控坐标镗床、数控钻床、数控冲床和数控测量机等机床的运动控制。用点位控制形式控制的机床称为“点位控制数控机床”。

② 直线控制数控机床。直线控制的数控机床是指能控制机床工作台或刀具以要求的进给速度，沿平行于坐标轴（或与坐标轴成 45°的斜线）的方向进行直线移动和切削加工的机床，如图 1-9（b）所示。这类机床工作时，不仅要控制两相关点之间的位置，还要控制两相关点之间的移动速度和路线（轨迹）。其路线一般都由和各轴线平行的直线段组成。它和点位控制数控机床的区别在于：当机床的移动部件移动时，可以沿一个坐标轴的方向（一般地也可以沿

45°斜线进行切削，但不能沿任意斜率的直线切削）进行切削加工，而且其辅助功能比点位控制的数控机床多，例如，要增加主轴转速控制、循环进给加工、刀具选择等功能。

这类机床主要有简易数控车床、数控镗铣床等。相应的数控装置称为“直线控制装置”。

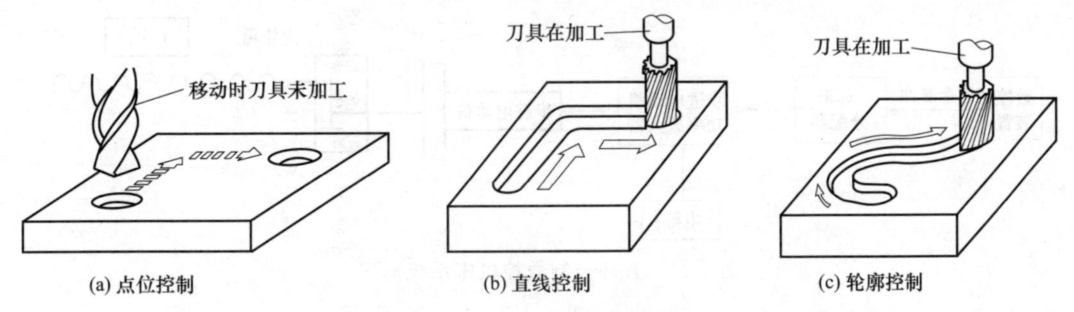

图 1-9　点位、直线、轮廓控制

③ 轮廓控制数控机床。这类机床的控制装置能够同时对两个或两个以上的坐标轴进行连续控制，如图 1-9（c）所示。加工时不仅要控制起点和终点，还要控制整个加工过程中每点的速度和位置，使机床加工出符合图纸要求的复杂形状的零件。大部分都具有两坐标或两坐标以上联动、刀具半径补偿、刀具长度补偿、机床轴向运动误差补偿、丝杠螺距误差补偿、齿侧间隙误差补偿等一系列功能。该类机床可加工曲面、叶轮等复杂形状零件。典型的有数控车床、数控铣床、加工中心等。其相应的数控装置称之为轮廓控制装置（或连续控制装置）。

轮廓控制的数控机床按照可联动（同时控制）轴数分为：2 坐标联动控制，2.5 坐标联动控制，3 坐标联动控制，4 坐标联动控制，5 坐标联动控制等。多坐标（3 坐标以上）控制与编程技术是高技术领域开发研究的课题，随着现代制造技术领域中产品的复杂程度和加工精度的不断提高，多坐标联动控制技术及其加工编程技术的应用也越来越普遍。

（3）按伺服系统的控制方式分类

数控机床按照对被控制量有无检测反馈装置可以分为开环和闭环两种。在闭环系统中，根据测量装置安放的位置又可以将其分为全闭环和半闭环两种。在上述三种控制方式的基础上，还发展了混合控制型数控系统。

1）开环控制数控机床。在开环控制中，机床没有检测反馈装置，如图 1-10 所示。数控装置发出信号的流程是单向的，所以不存在系统稳定性问题。由于信号的单向流程，它对机床移动部件的实际位置不作检验，因此机床加工精度不高，其精度主要取决于伺服系统的性能。在系统工作时，输入的数据经过数控装置运算分配出指令脉冲，通过伺服机构（伺服元件常为步进电动机）使被控工作台移动。

这类数控机床调试简单，系统也比较容易稳定，精度较低，成本低廉，多见于经济型的中小型数控机床和旧设备的技术改造中。

2）闭环控制数控机床。因开环控制精度达不到精密机床和大型机床的要求，所以必须检测移动部件的实际工作位置。为此，在数控机床上增加了检测反馈装置，在加工中时刻检测机床移动部件的位置，使之和数控装置所要求的位置相符合，以期达到很高的加工精度。

如图 1-11 所示，伺服系统随时接收在工作台端测得的实际位置反馈信号，将其与数控装置发来的指令位置信号相比较，由其差值控制进给轴运动。这种具有反馈控制的系统，在电气上称为“闭环控制系统”。由于这种位置检测信号取自机床工作台（传动系统最末端执行件），因此可以消除整个传动系统的全部误差，系统精度高。但由于很多机械传动环节包括在闭环控制的环路内，各部件的摩擦特性、刚性及间隙等非线性因素直接影响系统的稳定性，系统制造调试难度大，成本高。闭环系统主要用于一些精度很高的数控铣床、超精车床、超精磨床、大型数控机床等。

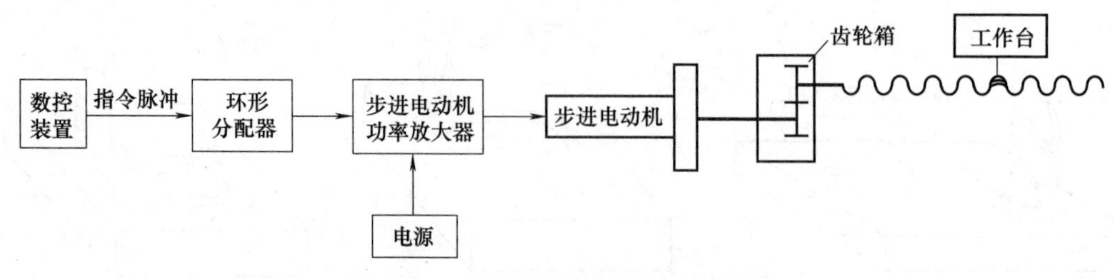

图 1-10　开环控制数控机床系统框图

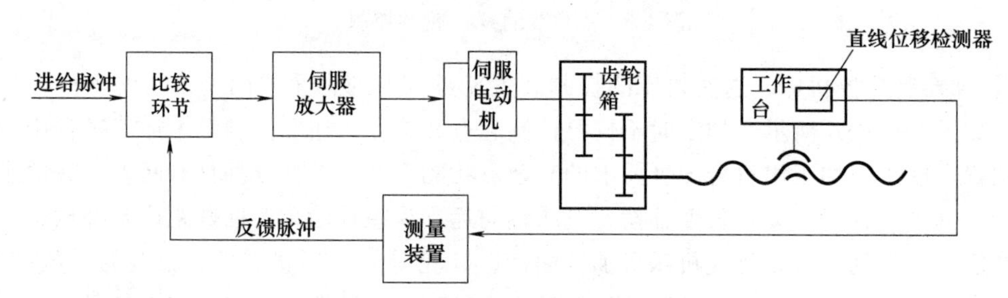

图 1-11　闭环控制数控机床系统框图

3）半闭环控制的数控机床。这类机床的检测元件不是装在传动系统的末端，而是装在电动机轴或丝杠轴的端部，工作台的实际位置是通过测得的电动机轴的角位移间接计算出来的，因而控制精度没有闭环系统高，如图 1-12 所示。由于工作台没有完全包括在控制回路内，因而称之为“半闭环控制”。这种控制方式介于开环与闭环之间，精度没有闭环高，但可以获得稳定的控制特性，调试比闭环方便，因此目前大多数中、小型数控机床都采用这种控制方式。

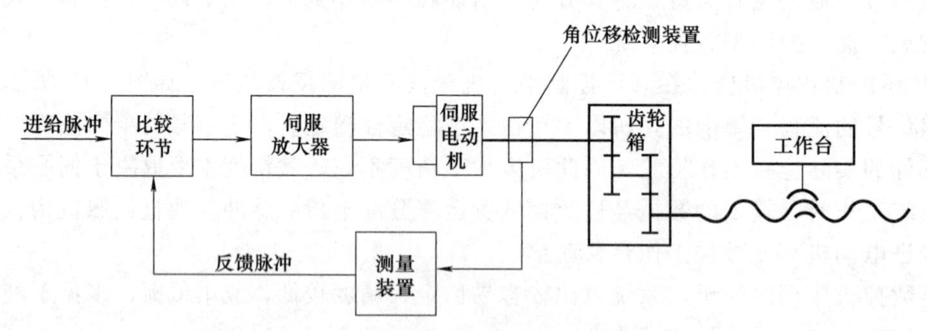

图 1-12　半闭环控制数控机床系统框图

4）混合控制数控机床。将上述三种控制方式的特点有选择地集中起来，可以组成混合控制的方案。这主要在大型数控机床中应用。因为大型数控机床需要高得多的进给速度和返回速度，又需要相当高的精度。如果只采用全闭环的控制，机床传动链和工作台全部置于控制环节中，稳定性难以保证，因此常采用混合控制方式。在具体方案中它又可分为两种形式：一是开环补偿型；二是半闭环补偿型。

①开环补偿型。图 1-13 为开环补偿型控制方式。它的基本控制选用步进电动机的开环

伺服机构，另外附加一个校正电路。用装在工作台的直线位移测量元件的反馈信号校正机械系统的误差。

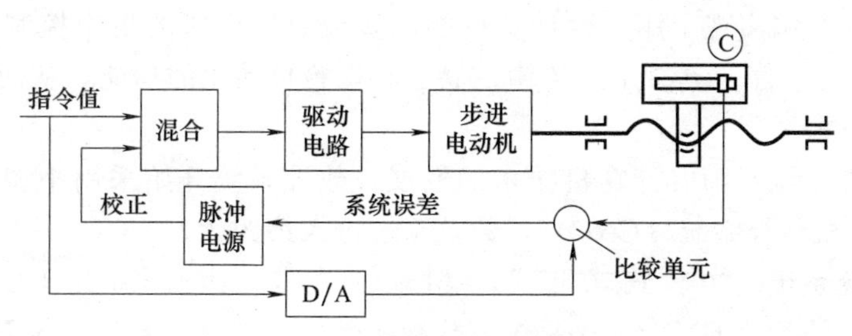

图 1-13　开环补偿型控制方式

② 半闭环补偿型。图 1-14 为半闭环补偿控制方式。它是用半闭环控制方式取得较高精度控制，再用装在工作台上的直线位移测量元件实现修正，以获得高速度与高精度的统一。图中 A 是速度测量元件，B 为角度测量元件，C 是直线位移测量元件。

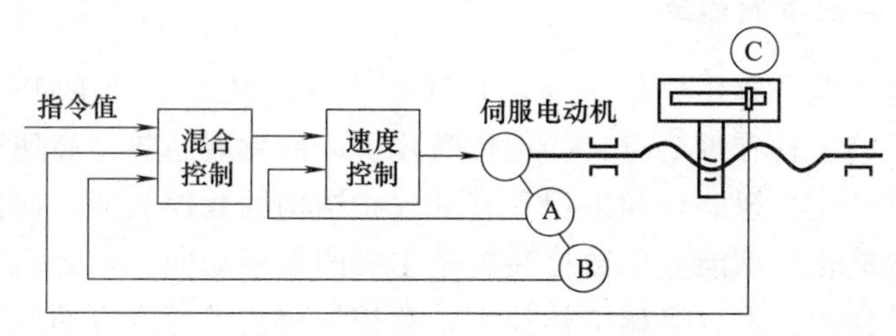

图 1-14　半闭环补偿型控制方式

1.4　数控机床的发展

1.4.1　数控技术的产生和发展

数控技术的产生依赖于数据载体和二进制形式数据运算的出现。1908 年，穿孔的金属薄片互换式数据载体问世；19 世纪末，以纸为数据载体并具有辅助功能的控制系统被发明；1938 年，香农在美国麻省理工学院进行了数据快速运算和传输，奠定了现代计算机包括计算机数字控制系统的基础。数控技术是与机床控制密切结合发展起来的。

数控机床是机、电、液、气、光等多学科各种高科技的综合性组合的产品，特别是以电子、计算机技术为其发展的基石。数控技术的发展是以这些相关技术的相互配套和发展为前提的。纵观数控技术的发展过程，可以把数控机床划分为五代产品。

① 第一代数控系统。1952 年，美国飞机工业的零件制造中，为了能采用电子计算机对加工轨迹进行控制和数据处理，美国空军与麻省理工学院（MIT）合作，研制出的第一台工业 3 坐标数控铣床，体现了机电一体化机床在控制方面的巨大创新。这一代数控系统采用的是电子管，体积庞大，功耗大。

② 第二代数控系统。随着晶体管的问世，电子计算机开始应用晶体管元件和印制电路板，从而使数控系统进入第二代。1959 年，美国克耐·杜列克公司开始生产带刀库和换刀机械手的加工中心，从而把数控机床的应用推上了一个新的层次，为以后各类加工中心的发展打下了基础。

③ 第三代数控系统。20 世纪 60 年代，出现了集成电路，数控系统进入了第三代。这时的数控机床还都比较简单，以点位控制机床为主，数控系统还属于硬逻辑数控系统（NC）级别。1967 年，在英国实现了用一台计算机控制多台数控机床的集中控制系统，它能执行生产调度程序和数控程序，具有工间传输、储存和检验自动化的功能，从而开辟了柔性制造系统（FMS）的先河。

④ 第四代数控系统。随着计算机技术的发展，数控系统开始采用小型计算机，这种数控系统称为“计算机数控系统（CNC）”，数控系统进入第四代。

⑤ 第五代数控系统。20 世纪 70 年代，美国、日本等发达国家推出了以微处理为核心的数控系统（MNC，统称为 CNC），这是第五代数控系统。至此，数控系统开始蓬勃发展。

进入 20 世纪 80 年代，微处理器及数控系统相关的其他技术都进入了更先进水平，促进机械制造业以数控机床为基础向柔性制造系统（FMC）、计算机集成制造系统、自动化工厂等更高层次的自动化方向发展。

1.4.2 数控机床的发展趋势

现代数控机床是机电一体化典型产品，是新一代生产技术（如 FMS 等）的技术基础。把握数控技术的发展趋势具有重要意义。现代数控机床的发展趋势是高速化、高精度化、高可靠性、多功能、复合化、智能化和采用具有开放式结构的数控装置。研制开发软、硬件都具有开放式结构的智能化全功能通用数控装置是主要的发展动向。数控机床整体性能是数控装置、伺服系统及其控制技术、机械结构技术、数控编程技术等多方面共同发展的结果。

（1）高速化和高精度化

效率、质量是先进制造技术的主体。高速、高精加工技术可极大地提高效率，提高产品的质量和档次，缩短生产周期和提高市场竞争能力。在轿车工业领域，年产 30 万辆的生产节拍是 40s/辆，而且多品种加工是轿车装备必须解决的重点问题之一；在航空和宇航工业领域，其加工的零部件多为薄壁和薄筋，刚度很差，材料为铝或铝合金，只有在高切削速度和切削力很小的情况下，才能对这些筋、壁进行加工。近来采用大型整体铝合金坯料“掏空”的方法来制造机翼、机身等大型零件来替代多个零件通过众多的铆钉、螺钉和其他连接方式拼装，使构件的强度、刚度和可靠性得到提高。这些都对加工装备提出了高速、高精和高柔性的要求。目前世界上许多汽车厂，包括我国的上海通用汽车公司，已经采用以高速加工中心组成的生产线部分替代组合机床。

高速化要求数控装置能高速地处理数据和计算，而且要求伺服电动机能高速地作出反应。目前高速主轴单元转速已能达到 15000～100000r/min 以上；进给运动部件不但要求高速度，且要求具有高的加、减速功能，其快速移动速度达到 60～240m/min，工作进给速度已达到 60m/min 以上。加工一薄壁飞机零件，用高速数控机床加工可能只要用 30min，而同样的零件在一般高速铣床加工需 3h，在普通铣床加工需 8h。

在加工精度方面，近 10 年来，普通级数控机床的加工精度已由 10μm 级提高到 1μm 级，精密级加工中心则从 3～5μm 提高到 1～1.5μm，并且超精密加工精度已开始进入纳米级（0.001μm）。在可靠性方面，国外数控装置的 MTBF 值已达 6000h 以上，伺服系统的 MTBF 值达到 30000h 以上，表现出非常高的可靠性。为了实现高速、高精加工，与之配套的功能部件如电主轴、直线电动机得到了快速的发展，应用领域进一步扩大。

在数控装置方面，要求数控装置能高速地处理输入的指令数据，计算出伺服机构的位移量。采用 32 位以及 64 位微处理器是提高 CNC 速度的有效手段。当今主要的数控装置生产厂家普遍采用 32 位微处理器，主频达到几百、上千赫兹，甚至更高。20 世纪 90 年代出现的精简指令集芯片的数控系统（如 FANUC-16 等），可进一步提高微处理器的运算速度。由于运算速度的极大提高，当分辨率为 0.1μm、0.01μm 的情况下仍能获得很高的进给速度（100～240m/min）。

在数控设备高速化中，提高主轴转速占有重要地位。主轴高速化的手段是采用内装式主轴电动机，使主轴驱动不必通过变速箱，而是直接把电动机与主轴连接成一体后装入主轴部件，从而可将主轴速度大大提高。已生产出了主轴转速高达 50000r/min 的加工中心和主轴转速高达 100000r/min 的数控铣床。在工作台进给传动方法上，采用直线电动机技术和直线滚珠导轨技术可显著提高进给速度和进给加速度。而且系统的刚度和磨损寿命高于传统的滚珠丝杠导轨系统。

高精度化要求主轴和进给系统在高速化的同时，能保持高的定位精度。提高数控设备的加工精度，一般通过减少数控系统的控制误差和采用补偿技术来达到。对于数控装置，可采用提高系统分辨率，以微小的程序段实现连续进给，使 CNC 控制单位精细化。对于伺服系统，则主要是通过提高伺服系统的动、静态特性，采用高精度的检测装置，应用前反馈控制及机械静止摩擦的非线性控制等新的控制理论等方法来减小和控制误差。高分辨率的脉冲编码器内置微处理器组成的细分电路，使得分辨率大大提高，增量位置检测可达 10000p/r（脉冲数/转）以上；绝对位置检测可达 100000p/r 以上。在误差补偿方面，除采用齿隙补偿、丝杠螺距误差补偿和刀具补偿等技术外，近年来设备的热变形误差补偿和空间误差的综合补偿技术已成为研究的热点课题。目前，有的 CNC 已具有补偿主轴回转误差和运动部件颠摆角误差的功能。

（2）5 轴联动加工和复合加工机床快速发展

采用 5 轴联动对三维曲面零件的加工，可用刀具最佳几何形状进行切削，不仅光洁度高，而且效率也大幅度提高。一般认为，1 台 5 轴联动机床的效率可以等于 2 台 3 轴联动机床，特别是使用立方氮化硼等超硬材料铣刀进行高速铣削淬硬钢零件时，5 轴联动加工可比 3 轴联动加工发挥更高的效益。但过去因 5 轴联动数控系统、主机结构复杂等原因，其价格要比 3 轴联动数控机床高出数倍，加之编程技术难度较大，制约了 5 轴联动机床的发展。当前由于电主轴的出现，使得实现 5 轴联动加工的复合主轴头结构大为简化，其制造难度和成本大幅度降低，数控系统的价格差距缩小，因此促进了复合主轴头类型 5 轴联动机床和复合加工机床（含 5 面加工机床）的发展。在 EMO2001 展会上，新日本工机的 5 面加工机床采用复合主轴头，可实现 4 个垂直平面的加工和任意角度的加工，使得 5 面加工和 5 轴加工可在同一台机床上实现，还可实现倾斜面和倒锥孔的加工。德国 DMG 公司展出 DMU Voution 系列加工中心，可在一次装夹下 5 面加工和 5 轴联动加工，可由 CNC 系统控制或 CAD/CAM 直接或间接控制。

（3）复合化和柔性化

复合化包括工序复合化和功能复合化。工件在一台设备上一次装夹后，通过自动换刀等各种措施，来完成多种工序和表面的加工。在一台数控设备上能完成多工序切削加工（如车、铣、镗、钻等）的加工中心，可以替代多机床和多装夹的加工，既能提高每台机床的加工能力，减少半成品库存，又能提高加工精度，打破了传统的工序界限。从发展趋势看，复合加工中心主要是通过主轴头的立卧自动转换和数控工作台来完成 5 面和任意方位上的加工。还可以采用多品种机床复合的方式，如出现了车削和磨削复合的加工中心。

柔性是指数控机床适应加工对象的变化能力，柔性的发展包括单元柔性和系统柔性。单元柔性主要通过增加不同容量的刀具库和自动换刀机械手，采用多主轴和交换工作台等方式实现。系统柔性指配以工业机器人和自动运输小车等组成柔性制造单元（FMC）或柔性制造系统（FMS）。

（4）智能化、开放式、网络化

模糊数学、神经网络、数据库、知识库、决策形成系统、专家系统、现代控制理论与应用等技术的发展，为数控机床智能化水平的提高建立了可靠的技术基础。智能化的内容包括在数控系统中的各个方面：为追求加工效率和加工质量方面的智能化，如加工过程的自适应控制，工艺参数自动生成；为提高驱动性能及使用连接方便的智能化，如前馈控制、电机参数的自适应运算、自动识别负载自动选定模型、自整定等；简化编程、简化操作方面的智能化，如智能化的自动编程、智能化的人机界面等；还有智能诊断、智能监控方面的内容、方便系统的诊断及维修等。

数控技术中大量采用计算机的新技术，国际上的主要数控系统和数控设备生产国及厂家瞄准通用个人计算机（PC机）所具有的开放性、低成本、高可靠性和软硬件资源丰富等特点，竞相开发基于PC的CNC，并提出了开放式CNC体系结构的概念，开展了针对开放式CNC前后台标准的研究。所谓开放式数控系统就是数控系统的开发可以在统一的运行平台上，面向机床厂家和最终用户，通过改变、增加或剪裁结构对象（数控功能），形成系列化，并可方便地将用户的特殊应用和技术诀窍集成到控制系统中，快速实现不同品种、不同档次的开放式数控系统，形成具有鲜明个性的名牌产品。

先进的CNC系统还提供了强大的联网能力，系统除配置RS-232C串口接口、RS-422等接口外，还有DNC（直接数控，也称“群控”）接口。近来多数控制系统具有与工业局域网（LAN）通信的功能，有的数控系统还带有MAP（制造自动化协议）等高级工业控制网络接口，以实现不同厂家和不同类型的机床联网的需要。数控装备的网络化将极大地满足生产线、制造系统、制造企业对信息集成的需求，也是实现新的制造模式如敏捷制造、虚拟企业、全球制造的基础单元。

（5）小型化

数控技术的发展提出了数控装置小型化的要求，以便机、电装置更好地糅合在一起。目前许多CNC装置采用最新的大规模集成电路（LSI），新型TFT彩色液晶薄型显示器和表面安装技术，消除了整个控制机架。机械结构小型化以缩小体积。同时伺服系统和机床主体进行很好的机电匹配，提高数控机床的动态特性。

习　题

1-1　什么是数控机床，其工作过程是怎样的？

1-2　数控机床由哪几部分组成？

1-3　数控机床按运动控制可分哪几类？各有何特点？

1-4　数控机床按伺服控制方式可分哪几类？各有何特点？

1-5　与普通机床相比，数控机床有哪些特点？

1-6　简述数控机床的发展过程和发展趋势。

第2章 数控系统

2.1 数控系统的总体结构及各部分功能

2.1.1 数控系统的总体结构

计算机数控（CNC）系统是在传统的硬件数控（NC）的基础上发展起来的。它主要由硬件和软件两大部分组成。通过系统控制软件与硬件的配合，合理地组合、管理数控系统的输入，数据处理、插补运算和信息输出，控制执行部件，使数据机床按照操作者的要求，有条不紊地进行加工。目前CNC系统大都采用体积小、成本低、功能强的微处理机。如图2-1所示为机床微机数控系统的总体结构原理框图。系统主要由微机及其相应的I/O设备、外部设备、机床控制及其I/O通道三部分组成。

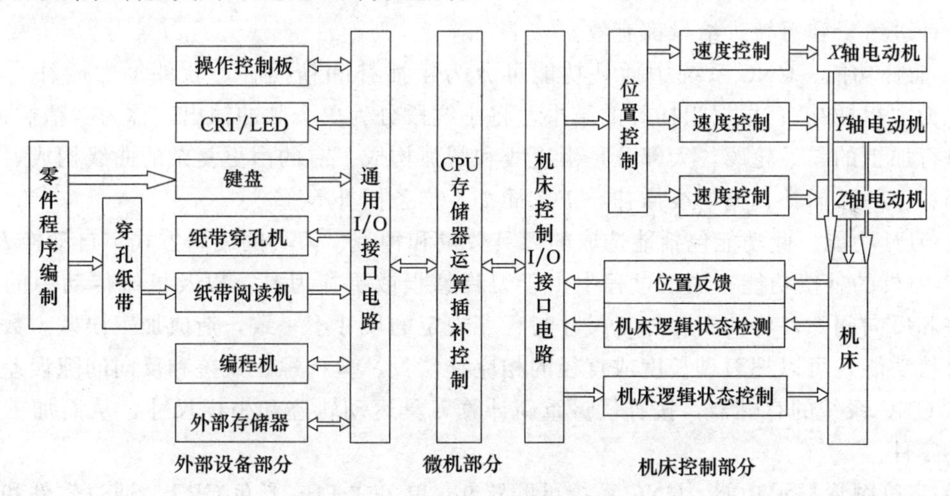

图2-1 CNC系统总体结构原理框图

2.1.2 数控系统各部分的功能

（1）微机部分的功能

微机通过软件可以实现很多功能。常见的主要功能如下：

① 控制功能。控制功能是指CNC系统能控制的轴数以及能同时控制的轴数。控制轴有移动轴和回转轴，有基本轴和附加轴。联动轴可以完成轨迹加工。一般数控机床只需2轴控制2轴联动，双刀架时有4控制轴。一般铣床需要3轴控制，2轴半联动，一般加工中心和加工空间曲面的数控机床则需要3轴或3轴以上的同时控制轴。控制轴数量越多，特别是同时控制轴数越多，CNC系统就复杂，其功能也越强，编制程序就越困难。

② 准备功能。准备功能也称“G功能”，用来指令机床的动作方式，包括基本移动、程

序暂停、平面选择、坐标设定、刀具补偿、基准点返回、米/英制转换等指令。准备功能有G00～G99共100种。

③ 固定循环功能。一些典型的加工工序，如钻孔、攻螺纹、镗孔、深孔钻削、车螺纹等所需完成的动作循环十分典型，将这些典型动作预先编好程序并存储在存储器中，用G代码进行指令，就形成了固定循环指令。使用固定循环指令可以大大简化编程。

④ 辅助功能。辅助功能是数控加工中不可缺少的辅助操作，也有M00～M99共100种。辅助功能操作用来规定主轴的启、停、转向，冷却泵的接通和断开，刀库的启、停等。

⑤ 主轴速度功能。主轴速度功能用S字母和它后面的数值表示，一般S后跟2位数或4位数，S的单位是r/min。

⑥ 进给功能。进给功能用F直接指令各轴的进给速度。

a. 切削进给速度（每分钟进给量）以每分钟进给距离的形式指定刀具切削速度，用F字母和它后续的数值指定。对于直线轴如F1500表示每分钟进给距离是1500mm，对于回转轴如F12表示每分钟进给距离是12mm。

b. 同步进给速度。同步进给速度为主轴每转时进给轴的进给量，单位为mm/r。只有主轴上装有位置编码器（一般为脉动编码器）的机床才能指定同步进给速度。

c. 快速进给速度。数控面板上设置了进给倍率开关，倍率可以从0～200%之间变化，每挡间隔10%，使用倍率开关可以不用修改程序中的F代码，就可以改变机床的进给速度，对每分钟进给量和每转进给量都有效。

⑦ 插补功能。CNC系统中插补功能可分为粗插补和精插补，软件每次插补一个小线段，称为“粗插补”；根据粗插补的结果，将小线段分为单个脉冲输出，称为“精插补”。

进行加工的零件轮廓，大部分是由直线和圆弧构成，有的由更复杂的曲线构成，因此有直线插补、圆弧插补、抛物线插补、正弦插补、样条插补等。

⑧ 刀具功能。此功能包括能选取的刀具数量和种类、刀具的编码方式、自动换刀方式。

⑨ 刀具的补偿功能。加工过程中由于刀具磨损或更换刀具，以及机械传动中的丝杠螺距误差和反向间隙，将使实际加工尺寸与程序规定的尺寸不一致，造成加工误差。数控系统采用补偿功能，可以把刀具长度或直径的相应补偿量、丝杠螺距误差和反向间隙误差的补偿量输入CNC系统的存储器，按补偿量重新计算刀具运动轨迹和坐标尺寸，从而加工出符合要求的零件。

⑩ 字符图形显示功能。CNC系统可配置9in单色或14in彩色CRT，通过软件和接口实现字符和图形显示，可以显示程序、参数、各种补偿量、坐标显示、故障信息、人机对话编程菜单、零件图形、刀具轨迹仿真等。

⑪ 通信功能。数控系统通常具有RS-232C接口，有的设备有DNC接口，设有缓冲存储器。有用数控格式输入，也可以二进制格式输入，进行高速输入。有的系统还可以与MAP（制造自动化协议）相连，接入工厂的通信网络，适应FMS、CIMS的要求。

⑫ 自诊断功能。CNC系统中设置各种诊断程序，可以防止故障的发生或扩大，在故障出现后可迅速查明故障类型及部位，减少故障停机时间。

⑬ 人机对话功能。有的CNC系统可以根据被加工零件图直接编制数控程序，操作员或编程员只需送入图样上简单表示几何尺寸的角度、斜度、半径等命令，系统就能自动计算出全部交、切点和圆心坐标，生成加工程序。还有的CNC系统可根据引导图和说明的显示进行对话式编程，并具有自动工序选择、刀具选择以及刀具使用顺序选择等智能功能。

(2) 外部设备部分的功能

CNC系统的外部设备主要包括：键盘、光电式纸带阅读机、操作控制面板、显示器（发光二极管LED或阴阳射线管显示器CRT）、纸带穿孔机和外部存储设备（例如磁带录音机等）。这些设备大部分是通用的外部I/O设备，对于具体的CNC系统，并不一定配置所有这些I/O设备，而是视系统的要求而定。

① 操作面板：主要用来安装操作机床的各种控制开关、按键以及机床工作状态指示、报警信号等设备。操作人员对机床的控制以及了解当前机床的工作状态，均通过操作面板进行。

② 键盘：通常安装在操作板上，主要功能是输入各种操作命令及采用手动输入方式（MDI）输入零件加工程序，也可用来对零件加工程序进行修改和编程。

③ 显示器的功能：是零件加工程序的显示和编程。在零件加工过程中，还可以显示机床工作台位置、刀具位置、进给速度、主轴转速、动态加工轨迹等各种反映机床和CNC系统状态的信息。

④ 光电式纸带阅读机的功能：是阅读零件加工程序的穿孔纸带插入零件加工程序。有的也用于系统控制软件的输入，在现代的数控机床上已经不用。

⑤ 穿孔机：是将输入到控制系统中的零件加工程序重新制成穿孔纸带的输入设备，也可用于系统控制软件的穿孔纸带输出，在现代的数控机床上已经不用。

⑥ 外部存储器（硬盘、U盘、SD卡、移动硬盘等）的功能：是存放和读取零件加工程序和有关加工的数据。有时也用于系统控制软件的存取，并可取代光电阅读机和穿孔机作为输入输出设备。

(3) 机床控制部分功能

机床控制部分包括位置控制、速度控制和机床状态控制。位置控制是通过对机床伺服执行元件的控制来实现的。执行元件可以是交流或直流电动机，也可以是步进电动机。伺服机构包括位置控制和速度控制，一般构成闭环控制。速度环通常包括在伺服电动机驱动器中，而位置反馈则要送入计算机，构成回路。在开环系统中不需要位置反馈环节。

机床逻辑状态的检测和控制主要涉及机床的强电部分，机床的逻辑状态检测部分的功能是控制机床上有关状态传感元器件的输出信息，例如：机床液压系统的压力状况，主轴转速及主轴负载是否过大，工作台是否超程，刀架位置是否正确等。机床逻辑状态控制部分的功能是控制机床主轴电动机的启停，冷却泵、油泵的开启与停止，换刀等。

2.2 数控系统的硬件简介

2.2.1 数控系统中计算机的组成

CNC系统中的计算机分为两类：一类是由单一微处理器构成的单处理器系统；另一类是由多个微处理器构成的多处理器系统。

(1) 单处理器系统的组成

单处理器的计算机系统由中央处理单元（CPU）、内存储器、输入/输出接口三个子系统及将这三部分连接起来的信号线（称为总线）组成。如图2-2所示为一典型的微机单处理器数控系统框图。

① CPU子系统。中央处理单元（Central Processing Unit，简称CPU）是计算机的核心。它通常包括由一片大规模或超大规模集成电路来实现的微处理器及少数辅助电路。微处理器的内部功能部件包括完成算术和逻辑运算的逻辑部件（ALU）、存放参加运算的操作数和中间结果的内部寄存器、控制机器指令的取出、译码、产生所要求的时序控制信号的控制器（Control Unit）和连接这些部件的数据和控制通路。微处理器的工作基于一个基准时钟或称主时钟。时序电路将主时钟分频，产生机器周期。一般一条计算机指令的执行包含一个或数个机器周期，因此一个微处理器的主时钟频率越高，其运算速度也就越快。微处理器对外引线除电源之外主要有三组：地址线、数据线和控制线。地址线是单向的，由微处理器送出，它传送的信息代表一个内存储器单元或一个I/O接口的地址。数据线为双向线，在执行读操作指令时，方向向内，数据送入处理器；在执行写操作指令时，方向向外，数据从微处理器送出。控制线的方向有的为输入，如中断请求线；有的为输出，如读写控制等。这三组线经过缓冲，成为连接微机系统各部件的总线，即地址总线、数据总线和控制总线。一个微处理器内部数据通路的宽度和对外数据线的宽度反映了它处理数据能力的强弱，数据线的宽度越宽，处理数据的能力越强。常用的微处理器数据宽度为8位、16位、32位，称相应的计算机为8位机、16位机、32位机。

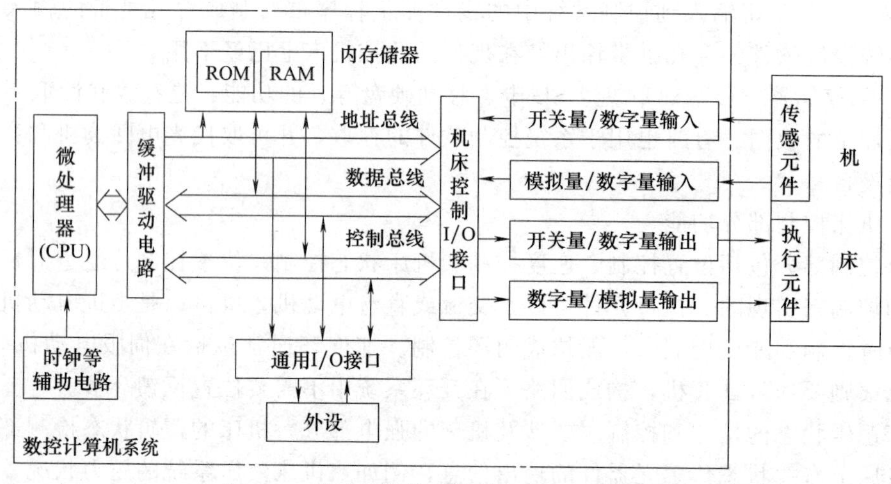

图2-2 单处理器构成的数控微机系统框图

② 存储器子系统。存储器是计算机系统的重要组成部件。计算机所执行的程序以及程序所处理的数据均是以二进制的形式保存在存储器中的。存储器最基本的单元是二进制位(bit)，它由一个具有两种状态的电子器件所实现。若干个位构成一个存储器字（Word）。存储器的字长指的即是一个字所包含的二进制位的位数。存储器的字长通常与系统的数据通路宽度相等，因此字是存储器的基本访问单元。另一个重要的单元是字节（Byte)。一个字节由8个二进制位组成。存储器的容量以另一个单位K来衡量。在计算机术语中，1K等于2^{10}。如果说一个存储器的存储容量为64K字节，就是说它包含了$2^{16}=655336$个字节。计算机的存储器通常由几十K至几百K字节组成。

用于控制的计算机的存储器通常分为两类，即只读存储器（ROM）和读写存储器(RAM)，RAM有时也叫随机存取存储器。其实随机存储指的是可以用相同的时间访问任一存储单元这种特性。无论只读存储器还是读写存储器均具备这种特性。顾名思义，只读存储器只能读出不能写入，其中存放的是由微机执行的程序代码。当系统加电后，微处理器总是从某一固定地址的存储单元中取出第一条指令，系统应保证这个地址落在ROM的地址空间内。在CNC系统中，RAM用于存放零件的加工程序、各种系统变量，并提供计算机运行中的工作区，如堆栈、临时工作单元等。存储器与地址、数据、控制三组总线均有联系。当访问存储器时，地址总线送来所访问存储单元的地址。存储器接收此地址并对其译码，从而选中对应的存储单元。控制总线说明访问的性质，即是读出还是写入。当读出时，被选中单元的内容被选通，送至数据总线。当写入时，数据总线上的内容被写入所访问的单元。地址、数据和读写控制信号之间有严格的时序关系，这样才能保证存储器的正确访问。

③ I/O接口子系统。数控计算机的I/O接口是连接计算机与各类外围设备及机床伺服控制机构，实现计算机与外部世界信息交换的通路。它的主要任务是：提供数据的缓冲，完成信息形式的转换，实现微处理器和各类外围设备间数据传送的同步，并能有效地隔离计算机与被控对象，防止外界干扰进入计算机，使计算机安全可靠地工作。

I/O接口分为数字量（或开关量）接口和模拟量接口。数字量I/O接口传输二进制形式的数据。开关量I/O接口是它的一种特例，专门处理通断形式的开关量。在CNC系统中，反映机床工作的开关状态经过开关量输入接口送入计算机。开关的闭合和断开对应二进制的“1”和“0”。开关量输出口用于控制机床控制机构的状态，如电磁阀的开启和关闭、继电器的吸合或断开、步进电动机各相绕组中电流的导通与截止等。模拟量接口面对的是电流、电压等形式的外部信息。模拟量输出口通常具有数/模（D/A）转换部件，它将微机输出的数字量转换成对应的电流或电压等形式的模拟量。例如控制伺服电动机的输出接口要将控制数据经D/A转换，变为电压后去控制伺服电动机的运行。模拟量输入口接收电流、电压形式的模拟量，对其进行模/数（A/D）转换，变为二进制形式数据，送入计算机。

I/O接口子系统也通过系统总线与其他部件连接。I/O接口的地址译码器对地址总线上的地址进行译码，如果发现与本接口的地址相同，则产生选中的信号。这个选中信号“使能”该接口的所有操作。控制总线上的读写信号决定传送的性质。数据总线提供数据输入输出的通路。

（2）多微处理器计算机的组成

多微处理器计算机由两个或两个以上通过某种连接线路连接在一起的微处理器组成。在这样的系统中，每个微处理器承担CNC的一部分功能，能独立运行程序，又能通过通信线路或共享的存储器与其他处理器交换信息，协调工作，共同完成机床的控制。

由于多个处理器并行工作，系统的运算和实时处理的能力大大增强，可以适应多坐标轴、高速度、高精度的加工要求，实现单处理器系统难以实现的功能。例如，在具有多个微处理器的CNC系统中，零件加工程序的输入、数据预处理、插补计算和伺服控制可以分别由不同的微处理器承担。每个处理器完成自己承担的那部分工作，并将中间结果传送给其他处理器。

与由一个微处理器完成所有工作的情况相比，这种做法允许较短的插补周期，因而能允许更高的进给速度和更高的伺服控制精度。由于每个微处理器所承担的功能单一，对其速度的要求可以有所降低，有可能用多个价格较低的微处理器构成系统。而且经过划分的软件功能较为简单，涉及面小，易于设计和实现。然而另一方面多微处理器系统增加了支持处理器间通信、同步、共享资源的硬件，复杂程度增加。软件设计上要考虑各处理器运行的程序之间的协调关系，防止因死锁造成的系统瘫痪，维持共享数据的一致性，从而保证软件功能的正确性等，这些因素也带来新的复杂性。一般来说多微处理器系统要比单微处理器系统复杂得多，但由于其性能优异，代表了未来 CNC 系统的发展方向。

2.2.2 数控系统中计算机的实现

(1) CPU 子系统的实现

早期 CNC 系统的 CPU 是由中小型规模集成电路构成的。随着微处理器的出现和发展，现在的 CNC 系统几乎没有例外地使用微处理器来实现其 CPU。实现 CNC 系统 CPU 的微处理器主要有三类：通用的微处理器、单片微计算机和双极性位片式的处理器。

① 通用微处理器。常用的通用微处理器包括 8 位、16 位和 32 位处理器。8 位处理器有 Intel 公司的 8085、Zilog 公司的 Z80、Motorola 公司的 6800 等。其中 Z80 CPU 在我国现有机床的数控改造方面应用最早最广泛。Z80 CPU 和配套的芯片价格低廉，功能又较强，国内对之熟悉的人较多，现存软件较丰富，系统开发也比较容易，且有大量现存系统用 Z80 实现，预计在今后一段时间内它仍有生命力。具有代表性的 16 位处理器有 Intel 公司的 8086、80286，Zilog 公司的 Z8000 和 Motorola 公司的 68000 等。此外还有准 16 位微处理器芯片 Intel8088，这是在 IBM 公司的个人计算机 IBM PC 及兼容机中使用的 CPU 芯片。准 16 位芯片的特点是内部数据通路为 16 位而外部数据引线为 8 位。由于 8088 和 8086 软件开发环境好，相当一部分 CNC 系统采用它们实现。32 位处理器有 Intel 公司的 80386、80486 和 Motorola 公司的 68020、68030 等。这些芯片集成度高、运算速度快，适用于高性能的 CNC 系统的实现。

② 单片微计算机。单片微计算机的典型代表是 Intel 公司的 MCS-48、MCS-51 和 MCS-96 系列，其中 8048 和 8051 系列为 8 位机，8096 系列为 16 位机。单片微计算机是专门为工业应用设计的。我国以前有不少单位使用单片微计算机实现低档的经济型数控系统。继 Z80 之后，8048 和 8051 系列单片微机已成为应用最广泛的机种。除了用作低档的经济型数控系统的 CPU 之外，在多处理机构成的全功能 CNC 系统中也常采用单片微机实现伺服驱动等功能。MCS-96 系列单片微机运算速度高，指令系统功能强，在国内已开始大量使用，有良好的应用前景。

③ 位片式逻辑芯片。位片式逻辑芯片是一种特殊形式的逻辑电路。它包括一系列不同功能的芯片，如 ALU 部件、进位逻辑部件、状态寄存部件、微程序时序部件和程序控制部件等。每一片位片逻辑芯片上包含了对应的功能部件的若干位及某些辅助连接电路。要构成一个完整的微处理器，需要将若干种类芯片组合在一起。比如 AM2903 就是一种四位的 ALU 芯片，要构成一个 16 位 ALU 需要 4 片 AM2903 以及若干进位逻辑芯片。可见位片逻辑集程度较低。但与固定字长的通用微处理器芯片相比，它又具有连接灵活，可根据要求构成特殊形式系统的特点。

CNC 系统的性能很大程度上由它的微处理器的性能所决定。简易经济型数控系统大多采用 8 位机。其驱动元件多为开环控制的步进电动机，分辨率一般为 0.01mm。其快进速度和切削速度一般不超过 3m/min。16 位处理器主要用于中档 CNC 系统的实现。如 FANUC System 6M 在分辨率 1μm 情况下，快速进给和切削进给速度可达 15m/min。至于采用 32 位处理器的高档 CNC 系统，如三菱电机的 MELDAS-300 系列和大隈铁工所的 5020 系列等 CNC 系统所能达到的速度指标更为优越。

(2) 存储器子系统的实现

由于现在使用的计算机都是基于存储程序（Stored Program）原理的，每执行一条指令，CPU 都至少要访问 1 次或数次存储器以获得指令，因此，存储器性能的优劣直接关系到整个计算机系统的性能。

1）存储器的分类。存储器由只读存储器和读写存储器两大部分组成。

① 读写存储器RAM。根据工艺RAM可分为双极型和MOS型两大类。双极型RAM的特点是速度高，存放时间约10～25ns。但它集成度低、功耗大，通常不用作主存储器，而是在高速缓存等场合应用。MOS型RAM又可分为静态RAM（SRAM）和动态RAM（DRAM）两种。动态RAM的基本存储单元是单个MOS管，利用其栅极电容存储电荷来存储信息。它的基本特点是破坏性地读出，即读出信息的同时也破坏了存储内容，因此需根据读出内容再生被访问的存储单元。此外，由于电容的泄漏，即使不访问，信息也不能长久保持，需要周期性地根据存储内容对电容再充电，这个过程叫“刷新”。刷新周期一般为2～4ms，即每隔2～4ms必须将所有存储单元刷新一遍。动态存储器的特点是集成度高，功耗低，典型存取速度为100～200ns，价格也便宜。目前计算机中内存储器主要用动态RAM实现。静态RAM的基本原理是以触发器存储信息，6个MOS管构成的触发器构成其基本存储单元。其集成度高于双极型RAM但低于动态RAM，功耗比双极型低但比动态高，价格也处于二者之间。但由于静态RAM不需要刷新，控制逻辑简单，且可靠性也高于动态RAM。在数控计算机中，由于存储容量一般不是很大，故多采用静态RAM实现其内存。

不论是动态还是静态RAM，一旦关掉电源，其中的信息便丢失了，这是半导体随机存储器的弱点。但静态RAM可以利用电池作为后备电源，在系统掉电时，保持原存储的信息不丢失。

② 只读存储器ROM。ROM可分为掩膜ROM、可编程ROM（PROM）、紫外光可擦除可编程ROM（EPROM）、电可擦除可编程ROM（EEPROM或称E^2PROM）。

a. 掩膜ROM是半导体厂家根据用户要求制造的，一旦制成其中的信息便不能改变，用户不能对其编程。它适用于定型的大批量产品。

b. PROM可以由用户编程，比如熔丝型PROM中熔丝烧断与否表示“0”或“1”。但信息一旦写入就不能再修改，因此用户编程只能进行一次。

c. EPROM是一种可以反复多次编程的器件。不同的型号和容量的EPROM编程电压有所不同，在12.5～25V范围内变化。这种芯片上方有一个能通过紫外线的玻璃小窗口。当需要擦除其中的内容时，将窗口对着紫外光源照射15～20min即可擦除已写入的信息。这种芯片特别适合于控制软件的开发，因此广泛应用于控制计算机中。

d. E^2PROM可以在线用电擦除，无须将芯片从线路板上拔下用紫外光照射，使用更为方便。

它的擦除次数为一万次左右。E^2PROM经常用于存储那些需在线修改的信息，如CNC系统中可设置的系统参数、PLC中的用户程序等。

尽管E^2PROM能在线修改，但写入时间较长，典型值为10ms，因此也无法像真正的随机存储器那样使用。近来出现了几种新型的非易失性半导体存储器，其中一种称作“非易失性随机存储器NVRAM（Non-Volatile Random Access Memory）”。它实际上是在普通静态RAM芯片上同时制作容量相同的另一E^2PROM阵列。正常工作时与RAM一祥。在每次通电后，自动将E^2PROM阵列的内容移入SRAM阵列，在掉电时则将SRAM阵列的内容再移回E^2PROM中去保存。

2）常用的半导体存储器芯片。

① 常用的ROM芯片。常用的EPROM芯片有2716（2K×8）、2732A（4K×8）、2764

(8K×8)、27128（16K×8）、27256（32K×8）、27512（64K×8）等。目前市场上容量最大的EPROM芯片为27040（512K×8），其单片容量足以固化复杂的系统软件。

2764、27128直至27512均为28脚双列直插式扁平封装芯片，引脚向下兼容。它们引脚的排列及其兼容特性如图2-3所示。图中V_{PP}是编程电压端，控制引脚中PGM是编程控制端，$\overline{OE}$是输出使能端，而$\overline{CS}$是片选端，它们均为低电平有效。2764的第26脚空着未用（表示为NC），而27128的第26脚则用作地址A_{13}，因为16K的容量需要14位地址。27256和27512则进一步将V_{PP}和$\overline{PGM}$端也用作地址端，而其它控制引脚复用来完成编程的控制。两种常用的EPROM2764和27128的工作方式如表2-1所示。

② 常用的RAM芯片。常用的静态RAM。6264、62256均采用CMOS工艺，由单一5V供电，典型存取时间为150～200ns。它们均采用28脚双线直插式扁平封装，其引脚及逻辑符号如图2-4所示。它们的操作方式如表2-2所示。如图2-4所示，62256是与6264向下兼容的，这个特点给系统设计带来方便。因为只需少数跳接就可以插入不同容量的RAM芯片，改变存储器的容量。

如图2-3和图2-4所示，几种EPROM和静态RAM的引脚除第27脚外也是兼容的。只要对第27脚作跳接处理，则插槽中可以任意插入EPROM或静态RAM，从而方便地改变系统存储器的构成。

③ I/O接口子系统的实现。在微机系统中目前通常使用的是一系列专门实现各种I/O功能的大规模集成电路，它们可以方便地与各类微处理器连接实现并行与串行输入输出、通信、中断处理、存储器直接访问（DMA）功能。有些芯片还将I/O设备的控制器与接口在一片中一并实现。例如磁盘控制器、CRT控制器等。在如表2-3所示的表格中列出一部分常用的I/O支持芯片。使用这些专用的I/O集成电路可以大大简化I/O子系统的设计，提高系统的集成度和可靠性。

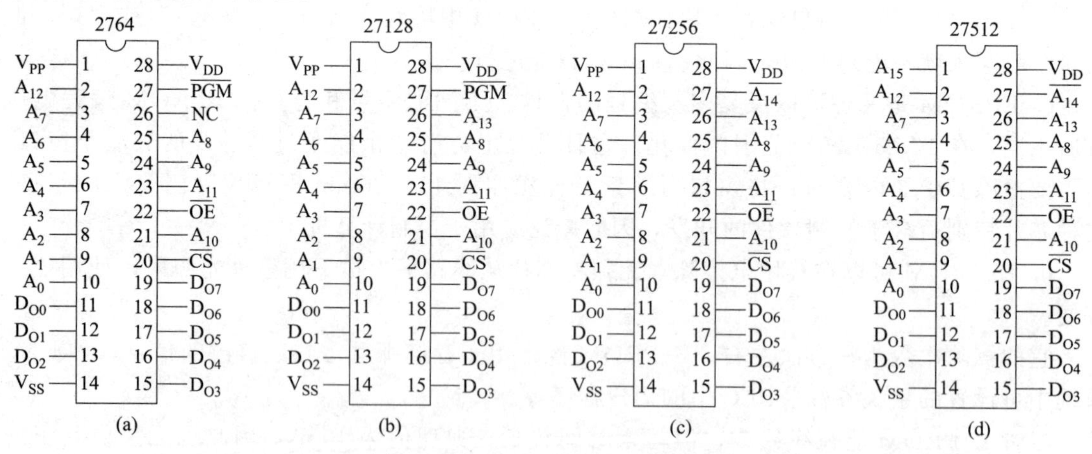

图2-3 常用EPROM的引脚排列

表2-1 EPROM2764和27128的工作方式

工作方式	$\overline{CS}$引脚	$\overline{OE}$引脚	V_{PP}引脚	$\overline{PGM}$引脚	D_{O0}～D_{O7}引脚
读	V_{IL}	V_{IL}	5V	V_{IH}	数据输出(D_{OUT})
维持	V_{IH}	任意	5V	任意	
编程	V_{IL}	V_{IH}	V_{PP}	V_{IL}	数据输入(D_{IN})
编程检验	V_{IL}	V_{IL}	V_{PP}	V_{IH}	D_{OUT}
编程禁止	V_{IH}	任意	V_{PP}	任意	

表 2-2 6264 和 62256 的操作方式

芯片	状态	$\overline{CS_1}/\overline{CS}$	CS_2	$\overline{OE}$	$\overline{WE}$	$I/O_0 \sim I/O_7$
6264	未选中	V_{IH}	任意	任意	任意	高阻
	未选中	任意	V_{IL}	任意	任意	高阻
	读	V_{IL}	V_{IH}	V_{IL}	V_{IH}	D_{OUT}
	写	V_{IL}	V_{IH}	V_{IH}	V_{IL}	D_{IN}
	输出禁止	V_{IL}	V_{IH}	V_{IH}	V_{IH}	高阻
62256	未选中	V_{IH}		任意	任意	高阻
	读	V_{IL}		V_{IL}	V_{IH}	D_{OUT}
	写	V_{IL}		V_{IH}	V_{IL}	D_{IN}
	输出禁止	V_{IL}		V_{IH}	V_{IH}	高阻

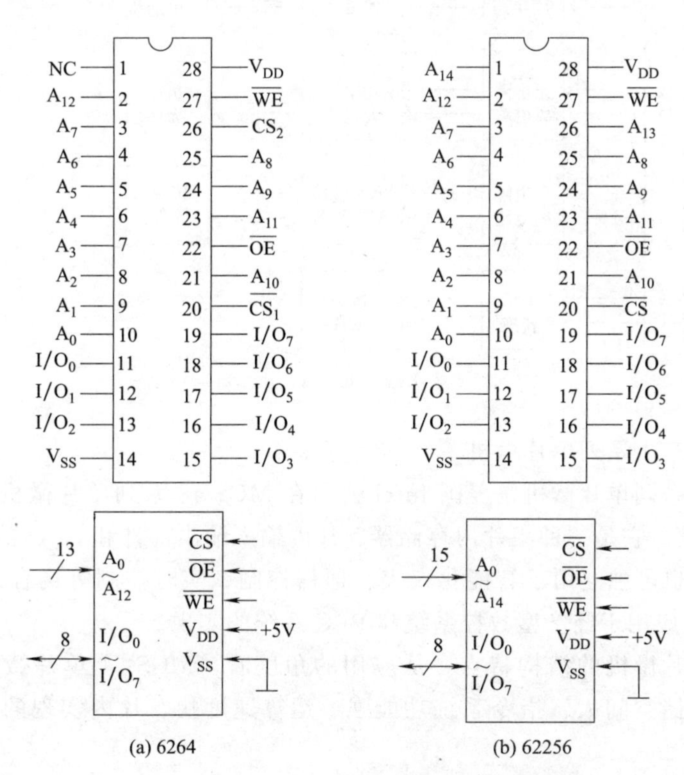

图 2-4 6264 和 62256 的引脚分布及逻辑符号

表 2-3 常用的 I/O 支持芯片

Intel	82337A	可编程 DMA 控制器	MC	6844	可编程 DMA 控制器
Intel	8251	可编程串行通信接口	MC	6845	可编程 CRT 控制器
Intel	82533	可编程定时器/计数器	MC	6850	异步通信接口
Intel	8255A	可编程并行 I/O 接口	Z80	PIO	Z80 并行 I/O 接口
Intel	8259A	可编程中断控制器	Z80	SIO	Z80 串行接口
Intel	8275	可编程 CRT 控制器	Z80	CTC	Z80 定时器/计数器
Intel	8279	可编程键盘显示接口	Z80	DMA	Z80DMA 控制器

机床控制 I/O 部件通常由标准的 I/O 接口加上光电隔离和信息转换电路构成。如图 2-5 所示为典型的经济型数控系统中机床控制 I/O 部件的组成。该系统采用步进电动机为驱动元件，开环控制。从微机经 I/O 接口送出的驱动脉冲经过光电隔离送入环形分配电路，形成驱动电动机各绕组的信号，再经功率放大后驱动步进电动机。控制其他执行元件的输出信号也均经过光电隔离和功率放大后驱动相应的执行元件，控制机床的动作。机床的工作状态由安装在机床上的各种传感器检测，它们送出的信号经滤波、整形、放大、电平转换或A/D 转换后，再经过光电隔离进入输入接口。

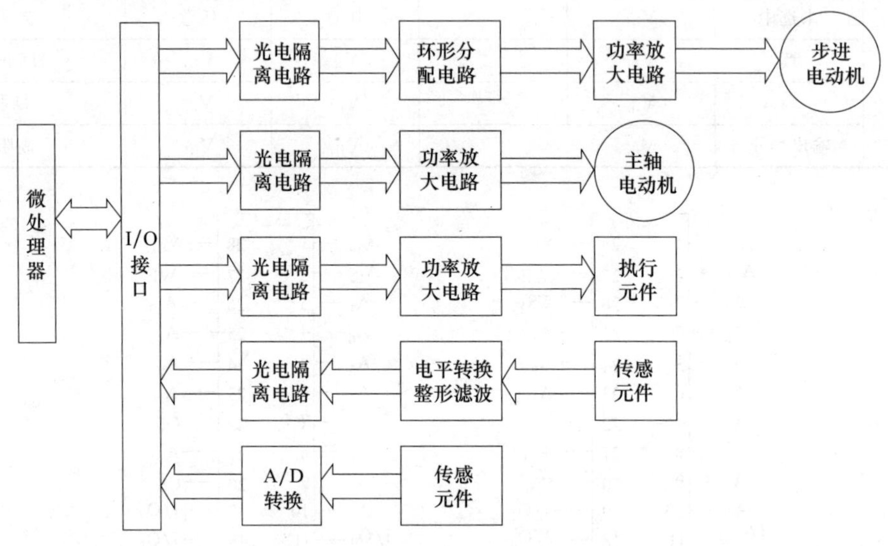

图 2-5 经济型数控的机床控制 I/O

（3）Intel MCS-51 系列单片微机

Intel MCS-51 系列单片微机是美国 Intel 公司在 MCS-48 系列单片微机基础上推出的产品，于 1980 年问世。它是一种集片内存储器、片内输入输出部件和 CPU 部件于一体的性能优良的单片系统，也可独立用于智能化仪表、通信控制、实时控制等场合。在我国，MCS-51 单片微机也大量应用于经济型数控系统和 PLC 系统的实现。

① MCS-51 单片微机的结构特点。从应用的角度看，MCS-51 单片微机有如下一些特点：集成度高、存储空间大、指令系统功能强、运算速度快、片内实现的 I/O 功能强、可靠性高。

② MCS-51 单片机的类型。MCS-51 系列有三种产品：8051、8751 和 8031。8051 为基本产品，它内部有 4K 字节的以掩模方式制成的只读程序存储器。程序在芯片制造时即写入，此后不能修改，因此 8051 适用于定型产品。8751 中也有 4K 字节的 ROM，但其 ROM 是光可擦除的，程序可以多次修改，因此适用于产品开发。然而其价格最低，在国内使用最为广泛。

③ MCS-51 系列的定时器/计数器和中断。MCS-51 系列单片微机有相当强的实时控制能力。它内部设有两个 16 位的定时器/计数器，通过程序可以方便地决定它们的工作方式，如确定时标以实现不同的定时周期，或者作为计数器对外部的事件计数。定时器在 CNC 系统中用于产生插补和伺服控制的周期，是必不可少的部件。MCS-51 具有支持 5 个中断源和两个中断优先级的中断系统。它的 5 个中断源中的任何一个都可通过编程而

取两个优先级之中的一个。当一个高优先级的中断被响应进而被服务时，它阻止其他中断请求的响应。当低优先级的中断被服务时，只有高优先级的中断请求被响应。当多个同一中断优先级的中断发出请求时，则按下列次序进行扫描：外中断 0、定时器 0 溢出、外中断 1、定时器 1 溢出、串行通信。查询的次序也是这些中断源的优先权。这种扫描查询形成了第二优先权结构。

8031 芯片引脚及其功能：8031 芯片具有 40 根引脚，其引脚图如图 2-6 所示（8051 和 8751 芯片引脚相同）。

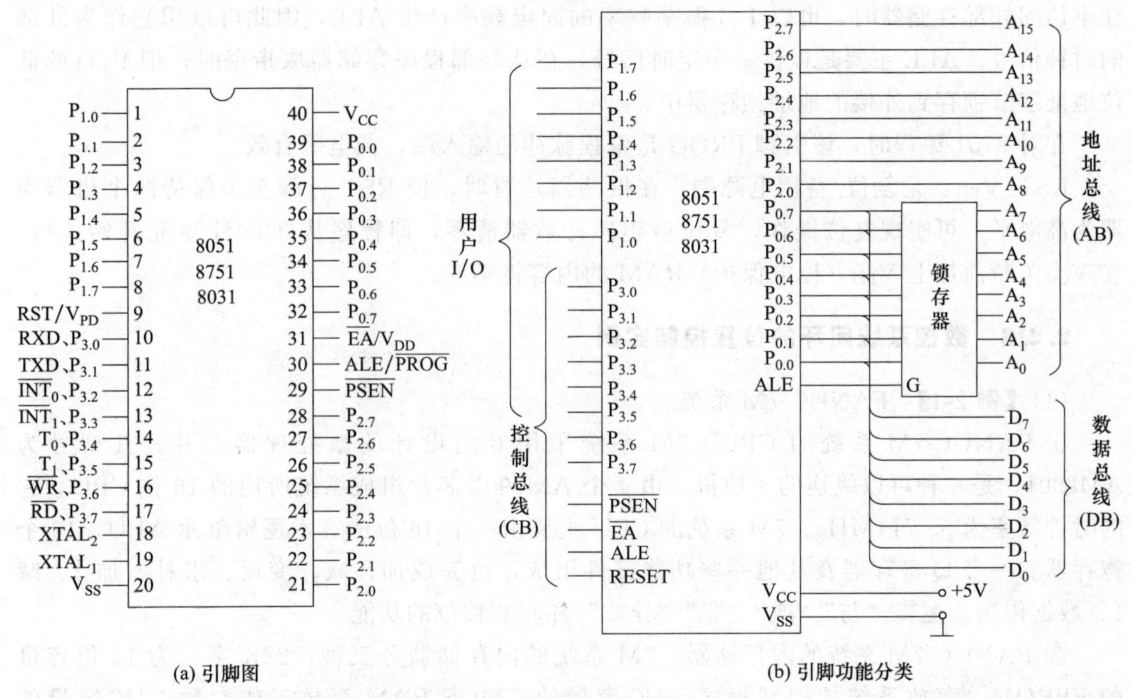

图 2-6　8031 芯片引脚及其功能

40 根引脚按其功能可以分为四类：

① 电源线 2 根。V_{CC}：编程和正常操作时的电源电压，接＋5V；V_{SS}：地电平。

② 晶振线 2 根。$XTAL_1$：振荡器的反相放大器输入，使用外部振荡器时必须接地；$XTAL_2$：振荡器的反相放大器输出和内部时钟发生器的输入。当使用外部振荡器时用于输入外部振荡信号。

③ I/O 端口。I/O 口共有 P_0、P_1、P_2、P_3。四个 8 位口，32 根 I/O 线，其功能如下：

$P_{0.0}$～$P_{0.7}$（AD_0～AD_7）是 I/O 端口 0 的引脚。端口 0 是一个 8 位漏极开路的双向 I/O 端口。在存取外部存储器时，该端口分时地用作低 8 位的地址线和 8 位双向的数据端口（在此时内部上拉电阻有效）。

$P_{1.0}$～$P_{1.7}$ 是端口 1 的引脚，它是一个带内部上拉电阻的 8 位双向 I/O 通道，专供用户使用。

$P_{2.0}$～$P_{2.7}$（AD_8～AD_{15}）是端口 2 的引脚。端口 2 是一个带内部上拉电阻的 8 位双向 I/O 口，在访问外部存储器时，它输出高 8 位地址 A_8～A_{15}。

$P_{3.0}$～$P_{3.7}$ 是端口 3 的引脚。端口 3 是一个带内部上拉电阻的 8 位双向 I/O 口，该口的每一位均可独立地定义第一 I/O 口功能或第二 I/O 口功能。

④ 控制线。PSEN：程序存储器的使能引脚，是外部程序存储器的读选通信号，低电平有效。从外部程序存储器取数时，在每个机器周期内二次有效。

EA/V_{PP}：EA 为高电平时，CPU 执行内部程序存储器的指令。EA 为低电平时，CPU 仅执行外部程序存储器的指令。因 8031 芯片设有内部程序存储器，故 EA 必须接地。V_{PP} 是在 8751 EPROM 编程时为+21V 的编程电源输入端。

ALE/PROG：ALE 是地址锁存使能信号。作为地址锁存允许时高电平有效。因为 P_0 端口是分时传送数据和低 8 位地址，故访问外部存储器时，ALE 信号锁存低 8 位地址。即使在不访问外部存储器时，也以 1/6 振荡频率的固定频率产生 ALE，因此可以用它作为外部的时钟信号。ALE 主要是提供一个定时信号，在从外部程序存储器取指令时，把 P_0 口的低位地址字节锁存到外接的地址锁存器中。

在对 8751 编程时，该引脚 PROG 是编程脉冲的输入端，低电平有效。

RST/V_{PD}：是复位/备用电源端。在振荡器运行时，使 RST 行脚至少保持两个机器周期为高电平，可实现复位操作，复位后程序计数器清零，即程序从 0000H 单元开始执行。在 V_{CC} 关断前加上 V_{PD}（掉电保护）RAM 的内容将不变。

2.2.3 数控系统闭环的位置控制实例

(1)【例 2-1】 FANUC-7M 系统

① FANUC-7M 系统的 CPU。7M 系统采用专门设计的微处理器芯片，其型号为 AM2901，是一种可以级连的 4 位机。由 4 个 AM2901 芯片组成系统所用的 16 位 CPU。它的时钟频率为 5. 714MHz。7M 系统的 CPU 主要由一个 16 位的算术逻辑单元 ALU、16 个寄存器和一个 Q 寄存器及其他一些功能部件组成，可完成加、减、变反、求补、加 1、减 1、数据传送、逻辑“与”“或”“非”“异或”和左右移位的功能。

② FANUC-7M 系统的内存储器。7M 系统的内存储器分三种：22K 字长为 16 位容量的 EPROM，存放系统的控制程序；1K 容量的 CMOS RAM 存放工作参数；1K 容量的 NMOS RAM 作为数控系统的工作区域，用来存储系统工作过程中要使用的数据。

7M 系统内部存储器地址分配如表 2-4 所示。表中所示地址 A000H～A080H 为 I/O 接口地址，7M 系统采用存储器和 I/O 端口地址统一编址的方式，对 I/O 端口的输入/输出操作像对待存储器单元一样进行读写，即存储器映象的 I/O 操作。

表 2-4 系统地址分配表

地　址	存储器型号	功　能
0000H～03FFH	1K CMOS RAM	堆栈指示器、存放设定参数、各级中断保护区、报警状态寄存器、状态寄存器、工作寄存器
0400H～07FFH	1K NMOS RAM	堆栈区、AS 区、BS 区 3、纸带缓冲器、状态寄存器、工作寄存器
0800H～5FFFH	22K NMOS EPROM	存放控制程序
8000H～9FFFH	8K CMOS RAM	纸带存储器(包括 MP、SP、PC)
A000H～A080H		输入/输出　端口地址
B000H～C7FFH	6K NMOS EPROM	CRT 控制程序
CC00H～CFFFH	1K NMOS RAM	穿孔机缓冲区和 CRT 缓冲区等

③ FANUC-7M 系统的 I/O 设备。7M 系统的外部输入/输出设备有纸带阅读机、纸带穿孔机、电传打印机、操作面板和通用显示器 LED、CRT 以及指示灯等。各外设都有相应的 I/O 接口电路与微机连接。

7M 基本系统的操作控制面板如图 2-7 所示。它由电源开关和紧停按钮、F 电位器、内部位置显示器及手动数据输入/显示单元（MDI/DPL）组成。

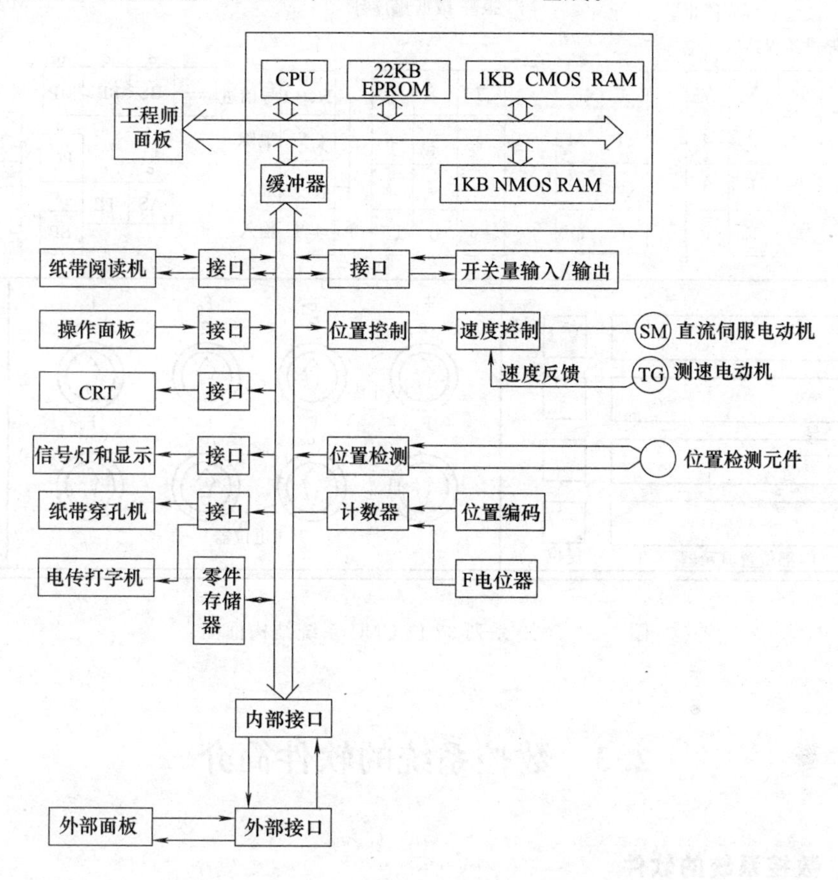

图 2-7　7M 基本系统的操作控制面板

(2)【例 2-2】　大隈 5020CNC 系统

如图 2-8 所示为日本大隈铁工所的 5020 系列 32 位 CNC 系统的结构框图。

该系统的主控制机采用了两个 32 位微处理器，它们经过一个公共的存储区交换数据。第一微处理器承担输入输出管理。第二微处理器承担对加工程序的解释执行，包括坐标计算、插补等任务。在控制加工时，第一微处理器读入零件加工程序的数据，将其送入共享存储器中。

第二微处理器从共享存储器中读取数据，经过坐标计算等预处理，然后开始插补。每次插补的结果即位置增量又存入共享存储器，由第一微处理器读出，通过输出接口电路送往各坐标轴的伺服控制器。伺服控制器也用微处理器实现，它们根据插补得到的位置增量控制各个电动机的运行。此外，主控制机与外部通信的功能也由独立的外部通信处理器完成。可见该系统采用了共享存储器和专用线路相结合的互连方式。

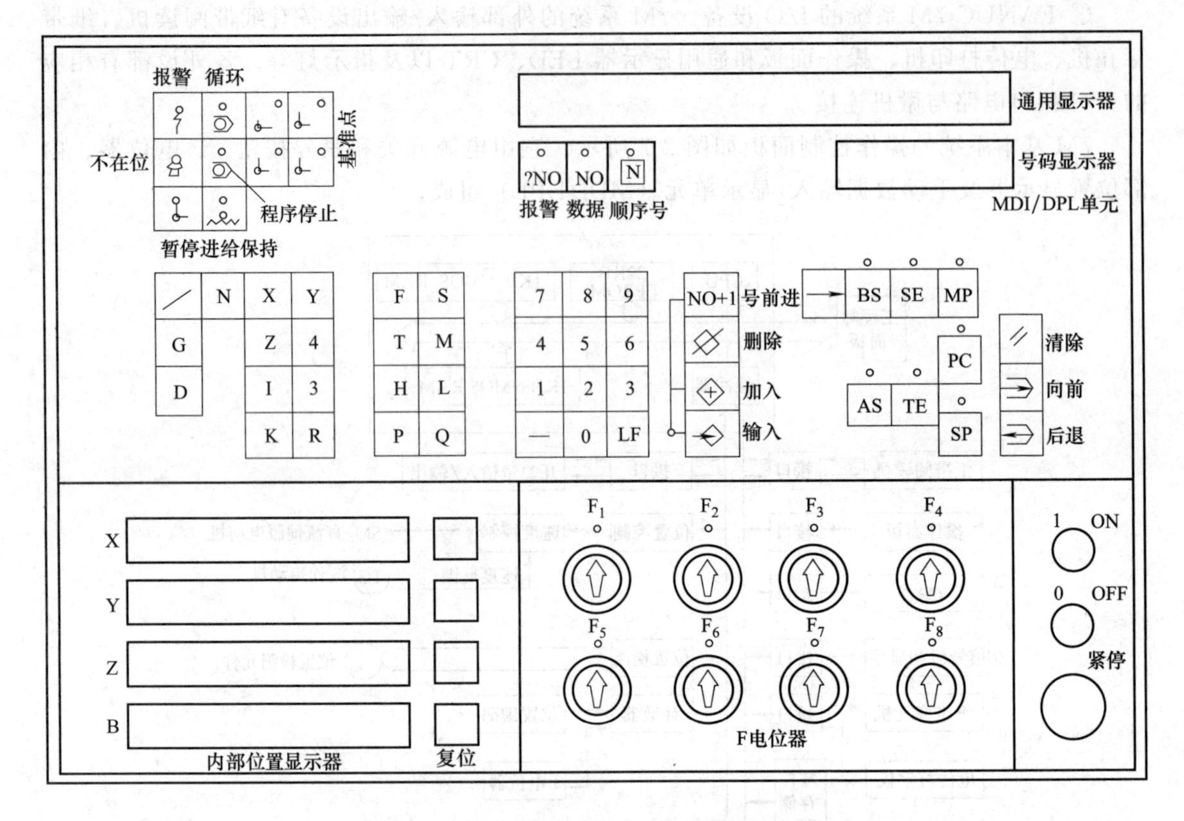

图 2-8 5020 系列 32 位 CNC 系统结构框图

2.3 数控系统的软件简介

2.3.1 数控系统的软件

随着计算机技术的发展，数控系统的软件功能越来越丰富。用软件代替硬件，元器件数量减少，降低了成本，提高了可靠性。软件可随时修改和补充，甚至随着工艺改变或新技术的出现也可能修改和补充。一般情况是软件执行速度较慢，一般是毫秒（ms）级，相对而言，硬件执行速度较快，一般是微秒（μs）级。随着电子技术的发展和超大规模集成电路工艺的成熟，硬件价格越来越便宜，人们又把有些功能用硬件来实现，以提高系统的运行速度。如 FANUC 公司的数控系统，为了提高运算速度将插补分为粗插补和精插补，粗插补用软件计算出每 8ms 走过的距离，精插补是用硬件（专用大规模集成电路）在上述的距离内进行密化。目前数控系统都是在硬件、软件方面统筹兼顾和相互结合中寻求最佳的性能价格比。如图 2-9 所示是数控系统的三种典型硬件界面情况。

数控系统的软件功能大致可分为两种，一种是管理功能；另一种是控制功能。其中，管理功能包括信息的输入功能、输入输出的处理功能、显示功能和诊断功能，控制功能包括译码功能、刀具补偿功能、速度控制功能、插补运算功能和位置控制功能。数控系统的软件功能组成如图 2-10 所示。

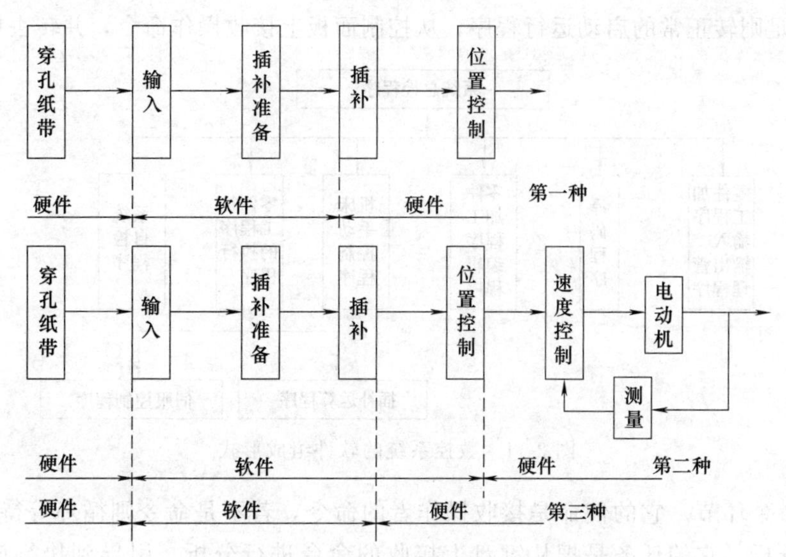

图 2-9　数控系统的三种典型硬件界面情况

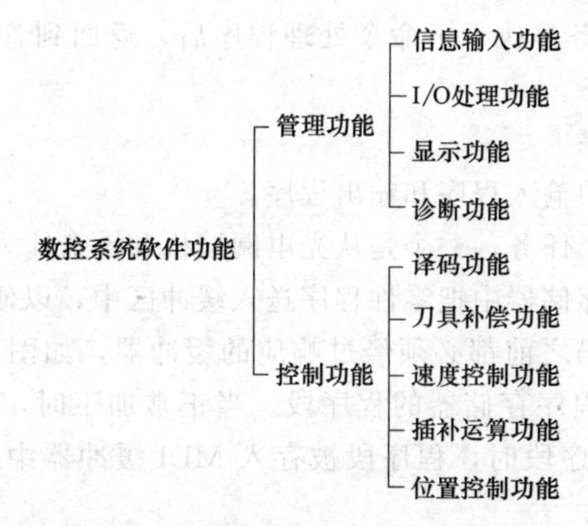

图 2-10　数控系统的软件功能组成

2.3.2　数控系统软件功能的实现

数控系统的各功能分别由不同的软件来实现。一般数控系统软件主要由以下几部分组成：系统总控程序，零件程序的输入输出管理程序，译码程序，零件加工程序编辑程序，机床手动控制程序，零件加工程序的解释执行程序，伺服控制及开关控制程序和系统自检程序。如图 2-11 所示是数控系统的软件组成形式。

下面对各部分软件作进一步介绍：

(1)　系统总控程序

系统总控程序是系统软件的主循环程序。数控系统加电以后便进入这部分程序运行。其基本结构如图 2-12 所示，它主要由四部分组成：

① 初始化部分。同一般计算机系统一样，当 CNC 系统上电或重新复位时，首先需要进行一些必要的初始化处理。例如对可编程通用接口芯片送状态字，对某些接口设置初始状态等。另外对某些有掉电保护和自恢复功能的系统，当初始化完毕，系统自检通过后，还要检查上电自恢复状态位，如果条件为真便立即转去恢复掉电前的系统状态，并接着掉电前的状态执行；

如果条件不满足则转正常的启动运行程序，从控制面板上接收操作命令，并转去执行。

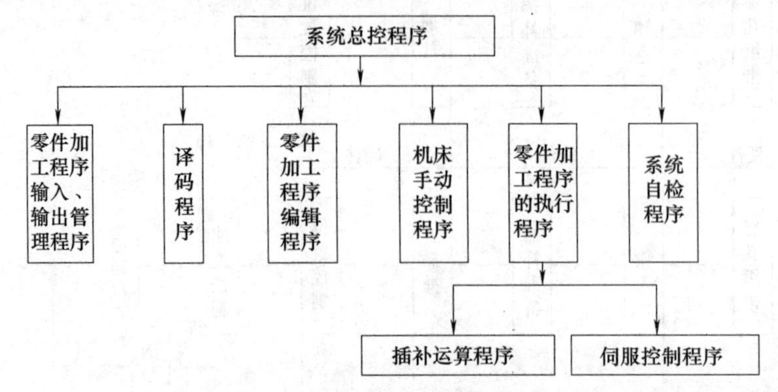

图 2-11 数控系统的软件组成形式

② 接收命令环节。它的使命是接收操作者的命令，若不是命令则循环等待。

③ 命令分析。它的任务是把从键盘上接收的命令进行分析，引导到执行该命令的相应的处理程序。

④ 返回环节。它的任务是执行了命令处理程序后，返回到管理程序接收命令环节，使系统处于等待新的操作状态。

（2）输入输出管理程序

它包括零件加工程序的输入程序和输出程序。

输入程序主要完成两个任务，一个是从光电阅读机和键盘输入零件加工源零件程序存储器；另一个是从零件程序存储器中把零件程序送入缓冲区中，以便加工时使用。无论是哪种途径输入的零件程序去译码之前都必须经过响应的缓冲器，如图 2-13 所示。零件程序缓冲器接收来自阅读机或零件程序存储器的程序段。当正常加工时，译码程序从这里取出程序段。当从 MDI 键盘输入程序段时，程序段被存入 MDI 缓冲器中，此时译码程序则从 MDI 缓冲器取出程序段。

输出程序较为简单，它的功能是将调试成功的零件存入磁盘、磁带或穿孔输出，以便长期保存。

（3）译码程序

由前面的讨论可知，经过输入系统的工作，已将数据段送入零件程序存储器。下一步就是由程序将输入的零件程序数据段翻译成本系统能识别的语言。一个数据段从输入到传送至插补工作寄存器需要以下几个环节，如图 2-14 所示。

译码程序将零件程序的源程序进行词法和语法分析，发现可能的词法或语法错误，如无错误，则对程序段的语义（即它所能产生的动作）进行分析；识别程序段所规定的 G、M、S、T 等功能，将它们翻译成内部表示形式存放在加工信息表中，供执行时使用。常用的数控代码及其内部码如表 2-5 所示。

举例说明译码过程。

例如由穿孔带输入的零件加工程序 P 为：

```
P：LF
N1 G01 X132 Y3198 F46 LF
N2 X-4000 M02 LF
%
```

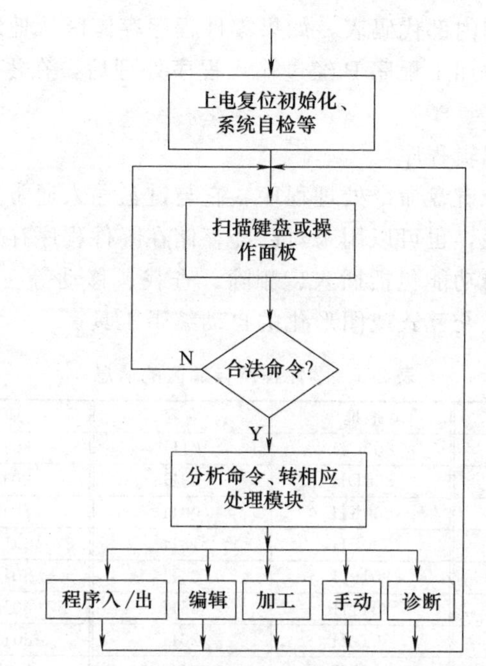

图 2-12　系统总控程序框图

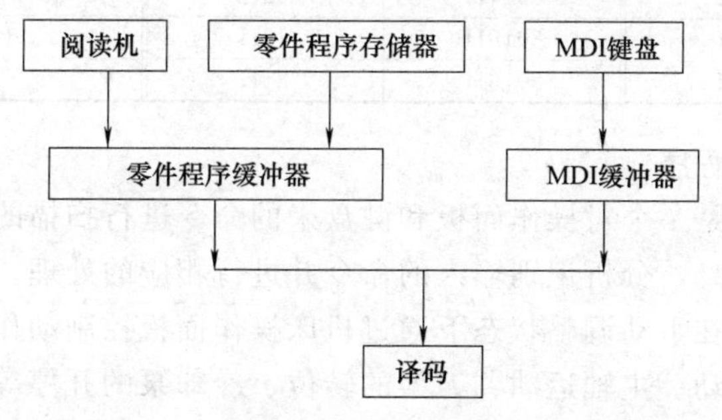

图 2-13　输入过程

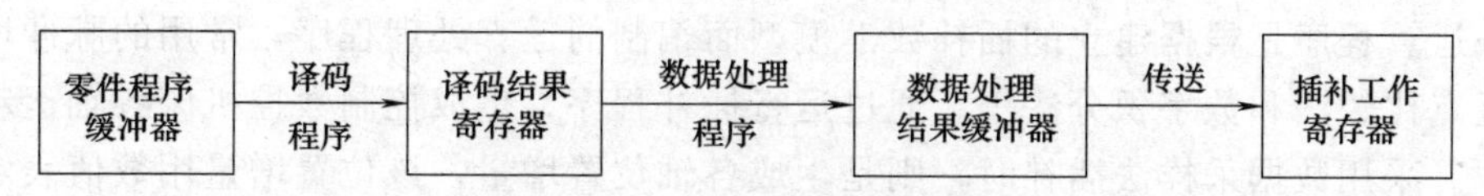

图 2-14　一个数据段经历的过程

表 2-5　常用数控代码及其内部码

字符	EIA 码	ISO 码	内部代码	字符	EIA 码	ISO 码	内部代码
0	20H	30H	00H	X	37H	D8H	12H
1	01H	B1H	01H	Y	38H	59H	13H
2	02H	B2H	02H	Z	29H	5AH	14H
3	13H	33H	03H	I	79H	C9H	15H
4	04H	B4H	04H	J	51H	CAH	16H
5	15H	35H	05H	K	52H	4BH	17H
6	16H	36H	06H	F	76H	C6H	18H
7	07H	B7H	07H	M	54H	4DH	19H
8	08H	B8H	08H	LF/CR	80H	0AH	20H
9	19H	39H	09H	—	40H	2DH	21H
N	45H	4EH	10H	DEL	7FH	FFH	FFH
G	67H	47H	11H	EOR①	0BH	A5H	22H

① 在 EIA 码中，EOR 的字符是 ER；在 ISO 码中，EOR 的字符是%。

根据数控系统常用码和内部代码表，如果零件程序存储区从地址 8001H（H 表示十六进制数）开始，那么上述零件加工程序 P 经过输入程序处理后，在零件存储区就存有如表 2-6 所示的信息。

(4) 零件加工程序的编辑程序

编辑程序实际上是一个键盘命令处理程序，它与键盘输入通常成为一体，既可以用来从键盘输入新的零件加工程序，也可以用来对已经存储在零件程序存储器中的零件加工程序进行编辑和修改。常用的编辑功能包括插入、删除、查找、移动等。新型的 CNC 系统中除提供常规编辑功能外，还提供交互式或图形化的自动编辑工具。

表 2-6 零件程序存储区的信息

地址	内容	地址	内容	地址	内容
8001H	10H	800CH	01H	8017H	04H
8002H	01H	800DH	09H	8018H	00H
8003H	11H	800EH	08H	8019H	00H
8004H	00H	800FH	18H	801AH	00H
8005H	01H	8010H	04H	801BH	19H
8006H	12H	8011H	06H	801CH	00H
8007H	01H	8012H	20H	801DH	02H
8008H	03H	8013H	10H	801EH	20H
8009H	02H	8014H	02H	801FH	22H
800AH	13H	8015H	12H		
800BH	03H	8016H	21H		

(5) 机床手工控制程序

机床手工控制程序是一个对操作面板和键盘来的命令进行扫描的程序。它不断地读取操作面板和键盘的输入信息，分析识别输入的命令并进行相应的处理。

这部分程序提供了在手动调整状态下通过机床操作面板控制动作的功能。机床手动调整动作包括各坐标轴的运动、主轴运动、刀架的转位、冷却泵的开停等。

(6) 插补运算程序

插补运算程序是根据建立的插补数学模型而编制的运算处理程序，常用的脉冲增量插补方法有逐点比较法和数字积分法等。通过运行插补程序，生成控制数控机床各轴运动的脉冲分配规律。采用数据采样法插补时，则是生成各轴位置增量，该位置增量用数值表示。

(7) 伺服控制程序

伺服控制程序是插补程序每次运行后的结果，通过适当的运算后直接输出控制执行元件的程序。当一个数据段开始插补加工时，系统控制程序还要准备下一个数据段的读入、读码、数据处理等。

(8) 系统自检程序

在主控程序空闲时（如延时），可以安排 CPU 执行预防性诊断程序，或对尚未执行程序段的输入数据进行预处理。诊断程序控制 CNC 系统各个硬件部件功能的正确性，指示可能存在的故障的位置与性质，它的存在有助于操作人员定位故障部位，缩短系统维护时间，提高系统的可靠性。

2.3.3 数控系统控制软件的结构

数控系统控制软件的构成方式主要有两种：前后台型和中断驱动型。

(1) 前后台型

整个软件分为前台程序和后台程序。前台程序是一个中断服务程序，实现插补、位控及机床相关逻辑等实时功能；后台程序实现输入译码、数据处理及管理等功能，是一个循环运行程序，又称为背景程序。以美国 Allen-Bradley 公司的 7360CNC 系统为例进一步说明前台型结构。

7360CNC 系统将每一控制功能视为一项任务，编制成相对独立的程序模块，通过系统程序各种功能模块联系成为一个整体。系统程序的功能是处理中断、调度和监督各种任务的实施。如图 2-15 所示是 7360CNC 系统简化后的系统软件框图。

① 后台程序。后台程序是数控系统的主程序，它根据面板上的开关命令所确定的方式，进行任务的调度。它由三个主要的程序环组成，以便为键盘、单段、自动和手动四种工作方式服务。

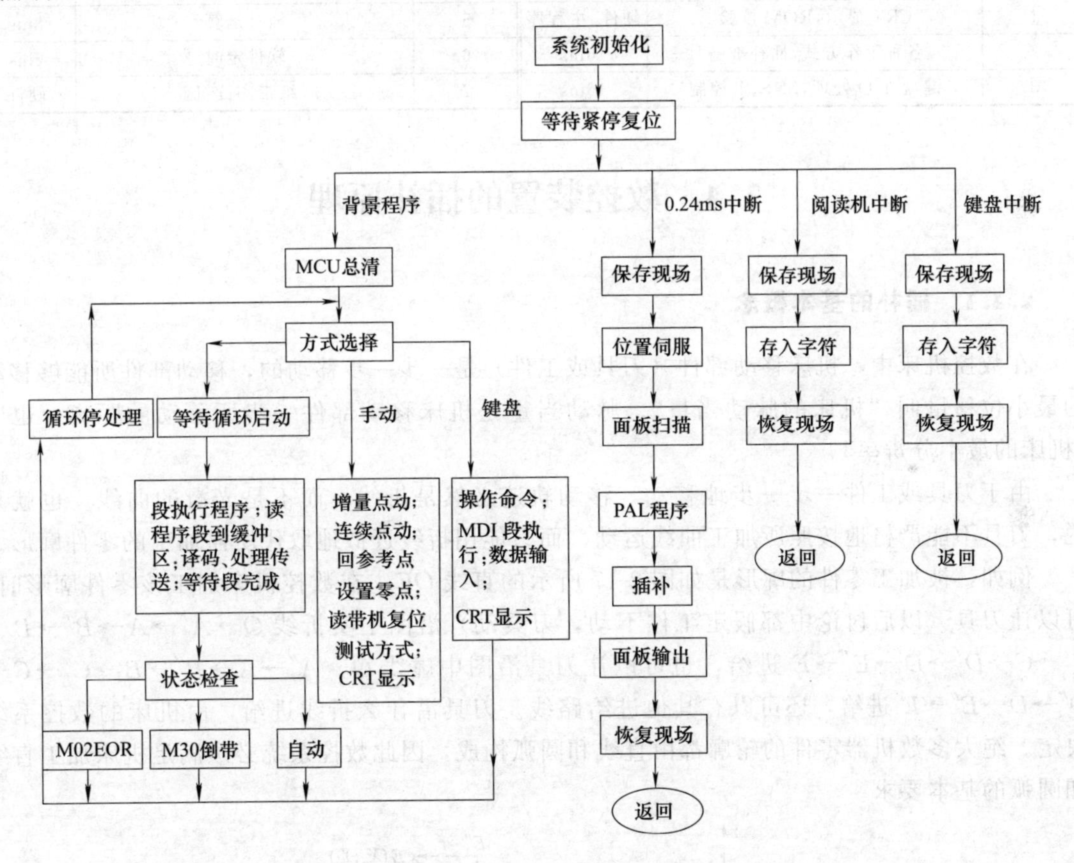

图 2-15 7360CNC 系统简化后的系统软件框图

② 前台程序。7360CNC 系统的实时过程控制是通过中断方式实现的。主要的可屏蔽中断有 10.24ms 实时时钟中断、阅读机中断和键盘中断。其中阅读机中断优先级最高，10.24ms 时钟中断次之，键盘中断优先级最低。

(2) 中断驱动型

系统软件采用中断结构模式。其中断优先级共 8 级，0 级最低，7 级最高，除了第 4 级由硬件中断完成报警功能外，其余均为软件中断。中断优先级结构如图 2-16 所示。各中断级的功能如表 2-7 所示。

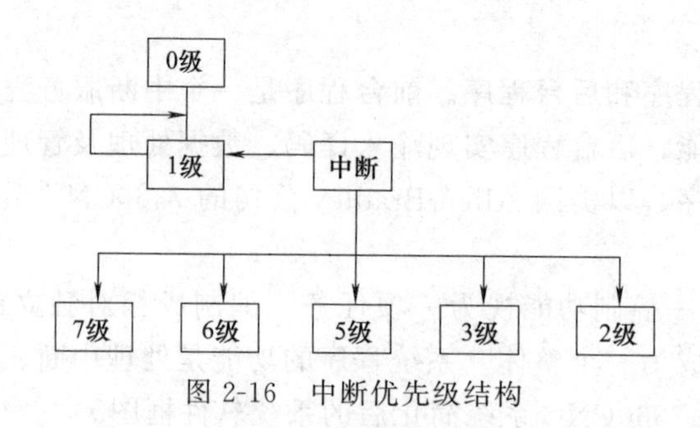

图 2-16　中断优先级结构

表 2-7　各中断级的功能

优先级	主要功能	中断源	优先级	主要功能	中断源
0	初始化	开机后进入	4	报警	硬件
1	CRT 显示,ROM 校验	硬件、主程序	5	插补运算	8ms
2	各种工作方式,插补准备	16ms	6	软件定时	2ms
3	键盘,I/O 处理,M、S、T 控制	16ms	7	纸带阅读机	硬件

2.4　数控装置的插补原理

2.4.1　插补的基本概念

在数控机床中，机床移动部件（刀具或工件）是一步一步移动的，移动部件所能够移动的最小位移量叫“机床的脉动当量”。脉动当量是机床移动部件一步所移动的距离，也叫“机床的最小分辨率”。

由于刀具或工件一步一步地移动，移动轨迹必然是折线，而不是光滑的曲线。也就是说，刀具不能严格地按照所加工曲线运动，而只能用折线近似地取代所需加工的零件廓形。

例如，被加工零件的廓形是如图 2-17 所示的直线 OE。在数控机床加工该零件廓形时，可以让刀具（以后讨论中都假定工件不动，刀具动）沿图中实折线 $O \to A' \to A \to B' \to B \to C' \to C \to D' \to D \to E' \to E$ 进给，也可以让刀具沿图中虚线 $O \to A'' \to A \to B'' \to B \to C'' \to C \to D'' \to D \to E'' \to E$ 进给，还可以有其他进给路线。刀具沿什么折线进给，由机床的数控系统决定。绝大多数机器零件的轮廓都由直线和圆弧构成，因此数控系统必须满足机床加工直线和圆弧的基本要求。

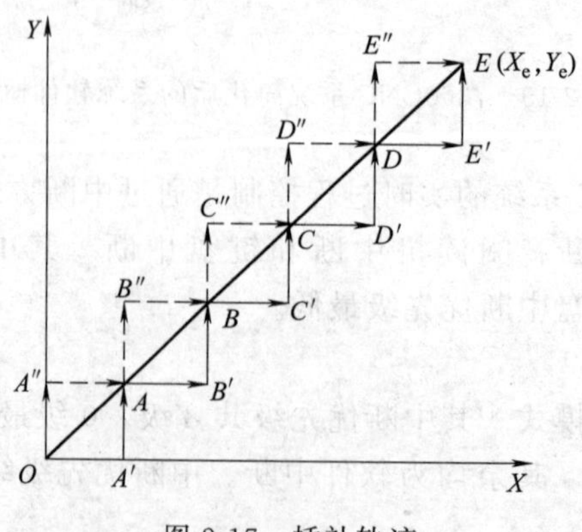

图 2-17　插补轨迹

一般从机器零件图样上可知道直线的起点和终点、圆弧的起点和终点以及圆心坐标和半径。数控系统必须按进给速度的要求、刀具参数和进给方向的要求等，在轮廓的起点和终点之间计算出（插入）若干个中间点的坐标值。这一数据的密化工作称为“插补”。

数控系统中，完成插补工作的装置叫“插补器”。早期的数控系统使用硬件插补器，它主要由数字电路构成，结构复杂，成本高。现在的数控系统多采用软件插补器，它主要由微处理器组成，通过编程就可以完成不同的插补任务，这种插补器结构简单，灵活易变。

2.4.2　插补方法的分类

根据插补所采用的原理和计算方法的不同，可有许多插补方法，目前应用的插补方法分为两大类：基准脉冲插补法和数据采样插补法。

（1）基准脉冲插补法

基准脉冲插补法又称“脉冲增量插补法”或“行程标量插补法”。这种插补方法的特点是每次插补结束，数控装置向每个运动坐标输出基准脉冲序列，每个脉冲代表了机床移动部件的最小位移，脉冲序列的频率代表了移动部件运动的速度，而脉冲的数量代表了机床移动部件移动的位移量。基准脉冲插补方法较简单（只有加法和移位），容易用硬件实现。而且，硬件电路本身完成一些简单运算速度很快。也可以用软件完成这类插补。但它仅适用于一些中等精度或中等速度要求的数控系统。脉冲增量插补方法有：逐点比较法、数字积分法、数字脉冲乘法器法、比较积分法、最小偏差法、矢量判别法、单步追踪法、直接函数法等。

（2）数据采样插补法

数据采样插补法又称为“数据增量插补法”或“时间标量插补法”。这类插补方法的特点是：数控装置产生的不是单个脉冲，而是标准二进制字。插补运算分两步完成。第一步为粗插补，在给定起点和终点的曲线上插入若干个点，即用若干条微小直线段来逼近给定曲线，每一条微小直线段的长度 ΔL 都相等，且与给定进给速度有关。粗插补在每个插补周期 T 中计算一次，每个微小直线段的长度 ΔL 与进给速度 F 和插补周期 T 成正比例关系，即 $\Delta L=FT$。第二步为精插补，它是在粗插补算出的每一微小直线段的基础上再作“数据点的密化”工作，这一步相当于对直线的脉冲增量插补。

数据采样插补法采用的是时间分割的思想，根据编程的进给速度，将轮廓曲线分割为采样周期的进给段（轮廓步长），即用弦线或割线逼近轮廓轨迹。这里的“逼近”是为了产生基本的插补曲线（直线、圆弧等）。编程中的“逼近”是用基本的插补曲线代替其他曲线。

数据采样插补法适用于闭环、半闭环以直流和交流电动机为驱动装置的位置采样控制系统。粗插补在每一个插补周期内计算出坐标实际位置增量值，而精插补则在每一个采样周期内采样闭环或半闭环反馈位置增量值及插补输出的指令位置增量值，然后算出各坐标轴相应的插补指令位置和实际反馈位置，并将二者相比较，求得跟随误差。根据所求得的跟随误差算出相应轴的进给速度，并输给驱动装置。一般将粗插补运算称为“插补”，用软件实现。而精插补可以用软件，也可以用硬件实现。

数据采样插补方法有很多，常用的有：扩展数字积分法、直线函数法、双数字积分插补法、角度逼近圆弧插补法、二阶递归扩展数字积分法等。

（3）逐点比较插补法

逐点比较插补法通过比较刀具与所加工零件轮廓曲线的相对位置，确定刀具的运动方向，即每走一步都要将加工的瞬时坐标同规定的零件轮廓相比较，判断一下偏差。如果加工点走到零件轮廓外面去了，那么下一步刀具就要向零件轮廓里面走；如果加工点在零件轮廓里面，则下一步刀具就要向零件轮廓外面走。这样就能加工出一个非常接近规定的零件轮廓，最大偏差不超过一个脉冲当量。

1）直线插补。如图 2-18 所示，OA 是要插补的直线，A 点的坐标为（X_e，Y_e）。P（X_i，Y_j）表示刀具位置在直线上，P'（X_i，Y'_j）表示刀具位置在直线上方，P''（X_i，Y''_j）表示刀具位置在直线的下方。直线 OP、OP'、OP''与 X 轴正向的夹角分别为 α_i、α'_i、α''_i。

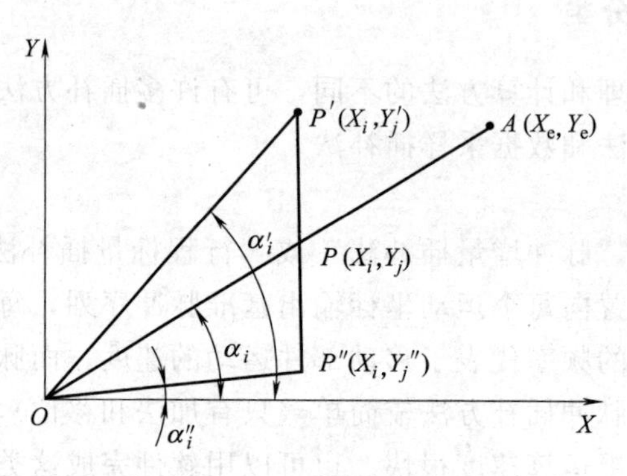

图 2-18　逐点比较法直线插补

分析图 2-18 可知：

$\tan\alpha_e = Y_e / X_e$

$\tan\alpha_i = Y_j / X_i$

$\tan\alpha'_i = Y'_j / X_i$

$\tan\alpha''_i = Y''_j / X_i$

刀具在 OA 直线上时，$\alpha_i = \alpha_e$，$Y_j / X_i = Y_e / X_e$

则
$$X_e Y_j - X_i Y_e = 0 \tag{2-1}$$

当刀具在 OA 上方时，$\alpha'_i > \alpha_e$，$Y'_j / X_i > Y_e / X_e$

则
$$X_e Y'_j - X_i Y_e > 0 \tag{2-2}$$

当刀具在 OA 下方时，$a''_i < \alpha_e$，$Y''_j / X_j < Y_e / X_e$

则
$$X_e Y''_j - X_i Y_e < 0 \tag{2-3}$$

观察式（2-1）~式（2-3），式中不同之处只是有时为 Y_j，有时为 Y'_j，有时为 Y''_j。

令 F 为偏差判别函数，且
$$F = X_e Y_j - X_i Y_e \tag{2-4}$$

当 $F \geqslant 0$ 时，刀具应向 $+X$ 方向走一步，此时 $X_{i+1} = X_i + 1$，$Y_{j+1} = Y_j$

$$F_{i+1} = F_{i+1,j} = X_e Y_{j+1} - X_{i+1} Y_e = X_e Y_j - (X_i + 1) Y_e = X_e Y_j - X_i Y_e - Y_e = F_i - Y_e \tag{2-5}$$

当 $F < 0$ 时，刀具应向 $+Y$ 方向走一步，此时 $X_{i+1} = X_i$，$Y_{j+1} = Y_j + 1$

$$F_{i+1} = F_{i,j+1} = X_e Y_{j+1} - X_{i+1} Y_e = X_e (Y_j + 1) - X_i Y_e = X_e Y_j + X_e - X_i Y_e = F_i + X_e \tag{2-6}$$

从上述过程可以看出，逐点比较法中刀具每走一步都要完成以下四项内容：

① 偏差判别。判别偏差符号，确定加工点是在规定零件轮廓外还是在轮廓内。即判断是否 $F \geqslant 0$。

② 坐标进给。根据偏差情况，控制 X 坐标或 Y 坐标进给一步，使加工点向规定零件轮廓靠拢，缩小偏差。当 $F \geqslant 0$ 时向 $+X$ 方向走进一步，当 $F<0$ 时，向 $+Y$ 方向走一步。

③ 新偏差计算。进给一步后，计算加工点与规定零件轮廓新偏差，作为下一步偏差判别的依据。计算公式为式（2-5）和式（2-6）。

④ 终点判别。根据这一步进给结果，判断终点是否达到。如果未到终点，继续插补。如果已到终点，就停止插补。注意前面推导过程中各点坐标以脉冲数给出。所以插补直线共需走的步数为 $N=X_e+Y_e$，当 $N=X_e+Y_e$ 时，说明终点已到。

【例 2-3】 设在第一象限插补直线段 O（0，0）A（8，6）。试用逐点比较法对直线进行插补，并画出插补轨迹。

解： 由 $N=X_e+Y_e$ 知，插补完这段直线。

刀具沿 X，Y 轴应走的总步数为

$$N=X_e+Y_e=8+6=14$$

插补运算过程如表 2-8 所示；插补轨迹如图 2-19 所示。

表 2-8　例 2-3 逐点比较法直线插补运算过程

偏差判断	进给方向	偏差计算	终点判断
		$F_0=0$	$i=0$
$F_0=0$	$+X$	$F_1=F_0-Y_A=0-6=-6$	$i=0+1=1<N$
$F_1=-6<0$	$+Y$	$F_2=F_1+X_A=-6+8=2$	$i=1+1=2<N$
$F_2=2>0$	$+X$	$F_3=F_2-Y_A=2-6=-4$	$i=2+1=3<N$
$F_3=-4<0$	$+Y$	$F_4=F_3+X_A=-4+8=4$	$i=3+1=4<N$
$F_4=4>0$	$+X$	$F_5=F_4-Y_A=4-6=-2$	$i=4+1=5<N$
$F_5=-2<0$	$+Y$	$F_6=F_5+X_A=-2+8=6$	$i=5+1=6<N$
$F_6=6>0$	$+X$	$F_7=F_6-Y_A=6-6=0$	$i=6+1=7<N$
$F_7=0$	$+X$	$F_8=F_7-Y_A=0-6=-6$	$i=7+1=8<N$
$F_8=-6<0$	$+Y$	$F_9=F_8+X_A=-6+8=2$	$i=8+1=9<N$
$F_9=2>0$	$+X$	$F_{10}=F_9-Y_A=2-6=-4$	$i=9+1=10<N$
$F_{10}=-4<0$	$+Y$	$F_{11}=F_{10}+X_A=-4+8=4$	$i=10+1=11<N$
$F_{11}=4>0$	$+X$	$F_{12}=F_{11}-Y_A=4-6=-2$	$i=11+1=12<N$
$F_{12}=-2<0$	$+Y$	$F_{13}=F_{12}+X_A=-2+8=6$	$i=12+1=13<N$
$F_{13}=6>0$	$+X$	$F_{14}=F_{13}-Y_A=6-6=0$	$i=13+1=14=N$

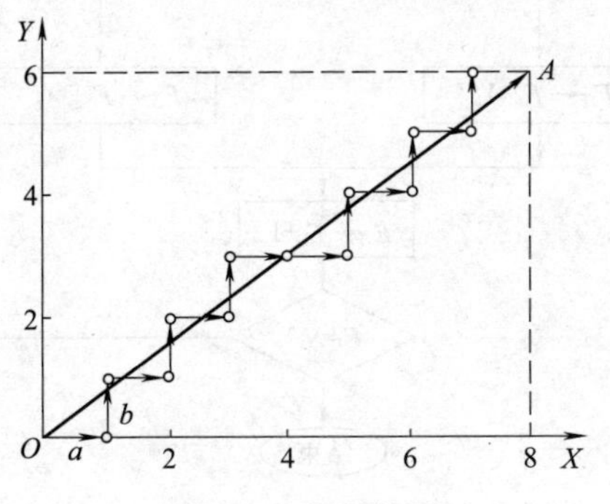

图 2-19　插补轨迹

上面讨论的是第一象限的插补问题。对于其他象限的直线进行插补时，因为终点坐标X_e、Y_e和加工点坐标均取绝对值，所以它们的计算公式与计算程序与第一象限一样。归纳为如表 2-9 所示和如图 2-20 所示。

表 2-9 直线插补计算公式和进给方向

F	直线所在的象限	进给方向	偏差计算
$F_{i,j} \geqslant 0$	L_1L_4	$+X$	$F_{i+1,j}=F_{i,j}-Y_e$
	L_2L_3	$-X$	
$F_{i,j}<0$	L_1L_2	$+Y$	$F_{i,j+1}=F_{i,j}+X_e$
	L_3L_4	$-Y$	

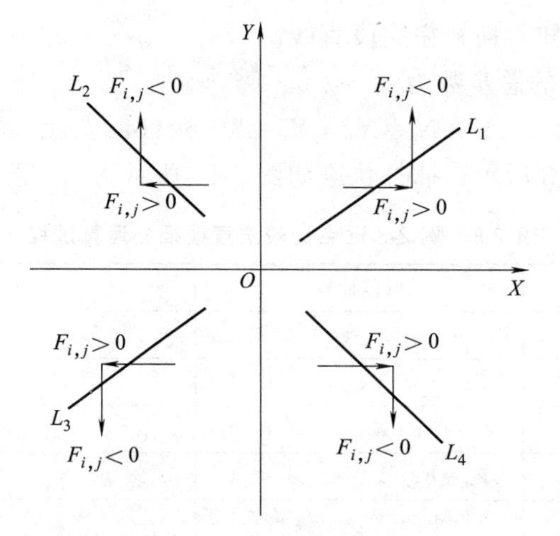

图 2-20 不同象限的进给方向

逐点比较法直线插补可以用硬件实现，也可以用软件实现。用硬件实现时，采用两个坐标寄存器、偏差寄存器、加法器、终点判别器等组成逻辑电路即可实现逐点比较法的直线插

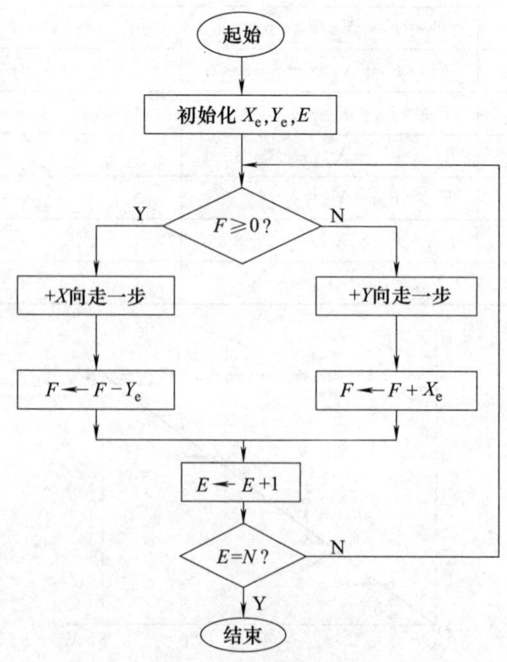

图 2-21 用软件实现插补的程序框图

补。用软件实现插补的程序框图如图2-21所示。

2）圆弧插补。逐点比较法的圆弧插补是以加工点与圆心的距离和圆弧的半径相比是大于半径还是小于半径来反映偏差的依据，如图2-22所示圆弧圆心位于原点，半径为R，圆弧两端坐标为$A(X_A, Y_A)$、$B(X_B, Y_B)$。令加工点的坐标为$P(X_i, Y_j)$，它与圆心的距离为L，则$L^2=X_i^2+Y_j^2$，因此圆弧插补的偏差计算公式为：

$$F=L^2-R^2=(X_i^2+Y_j^2)-R^2 \tag{2-7}$$

当$F=0$时，表明加工点在圆弧上；当$F>0$时，表明加工点在圆弧外；当$F<0$时，表明加工点在圆弧内。

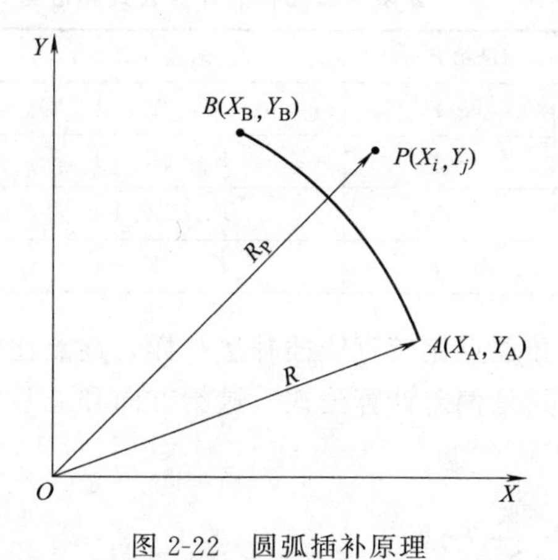

图2-22 圆弧插补原理

圆弧插补分顺时针圆弧插补和逆时针圆弧插补，两种情况下偏差计算和坐标进给均不同，下面分别加以介绍：

① 顺时针圆弧插补。顺时针圆弧插补时，起点为B（X_B，Y_B），终点为A（X_A，Y_A）。

当$F \geqslant 0$时，表明加工点在圆弧或圆弧上，此时为使刀具靠近终点A，应让刀具向$-Y$走一步，此时$X_{i+1}=X_i$，$Y_{j+1}=Y_j-1$

$$\begin{aligned}F_{i+1}=F_{i,j+1}&=X_i^2+(Y_{j+1})^2-R^2=X_i^2+(Y_j-1)^2-R^2=X_i^2+Y_j^2-2Y_j+1-R^2\\&=X_i^2+Y_j^2-R^2-2Y_j+1=F_i-2Y_j+1\end{aligned} \tag{2-8}$$

当$F<0$时，表明加工点在圆弧内，为使刀具靠近终点A，应让刀具向$+X$走一步，此时

$$X_{i+1}=X_i+1, Y_{j+1}=Y_j$$

$$\begin{aligned}F_{i+1}=F_{i+1,j}&=(X_{i+1})^2+Y_j^2-R^2=(X_i+1)^2+Y_j^2-R^2=X_i^2+2X_i+1+Y_j^2-R^2\\&=X_i^2+Y_j^2-R^2+2X_i+1=F_i+2X_i+1\end{aligned} \tag{2-9}$$

② 逆时针圆弧插补。逆时针圆弧插补时，起点为A（X_A，Y_A），终点为B（X_B，Y_B）。

当$F \geqslant 0$时，表明加工点在圆弧外或圆弧上，为使加工点靠近终点，应让刀具向$-X$方向走一步，此时：

$$X_{i+1}=X_i-1,\ Y_{j+1}=Y_j$$

$$\begin{aligned}F_{i+1}=F_{i+1,j}&=(X_{i+1})^2+Y_j^2-R^2=(X_i-1)^2+Y_j^2-R^2=X_i^2-2X_i+1+Y_j^2-R^2\\&=X_i^2+Y_j^2-R^2-2X_i+1=F_i-2X_i+1\end{aligned} \tag{2-10}$$

当$F<0$时，表明加工点在圆弧内，为使加工点靠近终点，应让刀具向$+Y$方向走一步，此时：

$$X_{i+1}=X_i, Y_{j+1}=Y_j+1$$

$$F_{i+1}=F_{i,j+1}=X_i^2+(Y_{j+1})^2-R^2=X_i^2+(Y_j+1)^2-R^2=X_i^2+Y_j^2+2Y_j+1-R^2$$
$$=X_i^2+Y_j^2-R^2+2Y_j+1=F_i+2Y_j+1 \tag{2-11}$$

上面讨论的是第一象限的圆弧插补，第一象限的圆弧插补的计算公式和进给方向归纳为表2-10。其他象限的顺、逆圆弧插补规律如图2-23所示。

表2-10　第一象限圆弧插补的计算公式和进给方向

插补方向	偏差情况	进给方向	偏差计算	坐标计算
顺圆	$F_i\geqslant0$	$-Y$	F_i-2Y_j+1	$X_{i+1}=X_i, Y_{j+1}=Y_j-1$
	$F_i<0$	$+X$	F_i+2X_i+1	$X_{i+1}=X_i+1, Y_{j+1}=Y_j$
逆圆	$F_i\geqslant0$	$-X$	F_i-2X_i+1	$X_{i+1}=X_i-1, Y_{j+1}=Y_j$
	$F_i<0$	$+Y$	F_i+2Y_j+1	$X_{i+1}=X_i, Y_{j+1}=Y_j+1$

从上述过程可以看出，和逐点比较直线插补法一样，逐点比较圆弧插补中，刀具每走一步也完成同样的四项内容，只是偏差计算公式、进给方向和总步数N的计算公式不一样。

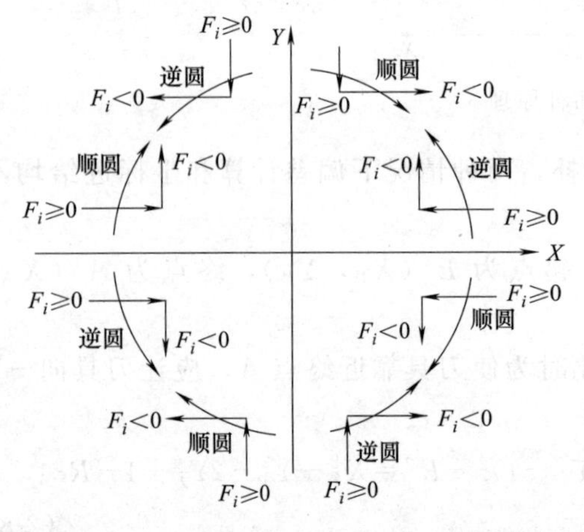

图2-23　不同象限圆弧插补的进给方向

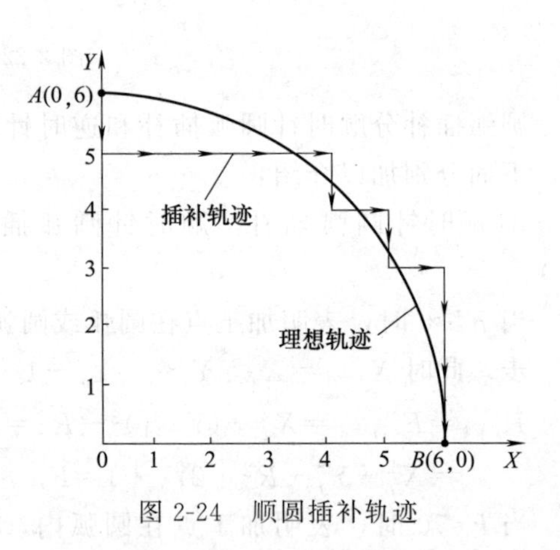

图2-24　顺圆插补轨迹

【例2-4】 第一象限顺时针圆弧AB，起点为A（0，6）终点为B（6，0）。试对这段圆弧进行插补，并画出插补轨迹图。

解： $N=|X_B-X_A|+|Y_B-Y_A|=|6-0|+|0-6|=12$，插补过程计算见表2-11，插补轨迹如图2-24所示。

表2-11　例2-4顺圆弧插补计算表

偏差判别	坐标进给	偏差计算	坐标计算	终点判别
		$F_0=0$	$X_0=X_A=0, Y_0=Y_A=6$	$i=0$
$F_0=0$	$-Y$	$F_1=F_0-2Y_0+1=0-12+1=-11$	$X_1=0, Y_1=6-1=5$	$i=0+1=1<N$
$F_1=-11<0$	$+X$	$F_2=F_1+2X_1+1=-11+0+1=-10$	$X_2=0+1=1, Y_2=5$	$i=1+1=2<N$
$F_2=-10<0$	$+X$	$F_3=F_2+2X_2+1=-10+2+1=-7$	$X_3=1+1=2, Y_3=5$	$i=2+1=3<N$

续表

偏差判别	坐标进给	偏差计算	坐标计算	终点判别
$F_3=-7<0$	$+X$	$F_4=F_3+2X_3+1=-7+4+1=-2$	$X_4=2+1=3,Y_4=5$	$i=3+1=4<N$
$F_4=-2<0$	$+X$	$F_5=F_4+2X_4+1=-2+6+1=5$	$X_5=3+1=4,Y_5=5$	$i=4+1=5<N$
$F_5=5>0$	$-Y$	$F_6=F_5-2Y_5+1=5-10+1=-4$	$X_6=4,Y_6=5-1=4$	$i=5+1=6<N$
$F_6=-4<0$	$+X$	$F_7=F_6+2X_6+1=-4+8+1=5$	$X_7=4+1=5,Y_7=4$	$i=6+1=7<N$
$F_7=5>0$	$-Y$	$F_8=F_7-2Y_7+1=5-8+1=-2$	$X_8=5,Y_8=4-1=3$	$i=7+1=8<N$
$F_8=-2<0$	$+X$	$F_9=F_8+2X_8+1=-2+10+1=9$	$X_9=5+1=6,Y_9=3$	$i=8+1=9<N$
$F_9=9>0$	$-Y$	$F_{10}=F_9-2Y_9+1=9-6+1=4$	$X_{10}=6,Y_{10}=3-1=2$	$i=9+1=10<N$
$F_{10}=4>0$	$-Y$	$F_{11}=F_{10}-2Y_{10}+1=4-4+1=1$	$X_{11}=6,Y_{11}=2-1=1$	$i=10+1=11<N$
$F_{11}=1>0$	$-Y$	$F_{12}=F_{11}-2Y_{11}+1=1-2+1=0$	$X_{12}=6,Y_{12}=1-1=0$	$i=11+1=12<N$

【例 2-5】 第一象限逆时针圆弧 AB，起点为 A（6，0），终点为 B（0，6）。试对点段圆弧进行插补并画出插补轨迹图。

解： $N=|X_B-X_A|+|Y_B-Y_A|=|0-6|+|6-0|=12$，插补过程计算见表 2-12，插补轨迹如图 2-25 所示。

表 2-12　例 2-5 逆圆弧插补计算表

偏差判别	坐标进给	偏差计算	坐标计算	终点判别
		$F_0=0$	$X_0=X_A=6,Y_0=Y_A=0$	$i=0$
$F_0=0$	$-X$	$F_1=F_0-2X_0+1=0-12+1=-11$	$X_1=6-1=5,Y_1=0$	$i=0+1=1<N$
$F_1=-11<0$	$+Y$	$F_2=F_1+2Y_1+1=-11+0+1=-10$	$X_2=5,Y_2=0+1=1$	$i=1+1=2<N$
$F_2=-10<0$	$+Y$	$F_3=F_2+2Y_2+1=-10+2+1=-7$	$X_3=5,Y_3=1+1=2$	$i=2+1=3<N$
$F_3=-7<0$	$+Y$	$F_4=F_3+2Y_3+1=-7+4+1=-2$	$X_4=5,Y_4=2+1=3$	$i=3+1=4<N$
$F_4=-2<0$	$+Y$	$F_5=F_4+2Y_4+1=-2+6+1=5$	$X_5=5,Y_5=3+1=4$	$i=4+1=5<N$
$F_5=5>0$	$-X$	$F_6=F_5-2X_5+1=5-10+1=-4$	$X_6=5-1=4,Y_6=4$	$i=5+1=6<N$
$F_6=-4<0$	$+Y$	$F_7=F_6+2Y_6+1=-4+8+1=5$	$X_7=4,Y_7=4+1=5$	$i=6+1=7<N$
$F_7=5>0$	$-X$	$F_8=F_7-2X_7+1=5-8+1=-2$	$X_8=4-1=3,Y_8=5$	$i=7+1=8<N$
$F_8=-2<0$	$+Y$	$F_9=F_8+2Y_8+1=-2+10+1=9$	$X_9=3,X_9=5+1=6$	$i=8+1=9<N$
$F_9=9>0$	$-X$	$F_{10}=F_9-2X_9+1=9-6+1=4$	$X_{10}=3-1=2,Y_{10}=6$	$i=9+1=10<N$
$F_{10}=4>0$	$-X$	$F_{11}=F_{10}-2X_{10}+1=4-4+1=1$	$X_{11}=2-1=1,Y_{11}=6$	$i=10+1=11<N$
$F_{11}=1>0$	$-X$	$F_{12}=F_{11}-2X_{11}+1=1-2+1=0$	$X_{12}=1-1=0,Y_{12}=6$	$i=11+1=12<N$

逐点比较圆弧插补法可以用硬件实现，也可以由软件来实现。硬件实现时可用两个坐标寄存器（存放 X_i，Y_i）偏差寄存器、终点判别器等组成逻辑电路。用软件实现时，第 1 象限逆时针圆弧插补的程序框图如图 2-26 所示。

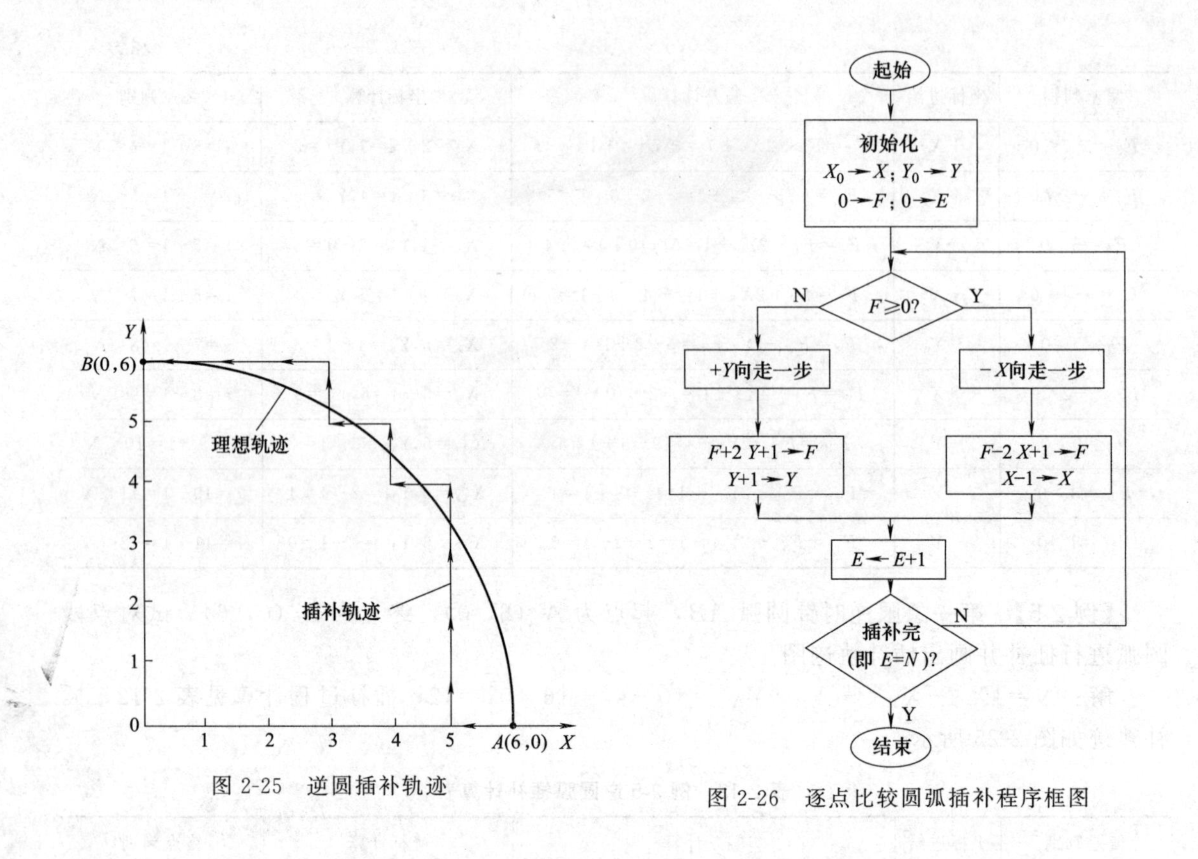

图 2-25　逆圆插补轨迹　　图 2-26　逐点比较圆弧插补程序框图

习　题

2-1　简述数控系统的基本组成部分及各部分完成的主要功能。

2-2　8051 系列单片机有何特点？有几种类型产品型号？彼此有何区别？

2-3　简述数控系统软件的主要组成部分和各部分的功能。

2-4　用逐点比较法插补第一象限的直线 O（0，0）A（5，3），列表说明插补计算过程，画出插补轨迹图。

2-5　用逐点比较法插补第一象限的逆时针圆弧 A（5，0）B（0，5），列表说明插补计算过程，画出插补轨迹图。

第 3 章　数控伺服系统

3.1　概　　述

3.1.1　伺服系统的基本要求

如果说 CNC 装置是数控机床的“大脑”，是发布“命令”的指挥机构，那么，伺服系统就是数控机床的“四肢”，是一种“执行机构”，它忠实而准确地执行由 CNC 装置发来的运动命令。

数控机床伺服系统是以数控机床移动部件（如工作台、主轴或刀具等）的位置和速度为控制对象的自动控制系统，也称为随动系统、拖动系统或伺服机构。它接收 CNC 装置输出的插补指令，并将其转换为移动部件的机械运动（主要是转动和平动）。伺服系统是数控机床的重要组成部分，是数控装置和机床本体的联系环节，其性能直接影响数控机床的精度、工作台的移动速度和跟踪精度等技术指标。

通常将伺服系统分为开环系统和闭环系统。开环系统通常主要以步进电动机作为控制对象，闭环系统通常以直流伺服电动机或交流伺服电动机作为控制对象。在开环系统中只有前向通路，无反馈回路，CNC 装置生成的插补脉冲经功率放大后直接控制步进电动机的转动；脉冲频率决定了步进电动机的转速，进而控制工作台的运动速度；输出脉冲的数量控制工作台的位移，在步进电动机轴上或工作台上无速度或位置反馈信号。在闭环伺服系统中，以检测元件为核心组成反馈回路，检测执行机构的速度和位置，由速度和位置反馈信号来调节伺服电动机的速度和位移，进而来控制执行机构的速度和位移。

数控机床闭环伺服系统的典型结构如图 3-1 所示。这是一个双闭环系统，内环是速度环，外环是位置环。速度环由速度调节器、电流调节器及功率驱动放大器等部分组成，利用测速发电机、脉冲编码器等速度传感元件作为速度反馈的测量装置。位置环由 CNC 装置中位置控制、速度控制、位置检测与反馈控制等环节组成，用以完成对数控机床运动坐标轴的控制。数控机床运动坐标轴的控制不仅要完成单个轴的速度位置控制，而且在多轴联动时，要求各移动轴具有良好的动态配合精度，这样才能保证加工精度、表面粗糙度和加工效率。

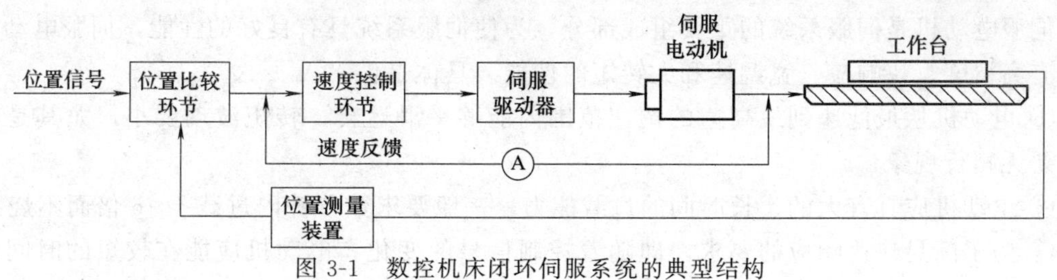

图 3-1　数控机床闭环伺服系统的典型结构

伺服系统应具有的基本性能：

（1）高精度

伺服系统的精度指输出量能跟随输入量的精确程度。由于数控机床执行机构的运动是由伺服电动机直接驱动的，为了保证移动部件的定位精度和零件轮廓的加工精度，要求伺服系统应具有足够高的定位精度和联动坐标的协调一致精度。一般的数控机床要求的定位精度为0.01～0.001mm，高档设备的定位精度要求达到0.1μm以上。在速度控制中，要求高的调速精度和比较强的抗负载扰动能力。即伺服系统应具有比较好的动、静态精度。

（2）良好的稳定性

稳定性是指系统在给定输入作用下，经过短时间的调节后达到新的平衡状态；或在外界干扰作用下，经过短时间的调节后重新恢复到原有平衡状态的能力。稳定性直接影响数控加工的精度和表面粗糙度，为了保证切削加工的稳定均匀，数控机床的伺服系统应具有良好的抗干扰能力，以保证进给速度的均匀、平稳。

（3）动态响应速度快

动态响应速度是伺服系统动态品质的重要指标，它反映了系统的跟踪精度。目前数控机床的插补时间一般在20ms以下，在如此短的时间内伺服系统要快速跟踪指令信号，要求伺服电动机能够迅速加减速，以实现执行部件的加减速控制，并且要求很小的超调量。

（4）调速范围要宽，低速时能输出大转矩

机床的调速范围R_N是指机床要求电动机能够提供的最高转速n_{max}和最低转速n_{min}之比，即：

$$R_N=\frac{n_{max}}{n_{min}} \tag{3-1}$$

其中n_{max}和n_{min}一般是指额定负载时的电动机最高转速和最低转速，对于小负载的机械也可以是实际负载时最高和最低转速。一般的数控机床进给伺服系统的调速范围R_N为24000：1就足够了，代表当前先进水平的速度控制单元的技术已可达到100000：1的调速范围。同时要求速度均匀、稳定、无爬行，且速降要小。在平均速度很低的情况下（1mm/min以下）要求有一定瞬时速度。零速度时要求伺服电动机处于锁紧状态，以维持定位精度。

机床的加工特点是低速时进行重切削，因此要求伺服系统应具有低速时输出大转矩的特性，以适应低速重切削的加工实际要求，同时具有较宽的调速范围以简化机械传动链，进而增加系统刚度，提高转动精度。一般情况下，进给系统的伺服控制属于恒转矩控制，而主轴坐标的伺服控制在低速时为恒转矩控制，高速时为恒功率控制。

车床的主轴伺服系统一般是速度控制系统，除了一般要求之外，还要求主轴和伺服驱动可以实现同步控制，以实现螺纹切削的加工要求。有的车床要求主轴具有恒线速功能。

（5）电动机性能高

伺服电动机是伺服系统的重要组成部分，为使伺服系统具有良好的性能，伺服电动机也应具有高精度、快响应、宽调速和大转矩的性能。具体是：

① 电动机从最低速到最高速的调速范围内能够平滑运转，转矩波动要小，尤其是在低速时要无爬行现象；

② 电动机应具有大的、长时间的过载能力，一般要求数分钟内过载4～6倍而不烧毁；

③ 为了满足快速响应的要求，即随着控制信号的变化，电动机应能在较短的时间内达到规定的速度；

④ 电动机应能承受频繁启动、制动和反转等要求。

3.1.2　数控机床伺服驱动系统的分类

（1）按执行机构的控制方式分类

① 开环伺服系统。如图 3-2 所示，开环伺服系统即为无位置反馈的系统，其驱动元件主要是步进电动机。步进电动机的工作实质是数字脉冲到角度位移的变换，它不是用位置检测元件实现定位的，而是靠驱动装置本身转过的角度正比于指令脉冲的个数进行定位的，运动速度由脉冲的频率决定。

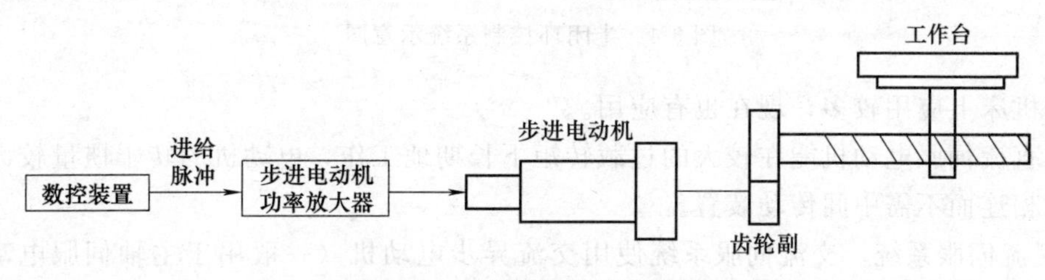

图 3-2　开环数控系统示意图

开环系统结构简单，易于控制，但精度差，低速不平稳，高速转矩小，一般用于轻载且负载变化不大或经济型数控机床上。

② 闭环伺服系统。如图 3-3 所示，闭环系统是误差控制随动系统。数控机床进给系统的误差，是 CNC 输出的位置指令和机床工作台（或刀架）实际位置的差值。系统运动执行元件不能反映机床工作台（或刀架）的实际位置，因此需要有位置检测装置。该装置可测出实际位移量或者实际所处的位置，并将测量值反馈给 CNC 装置，与指令进行比较，求得误差，依此构成闭环位置控制。

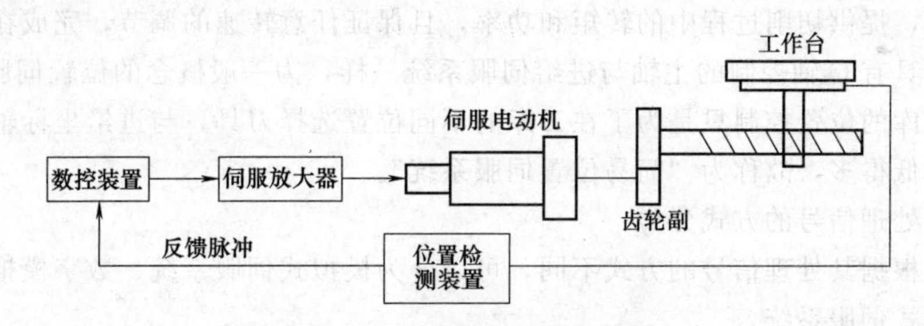

图 3-3　闭环控制系统示意图

由于闭环伺服系统是反馈控制，且反馈测量装置精度很高，因此系统传动链的误差、环内各元件的误差以及运动中造成的误差都可以得到补偿，从而大大提高了跟随精度和定位精度。系统精度只取决于测量装置的制造精度和安装精度。

③ 半闭环系统。如图 3-4 所示，位置检测装置元件不直接安装在进给坐标的最终运动部件上，而是经过中间机械传动部件的位置转换（称为间接测量），也即坐标运动的传动链有一部分在位置闭环以外。在环外的传动误差没有得到系统的补偿，因而这种伺服系统的精度低于闭环系统。

（2）按使用的伺服电动机类型分类

① 直流伺服系统。直流伺服系统常用的伺服电动机有小惯量直流伺服电动机和永磁直流伺服电动机（也称为大惯量宽调速直流伺服电动机）。

小惯量伺服电动机最大限度地减少了电枢的转动惯量，所以能获得最好的快速性，在早

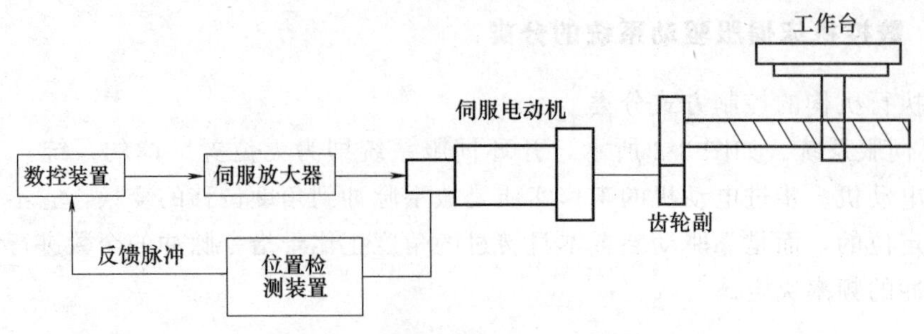

图 3-4 半闭环控制系统示意图

期的数控机床上应用较多，现在也有应用。

永磁直流伺服电动机能在较大的过载转矩下长期地工作，电动机的转子惯量较大，能直接与丝杠相连而不需中间传动装置。

② 交流伺服系统。交流伺服系统使用交流异步电动机（一般用于主轴伺服电动机）和永磁同步伺服电动机（一般用于进给伺服电动机）。交流伺服系统得到了迅速发展，且已经形成潮流。从 20 世纪 80 年代后期开始，交流伺服系统就大量使用，目前已基本取代了直流伺服系统。

(3) 按驱动类型分类

① 进给伺服系统。进给伺服系统是指一般概念的伺服系统，它包括速度控制环和位置控制环。进给伺服系统可完成各坐标轴的进给运动，具有定位和轮廓跟踪功能，是数控机床中要求最高的伺服控制。

② 主轴伺服系统。严格来说，一般的主轴控制只是一个速度控制系统，主要是实现主轴的旋转运动，提供切削过程中的转矩和功率，且保证任意转速的调节，完成在转速范围内的无级变速。具有 C 轴控制的主轴与进给伺服系统一样，为一般概念的位置伺服控制系统。

此外，刀库的位置控制只是为了在刀库的不同位置选择刀具，与进给坐标轴的位置控制相比，性能要低得多，故称为“简易位置伺服系统”。

(4) 按其处理信号的方式分类

伺服系统根据其处理信号的方式不同，可以分为模拟式伺服系统、数字模拟混合式伺服系统和全数字式伺服系统。

3.1.3 伺服电动机的种类、特点和选用原则

伺服电动机的分类：直流伺服电动机和交流伺服电动机。伺服电动机的选用原则如下：

① 传统的选择方法。这里只考虑电动机的动力问题，对于直线运动用速度 v (t)、加速度 a (t) 和所需外力 F (t) 表示，对于旋转运动用角速度 ω (t)、角加速度 ε (t) 和所需转矩 T (t) 表示，它们均可以表示为时间的函数，与其他因素无关。很显然。电动机的最大功率 $P_{电机}$，最大应大于工作负载所需的峰值功率 $P_{峰值}$，但仅仅如此是不够的，物理意义上的功率包含转矩和速度两部分，但在实际的传动机构中它们是受限制的。只用峰值功率作为选择电动机的原则是不充分的，而且传动比的准确计算非常烦琐。

② 新的选择方法。一种新的选择原则是将电动机特性与负载特性分离开，并用图解的形式表示，这种表示方法使得驱动装置的可行性检查和不同系统间的比较更方便，另外，还提供了传动比的一个可能范围。这种方法的优点：适用于各种负载情况；将负载和电动机的

特性分离开；有关动力的各个参数均可用图解的形式表示并且适用于各种电动机。因此，不再需要用大量的类比来检查电动机是否能够驱动某个特定的负载。

③ 一般伺服电动机选择考虑的问题：a. 电动机的最高转速；b. 惯量匹配问题及计算负载惯量；c. 空载加速转矩；d. 切削负载转矩；e. 连续过载时间。

④ 伺服电动机选择的步骤：a. 决定运行方式；b. 计算负载换算到电动机轴上的转动惯量 J；c. 初选电动机；d. 核算加减速时间或加减速功率；e. 考虑工作循环与占空因素的实效转矩计算。

3.2　进给伺服系统的驱动元件

3.2.1　步进电动机及其驱动

步进电动机伺服系统一般构成典型的开环伺服系统，其基本机构如图 3-5 所示。在这种开环伺服系统中，执行元件是步进电动机。步进电动机是一种可将电脉冲转换为机械角位移的控制电动机，并通过丝杠带动工作台移动。通常该系统中无位置、速度检测环节，其精度主要取决于步进电动机的步距角和与之相连传动链的精度。步进电动机的最高转速通常均比直流伺服电动机和交流伺服电动机低，且在低速时容易产生振动，影响加工精度。但步进电动机伺服系统的制造与控制比较容易，在速度和精度要求不太高的场合有一定的使用价值，同时步进电动机细分技术的应用，使步进电动机开环伺服系统的定位精度显著提高，并可有效地降低步进电动机的低速振动，从而使步进电动机伺服系统得到更加广泛的应用，特别适合于中、低精度的经济型数控机床和普通机床的数控化改造。

步进电动机伺服系统主要应用于开环位置控制中，该系统由环形分配器、步进电动机、驱动电源等部分组成。这种系统简单容易控制，维修方便且控制为全数字化，比较适应当前计算机技术发展的趋势。

(1) 步进电动机的分类、结构和工作原理

① 步进电动机的分类。步进电动机的分类方法很多，根据不同的分类方式，可将步进电动机分为多种类型，如表 3-1 所示。

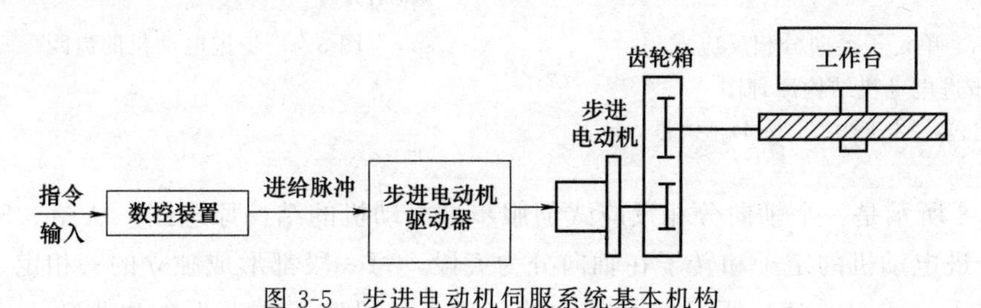

图 3-5　步进电动机伺服系统基本机构

表 3-1　步进电动机的分类

分类方式	具体类型
按力矩产生的原理	①反应式：转子无绕组，由被励磁的定子绕组产生反应力矩实现步进运行 ②励磁式：定、转子均有励磁绕组(或转子用永久磁钢)，由电磁力矩实现步进运行
按输出力矩大小	①伺服式：输出力矩在百分之几到十分之几，只能驱动较小的负载，要与液压力矩放大器配用，才能驱动机床工作台等较大的负载 ②功率式：输出力矩在 5～50N・m 以上，可以直接驱动机床工作台等较大的负载

续表

分类方式	具 体 类 型
按定子数	①单定子式；②双定子式；③三定子式；④多定子式
按各相绕组分布	①径向分相式：电动机各相按圆周依次排列 ②轴向分相式：电动机各相按轴向依次排列

② 步进电动机的结构。目前，我国使用的步进电动机多为反应式步进电动机。在反应式步进电动机中，有轴向分相和径向分相两种。如图 3-6 所示是一典型的单定子径向分相反应式伺服步进电动机的结构原理图。它与普通电动机一样，也是由定子和转子构成，其中定子又分为定子铁芯和定子绕组。定子铁芯由电工钢片叠压而成，定子绕组是绕置在定子铁芯 6 个均匀分布的齿上的线圈，在直径方向上相对的两个齿上的线圈串联在一起，构成一相控制绕组。图 3-6 所示的步进电动机可构成 A、B、C 三相控制绕组，故称三相步进电动机。若任一相绕组通电，便形成一组定子磁极，其方向即图中所示的 NS 极。在定子的每个磁极上面向转子的部分，又均匀分布着 5 个小齿，这些小齿呈梳状排列，齿槽等宽，齿间夹角为 9°。转子上没有绕组，只有均匀分布的 40 个齿，其大小和间距与定子上的完全相同。此外，三相定子磁极上的小齿在空间位置上依次错开 1/3 齿距，如图 3-7 所示。当 A 相磁极上的小齿与转子上的小齿对齐时，B 相磁极上的齿刚好超前（或滞后）转子齿 1/3 齿距角，C 相磁极齿超前（或滞后）转子齿 2/3 齿距角。步进电动机每走一步所转过的角度称为步距角，其大小等于错齿的角度。错齿角度的大小取决于转子上的齿数，磁极数越多，转子上的齿数越多，步距角越小，步进电动机的位置精度越高，其结构也越复杂。

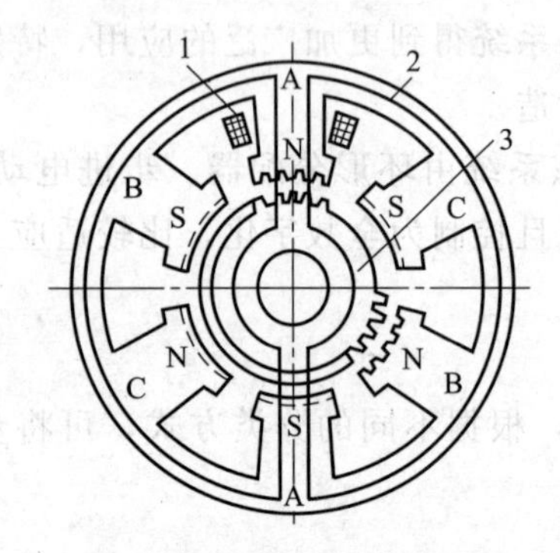

图 3-6　单定子径向分相反应式步进电动机结构原理图
1—绕组；2—定子铁芯　3—转子铁芯

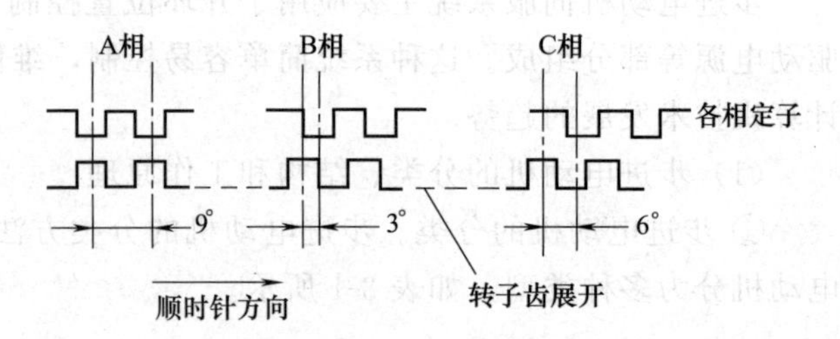

图 3-7　步进电动机的齿距

如图 3-8 所示是一个轴向分相反应式伺服步进电动机的结构原理图。从图 3-8（a）中可以看出，步进电动机的定子和转子在轴向分为五段，每一段都形成独立的一相定子铁芯、定子绕组和转子。图 3-8（b）所示的是其中的一段。各段定子铁芯形如内齿轮，由硅钢片叠成。转子形如外齿轮，也由硅钢片叠成。各段定子上的齿在圆周方向均匀分布，彼此之间错开 1/5 齿距，其转子齿彼此不错位。当设置在定子铁芯环形槽内的定子绕组通电时，形成一相环形绕组，构成图中所示的磁力线。

除上面介绍的两种形式的反应式步进电动机之外，常见的步进电动机还有永磁式步进电动机和永磁反应式步进电动机，它们的结构虽不相同，但工作原理相同。

③ 步进电动机的工作原理。步进电动机的工作原理实际上是电磁铁的作用原理。现以

如图 3-9 所示三相反应式步进电动机为例说明步进电动机的工作原理。

当 A 相绕组通电时，转子的齿与定子 AA 上的齿对齐。若 A 相断电，B 相通电，由于磁力的作用，转子的齿与定子 BB 上的齿对齐，转子沿顺时针方向转过 30°，如果控制线路不停地按 A→B→C→A→…的顺序控制步进电动机绕组的通断电，步进电动机的转子便不停地顺时针转动。若通电顺序改为 A→C→B→A→…，步进电动机的转子将逆时针转动。这种通电方式称为三相三拍，而通常的通电方式为三相六拍，其通电顺序为 A→AB→B→BC→C→CA→A→…及 A→AC→C→CB→B→BA→A→…，相应地，定子绕组的通电状态每改变一次，转子转过 15°。因此在本例中，三相三拍的通电方式其步距角 α 等于 30°，三相六拍通电方式其步距角 α 等于 15°。

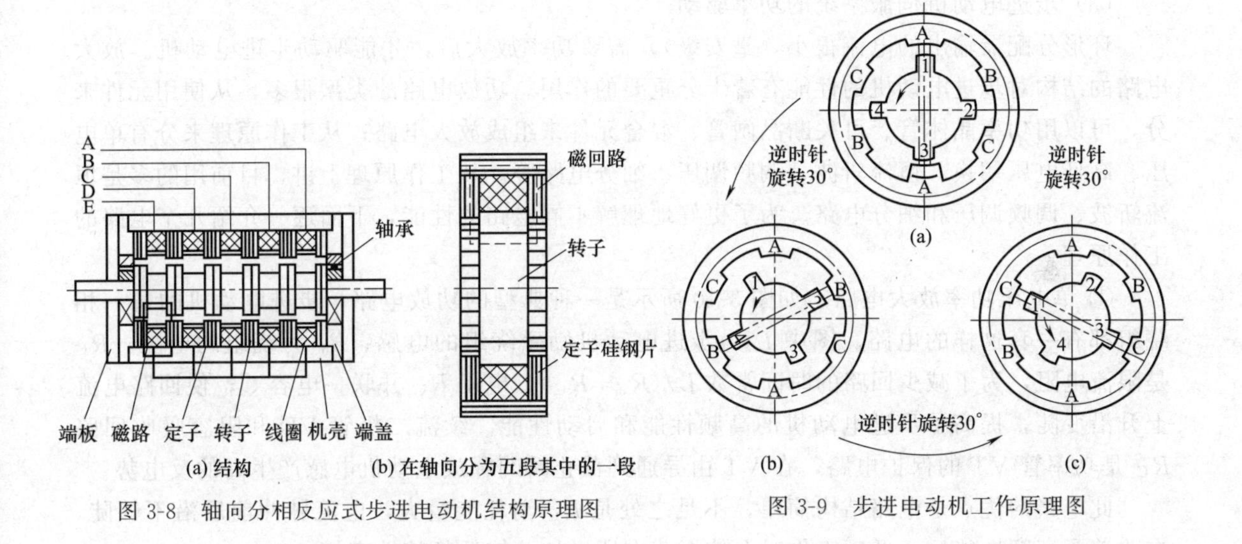

图 3-8 轴向分相反应式步进电动机结构原理图　　图 3-9 步进电动机工作原理图

综上所述，可以得到如下结论：

a. 步进电动机定子绕组的通电状态每改变一次，它的转子便转过一个确定的角度，即步距角 α；

b. 改变步进电动机定子绕组的通电顺序，转子的旋转方向随之改变；

c. 步进电动机定子绕组通电状态的改变速度越快，其转子旋转的速度越快，即通电状态的变化频率越高，转子的转速越高；

d. 步进电动机步距角 α 与定子绕组的相数 m、转子的齿数 z、通电方式 k 有关，可用下式表示：

$$\theta=360°/(mzk) \tag{3-2}$$

式中，m 相 m 拍时，$k=1$；m 相 $2m$ 拍时，$k=2$。

对于如图 3-6 所示的单定子径向分相反应式步进电动机，当它以三相三拍通电方式工作时，其步距角为：$\theta=360°/(mzk)=360°/(3\times40\times1)=3°$。

若按三相六拍通电方式工作，则步距角为：$\theta=360°/(mzk)=360°/(3\times40\times2)=1.5°$。

(2) 步进电动机的控制方法

由步进电动机的工作原理可知，要使电动机正常地一步一步地运行，控制脉冲必须按一定的顺序分别供给电动机各相，例如三相单拍驱动方式，供给脉冲的顺序为 A→B→C→A 或 A→C→B→A，称为环形脉冲分配。脉冲分配有两种方式：一种是硬件脉冲分配（或称为脉冲分配器)；另一种是软件脉冲分配，是由计算机的软件完成的。

① 脉冲分配器。脉冲分配器可以用门电路及逻辑电路构成，提供符合步进电动机控制指令所需的顺序脉冲。目前已经有很多可靠性高、尺寸小、使用方便的集成电路脉冲分配器供选择，按其电路结构不同，可分为TTL集成电路和CMOS集成电路。

② 软件脉冲分配。在计算机控制的步进电动机驱动系统中，可以采用软件的方法实现环形脉冲分配。软件环形分配器的设计方法有很多，如查表法、比较法、移位寄存器法等，它们各有特点，其中常用的是查表法。

采用软件进行脉冲分配虽然增加了软件编程的复杂程度，但它省去了硬件环形脉冲分配器，系统减少了器件，降低了成本，也提高了系统的可靠性。

(3) 步进电动机伺服系统的功率驱动

环形分配器输出的电流很小（毫安级)，需要功率放大后，才能驱动步进电动机。放大电路的结构对步进电动机的性能有着十分重要的作用。功放电路的类型很多，从使用元件来分，可以用功率晶体管、可关断晶闸管、混合元件来组成放大电路；从工作原理来分有单电压、高低电压切换、恒流斩波、调频调压、细分电路等。从工作原理上讲，目前用的多是恒流斩波、调频调压和细分电路。为了更好地理解不同电路的性能，下面逐一介绍几个电路的工作原理。

① 单电压功率放大电路。如图3-10所示是一种典型的功放电路，步进电动机的每一相绕组都有一套这样的电路。图中L为步进电动机励磁绕组的电感、R_a为绕组的电阻，R_C是限流电阻，为了减少回路的时间常数$L/(R_a+R_C)$，电阻R_C并联一电容C，使回路电流上升沿变陡，提高了步进电动机的高频性能和启动性能。续流二极管VD和阻容吸收回路R_C是功率管VT的保护电路，在VT由导通到截止瞬间释放电动机电感产生高的反电势。

此电路的优点是电路结构简单，不足之处是R_C消耗能量大，电流脉冲前后沿不够陡，在改善了高频性能后，低频工作时会使振荡有所增加，使低频特性变坏。

② 高低电压功率放大电路。如图3-11所示是一种高低电压功率放大电路。图中电源U_1为高电压电源，为80～150V，U_2为低电压电源，为5～20V。在绕组指令脉冲到来时，脉冲的上升沿同时使VT_1和VT_2导通。由于二极管VD_1的作用，使绕组只加上高电压U_1，绕组的电流很快达到规定值。到达规定值后，VT_1的输入脉冲先变成下降沿，使VT_1截止，电动机由低电压U_2供电，维持规定电流值，直到VT_2输入脉冲下降沿到来VT_2截止。下一绕组循环这一过程。由于采用高压驱动，电流增长快，绕组电流前沿变陡，提高了电动机的工作频率和高频时的转矩。同时由于额定电流是由低电压维持，只需阻值较小的限流电阻R_C，故功耗较低。不足之处是在高低压衔接处的电流波形在顶部有下凹，影响电动机运行的平稳性。

③ 斩波恒流功放电路。斩波恒流功放电路如图3-12 (a) 所示。该电路的特点是工作时U_{in}端输入方波步进信号：当U_{in}为“0”电平，由与门A_2输出U_b为“0”电平，功率管（达林顿管）VT截止，绕组W上无电流通过，采样电阻上R_3上无反馈电压，A_1放大器输出高电平；而当U_{in}为高电平时，由与门A_2输出的U_b也是高电平，功率管VT导通，绕组W上有电流，采样电阻上R_3上出现反馈电压U_f，由分压电阻R_1、R_2得到设定电压与反馈电压相减，决定A_1输出电平的高低，决定U_{in}信号能否通过与门A_2。若$U_{ref}>U_f$时U_{in}信号通过与门，形成U_b正脉冲，打开功率管VT；反之，$U_{ref}<U_f$时U_{in}信号被截止，无U_b正脉冲，功率管VT截止。这样在一个U_{in}脉冲内，

功率管 VT 会多次通断，使绕组电流在设定值上下波动。各点的波形如图 3-12（b）所示。

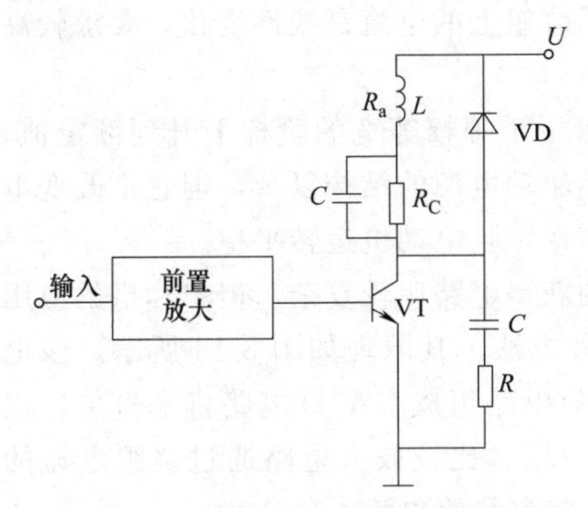

图 3-10　单电源功率放大电路原理图

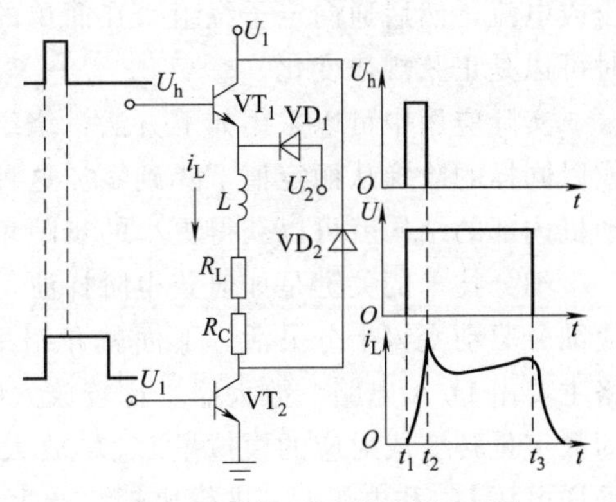

图 3-11　高低压驱动电路原理图

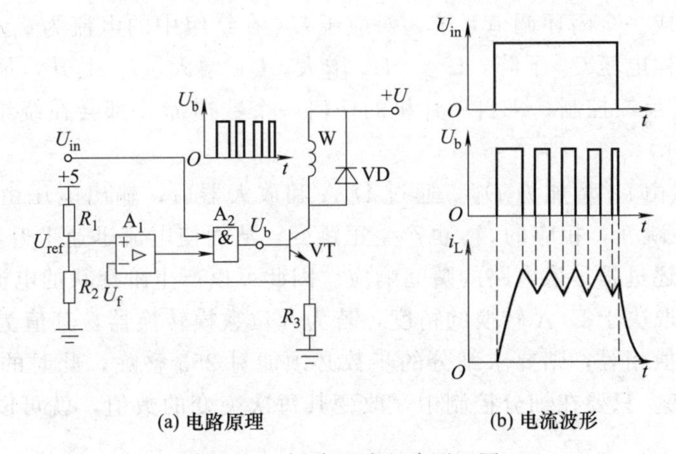

(a) 电路原理　　(b) 电流波形

图 3-12　斩波驱动电路原理图

在这种控制方法中，绕组上的电流大小和外加电压大小 $+U$ 无关，因为采样电阻 R_3 的反馈作用，使绕组上的电流可以稳定在额定的数值上，是一种恒流驱动方案，所以对电源的要求很低。

这种驱动电路中绕组上的电流不随步进电动机的转速而变化，从而保证在很大的频率范围内，步进电动机都输出恒定的转矩。这种驱动电路虽然复杂但绕组的脉冲电流边沿陡，因采样电阻 R_3 的阻值很小（一般小于 1Ω），所以主回路电阻较小，系统的时间常数较小，反应较快，功耗小、效率高。这种功放电路在实际中经常使用。

（4）步进电动机的细分驱动技术

① 步进电动机细分控制原理。如前所述，步进电动机定子绕组的通电状态每改变一次，转子转过一个步距角。步距角的大小只有两种，即整步工作或半步工作。但在三相步进电动机的双三拍通电的方式下是两相同时通电，转子的齿和定子的齿不对齐而是停在两相定子齿的中间位置。若两相通以不同大小的电流，那么转子的齿就会停在两齿中间的某一位置，且偏向电流较大的那个齿。若将通向定子的额定电流分成 n 等份，转子以 n 次通电方式最终达到额定电流，使原来每个脉冲走一个步距角，变成了每次通电走 $1/n$ 个步距角，即将原来一个步距角细分为 n 等份，从而提高了步进电动机的精度，这种控制方法称为步进电动

机的细分控制，或称为细分驱动。

② 步进电动机细分控制的技术方案。细分方案的本质就是通过一定的措施生成阶梯电压或电流，然后通向定子绕组。在简单的情况下，定子绕组上的电流是线性变化，要求较高时可以是正弦规律变化。

实际应用中可以采用如下方法：绕组中的电流以若干个等幅等宽的阶梯上升到额定值，或以同样的阶梯从额定值下降到零。这种控制方案虽然驱动电源的结构复杂，但它不改变电动机内部的结构就可以获得更小的步距角和更高的分辨率，且电动机运转平稳。

细分技术的关键是如何获得阶梯波，以往阶梯波的获得电路比较复杂，但单片机的应用使细分驱动变得十分灵活。下面就介绍细分技术的一种方法。其原理如图 3-13 所示。该电路主要由 D/A 电路、放大器、比较放大电路和线性功放电路组成。A/D 电路将来自单片机的数字量转变成对应的模拟量 U_{in}，放大器将其放大为 U_A，比较放大电路通过绕组电流的采样电压 U_e 和电压 U_A 进行比较，产生调节信号 U_b，控制绕组电流 i_L。

当来自单片机的数据 D_j 输入给 D/A 转换器转换为电压 U_{inj}，并经过放大器放大为 U_{Aj}，比较器与功放级组成一个闭环调节系统，对应于 U_{Aj} 在绕组中的电流为 i_{Lj}。如果电流 i_L 下降，则绕组电流采样电压 U_e 下降，$U_{Aj}-U_e$ 增大，U_b 增大，i_L 上升，最终使绕组电流稳定于 i_{Lj}。因此通过反馈控制，来自单片机的任何一个数据 D，都会在绕组上产生一个恒定的电流 i_L。

若数据 D 突然由 D_j 增加为 D_k，通过 D/A 和放大器后，输出电压由 U_{Aj} 增加为 U_{Ak}，使 $U_{Ak}-U_e$ 产生正跳变，相应的 U_b 也产生正跳变，从而使电流迅速上升。当 D_j 减小时情况刚好相反，且上述过程是该电路的瞬间响应。因此可以产生阶梯状的电流波形。

细分数的大小取决于 D/A 转换的精度，若为 8 位数模转换器，其值为 00H～FFH，若要每个阶梯的电流值相等，则要求细分的步数必须能对 255 整除，此时的细分数可能为 3，5，15，17，51，85。只要在细分控制中，改变其每次突变的数值，就可以实现不同的细分控制。

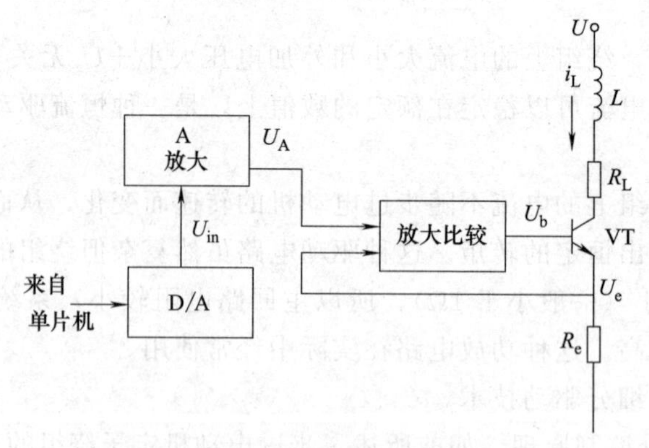

图 3-13　可变细分控制功率放大电路

3.2.2　直流伺服电动机及速度控制单元

直流伺服电动机在电枢控制时具有良好的机械特性和调节特性。机电时间常数小，启动电压低。其缺点是由于有电刷和换向器，造成的摩擦转矩比较大，有火花干扰及维护不便。

(1) 直流伺服电动机的结构和工作原理

直流伺服电动机的结构与一般的电动机结构相似，也是由定子、转子和电刷等部分组成，在定子上有励磁绕组和补偿绕组，转子绕组通过电刷供电。由于转子磁场和定子磁场始终正交，因而产生转矩使转子转动。如图3-14所示，定子励磁电流产生定子电势F_s，转子电枢电流i_a产生转子磁势为F_r，F_s和F_r垂直正交，补偿磁阻与电枢绕组串联，电流i_a又产生补偿磁势F_c，F_c与F_r方向相反，它的作用是抵消电枢磁场对定子磁场的扭曲，使电动机有良好的调速特性。

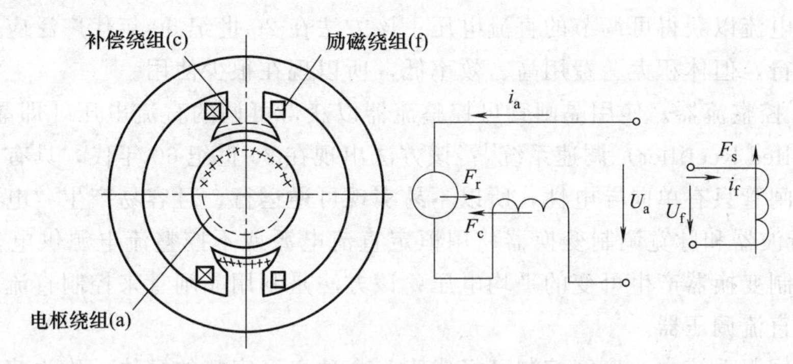

图3-14 直流伺服电动机的结构和工作原理

永磁直流伺服电动机的转子绕组是通过电刷供电，并在转子的尾部装有测速发电机和旋转变压器（或光电编码器），它的定子磁极是永久磁铁。我国稀土永磁材料有很大的磁能积和极大的矫顽力，把永磁材料用在电动机中不但可以节约能源，还可以减少电动机发热，减少电动机体积。永磁式直流伺服电动机与普通直流电动机相比有更高的过载能力、更大的转矩转动惯量比、调速范围大等优点。因此，永磁式直流伺服电动机曾广泛应用于数控机床进给伺服系统。由于近年来出现了性能更好的转子为永磁铁的交流伺服电动机，永磁直流电动机在数控机床上的应用才越来越少。

（2）直流伺服电动机的调速原理和常用的调速方法

由电工学的知识可知：在转子磁场不饱和的情况下，改变电枢电压即可改变转子转速。直流电动机的转速和其他参量的关系可用下式表示：

$$n=\frac{U-IR}{K_e\phi} \tag{3-3}$$

式中 n——转速，r/min；

U——电枢电压，V；

I——电枢电流，A；

R——电枢回路总电压，Ω；

ϕ——励磁磁通，Wb（韦伯）；

K_e——由电动机结构决定的电动势常数。

根据上述关系式，实现电动机调速是主要方法有三种：

① 调节电枢供电电压U。电动机加以恒定励磁，用改变电枢两端电压U的方式来实现调速控制，这种方法也称为电枢控制。

② 减弱励磁磁通ϕ。电枢加以恒定电压，用改变励磁磁通的方法来实现调速控制，这种方法也称为磁场控制。

③ 改变电枢回路电阻R来实现调速控制。对于要求在一定范围内无级平滑调速的系统

来说，以改变电枢电压的方式最好；改变电枢回路电阻只能实现有级调速，调速平滑性比较差；减弱磁通，虽然具有控制功率小和能够平滑调速等优点，但调速范围不大，往往只是配合调压方案，在基速（即电动机额定转速）以上作小范围的升速控制。因此，直流伺服电动机的调速主要以电枢电压调速为主。

要得到可调节的直流电压，常用的方法有以下三种：

① 旋转变流机组。用交流电动机（同步或异步电动机）和直流发电机组成机组，调节发电机的励磁电流以获得可调节的直流电压；该方法在20世纪50年代广泛应用，可以很容易实现可逆运行，但体积大、费用高、效率低，所以现在很少使用。

② 静止可控整流器。使用晶闸管可控整流器以获得可调的直流电压［即晶闸管（SCR，Silicon Controlled Rectifier）调速系统］；该方法出现在20世纪60年代，具有良好的动态性能，但因为晶闸管只有单向导电性，所以不易实现可逆运行，且容易产生“电力公害”。

③ 直流斩波器和脉宽调制变换器。用恒定直流电源或不控整流电源供电，利用直流斩波器或脉宽调制变换器产生可变的平均电压；该方法是利用晶闸管来控制直流电压，形成直流斩波器或称直流调压器。

数控机床伺服系统中，速度控制已经成为一个独立、完整的模块，称为速度控制模块或速度控制单元。现在直流调速单元较多采用晶闸管调速系统（即SCR，Silicon Controlled Rectifier）和晶体管脉宽调制调速系统（即Pulse Width Modulation，PWM）。这两种调速系统都是改变电动机的电枢电压，其中以晶体管脉宽调制调速（PWM）系统应用最为广泛。

脉宽调制器放大器属于开关型放大器。由于各功率元件均工作在开关状态，功率损耗比较小，故这种放大器特别适用于较大功率的系统，尤其是低速、大转矩的系统。开关放大器可分为脉冲宽度调制型（PWM）和脉冲频率调制型两种，也可采用两种形式的混合型，但应用最为广泛的是脉宽调制型。其中，脉宽调制（Pulse Width Modulation）简称PWM，是在脉冲周期不变时，在大功率开关晶体管的基极上，加上脉宽可调的方波电压，改变主晶闸管的导通时间，从而改变脉冲的宽度；脉冲频率调制（Pulse Frequency Modulation）简称PFM，是在导通时间不变的情况下，只改变开关频率或开关周期，也就是只改变晶闸管的关断时间；两点式控制是当负载电流或电压低于某一最低值时，使开关管VT导通；当电压达到某一最大值时，使开关管VT关断。导通和关断的时间都是不确定的。

晶体管脉宽调制调速系统主要由以下两部分组成：脉宽调制器和主回路。

（3）晶体管脉宽调制器式速度控制单元

1）PWM系统的主回路。由于功率晶体管比晶闸管具有优良的特性，因此在中、小功率驱动系统中，功率晶体管已逐步取代晶闸管，并采用了目前应用广泛的脉宽调制方式进行驱动。

开关型功率放大器的驱动回路有两种结构形式，一种是H型（也称桥式）；另一种是T型，这里介绍常用的H型，其电路原理如图3-15所示。图中VD_1～VD_4为续流二极管，用于保护功率晶体管VT_1～VT_4，M是直流伺服电动机。

H型电路在控制方式分为双极型和单极型，下面介绍双极型功率驱动电路的原理。四个功率晶体管分为两组，VT_1和VT_4是一组，VT_2和VT_3为另一组，同一组的两个晶体管同时导通或同时关断。一组导通另一组关断，两组交替导通和关断，不能同时导通。将一组控制方波加到一组大功率晶体管的基极，同时将反向后该组的方波加到另一组的基极上就可实现上述目的。若加在U_{b1}和U_{b4}上的方波正半周比负半周宽，因此加到电动机电枢两端的平均电压为正，电动机正转。反之，则电动机反转。若方波电压的正负宽度相等，加在电枢的平均电压等于零，电动机不转，这时电枢回路中的电流没有续断，而是一个交变的电流，这个电流使电动机发生高频颤动，有利于减少静摩擦。

2）脉宽调制器。脉宽调制的任务是将连续控制信号变成方波脉冲信号，作为功率转换电路的基极输入信号，改变直流伺服电动机电枢两端的平均电压，从而控制直流电动机的转速和转矩。方波脉冲信号可由脉宽调制器生成，也可由全数字软件生成。

脉宽调制器是一个电压-脉冲变换装置，由控制系统控制器输出的控制电压 U_C 进行控制，为 PWM 装置提供所需的脉冲信号，其脉冲宽度与 U_C 成正比。常用的脉宽调制器可以分为模拟式脉宽调制器和数字式脉宽调制器，模拟式是用锯齿波、三角波作为调制信号的脉宽调制器，或用多谐振荡器和单稳态触发器组成的脉宽调制器。数字式脉宽调制器是用数字信号作为控制信号，从而改变输出脉冲序列的占空比。下面就以三角波脉宽调制器和数字式脉宽调制器为例，说明脉宽调制器的原理。

① 三角波脉宽调制器。脉宽调制器通常由三角波（或锯齿波）发生器和比较器组成，如图 3-16 所示。图中的三角波发生器由两个运算放大器构成，IC1-A 是多谐振荡器，产生频率恒定且正负对称的方波信号，IC1-B 是积分器，把输入的方波变成三角波信号 U_t 输出。三角波发生器输出的三角波应满足线性度高和频率稳定的要求。只有在满足这两个要求才能满足调速要求。

三角波的频率对伺服电动机的运行有很大的影响。由于 PWM 功率放大器输出给直流电动机的电压是一个脉冲信号，有交流成分，这些不做功的交流成分会在电动机内引起功耗和发热，为减少这部分的损失，应提高脉冲频率，但脉冲频率又受功率元件开关频率的限制。目前脉冲频率通常在 2～4kHz 或更高，脉冲频率是由三角波调制的，三角波频率等于控制脉冲频率。

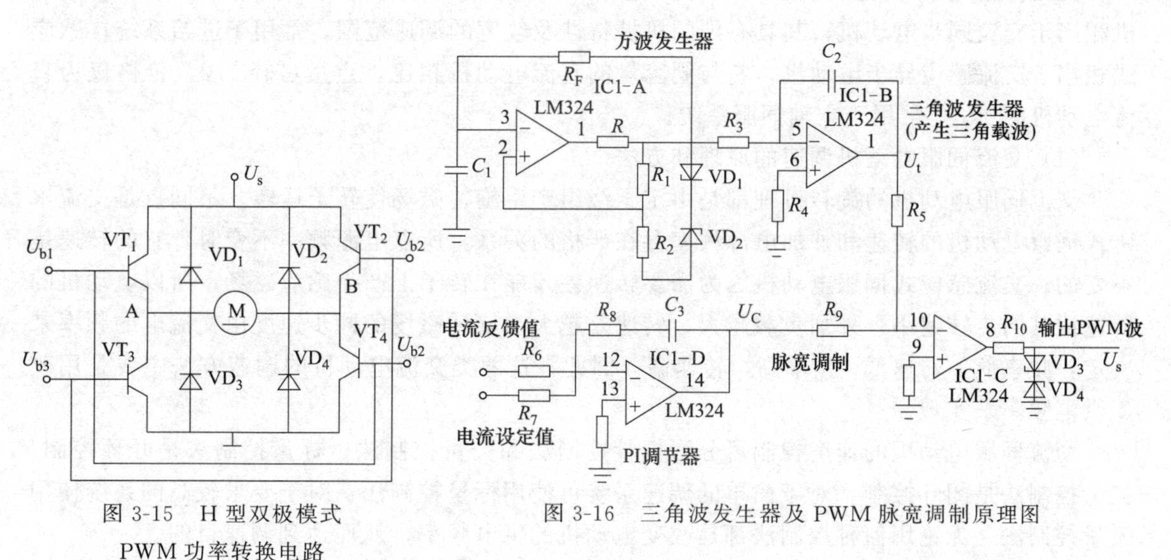

图 3-15　H 型双极模式 PWM 功率转换电路

图 3-16　三角波发生器及 PWM 脉宽调制原理图

比较器 IC1-C 的作用是把输入的三角波信号 U_t 和控制信号 U_C 相加输出脉宽调制方波。当外部控制信号 $U_C=0$ 时，比较器输出为正负对称的方波，直流分量为零。当 $U_C>0$ 时，U_C+U_t 对接地端是一个不对称三角波，平均值高于接地端，因此输出方波的正半周较宽，负半周较窄。U_C 越大，正半周的宽度越宽，直流分量也越大，所以电动机正向旋转越快。

反之，当控制信号$U_C<0$时，U_C+U_t的平均值低于接地端，IC1-C输出的方波正半周较窄，负半周较宽。U_C的绝对值越大，负半周的宽度越宽，因此电动机反转越快。

这样改变了控制电压U_C的极性，也就改变了PWM变换器的输出平均电压的极性，从而改变了电动机的转向。改变U_C的大小，则调节了输出脉冲电压的宽度，进而调节电动机的转速。

该方法是一种模拟式控制，其他模拟式脉宽调节器的原理都与此基本相仿。

② 数字式脉宽调制器。在数字式脉宽调制器中，控制信号是数字，其值可确定脉冲的宽度。只要维持调制脉冲序列的周期不变，就可以达到改变占空比的目的。用微处理器实现数字式脉宽调制器可分为软件和硬件两种方法，软件法占用较多的计算机机时，于控制不利，但柔性好，投资少；目前被广泛推广的是硬件法。

在全数字数控系统中，可用定时器生成可控方波；有些新型的单片机内部设置了可产生PWM控制方波的定时器，用程序控制脉冲宽度的变化。

3.2.3 交流伺服电动机及速度控制单元

由于直流伺服电动机具有良好的调速性能，因此长期以来，在要求调速性能较高的场合，直流电动机调速系统一直占据主导地位。但由于电刷和换向器易磨损，需要经常维护；并且有时换向器换向时产生火花，电动机的最高速度受到限制；且直流伺服电动机结构复杂，制造困难，所用铜铁材料消耗大，成本高，因此在使用上受到一定的限制。由于交流伺服电动机无电刷，结构简单，转子的转动惯量较直流电动机小，使得动态响应好，且输出功率较大（较直流电动机提高10%～70%），因此在有些场合，交流伺服电动机已经取代了直流伺服电动机，并且在数控机床上得到了广泛的应用。

交流伺服电动机分为交流永磁式伺服电动机和交流感应式伺服电动机。交流永磁式电动机相当于交流同步电动机，其具有硬的机械特性及较宽的调速范围，常用于进给系统；感应式相当于交流感应异步电动机，它与同容量的直流电动机相比，重量可轻1/2，价格仅为直流电动机的1/3，常用于主轴伺服系统。

（1）交流伺服电动机调速的原理和方法

交流伺服电动机的旋转机理都是由定子绕组产生旋转磁场使转子运转。不同点是交流永磁式伺服电动机的转速和外加电源频率存在严格的关系，所以电源频率不变时，它的转速是不变的；交流感应式伺服电动机因为需要转速差才能在转子上产生感应磁场，所以电动机的转速比其同步转速小，外加负载越大，转速差越大。旋转磁场的同步速度由交流电的频率来决定：频率低，转速低；频率高，转速高。因此，这两类交流电动机的调速方法主要是用改变供电频率来实现。

交流伺服电动机的速度控制可分为标量控制法和矢量控制法。标量控制法是开环控制，矢量控制法是闭环控制。对于简单的调速系统可使用标量控制法，对于要求较高的系统使用矢量控制法。无论用何种控制法都是改变电动机的供电频率，从而达到调速目的。

矢量控制也称为场定向控制，它是将交流电动机模拟成直流电动机，用对直流电动机的控制方法来控制交流电动机。其方法是以交流电动机转子磁场定向，把定子电流分解成与转子磁场方向相平行的磁化电流分量i_d和相垂直的转矩电流分量i_q，分别对应直流电动机中的励磁电流i_f和电枢电流i_a。在转子旋转坐标系中，分别对磁化电流分量i_d和转矩电流分量i_q进行控制，以达到对实际的交流电动机控制的目的。用矢量转换方法可实现对交流电动机的转矩和磁链控制的完全解耦。交流电动机矢量控制的提出具有划时代的意义，使得交流传动全球化时代的到来成为可能。

按照对基准旋转坐标系的取法不同，矢量控制可分为两类：按照转子位置定向的矢量控制和按照磁通定向的矢量控制。按转子位置定向的矢量控制系统中基准旋转坐标系水平轴位于电动机的转子轴线上，静止与旋转坐标系之间的夹角就是转子位置角。这个位置角度值可直接从装于电动机轴上的位置检测元件——绝对编码盘来获得。永磁同步电动机的矢量控制就属于此类。按照磁通定向的矢量控制系统中，基准旋转坐标系水平轴位于电动机的磁通磁链轴线上，这时静止和旋转坐标系之间的夹角不能直接测量，需要计算获得。异步电动机的矢量控制属于此类。

按照对电动机的电压或电流控制还可将交流伺服电动机的矢量控制分为电压控制型和电流控制型。由于矢量控制需要较为复杂的数学计算，因此矢量控制是一种基于微处理器的数字控制方案。

(2) 交流伺服电动机调速主电路

我国工业用电的频率是固定的50Hz，有些欧美国家工业用电的固有频率是60Hz，因此交流伺服电动机的调速系统必须采用变频的方法改变电动机的供电频率。常用的方法有两种：直接的交流-交流变频和间接的交流-直流-交流变频，如图3-17所示。交-交变频是用晶闸管整流器直接将工频交流电变成频率较低的脉动交流电，正组输出正脉冲，反组输出负脉冲，这个脉动交流电的基波就是所需的变频电压，这种方法获得的交流电波动较大。而间接的交流-直流-交流变频是先将交流电整流成直流电，然后将直流电压变成矩形脉冲波动电压，这个脉动交流电的基波就是所需的变频电压。这种方法获得的交流电的波动小，调频范围宽，调节线性度好，数控机床常采用这种方法。

间接的交流-直流-交流变频中根据中间直流电压是否可调，又可分为中间直流电压可调PWM逆变器和中间直流电压不可调PWM逆变器，根据中间直流电路上的储能元件是大电容或大电感可将其分为电压型SPWM逆变器和电流型PWM逆变器。在电压型逆变器中，控制单元的作用是将直流电压切换成一串方波电压，所用器件是大功率晶体管、巨型功率晶体管GTR（Giant Transistors）或是可关断晶闸管GTO（Gate Turn-off Thyristors）。交流-直流-交流变频中典型的逆变器是固定电流型SPWM逆变器。

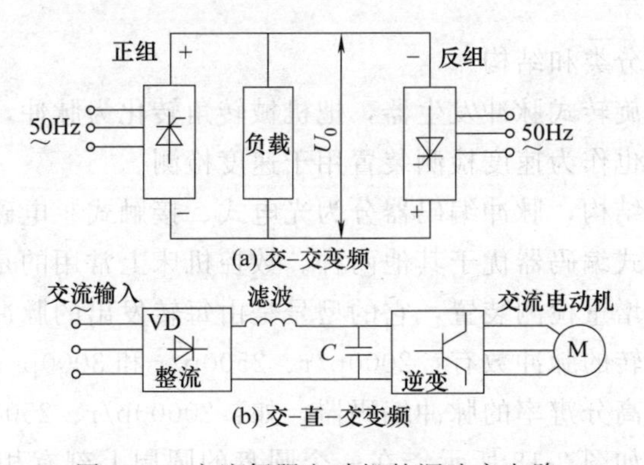

图3-17 交流伺服电动机的调速主电路

通常交-直-交型变频器中交流-直流的变换是将交流电变成为直流电，而直流-交流变换是将直流变成为调频、调压的交流电，采用脉冲宽度调制逆变器来完成。逆变器分为晶闸管和晶体管逆变器，数控机床上的交流伺服系统多采用晶体管逆变器，它克服或改善了晶闸管相位控制中的一些缺点。

3.3 进给伺服系统的检测元件

3.3.1 概述

检测装置是数控机床闭环伺服系统的重要组成部分。它的主要作用是检测位移和速度，并发出反馈信号与数控装置发出的指令信号进行比较，若有偏差，经过放大后控制执行部件，使其向消除偏差的方向运动，直至偏差为零为止。闭环控制的数控机床的加工精度主要取决于检测系统的精度。因此，精密检测装置是高精度数控机床的重要保证。一般来说，数控机床上使用的检测装置应满足以下要求：

① 准确性好，满足精度要求，工作可靠，能长期保持精度。

② 满足速度、精度和机床工作行程的要求。

③ 可靠性好，抗干扰性强，适应机床工作环境的要求。

④ 使用、维护和安装方便，成本低。

通常，数控机床检测装置的分辨率一般为 0.0001～0.01mm/m，测量精度为±(0.001～0.01)mm/m，能满足机床工作台以 1～10m/min 的速度运行。不同类型数控机床对检测装置的精度和适应的速度要求是不同的，对大型机床以满足速度要求为主。对中、小型机床和高精度机床以满足精度为主。

表 3-2 是目前数控机床中常用的位置检测装置。

表 3-2 位置检测装置的分类

类型	数字式		模拟式	
	增量式	绝对式	增量式	绝对式
回转型	圆光栅	编码器	旋转变压器，圆形磁栅，圆感应同步器	多极旋转变压器
直线型	长光栅、激光干涉仪	编码尺	直线感应同步器、磁栅、容栅	绝对值式磁尺

3.3.2 脉冲编码器

（1）脉冲编码器的分类和结构

脉冲编码器是一种旋转式脉冲发生器，把机械转角转化为脉冲，是数控机床上应用广泛的位置检测装置，同时也作为速度检测装置用于速度检测。

根据脉冲编码器的结构，脉冲编码器分为光电式、接触式、电磁感应式三种。从精度和可靠性方面来看，光电式编码器优于其他两种。数控机床上常用的是光电式编码器。

脉冲编码器是一种增量检测装置，它的型号是由每转发出的脉冲数来区分的。数控机床上常用的脉冲编码器每转的脉冲数有：2000p/r、2500p/r 和 3000p/r 等。在高速、高精度的数字伺服系统中，应用高分辨率的脉冲编码器，如：20000p/r、25000p/r 和 30000p/r 等。

脉冲编码器的结构如图 3-18 所示。在一个圆盘的圆周上刻有相等间距的线纹，分为透明和不透明部分，称为圆光栅。圆光栅和工作轴一起旋转。与圆光栅相对的，平行放置一个固定的扇形薄片，称为指示光栅。上面制有相差 1/4 节距的两个狭缝，称为辨向狭缝。此外，还有一个零位狭缝（一转发出一个脉冲）。脉冲编码器与伺服电动机相连，它的法兰盘固定在伺服电动机的端面上，构成一个完整的检测装置。

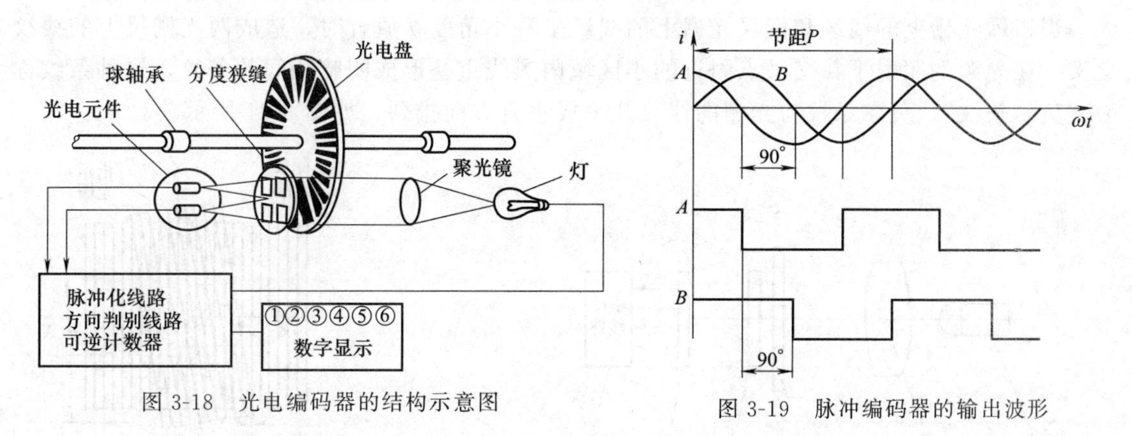

图 3-18 光电编码器的结构示意图

图 3-19 脉冲编码器的输出波形

（2）光电脉冲编码器的工作原理

当圆光栅旋转时，光线透过两个光栅的线纹部分，形成明暗条纹。光电元件接收这些明暗相间的光信号，转换为交替变化的电信号，该信号为两组近似于正弦波的电流信号 A 和 B（如图 3-19 所示），A 和 B 信号的相位相差 90°。经放大整形后变成方波形成两个光栅的信号。光电编码器还有一个“一转脉冲”，称为 Z 相脉冲，每转产生一个，用来产生机床的基准点。

脉冲编码器输出信号有 A、$\overline{A}$、B、$\overline{B}$、Z、$\overline{Z}$等信号，这些信号作为位移测量脉冲以及经过频率/电压变换作为速度反馈信号，进行速度调节。

3.3.3 光栅

在高精度的数控机床上，可以使用光栅作为位置检测装置，将机械位移转换为数字脉冲，反馈给 CNC 装置，实现闭环控制。由于激光技术的发展，光栅制作精度得到很大的提高，现在光栅精度可达微米级，再通过细分电路可以做到 0.1μm 甚至更高的分辨率。

（1）光栅的种类

① 根据形状可分为圆光栅和长光栅。长光栅主要用于测量直线位移；圆光栅主要用于测量角位移。

② 根据光线在光栅中是反射还是透射分为透射光栅和反射光栅。透射光栅的基体为光学玻璃。光源可以垂直射入，光电元件直接接受光照，信号幅值大。光栅每毫米中的线纹多，可达 200 线/mm（0.005mm），精度高。但是由于玻璃易碎，热膨胀系数与机床的金属部件不一致，影响精度，不能做得太长。反射光栅的基体为不锈钢带（通过照相、腐蚀、刻线），反射光栅和机床金属部件一致，可以做得很长。但是反射光栅每毫米内的线纹不能太多。线纹密度一般为 25～50 线/mm。

（2）光栅的结构和工作原理

光栅由标尺光栅和光学读数头两部分组成。标尺光栅一般固定在机床的活动部件上，如工作台。光栅读数头装在机床固定部件上。指示光栅装在光栅读数头中。标尺光栅和指示光栅的平行度及二者之间的间隙（0.05～0.1mm）要严格保证。当光栅读数头相对于标尺光栅移动时，指示光栅便在标尺光栅上相对移动。

光栅读数头又叫光电转换器，它把光栅莫尔条纹变成电信号。如图 3-20 所示为垂直入射读数头。读数头由光源、聚光镜、指示光栅、光敏元件和驱动电路等组成。

当指示光栅上的线纹和标尺光栅上的线纹呈一小角度 θ 放置时，造成两光栅尺上的线纹交叉。在光源的照射下，交叉点附近的小区域内黑线重叠形成明暗相间的条纹，这种条纹称为“莫尔条纹”。莫尔条纹与光栅的线纹几乎成垂直方向排列，如图 3-21 所示。

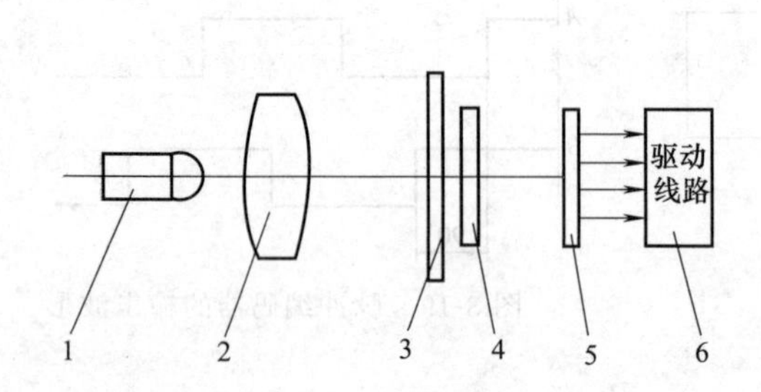

图 3-20　光栅读数头

1—光源；2—透镜；3—标尺光栅；4—指示光栅；
5—光电元件；6—驱动线路

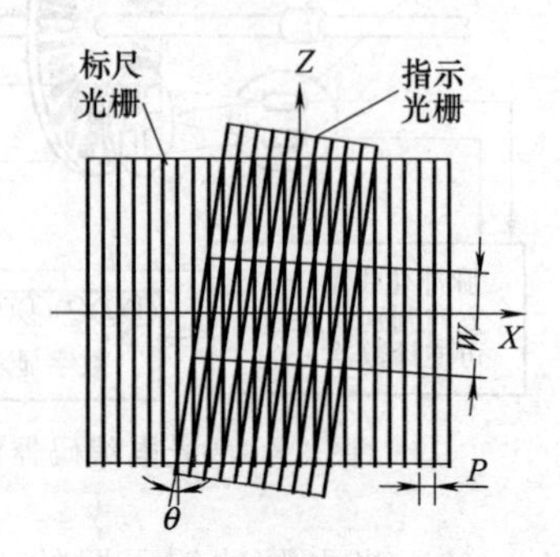

图 3-21　光栅的莫尔条纹

莫尔条纹的特点：

① 当用平行光束照射光栅时，莫尔条纹由亮带到暗带，再由暗带到光带的透过光的强度近似于正（余）弦函数。

② 起放大作用。用 W 表示莫尔条纹的宽度，P 表示栅距，θ 表示光栅线纹之间的夹角，则

$$W=\frac{P}{\sin\theta} \tag{3-4}$$

由于 θ 很小，$\sin\theta\approx\theta$，则

$$W\approx\frac{P}{\theta} \tag{3-5}$$

③ 起平均误差作用。莫尔条纹是由若干光栅线纹干涉形成的，这样栅距之间的相邻误差被平均化了，消除了栅距不均匀造成的误差。

④ 莫尔条纹的移动与栅距之间的移动成比例。当干涉条纹移动一个栅距时，莫尔条纹也移动一个莫尔条纹宽度 W，若光栅移动方向相反，则莫尔条纹移动的方向也相反。莫尔条纹的移动方向与光栅移动方向相垂直。这样测量光栅水平方向移动的微小距离就用检测垂直方向的宽大的莫尔条纹的变化代替。

（3）直线光栅尺检测装置的辨向原理

莫尔条纹的光强度近似呈正（余）弦曲线变化，光电元件所感应的光电流变化规律近似为正（余）弦曲线。经放大、整形后，形成脉冲，可以作为计数脉冲，直接输入到计算机系统的计数器中计算脉冲数，进行显示和处理。根据脉冲的个数可以确定位移量，根据脉冲的频率可以确定位移速度。

用一个光电传感器只能进行计数，不能辨向。要进行辨向，至少用两个光电传感器。如图 3-22 所示为光栅传感器的安装示意图。通过两个狭缝 S_1 和 S_2 的光束分别被两个光电传感器 P_1、P_2 接收。当光栅移动时，莫尔条纹通过两个狭缝的时间不同，波形相同，相位差 90°。至于哪个超前，决定于标尺光栅移动的方向。如图 3-21 所示，当标尺光栅向右移动

时，莫尔条纹向上移动，缝隙 S_2 的信号输出波形超前 1/4 周期；同理，当标尺光栅向左移动，莫尔条纹向下移动，缝隙 S_1 的输出信号超前 1/4 周期。根据两狭缝输出信号的超前和滞后可以确定标尺光栅的移动方向。

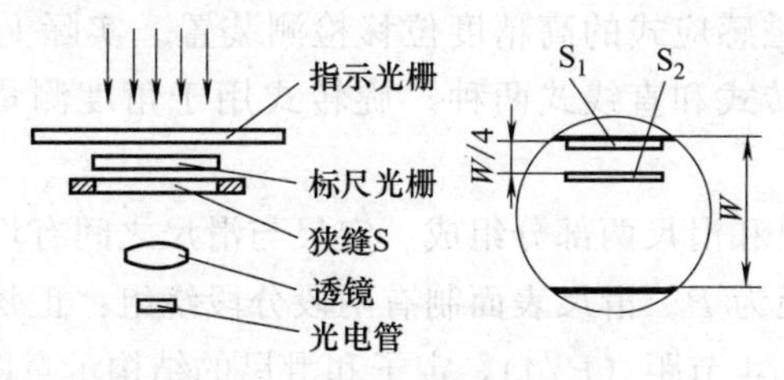

图 3-22 光栅的辨向原理图

(4) 提高光栅检测分辨精度的细分电路

为了提高光栅检测装置的精度，可以提高刻线精度和增加刻线密度。但是刻线密度大于 200 线/mm 以上的细光栅刻线制造困难，成本高。为了提高精度和降低成本，通常采用倍频的方法来提高光栅的分辨精度，如图 3-23（a）所示为采用 4 倍频方案的光栅检测电路的工作原理。光栅刻线密度为 50 线/mm，采用 4 个光电元件和 4 个狭缝，每隔 1/4 光栅节距产生一个脉冲，分辨精度可以提高 4 倍，并且可以辨向。

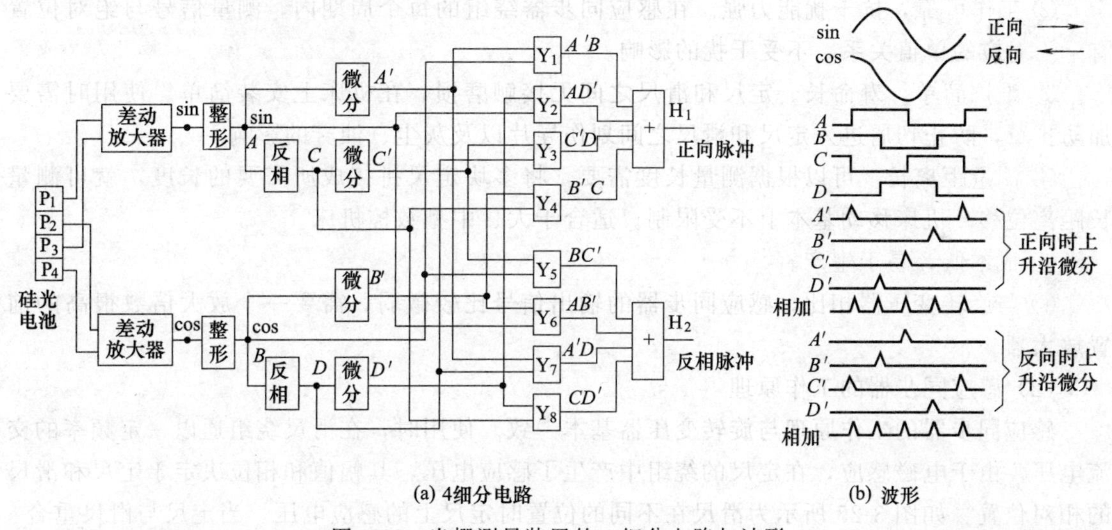

图 3-23 光栅测量装置的 4 细分电路与波形

当指示光栅和标尺光栅相对运动时，硅光电池接收到正弦波电流信号。这些信号送到差动放大器，再通过整形，使之成为两路正弦及余弦方波。然后经过微分电路获得脉冲。由于脉冲是在方波的上升沿上产生，为了使 0°、90°、180°、270°的位置上都得到脉冲，必须把正弦和余弦方波分别反相一次，然后再微分，得到了 4 个脉冲。为了辨别正向和反向运动，可以用一些与门把 4 个方波 sin、−sin、cos 和 −cos（即 A、B、C、D）和 4 个脉冲进行逻辑组合。当正向运动时，通过与门 Y_1～Y_4 及或门 H_1 得到 $A'B+AD'+C'D+B'C$ 4 个脉冲的输出。当反向运动时，通过与门 Y_5～Y_8 及或门 H_2 得到 $BC'+AB'+A'D+C'D$ 4 个脉冲的输出。其波形如图 3-23（b）所示，这样虽然光栅栅距为 0.02mm，但是经过 4 倍频以后，每一脉冲都相当于 5μm，分辨精度提高了 4 倍。此外，也可以采用 8 倍频，10 倍频等其他倍频电路。

3.3.4 感应同步器

(1) 感应同步器的结构和特点

感应同步器是一种电磁感应式的高精度位移检测装置。实际上它是多极旋转变压器的展开形式。感应同步器分旋转式和直线式两种。旋转式用于角度测量，直线式用于长度测量。两者的工作原理相同。

直线感应同步器由定尺和滑尺两部分组成。定尺与滑尺之间有均匀的气隙，在定尺表面制有连续平面绕组，绕组节距为 P。滑尺表面制有两段分段绕组：正弦绕组和余弦绕组。它们相对于定尺绕组在空间错开 1/4 节距（$P/4$），定子和滑尺的结构示意图如图 3-24 所示。

定尺和滑尺的基板采用与机床床身材料热膨胀系数相近的钢板制成。经精密的照相腐蚀工艺制成印刷绕组。再在尺子的表面上涂一层保护层。滑尺的表面有时还贴上一层带绝缘的铝箔，以防静电感应。

感应同步器的特点：

① 精度高。感应同步器直接对机床工作台的位移进行测量，其测量精度只受本身精度限制。另外，定尺的节距误差有平均补偿作用，定尺本身的精度能做得很高，其精度可以达到±0.001mm，重复精度可达 0.002mm。

② 工作可靠，抗干扰能力强。在感应同步器绕组的每个周期内，测量信号与绝对位置有一一对应的单值关系，不受干扰的影响。

③ 维护简单，寿命长。定尺和滑尺之间无接触磨损，在机床上安装简单。使用时需要加防护罩，防止切屑进入定尺和滑尺之间划伤导片以及灰尘、油雾的影响。

④ 测量距离长。可以根据测量长度需要，将多块定尺拼接成所需要的长度，就可测量长距离位移，机床移动基本上不受限制。适合于大、中型数控机床。

⑤ 成本低，易于生产。

⑥ 与旋转变压器相比，感应同步器的输出信号比较微弱，需要一个放大倍数很高的前置放大器。

(2) 感应同步器的工作原理

感应同步器的工作原理与旋转变压器基本一致。使用时，在滑尺绕组通以一定频率的交流电压，由于电磁感应，在定尺的绕组中产生了感应电压，其幅值和相位决定于定尺和滑尺的相对位置。如图 3-25 所示为滑尺在不同的位置时定尺上的感应电压。当定尺与滑尺重合

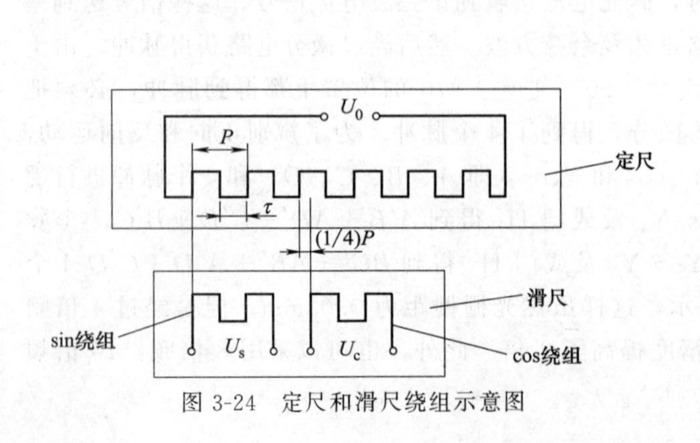

图 3-24 定尺和滑尺绕组示意图

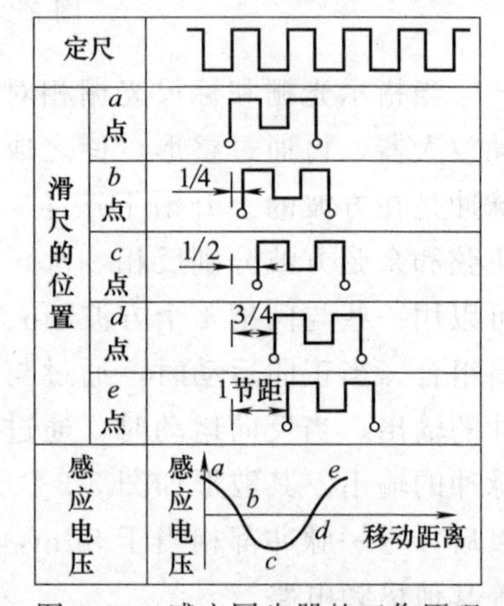

图 3-25 感应同步器的工作原理

时，如图中的 a 点，此时的感应电压最大。当滑尺相对于定尺平行移动后，其感应电压逐渐变小。在错开 1/4 节距的 b 点，感应电压为零。以此类推，在 1/2 节距的 c 点，感应电压幅值与 a 点相同，极性相反；在 3/4 节距的 d 点又变为零。当移动到一个节距的 e 点时，电压幅值与 a 点相同。这样，滑尺在移动一个节距的过程中，感应电压变化了一个余弦波形。滑尺每移动一个节距，感应电压就变化一个周期。

按照供给滑尺两个正交绕组励磁信号的不同，感应同步器的测量方式分为鉴相式和鉴幅式两种工作方式。

① 鉴相方式。在这种工作方式下，给滑尺的 sin 绕组和 cos 绕组分别通以幅值相等、频率相同、相位相差 90°的交流电压：

$$
\begin{aligned}
U_s &= U_m \sin\omega t \\
U_c &= U_m \cos\omega t
\end{aligned}
\tag{3-6}
$$

励磁信号将在空间产生一个以 ω 为频率移动的行波。磁场切割定尺导片，并产生感应电压，该电势随着定尺与滑尺相对位置的不同而产生超前或滞后的相位差 θ。根据线性叠加原理，在定尺上的工作绕组中的感应电压为：

$$
\begin{aligned}
U_0 &= nU_s\cos\theta - nU_c\sin\theta \\
&= nU_m(\sin\omega t\cos\theta - \cos\omega t\sin\theta) \\
&= nU_m\sin(\omega t - \theta)
\end{aligned}
\tag{3-7}
$$

式中　ω——励磁角频率；

n——电磁耦合系数；

θ——滑尺绕组相对于定尺绕组的空间相位角，$\theta=\dfrac{2\pi x}{P}$。

可见，在一个节距内 θ 与 x 是一一对应的，通过测量定尺感应电压的相位 θ，可以测量定尺对滑尺的位移 x。数控机床的闭环系统采用鉴相系统时，指令信号的相位角 θ_1 由数控装置发出，由 θ 和 θ_1 的差值控制数控机床的伺服驱动机构。当定尺和滑尺之间产生了相对运动，则定尺上的感应电压的相位发生了变化，其值为 θ。当 $\theta \neq \theta_1$ 时，使机床伺服系统带动机床工作台移动。当滑尺与定尺的相对位置达到指令要求值时，即 $\theta=\theta_1$，工作台停止移动。

② 鉴幅方式。给滑尺的正弦绕组和余弦绕组分别通以频率相同、相位相同，幅值不同的交流电压：

$$
\begin{aligned}
U_s &= U_m\sin\theta_{电}\sin\omega t \\
U_c &= U_m\cos\theta_{电}\sin\omega t
\end{aligned}
\tag{3-8}
$$

若滑尺相对于定尺移动一个距离 x，其对应的相移为 $\theta_{机}$，$\theta_{机}=\dfrac{2\pi x}{P}$。

根据线性叠加原理，在定尺上工作绕组中的感应电压为：

$$
\begin{aligned}
U_0 &= nU_s\cos\theta_{机} - nU_c\sin\theta_{机} \\
&= nU_m\sin\omega t(\sin\theta_{电}\ \cos\theta_{机} - \cos\theta_{电}\ \sin\theta_{机}) \\
&= nU_m\sin(\theta_{机} - \theta_{电})\sin\omega t
\end{aligned}
\tag{3-9}
$$

由以上可知，若电气角 $\theta_{电}$ 已知，只要测出 U_0 的幅值 $nU_m\sin(\theta_{机}-\theta_{电})$，便可以间接地求出 $\theta_{机}$。若 $\theta_{电}=\theta_{机}$，则 $U_0=0$。说明电气角 $\theta_{电}$ 的大小就是被测角位移 $\theta_{机}$ 的大小。采

用鉴幅工作方式时，不断调整 $\theta_{电}$，让感应电压的幅值为 0，用 $\theta_{电}$ 代替对 $\theta_{机}$ 的测量，$\theta_{电}$ 可通过具体电子线路测得。

定尺上的感应电压的幅值随指令给定的位移量 x_1（$\theta_{电}$）与工作台的实际位移 x（$\theta_{机}$）的差值按正弦规律变化。鉴幅型系统用于数控机床闭环系统中时，当工作台未达到指令要求值时，即 $x \neq x_1$，定尺上的感应电压 $U_0 \neq 0$。该电压经过检波放大后控制伺服执行机构带动机床工作台移动。当工作台移动到 $x = x_1$（$\theta_{电} = \theta_{机}$）时，定尺上的感应电压 $U_0 = 0$，工作台停止运动。

3.3.5 旋转变压器

旋转变压器是一种角度测量装置，它是一种小型交流电动机。其结构简单，动作灵敏，对环境无特殊要求，维护方便，输出信号幅度大，抗干扰强，工作可靠，广泛应用于数控机床上。

（1）旋转变压器的结构

旋转变压器是一种常用的转角检测元件，由于它结构简单，工作可靠，且其精度能满足一般的检测要求，因此被广泛地应用在数控机床上。旋转变压器在结构上和两相线绕式异步电动机相似，由定子和转子组成。定子绕组为变压器的原边，转子绕组为变压器的副边。定子绕组通过固定在壳体上的接线柱直接引出。转子绕组有两种不同的引出方式。根据转子绕组两种不同的引出方式，旋转变压器分有刷式和无刷式两种结构。

如图 3-26（a）所示是有刷旋转变压器。它的转子绕组通过滑环和电刷直接引出，其特点是结构简单，体积小，但因电刷与滑环为机械滑动接触，所以可靠性差，寿命也较短。

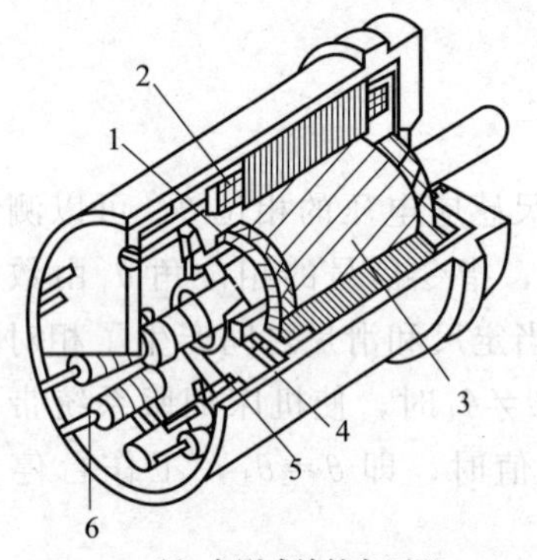

(a) 有刷式旋转变压器

1—转子绕组；2—定子绕组；3—转子；4—整流子；5—电刷；6—接线柱

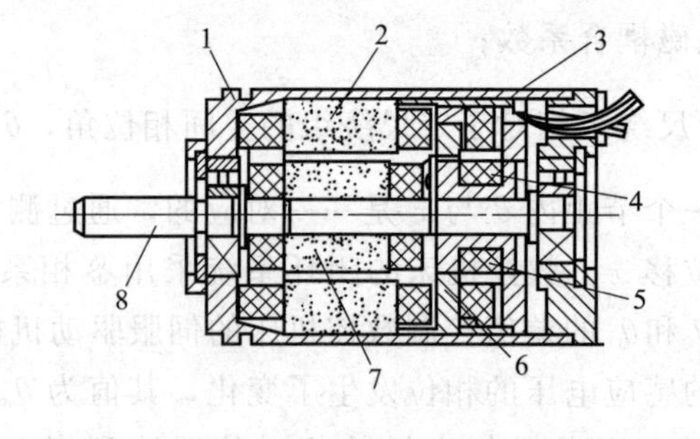

(b) 无刷式旋转变压器

1—壳体；2—旋转变压器本体定子；3—附加变压器定子；4—附加变压器原边线圈；5—附加变压器转子线轴；6—附加变压器次边线圈；7—旋转变压器本体转子；8—转子轴

图 3-26 旋转变压器结构图

如图 3-26（b）所示是无刷旋转变压器。它没有电刷和滑环，由两大部分组成：即旋转变压器本体和附加变压器。附加变压器的原、副边铁芯及其线圈均为环形，分别固定于转子轴和壳体上，径向留有一定的间隙。旋转变压器本体的转子绕组与附加变压器的原边线圈连在一起，在附加变压器原边线圈中的电信号，即转子绕组中的电信号，通过电磁耦合，经附加变压器副边线圈间接地送出去。这种结构避免了有刷旋转变压器电刷与滑环之间的不良接触造成的影响，提高了可靠性和使用寿命长，但其体积、重量和成本均有所增加。

（2）旋转变压器的工作原理

旋转变压器是根据互感原理工作的。它的结构保证了其定子和转子之间的磁通呈正（余）弦规律。定子绕组加上励磁电压，通过电磁耦合，转子绕组产生感应电动势。如图 3-27所示，其所产生的感应电动势的大小取决于定子和转子两个绕组轴线在空间的相对位置。二者平行时，磁通几乎全部穿过转子绕组的横截面，转子绕组产生的感应电动势最大；二者垂直时，转子绕组产生的感应电动势为零。感应电动势随着转子偏转的角度呈正（余）弦变化：

$$E_2=nU_1\cos\theta=nU_m\sin\omega t\cos\theta \tag{3-10}$$

式中 E_2——转子绕组感应电动势；

U_1——定子励磁电压；

U_m——定子绕组的最大瞬时电压；

θ——两绕组之间的夹角；

n——电磁耦合系数变压比。

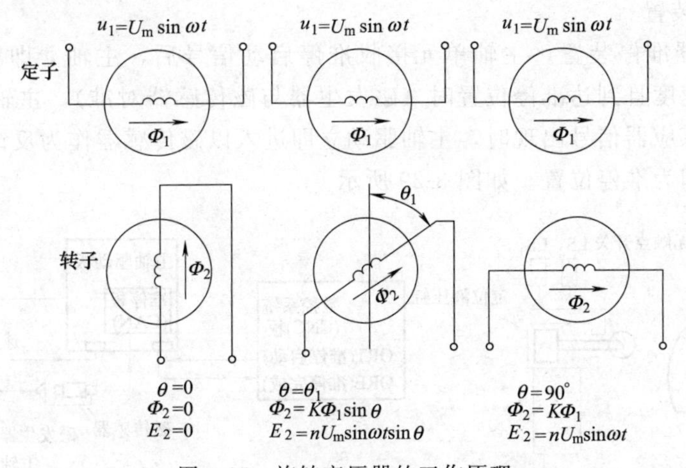

图 3-27 旋转变压器的工作原理

3.4 主轴驱动

主轴驱动与进给驱动相比有相当大的差别，机床的主运动主要是旋转运动，无需丝杠或其他直线运动装置。主运动系统中，要求电动机能提供大的转矩（低速段）和足够的功率(高速段)，所以主电动机调速要保证是恒定功率负载，而且在低速段具有恒转矩特性。

数控机床对主轴的基本要求：①具有较大的调速范围并能进行无级变速。②具有足够高的精度和刚度。③具有良好的抗振性和热稳定性。④具有自动换刀、主轴定向功能。⑤具有与进给同步控制的功能。

采用直流电动机做主轴电动机时，直流主轴电动机不能做成永磁式，这样才能保证有大的输出功率。对交流主轴电动机，均采用专门设计的笼式感应电动机。有的主轴电动机轴上还装有测速发电机、光电脉冲发生器或脉冲编码器等作为转速和主轴位置的检测元件。

对主轴除要求连续调速外，还有主轴定向准停功能，主轴旋转与坐标轴进给的同步、恒线速切削等控制要求。

(1) 主轴定向准停控制

对于某些机床，为了换刀时使机械手对准抓刀槽，主轴必须停在固定的径向位置。在固定切削循环中，有的要求刀具必须在某一径向位置才能退出，这就要求主轴能准确地停在某一固定位置，这就是主轴定向准停功能。

主轴准停：主轴定向，指当主轴停止时，能够准确停于某一个固定位置，分为机械准停和电气准停。

① V形槽定位盘准停装置。V形槽定位盘准停装置是机械定向控制方式，在主轴上固定一个V形槽定位盘，是V形槽与主轴上的端面键保持一定的相对位置，如图3-28所示。准停指令发出后，主轴减速，无触点开关发出信号，使主轴电动机停转并断开主传动链。同时，无触点开关信号使定位活塞伸出，活塞上的滚轮开始接触定位盘，当定位盘上的V形槽与滚轮对正时，滚轮插入V形槽使主轴准停，定位行程开关发出定向完成应答信号。无触点开关的感应块能在圆周上进行调整，从而保证定位活塞伸出，滚轮接触定位盘后，在主轴停转之前，恰好落入定位盘上的V形槽内。

② 电气准停装置。

a. 磁性传感器准停装置。主轴单元接收准停启动信号后，主轴立即减速至准停速度。当主轴到达准停速度且到达准停位置时（磁发生器与磁传感器对准），主轴立即减速至某一爬行速度。当磁感应器信号出现时，主轴驱动立即进入以磁传感器作为反馈元件的位置闭环控制，目标位置即为准停位置。如图3-29所示。

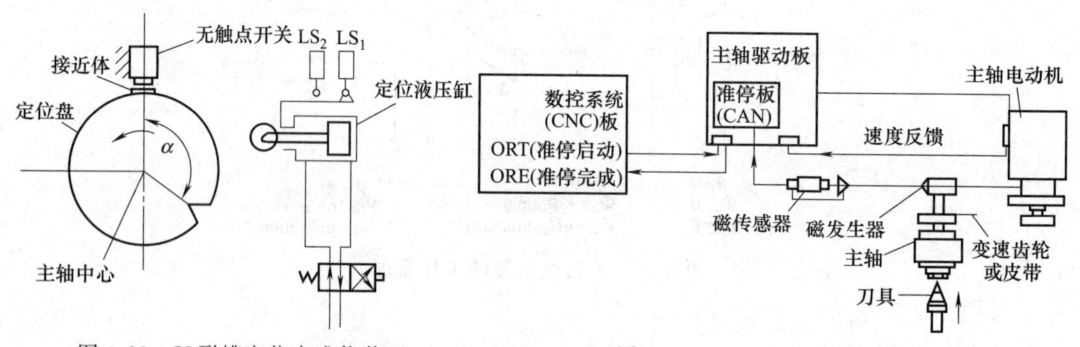

图3-28　V形槽定位盘准停装置　　　图3-29　磁性传感器准停装置

b. 编码器准停装置。由数控系统发出准停启动信号，主轴驱动的控制与磁传感器控制方式相似，准停完成后向数控系统发出准停完成信号。编码器准停位置由外部开关量信号设定给数控系统，由数控系统向主轴驱动单元发出准停位置信号。磁传感器控制要调整准停位置，只能靠调整磁性元件和磁传感器的相对安装位置实现，如图3-30所示。

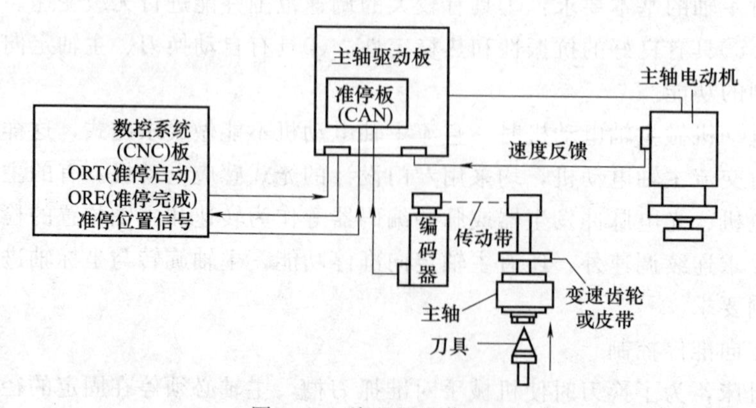

图3-30　编码器准停装置

（2）主轴的旋转与坐标轴进给的同步控制

加工螺纹时，应使带动工件旋转的主轴转数与坐标轴的进给量保持一定的关系，即主轴每转一转，按所要求的螺距沿工件的轴向坐标进给相应的脉冲量。通常采用光电脉冲编码器作为主轴的脉冲发生器，将其装在主轴上，与主轴一起旋转，发出脉冲。

（3）恒线速切削控制

利用车床和磨床进行端面切削时，为了保证加工端面的粗糙度小于某一值，要求工件与刀尖的接触点的线速度为恒值。

直流主轴电动机为他励式直流电动机，其功率一般较大（相对进给伺服电动机），运行速度可以高于额定转速。直流主轴电动机的调速控制方式较为复杂，有两种方法：恒转矩调速和恒功率调速。

① 恒转矩调速：在额定转速以下时，保持励磁绕组中励磁电流为额定值，改变电动机电枢端电压的调速方式。

② 恒功率调速：在额定转速以上时，保持电枢端电压不变，改变励磁电流的调速方式。

一般来说，直流主轴电动机的调速方法是恒转矩调速和恒功率调速的结合。直流主轴电动机与直流进给电动机一样，存在换向问题，但主轴电动机转速较高，电枢电流较大，比直流进给电动机换向要困难。为了增加直流主轴电动机可靠性，要改善换向条件。具体措施是增加换向极和补偿绕组。影响换向的几个主要因素如下：

① 换向空间的磁通，由于电枢磁场的作用而被扭曲了。电枢磁场对电动机主磁场的影响称为电枢反应。

② 自感抗电压 $L\mathrm{d}i/\mathrm{d}t$，它和进行换向的线圈的电感有关。

③ 互感抗电压 $M\mathrm{d}i/\mathrm{d}t$，它和进邻近线圈的电感有关。

④ 换向片之间的高电压。

交流主轴电动机是一种具有笼式转子的三相感应电动机，也称为三相异步电动机。

永磁式交流伺服电动机和感应式交流伺服电动机比较：

共同点：工作原理均由定子绕组产生旋转磁场使得转子跟随定子旋转磁场一起运转。

不同点：永磁式伺服电动机的转速与外加交流电源的频率存在着严格的同步关系，即电动机的转速等于旋转磁场的同步转速；而感应式伺服电动机由于需要转速差才能产生电磁转矩，因此，电动机的转速低于磁场同步转速，负载越大，转速差越大。

感应式交流伺服电动机结构简单、便宜、可靠，配合矢量交换控制的主轴驱动装置，可以满足数控机床主轴驱动的要求。主轴驱动交流伺服化是数控机床主轴驱动控制的发展趋势。

3.5 位置控制

3.5.1 数字脉冲比较伺服系统

① 一个数字比较系统最多可由 6 个主要环节组成（如图 3-31 所示）。

a. 由数控装置提供的指令信号。它可以是数码信号，也可以是数字脉冲信号。

b. 由测量元件提供的机床工作台位置信号，它可以是数码信号，也可以是数字脉冲信号。

c. 完成指令信号与测量反馈信号比较的比较器。

d. 数字脉冲信号与数码的相互转换部件。它依据比较器的功能以及指令信号和反馈信号的性质而决定取舍。

e. 驱动执行元件。它根据比较器的输出带动机床工作台移动。

f. 比较器。常用的数字比较器大致有三类：数码比较器、数字脉冲比较器、数码与数字脉冲比较器。

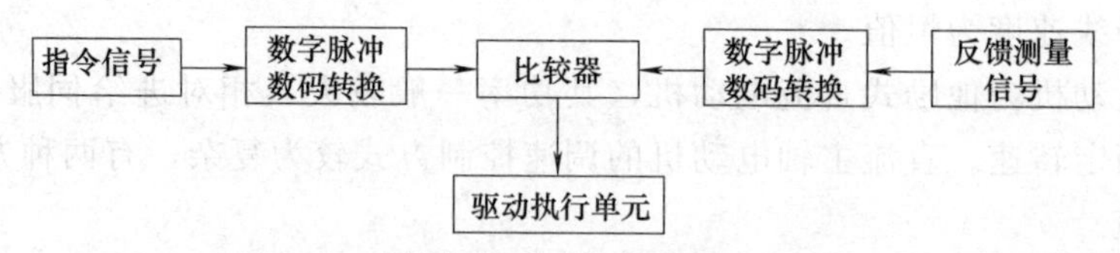

图 3-31 数字脉冲比较伺服系统的组成

由于指令和反馈信号不一定能适合比较的需要，因此，在指令和比较器之间以及反馈和比较器之间有时需增加“数字脉冲-数码转换”的线路。

比较器的输出反映了指令信号和反馈信号的差值以及差值的方向。数控车床将这一输出信号放大后，控制执行元件。数控车床执行元件可以是伺服电动机、液压伺服马达等。

一个具体的数字脉冲比较系统，根据指令信号和测量反馈信号的形式，以及选择的比较器的形式，可以是一个包括上述 6 个部分的系统，也可以仅由其中的某几部分组成。

② 数字脉冲比较系统的工作过程。下面以用光电脉冲编码器为测量元件的数字脉冲比较系统为例说明其工作过程。数控车床光电编码器是一种通过光电转换将输出轴上的机械几何位移量转换成脉冲或数字量的传感器，是目前应用最多的传感器。数控车床光电编码器由光栅盘和光电检测装置组成。光栅盘是在一定直径的圆板上等分地开通若干个长方形孔。由于光电码盘与伺服电动机同轴，电动机旋转时，光栅盘与电动机同速旋转，经发光二极管等电子元件组成的检测装置检测输出若干脉冲信号，通过计算每秒光电编码器输出脉冲的个数就能反映当前电动机的转速。此外，为判断旋转方向，码盘还可提供相位相差 90°的两路脉冲信号。

若工作台静止，指令脉冲 $t=0$。此时，反馈脉冲值亦为零，经比较环节得偏差 $e=P_c-P_f=0$，则伺服电动机的转速给定为零，工作台保持静止。随着指令脉冲的输出，$P_c\neq0$，在工作台尚未移动之前，P_f 仍为零，此时 $e=P_c-P_f\neq0$，若指令脉冲为正向进给脉冲，则 $e>0$，由速度控制单元驱动电动机带动工作台正面进给。随着电动机运转，光电脉冲编码器不断将 P_f 送入比较器与 P_c 进行比较。若 $e\neq0$ 继续运行，直到 $e=0$ 即反馈脉冲数等于指令脉冲数时，工作台停止在指令规定的位置上。数控车床此时，如继续给正向指令脉冲，工作台继续运动。

当指令脉冲为反向进给脉冲时，控制过程与上述过程基本类似，只是此时 $e<0$，工作台作反向进给。

数字脉冲比较伺服系统的特点是：指令位置信号与位置检测装置的反馈信号在位置控制单元中是以脉冲、数字的形式进行比较的，比较后得到的位置偏差经 D/A 转换（全数字伺服系统不经 D/A 转换），发送给速度控制单元。

3.5.2 相位比较伺服系统

相位比较伺服系统是将数控装置发出的指令脉冲和位置检测反馈信号都转换为相应的同

频率的某一载波的不同相位的脉冲信号，在位置控制单元进行相位比较。相位差反映了指令位置与机床工作台实际位置的偏差。如图 3-32 所示。

旋转变压器作为位置检测的半闭环控制。旋转变压器工作在移相器状态，把机械角位移转换为电信号的位移。由数控装置发出的指令脉冲经脉冲-相位转换器转成相对于基准相位 ϕ_0 而变化的指令脉冲 ϕ_C：

ϕ_C 的大小与指令脉冲个数成正比；

ϕ_C 超前或落后于 ϕ_0，取决于指令脉冲的方向（正传或反转）；

ϕ_C 随时间变化的快慢与指令脉冲频率成正比。

基准相位 ϕ_0 经 90°移相，变成幅值相等、频率相同、相位相差 90°的正弦、余弦信号，给旋转变压器两个正交绕组励磁，从它的转子绕组取出的感应电压相位 ϕ_P 与转子相对于定子的空间位置有关，即 ϕ_P 反映了电动机轴的实际位置。

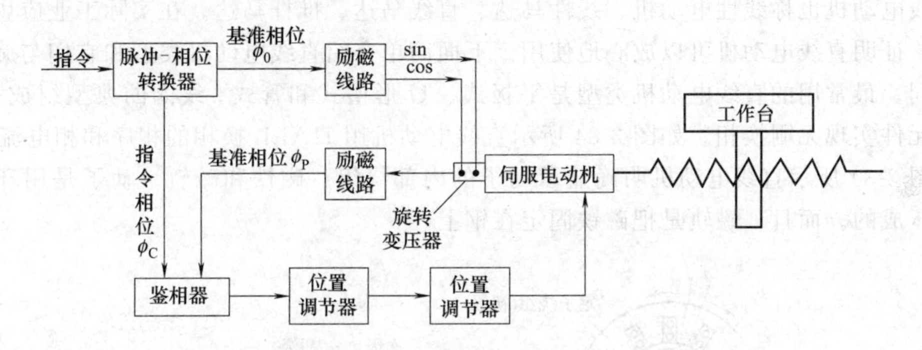

图 3-32　相位比较伺服系统的工作原理框图

在相位比较伺服系统中，鉴相器对指令信号和反馈信号的相位进行比较，判别两者之间的相位差，把它转化为带极性的偏差信号，作为速度控制单元的输入信号。鉴相器的输出信号通常为脉宽调制波，需经低通滤波器除去高次谐波，变换为平滑的电压信号，然后送到速度控制单元。由速度控制单元驱动电动机带动工作台向消除误差的方向运动。

3.5.3　幅值比较伺服系统

幅值比较伺服系统是以位置检测信号幅值的大小来反映机床工作台的位移，并以此信号作为位置反馈信号与指令信号进行比较，从而获得位置偏差信号。偏差信号反映了指令位置与机床工作台实际位置的偏差，如图 3-33 所示。

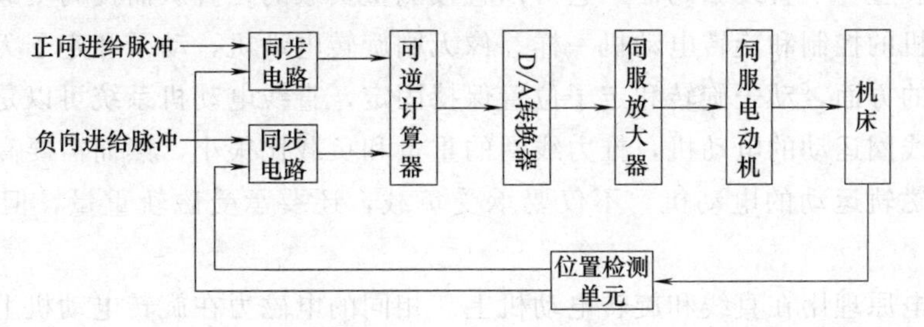

图 3-33　幅值比较伺服系统的工作原理框图

在幅值比较伺服系统中，采用不同的检测元件（光栅、磁栅、感应同步器或旋转变压器）时所得到的反馈信号各不相同。比较单元需要将指令信号和反馈信号转换成同一形式的信号才能比较。

采用光栅或磁栅的脉冲式幅值比较伺服系统，检测装置输出的反馈信号有正向反馈脉冲和负向反馈脉冲，其每个脉冲表示的位移量与指令脉冲当量相同，在可逆计数器中与指令脉冲进行比较（指令脉冲做加法、反馈脉冲做减法），得到的差值经 D/A 转换为模拟电压，经功率放大后驱动伺服电动机带动工作台移动。

3.6 直线电动机进给系统简介

（1）直线电动机简介

直线电动机也称线性电动机、线性马达、直线马达、推杆马达。在实际工业应用中的稳定增长，证明直线电动机可以放心地使用。下面简单介绍直线电动机类型和它们与旋转电动机的不同。最常用的直线电动机类型是平板式、U 形槽式和管式。线圈的典型组成是三相，由霍尔元件实现无刷换相。如图 3-34 所示直线电动机用 HALL 换相的相序和相电流。

如图 3-34 所示直线电动机明确显示动子的内部绕组、磁铁和磁轨。动子是用环氧材料把线圈压成的。而且，磁轨是把磁铁固定在钢上。

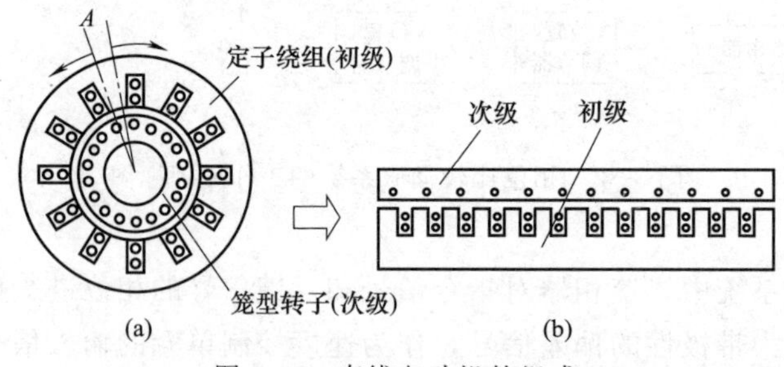

图 3-34 直线电动机的组成

直线电动机经常简单描述为旋转电动机被展平，而工作原理相同。动子是用环氧材料把线圈压缩一起制成的，而且，磁轨是把磁铁固定在钢上。电动机的动子包括线圈绕组、霍尔元件电路板、电热调节器和定子接口。在旋转电动机中，动子和定子需要旋转轴承支撑动子以保证相对运动部分的间隙。同样地，直线电动机需要直线导轨来保持动子在磁轨产生的磁场中的位置。和旋转伺服电动机的编码器安装在轴上反馈位置一样，直线电动机需要反馈直线位置的反馈装置——直线编码器，它可以直接测量负载的位置从而提高负载的位置精度。

直线电动机的控制和旋转电动机一样。像无刷旋转电动机，动子和定子无机械连接，不像旋转电动机的方面，动子旋转和定子位置保持固定，直线电动机系统可以是磁轨或推力线圈动。用推力线圈运动的电动机，推力线圈的重量和负载比很小，然而需要高柔性线缆及其管理系统。用磁轨运动的电动机，不仅要承受负载，还要承受磁轨重量，但无需线缆管理系统。

相似的机电原理用在直线和旋转电动机上。相同的电磁力在旋转电动机上产生力矩在直线电动机产生直线推力作用。因此，直线电动机使用和旋转电动机相同的控制和可编程配置。直线电动机的形状可以是平板式、U 形槽式和管式。哪种构造最适合要看实际应用的规格要求和工作环境。

（2）直线电动机的优点

① 结构简单。管形直线电动机不需要经过中间转换机构而直接产生直线运动，使结构大大简化，运动惯量减少，动态响应性能和定位精度大大提高；同时也提高了可靠性，节约了成本，使制造和维护更加简便。它的初次级可以直接成为机构的一部分，这种独特的结合使得这种优势进一步体现出来。

② 适合高速直线运动。因为不存在离心力的约束，普通材料也可以达到较高的速度。而且如果初、次级间用气垫或磁垫保存间隙，运动时无机械接触，因而运动部分也就无摩擦和噪声。这样，传动零部件没有磨损，可大大减小机械损耗，避免拖缆、钢索、齿轮与皮带轮等所造成的噪声，从而提高整体效率。

③ 初级绕组利用率高。在管形直线感应电动机中，初级绕组是饼式的，没有端部绕组，因而绕组利用率高。

④ 无横向边缘效应。横向效应是指由于横向开断造成的边界处磁场的削弱，而圆筒形直线电动机横向无开断，所以磁场沿周向均匀分布。

⑤ 容易克服单边磁拉力问题。径向拉力互相抵消，基本不存在单边磁拉力的问题。

⑥ 易于调节和控制。通过调节电压或频率，或更换次级材料，可以得到不同的速度、电磁推力，适用于低速往复运行场合。

⑦ 适应性强。直线电动机的初级铁芯可以用环氧树脂封成整体，具有较好的防腐、防潮性能，便于在潮湿、粉尘和有害气体的环境中使用；而且可以设计成多种结构形式，满足不同情况的需要。

⑧ 高加速度。这是直线电动机驱动相比其他丝杠、同步带和齿轮齿条驱动的一个显著优势。

（3）直线电动机在数控机床中的应用

数控机床正在向精密、高速、复合、智能、环保的方向发展。精密和高速加工对传动及其控制提出了更高的要求，更高的动态特性和控制精度，更高的进给速度和加速度，更低的振动噪声和更小的磨损。问题的症结在传统的传动链从作为动力源的电动机到工作部件要通过齿轮、蜗轮副、皮带、丝杠副、联轴器、离合器等中间传动环节，这环节中产生了较大的转动惯量、弹性变形、反向间隙、运动滞后、摩擦、振动、噪声及磨损。虽然在这些方面通过不断的改进使传动性能有所提高，但问题很难从根本上解决，于是出现了“直接传动”的概念，即取消从电动机到工作部件之间的各种中间环节。随着电动机及其驱动控制技术的发展，电主轴、直线电动机、力矩电动机的出现和技术的日益成熟，使主轴、直线和旋转坐标运动的“直接传动”概念变为现实，并日益显示其巨大的优越性。直线电动机及其驱动控制技术在机床进给驱动上的应用，使机床的传动结构出现了重大变化，并使机床性能有了新的飞跃。直线电动机进给驱动具有如下优点：

① 进给速度范围宽。

② 速度特性好。

③ 加速度大。

④ 定位精度高。

⑤ 行程不受限制。

⑥ 结构简单、运动平稳、噪声小，运动部件摩擦小、磨损小、使用寿命长、安全可靠。

习　题

3-1　什么是开环和闭环伺服系统？各自有哪些特点？闭环和半闭环伺服系统的区别是什么？各自有何特点？

3-2　数控机床典型的双闭环伺服系统的基本结构是什么？位置控制系统和速度控制系统的主要技术指标是什么？

3-3　步进电动机的工作原理是什么？如何将其分类？步进电动机的主要性能指标是什么？

3-4　反应式步进电动机的步距角大小与哪些因素有关？如何控制步进电动机的输出角位移量和转速？

3-5　步进电动机的基本控制方法是什么？环形分配器有哪些基本形式？各自有何特点？用 MCS-51 指令系统编写一段环形脉冲分配汇编程序。

3-6　步进电动机伺服系统的功率驱动部分有哪些基本形式？各自有何特点？

3-7　步进电动机的连续工作频率与它的负载转矩有何关系？为什么？如果负载转矩大于启动转矩，步进电动机还会转动吗？为什么？

3-8　直流伺服电动机的工作原理是什么？其调速方法有哪几种？各有何特点？

3-9　脉宽调速（PWM）的基本原理是什么？

3-10　数控机床常用检测装置有哪些？数控机床常见位移检测有哪些？各自有何特点？数控机床常见速度检测有哪些？各自有何特点？

3-11　试述旋转变压器或感应同步器的工作原理。

第4章　数控机床机械结构

数控机床是高精度和高生产率的自动化机床，其加工过程中的动作顺序、运动部件的坐标位置及辅助功能，都是通过数字信息自动控制的，操作者在加工过程中无法干预，不能像在普通机床上加工零件那样，对机床本身的结构和装配的薄弱环节进行人为补偿，所以数控机床几乎在任何方面均要求比普通机床设计得更为完善，制造得更为精密。为满足高精度、高效率、高自动化程度的要求，数控机床的机械结构设计已形成自己的独立体系，在这一结构的完善过程中，数控机床出现了不少完全新颖的结构及元件。特别是随着电主轴、直线电动机等新技术、新产品在数控机床上的推广应用，部分机械结构日趋简化，新的结构、功能部件不断涌现，数控机床的机械机构正在发生重大的变化，虚拟轴机床的出现和实用化，使传统的机床结构面临着更严峻的挑战。本章着重介绍数控机床主传动、进给传动机构，滚珠丝杠螺母副、导轨副、自动换刀装置及回转工作台等数控机床典型机械结构。

4.1　数控机床的结构特点及要求

4.1.1　数控机床机械结构的组成

数控机床的机械结构主要组成部分包括主要部件（如主传动装置、进给传动装置、工作台、床身等）及辅助装置（如刀库、自动换刀装置、润滑装置、冷却装置和排屑装置等）。

① 主传动系统：包括动力源、传动件及主运动执行件主轴等，其功用是将驱动装置的运动及动力传给执行件，以实现主切削运动。

② 进给传动系统：包括动力源、传动件及进给运动执行件工作台（刀架）等，其功用是将伺服驱动装置的运动与动力传给执行件，以实现进给切削运动。

③ 基础支承件：是指床身、立柱、导轨、滑座、工作台等，它支承机床的各主要部件，并使它们在静止或运动中保持相对正确的位置。机床本体是数控机床的主体部分，是完成各种切削加工的机械结构，来自于数控装置的各种运动和动作指令，都必须由机床本体转换成真实的、准确的机械运动和动作，才能实现数控机床的功能，并保证数控机床的性能要求。

④ 辅助装置：该装置视数控机床的不同而异，如自动换刀系统、液压气动系统、润滑冷却装置等。

⑤ 实现工件回转、分度定位的装置和附件，如回转工作台。

⑥ 刀库、刀架和自动换刀装置（ATC）。

⑦ 自动托盘交换装置（APC）。

⑧ 特殊功能装置，如刀具破损检测、精度检测和监控装置等。

其中，机床基础件、主传动系统、进给系统以及液压、润滑、冷却等辅助装置是构成数控机床的机床本体的基本部件，是必需的；其他部件则按数控机床的功能和需要选用。尽管数控机床的机床本体的基本构成与传统的机床十分相似，但由于数控机床在功能和性能上的要求与传统机床存在着巨大的差距，因此数控机床的机床本体在总体布局、结构、性能上与传统机床有许多明显的差异，出现了许多适应数控机床功能特点的完全新颖的机械结构和部件。

如图 4-1 所示为小型立式加工中心的机械结构组成，该机床可在一次装夹零件后，自动连续完成铣、钻、镗、铰、攻螺纹等加工。由于工序集中，该机床显著提高了加工效率，也有利于保证各加工面间的位置精度。该机床可以实现旋转主运动及 x、y、z 三个坐标的直线进给运动，还可以实现自动换刀。

加工中心的床身为该机床的基础部件。交流变频调速电动机将运动经主轴箱内的传动件传给主轴，实现旋转主运动。3 个宽调速直流伺服电动机分别经滚珠丝杠螺母副将运动传给工作台、滑座，实现 x、y 坐标的进给运动，传给主轴箱使其沿立柱导轨作 z 坐标的进给运动。立柱左上侧的盘式刀库可容纳 16 把刀，由换刀机械手进行自动换刀。立柱的左后部为数控柜，右侧为驱动电源柜，左下侧为润滑油箱等辅助装置。如图 4-2 所示为典型数控机床的机械结构。

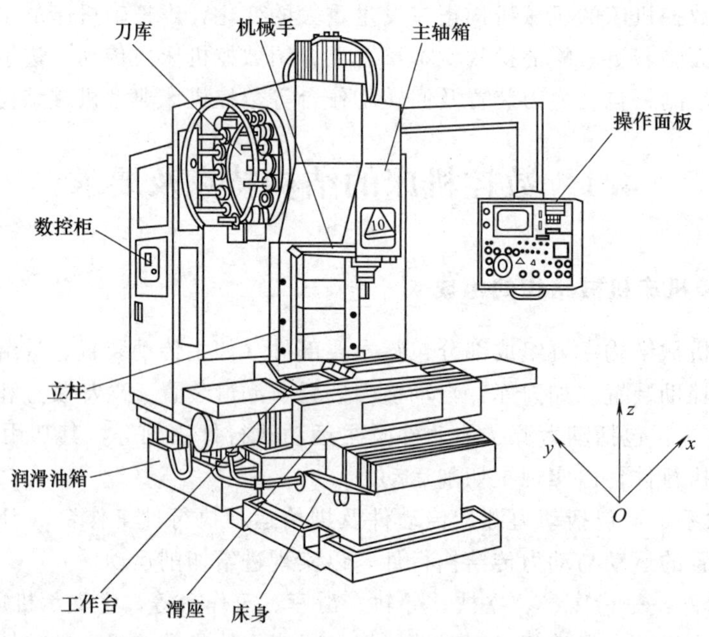

图 4-1 小型立式加工中心的机械结构组成

4.1.2 数控机床机械结构的主要特点

（1）结构简单、操作方便、自动化程度高

数控机床的主轴箱、进给变速箱结构一般非常简单；齿轮、轴类零件、轴承的数量大为减少；电动机可以直接连接主轴和滚珠丝杠，不用齿轮；在使用直线电动机、电主轴的场合，甚至可以不用丝杠、主轴箱。

数控机床需要根据数控系统的指令，自动完成对进给速度、主轴转速、刀具运动轨迹以及其他机床辅助技能（如自动换刀，自动冷却）的控制。它必须利用伺服进给系统代替普通机床的进给系统，并可以通过主轴调速系统实现主轴自动变速。因此，在操作上，它不像普通机床那样，需要操作者通过手柄进行调整和变速，操作机构比普通机床要简单得多，许多

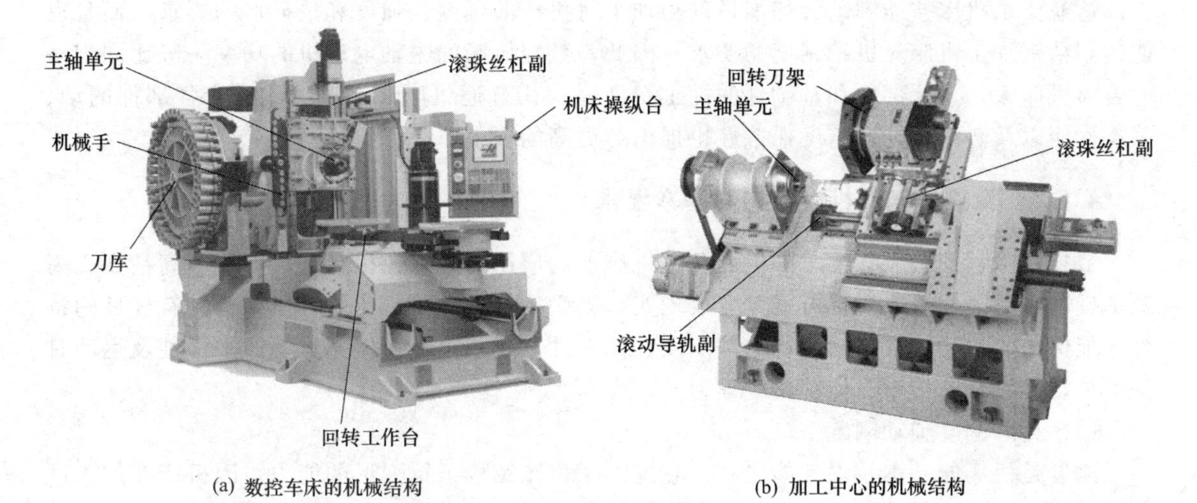

(a) 数控车床的机械结构　(b) 加工中心的机械结构

图 4-2　典型数控机床的机械结构

机床甚至没有手动机械操作系统。

数控机床的大部分辅助动作都可以通过数控系统的辅助技能（M 技能）进行控制，因此，常用的操作按钮也较普通机床少。

（2）广泛采用高效、无间隙传动装置和新技术、新产品

数控机床进行的是高速、高精度加工，在简化机械结构的同时，对于机械传动装置和元件也提出了更高的要求。高效、无间隙传动装置和元件在数控机床上取得了广泛的应用。如滚珠丝杠副、塑料滑动导轨、静压导轨、直线滚动导轨等高效执行部件，不仅可以减少进给系统的摩擦阻力，提高传动效率，而且可以使运动平稳和获得较高的定位精度。

特别是随着新材料、新工艺的普及、应用，高速加工已经成为目前数控机床的发展方向之一，快进速度达到了每分钟数十米甚至上百米，主轴转速达到了每分钟上万转甚至十几万转，采用电主轴、直线电动机、直线滚动导轨等新产品、新技术已势在必行。

（3）具有适应无人化、柔性化加工的特殊部件

“工艺复合化”和“功能集成化”是无人化、柔性加工的基本要求，也是数控机床最显著的特点和当前的发展方向。因此，自动换刀装置（ATC）、动力刀架、自动排屑装置、自动润滑装置等特殊机械部件是必不可少的，有的机床还带有自动工作台交换装置（APC）。

“功能集成化”是当前数控机床的另一重要发展方向。在现代数控机床上，自动换刀装置、自动工作台交换装置等已经成为基本装置。随着数控机床向无人化、柔性化加工发展，功能集成化更多体现在：工件的自动装卸、自动定位，刀具的自动对刀、破损检测、寿命管理，工件的自动测量和自动补偿功能上，因此，国外还新近开发了集中突破传统机床界限，集钻、铣、镗、车、磨等加工于一体的所谓“万能加工机床”，大大提高了附加值，并随之不断出现新的机械部件。

（4）对机械结构、零部件的要求高

高速、高效、高精度的加工要求，无人化管理以及工艺复合化、功能集成化，一方面可以大大地提高生产率，同时也必然会使机床的开机时间、工作负载随之增加，机床必须在高负荷下长时间可靠工作。因此，对组成机床的各种零部件和控制系统的可靠性要求很高。

此外，为了提高加工效率，充分发挥机床性能，数控机床通常都能够同时进行粗细加

工。这就要求机床技能满足大切削量的粗加工对机床的刚度、强度和抗振性的要求，而且也能达到精密加工机床对机床精度的要求。因此，数控机床的主轴电动机的功率一般比同规格的普通机床大，主要部件和基础件的加工精度通常比普通机床高，对组成机床各部件的动、静态性能以及热稳定性的精度保持性也提出了更高的要求。

4.1.3 数控机床对机械结构的基本要求

数控技术、伺服驱动技术的发展及在机床上的应用，为数控机床的自动化、高精度、高效率提供了可能性，但要将可能性变成现实，则必须要求数控机床的机械结构具有优良的特性才能保证。这些特征包括结构的静刚度、抗振性、热稳定性、低速运动的平稳性及运动时的摩擦特性、几何精度、传动精度等。

（1）高静刚度和动刚度

刚度是机床的基本技术性能之一，它反映了机床结构抵抗变形的能力。因机床在加工过程中承受多种外力的作用，包括运动部件和工件的自重、切削力、驱动力、加减速时的惯性力、摩擦阻力等，各部件在这些力的作用下将产生变形，变形会直接或间接地引起刀具和工件之间产生相对位移，破坏刀具和工件原来所占有的正确位置，从而影响加工精度。有标准规定数控机床的刚度系数应比类似的普通机床高50%。根据承受载荷性质的不同，刚度可分为静刚度和动刚度。

机床的静刚度是指机床在静态力的作用下抵抗变形的能力。它与构件的几何参数及材料的弹性模量有关。机床的动刚度是指机床在动态力的作用下抵抗变形的能力。当在同样的频率比的条件下，动刚度与静刚度成正比，动刚度与阻尼比也成正比，即阻尼比和静刚度越大，动刚度也越大。

数控机床要在高速和重负荷条件下工作，为了满足数控机床加工的高生产率、高速度、高精度、高可靠性和高自动化程度的要求，与普通机床相比，数控机床应有更高的静刚度、动刚度和更高的抗振性。

提高数控机床结构刚度的措施有：

① 合理选择结构形式。正确选择床身的截面形状和尺寸，合理选择和布置筋板，提高构件的局部刚度和采用焊接结构。如图4-3所示为数控车床的床身截面，床身导轨的倾斜布置可有效地改善排屑条件。

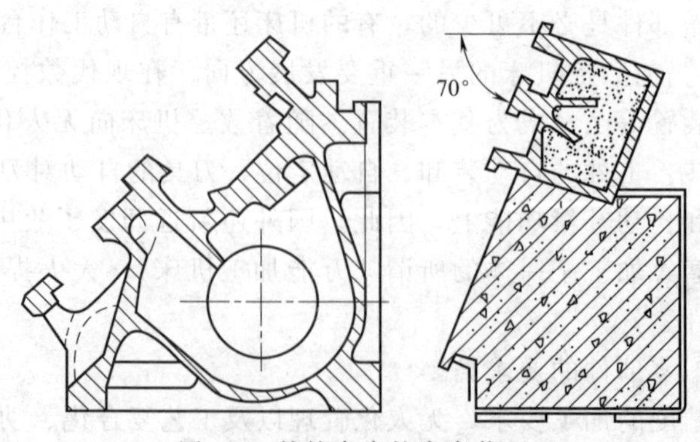

图4-3 数控车床的床身截面

② 合理安排结构布局。机床的总体布局直接影响到机床的结构和性能。合理选择机床布局，不但可以使机械结构更简单、合理、经济，而且使构件承受的弯矩和转矩减小，从而

提高机床的刚度。合理布局还可以改善机床受力情况，提高热稳定性和操作性能，使机床满足数控化的要求。

如图 4-4（a）～（c）所示，卧式加工中心的主轴箱单面悬挂在立柱侧面，切削力将使立柱产生弯曲和扭转变形；而采用图 4-4（d）的布局，加工中心的主轴箱置于立柱对称平面内，切削力引起的变形将显著减小。这就相当于提高了机床的刚度。

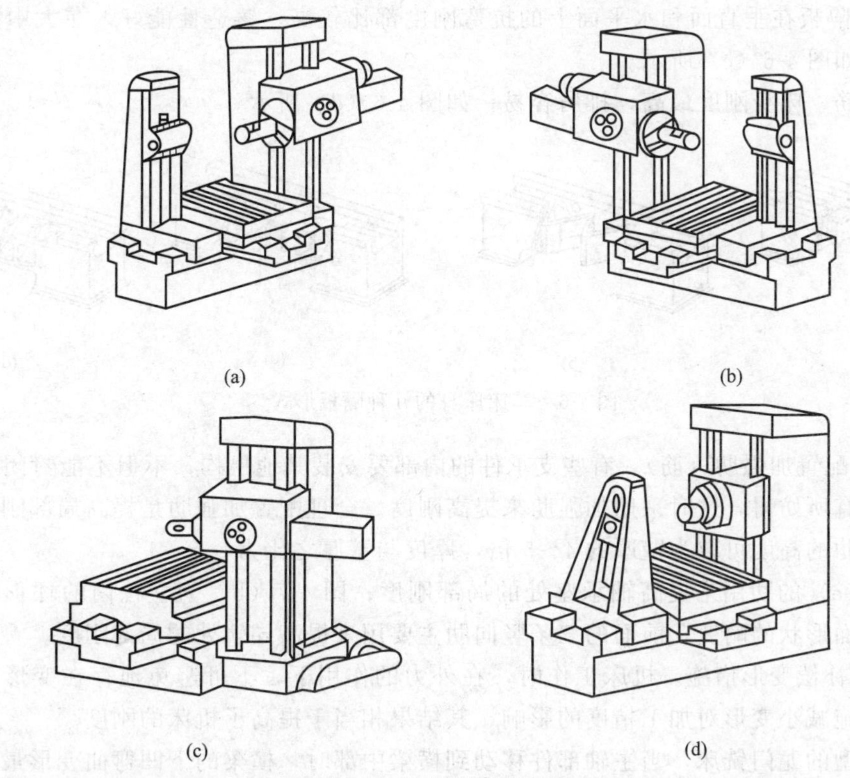

图 4-4　数控机床的布局

③ 支承件截面形状尽量选用抗弯的方截面和抗扭的圆截面，或采用封闭型床身，如图 4-5 所示。

图 4-5　封闭整体箱形结构床身

④ 合理布置支承件隔板的筋条。隔板的作用是将作用于支承板的局

壁板，从而使整个支承件承受载荷，提高支承件的自身刚度。

“T”形隔板连接主要提高水平面抗弯刚度，对提高垂直面抗弯刚度和抗扭刚度不显著，多用在刚度要求不高的床身上，如图 4-6（a）所示。

“W”形隔板能较大地提高水平面上的抗弯抗扭刚度，对中心距超过 1500mm 的长床身，效果最为显著，如图 4-6（b）所示。

“Π”形隔板在垂直面和水平面上的抗弯刚度都比较高，铸造性能好，在大中型车床上应用较多，如图 4-6（c）所示。

斜向拉筋，床身刚度最高，排屑容易，如图 4-6（d）所示。

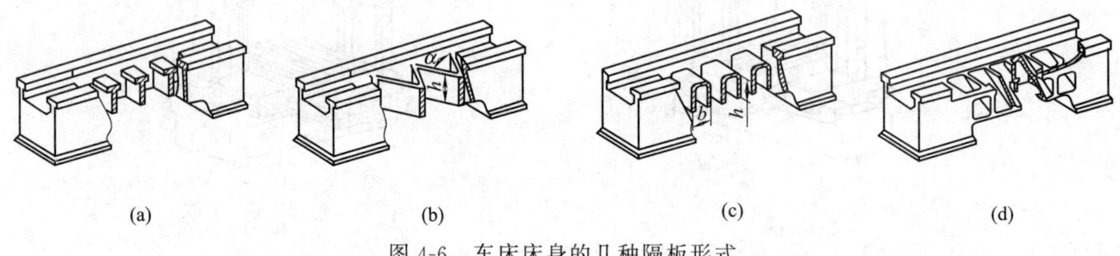

图 4-6 车床床身的几种隔板形式

⑤ 合理配置加强肋（筋）。有些支承件的内部要安装其他机构，不但不能封闭，即使安装隔板也会有所妨碍，这时采用加强肋来提高刚度。合理配置加强肋是提高局部刚度的有效方法，加强肋的高度可取为壁厚的 4～5 倍，厚度与壁厚之比为 0.8～1。

图 4-7（a）的肋用来提高轴承座处的局部刚度；图 4-7（b）为立柱内的环形肋，主要用来抵抗截面形状的畸变，前面的三条竖向肋主要用来提高导轨处的局部刚度。

⑥ 采用补偿变形措施。机床工作时，在外力的作用下，不可避免地存在变形，如果能采取一定措施减小变形对加工精度的影响，其结果相当于提高了机床的刚度。

对于大型的龙门铣床，当主轴部件移动到横梁中部时，横梁的下凹弯曲变形最大，为此可将横梁导轨加工成中部凸起的抛物线形，可以使变形得到补偿。

⑦ 合理选择连接部位的结构，增加导轨与支承件的连接部分的刚度，连接刚度是支承件在连接处抵抗变形的能力。设图 4-8（a）的一般凸缘连接相对连接刚度为 1.0，图 4-8（b）有加强筋的凸缘连接为 1.06，图 4-8（c）凹槽式为 1.80，图 4-8（d）U 形加强筋结构为 1.85。

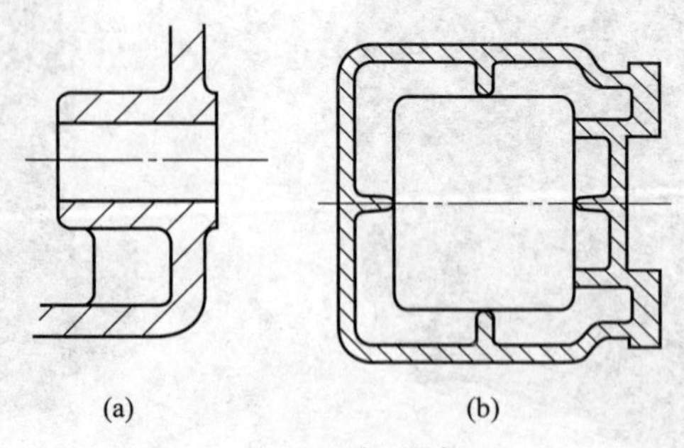

图 4-7 加强肋

车床床身，由于床身的基本部分较薄而导轨较厚，如设计成图

下，导轨处易发生局部变形。采用加厚的过渡壁，并加

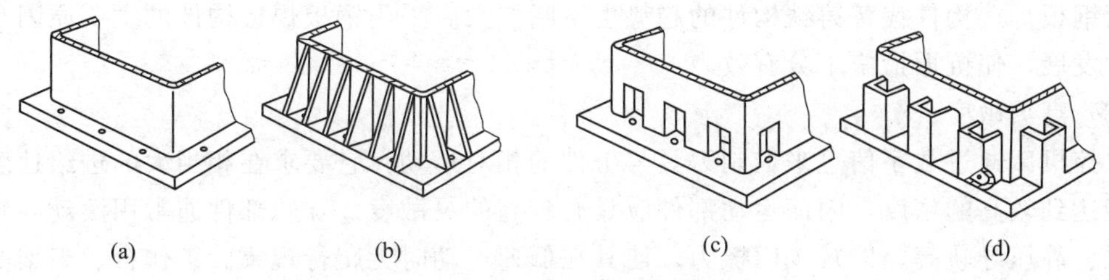

图 4-8　连接部位的结构形式

肋，如图 4-9（b）所示，可显著地提高导轨处的局部刚度。

⑧ 增加机床各部件的接触刚度和承载能力。可采用刮研的方法增加单位面积上的接触点，在结合面之间施加足够大的预加载荷，增加接触面积，或者合理选用构件的材料，如床身、立柱等支承件采用钢板或型钢焊接，以增加刚度、减轻重量。

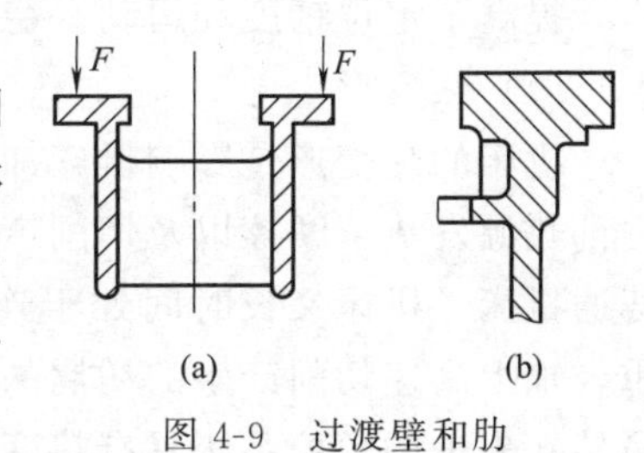

图 4-9　过渡壁和肋

（2）高抗振性

高速转动零部件的动态不平衡力与切削产生的振动，是引起机床振动的主要原因。机床加工时可能产生两种振动：强迫振动和自激振动，机床的抗振性是指抵抗这两种振动的能力。

提高机床结构抗振性的措施有：

① 提高机床构件的静刚度。可以提高构件或系统的固有频率，从而避免发生共振。

② 提高阻尼比，采用封砂床身结构。在大件内腔充填泥芯和混凝土等阻尼材料，在振动时因相对摩擦力较大而耗散振动能量。可以采用阻尼涂层法，即在大件表面喷涂一层具有高内阻尼和较高弹性的黏滞弹性材料，涂层厚度越大阻尼越大。而采用减振焊缝，则在保证焊接强度的前提下，在两焊接件之间部分焊住，留有贴合而未焊死的表面，在振动过程中，两贴合面之间产生的相对摩擦即为阻尼，使振动减少。

③ 采用新型材料和钢板焊接结构。近年来很多高速机床的床身材料采用了聚合物混凝土，如图 4-10 所示，具有刚度高、抗振好、耐腐蚀和耐热的特点，用丙烯酸树脂混凝土制成的床身，其动刚度比铸铁件的高出了 6 倍。另外，人造花岗岩（AG）、天然大理石等也是支承件可选的新型材料，如图 4-11 所示。

图 4-10　混凝土聚合物床身（人造大理石）

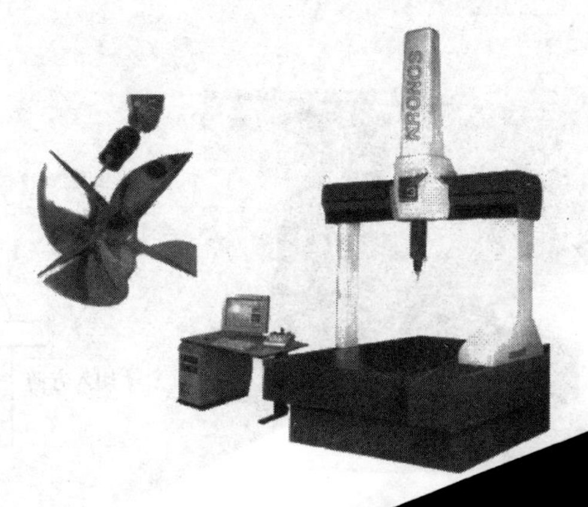

图 4-11　天然大理

用钢板焊接构件代替铸铁构件的趋势也不断扩大。采用钢板焊接构件的主要原因是焊接技术的发展，使抗振措施十分有效。

(3) 高灵敏度

数控机床通过数字信息来控制刀具与工件的相对运动，它要求在相当大的进给速度范围内都能达到较高的精度，因而运动部件应具有较高的灵敏度。导轨部件通常用滚动导轨、塑料导轨、静压导轨等，以减少摩擦力，使其在低速运动时无爬行现象。工作台、刀架等部件的移动由交流或直流伺服电动机驱动，经滚动丝杠传动，减少了进给系统所需要的驱动力矩，提高了定位精度和运动平稳性。

(4) 热变形小

机床的热变形是影响机床加工精度的主要因素之一。引起机床热变形的主要原因是机床内部热源发热、摩擦以及切削产生的发热。由于数控机床的主轴转速、快速进给都远远超过普通机床，机床又长时间处于连续工作状态，电动机、丝杠、轴承、导轨的发热都比较严重，加上高速切削产生的切屑的影响，使得数控机床的热变形影响比普通机床要严重得多。虽然在先进的数控系统具有热变形补偿功能，但是它并不能完全消除热变形对于加工精度的影响，在数控机床上还应采取必要的措施，尽可能减小机床的热变形。

由于热源分布不均，散热性能不同，导致机床各部分温升不一致，从而产生不均匀的热膨胀变形，以至影响刀具和工件的正确相对位置，影响了加工精度，且热变形对加工精度的影响操作者往往难以修正。

减小热变形的措施：

① 主运动采用直流或交流调速电动机进行无级调速。

② 采用热对称结构。如图 4-12 所示，这种结构相对热源是对称的。这样在产生热变形时，可保证工件或刀具回转中心对称线的位置不变，从而减小热变形对加工精度的影响。最典型的实例是许多卧式加工中心所采用的框式双立柱结构，主轴箱嵌入框式立柱内，且以立柱左、右导轨两内侧定位，在热变形时，主轴中心在水平方向的位置保持不变，从而减小了热变形的影响。

③ 采用热平衡措施。使机床主轴的热变形发生在刀具切入的垂直方向上，如图 4-13 所示。

④ 减少热源的发热量。将热源置于易散热的位置，以减少机床热变形对其精度的影响，如图 4-14 和图 4-15 所示。

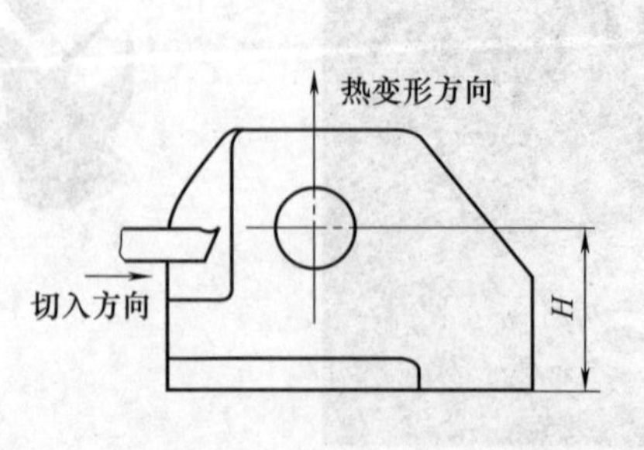

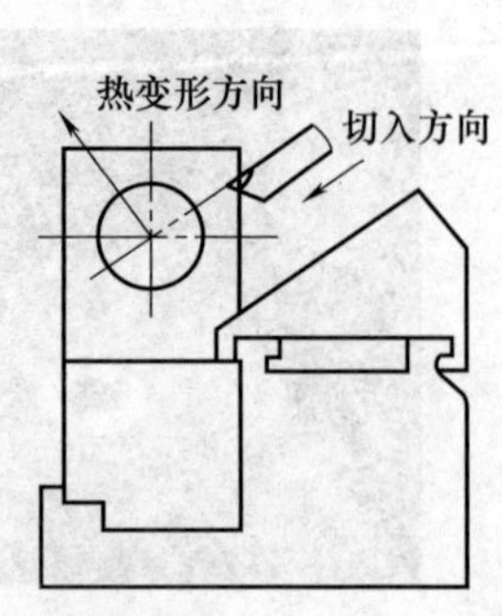

图 4-13 机床切削时采用热平衡措施

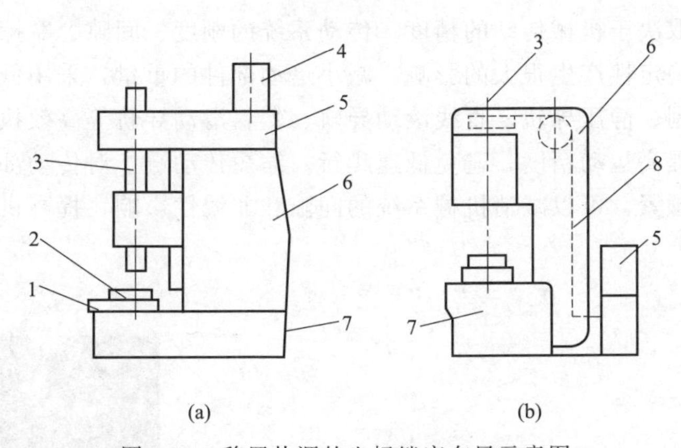

图 4-14　移置热源的坐标镗床布局示意图

1—溜板；2—工作台；3—主轴；4—主电动机；5—主传动箱；6—立柱；7—底座；8—皮带

图 4-15　热源与机床分离

⑤ 改善主轴轴承、丝杠螺母副、高速运动导轨副的摩擦特性，如采用滚珠丝杠或无间隙齿轮传动，用滚动导轨或静压导轨来减少摩擦副之间的摩擦。

⑥ 对机床发热部件采取散热、风冷或液冷等控制温升，对切削部位采取大流量强制冷却，如图 4-16 所示。

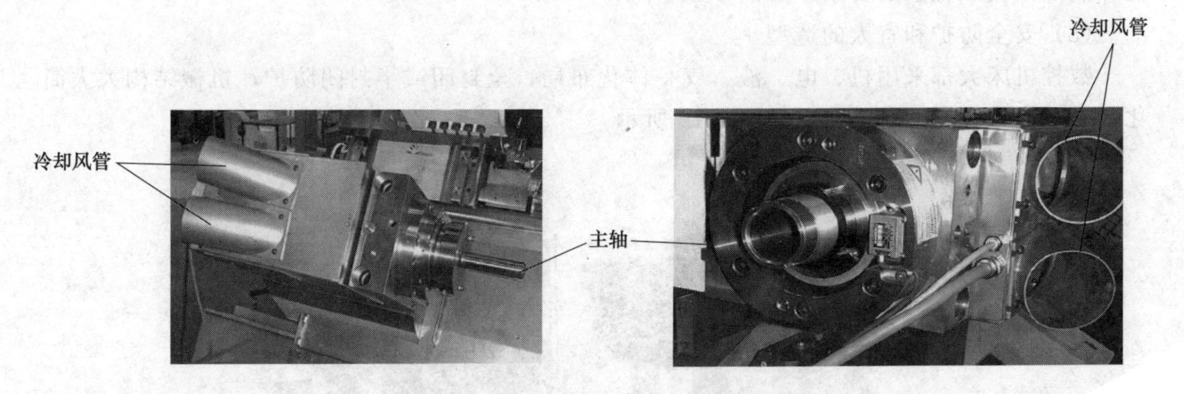

图 4-16　对机床热源进行强制冷却

⑦ 预测热变形规律，采取热位移补偿等。

⑧ 采用排屑系统，如图 4-17 所示。

（5）保证运动的精度和稳定性

机床的运动精度和稳定性，不仅和数控系统的分辨率、伺而且在很大程度上取决于机械传动的精度。传动系统的刚度、间隙、摩擦死区、非线性环节都对机床的精度和稳定性产生很大的影响。减小运动部件的重量，采用低摩擦因数的导轨和轴承以及滚珠丝杆副、静压导轨、直线滚动导轨、塑料滑动导轨等高效执行部件，可以减少系统的摩擦阻力，提高运动精度，避免低速爬行。缩短传动链，对传动部件进行消隙，对轴承和滚珠丝杠进行预紧，可以减消机械系统的间隙和非线性影响，提高机床的运动精度和稳定性。

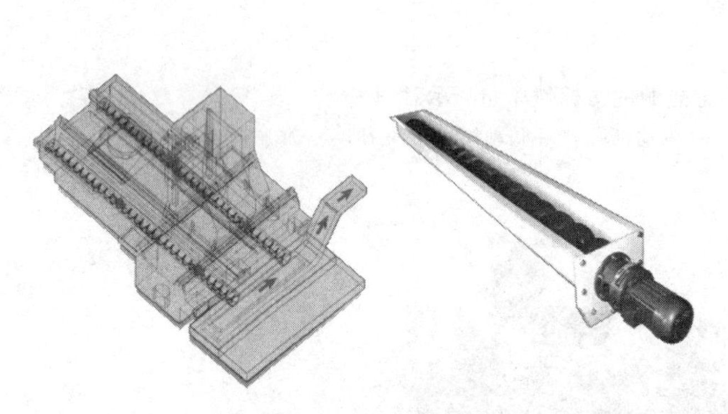

图 4-17　机床排屑系统图

图 4-18　便于操作的机床结构

（6）提高机床寿命和精度保持性

在设计中充分考虑各零部件的耐磨性，保证数控机床运动部件间具有良好的润滑。

（7）自动化的机构、宜人的操作性

高自动化、高精度、高效率数控机床的主轴转速、进给速度和快速定位精度高，可以通过切削参数的合理选择，充分发挥刀具的切削性能，减少切削时间，且整个加工过程连续，各种辅助动作快，自动化程度高，减少了辅助动作时间和停机时间，同时要求机床操作方便，满足人机工程学的要求，如图 4-18 所示。

（8）安全防护和宜人的造型

数控机床大都采用机、电、液、气一体化布局，全封闭或半封闭防护，机械结构大大简化，易于操作及实现自动化，如图 4-19 所示。

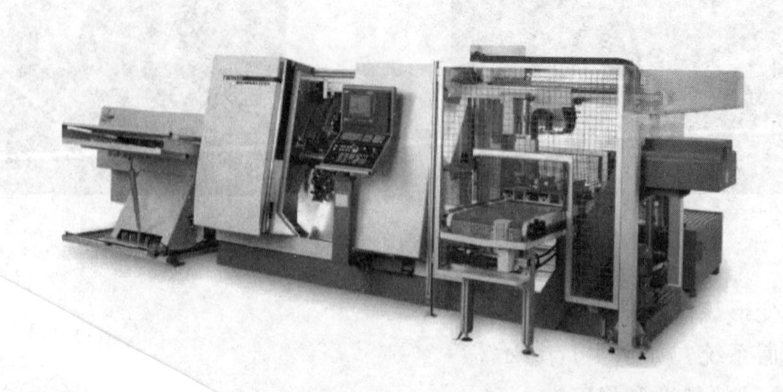

有安全防护和宜人的造型的数控机床

4.2 数控机床的进给运动及传动机构

数控机床进给系统的机械传动机构是指将电动机的旋转运动传递给工作台或刀架以实现进给运动的整个机械传动链，包括齿轮传动副、丝杠螺母副（或蜗杆蜗轮副）及其支承部件等。为确保数控机床进给系统的位置控制精度、灵敏度和工作稳定性，对进给机械传动机构总的设计要求是：消除传动间隙，减少摩擦阻力，降低运动惯量，提高传动精度和刚度。

4.2.1 数控机床对进给系统机械部分的要求

数控机床从构造上可以分为数控系统（CNC）和机床两大块。数控系统主要根据输入程序完成对工作台的位置、主轴启停、换向、变速、刀具的选择、更换、液压系统、冷却系统、润滑系统等的控制工作。而机床为了完成零件的加工须进行两大运动：主运动和进给运动。数控机床的主运动和进给运动在动作上除了接受 CNC 的控制外，在机械结构上应具有响应快、高精度、高稳定性的特点。本节着重讨论进给系统的机械结构特点。

① 高传动刚度。进给传动系统的高传动刚度主要取决于丝杆螺母副（直线运动）或蜗轮蜗杆副（回转运动）及其支承部件的刚度。刚度不足与摩擦阻力一起会导致工作台产生爬行现象以及造成反向死区，影响传动准确性。缩短传动链，合理选择丝杆尺寸以及对丝杆螺母副及支承部件等预紧是提高传动刚度的有效途径。

② 高谐振。为提高进给系统的抗振性，应使机械构件具有高的固有频率和合适的阻尼，一般要求机械传动系统的固有频率应高于伺服驱动系统固有频率的 2～3 倍。

③ 低摩擦。进给传动系统要求运动平稳，定位准确，快速响应特性好，必须减小运动件的摩擦阻力和动、静摩擦因数之差，在进给传动系统中现普遍采用滚珠丝杆螺母副。

④ 低惯量。进给系统由于经常需进行启动、停止、变速或反向，若机械传动装置惯量大，会增大负载并使系统动态性能变差。因此在满足强度与刚度的前提下，应尽可能减小运动部件的重量以及各传动元件的尺寸，以提高传动部件对指令的快速响应能力。

⑤ 无间隙。机械间隙是造成进给系统反向死区的另一主要原因，因此对传动链的各个环节，包括齿轮副、丝杆螺母副、联轴器及其支承部件等均应采用消除间隙的结构措施。

4.2.2 进给传动系统的典型结构

进给系统是协助完成加工表面的成形运动，传递所需的运动及动力。典型的进给系统机械结构是由传动机构、运动变换机构、导向机构、执行件（工作台）组成的。常见的传动机构有齿轮传动、同步带传动，运动变换机构有丝杠螺母副、蜗杆齿条副、齿轮齿条副等，而导向机构包括滑动导轨、滚动导轨和静压导轨等。如图 4-20 所示为数控车床的进给传动系统简图。纵向 Z 轴进给运动由伺服电动机直接带动滚珠丝杠副实现；横向 X 轴进给运动由伺服电动机驱动，通过同步齿形带带动滚珠丝杠实现；刀盘转位运动由电动机经过齿轮及蜗杆副实现，可手动或自动换刀；排屑机构由电动机、减速器和链轮传动实现；主轴运动由主轴电动机经带传动实现；尾座运动通过液压传动实现。

4.2.3 导轨

（1）机床导轨的功用

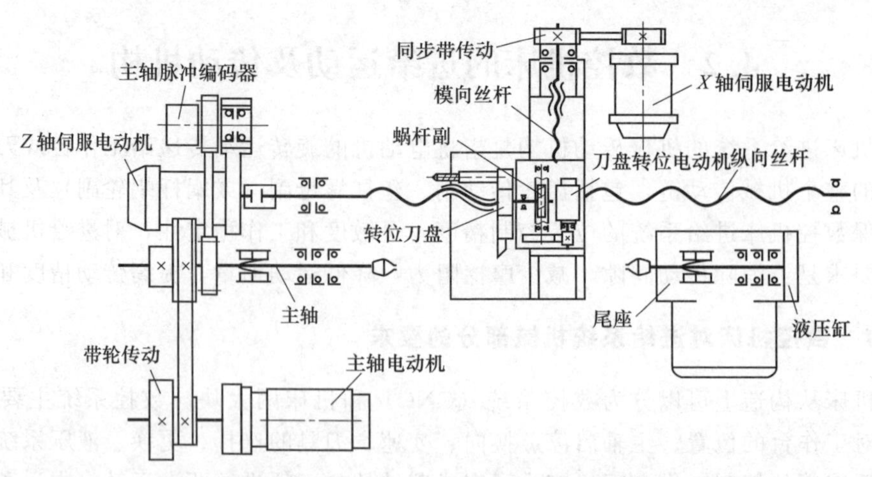

图 4-20　数控车床的进给传动系统简图

机床导轨的功用是起导向及支承作用，即保证运动部件在外力的作用下（运动部件本身的重量、工件重量、切削力及牵引力等）能准确地沿着一定方向运动。在导轨副中，与运动部件连成一体运动一方叫做动导轨，与支承件连成一体固定不动的一方为支承导轨，动导轨对于支承导轨通常是只有一个自由度的直线运动或回转运动，如图 4-21 所示。

（2）导轨应满足的基本要求

机床导轨的功用即为导向和支承，也就是支承运动部件（如刀架、工作台等）并保证运动部件在外力作用下能准确沿着规定方向运动。因此，导轨的精度及其性能对机床加工精度、承载能力等有着重要的影响。所以导轨应满足以下几方面的基本要求：

① 较高的导向精度。导向精度是指机床的胸部件沿导轨移动时与有关基面之间的相互位置的准确性。无论在空载或切削加工时，导轨均应有足够的导向精度。影响导向精度的主要因素是导轨的结构形式，导轨的制造和装配质量，以及导轨和基础件的刚度等。

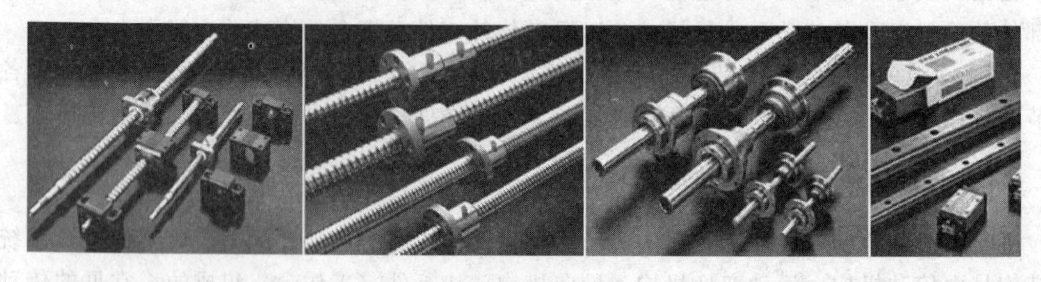

图 4-21　机床导轨

② 较高的刚度。导轨的刚度是机床工作质量的重要指标，它表示导轨在承受动静载荷下抵抗变形的能力，若刚度不足，则直接影响部件之间的相对位置精度和导向精度，另外还使得导轨面上的比压分布不均，加重导轨的磨损，因此导轨必须具有足够的刚度。

定性 好的精度保持性。精度保持性是指导轨在长期使用中保持导向精度的能力。影响

④ 良好 要因素是导轨的磨损、导轨的结构及支承件（如床身、立柱）材料的稳

精度的材料、导轨面的

的不均匀磨损会破坏导轨的导向精度，从而影响机床的加工

轨受力情况及两导轨相对运动精度有关。

⑤ 低速平稳性。运动部件在导轨上低速运动或微量位移时，运动应平稳，无爬行现象。这一要求对数控机床尤其重要，这就要求导轨的摩擦因数要小，动、静摩擦因数的差值尽量小，还要有良好的摩擦阻尼特性。

此外，导轨还要结构简单，工艺性好，便于加工、装配、调整和维修。应尽量减少刮研量，对于镶装导轨，应做到更换容易，力求工艺性及经济性好。

(3) 导轨的分类

按能实现的运动形式不同，导轨可分为直线运动导轨和回转运动导轨，以下以直线运动导轨为例进行分析。

数控机床上常用的导轨，按其接触面间的摩擦性质的不同，可分为普通滑动导轨、滚动导轨和静压导轨三大类。

① 普通滑动导轨。普通滑动导轨具有结构简单、制造方便、刚度好、抗振性强等优点，缺点是摩擦阻力大、磨损快、低速运动时易产生爬行现象。

常见的导轨截面形状有：三角形（分对称、不对称两类）、矩形、燕尾形及圆形四种，每种又分为凸形和凹形两类，如图 4-22 和表 4-1 所示。

在数控机床上，滑动导轨的组合形式主要是三角形配矩形式和矩形配矩形式。只有少部分结构采用燕尾式。

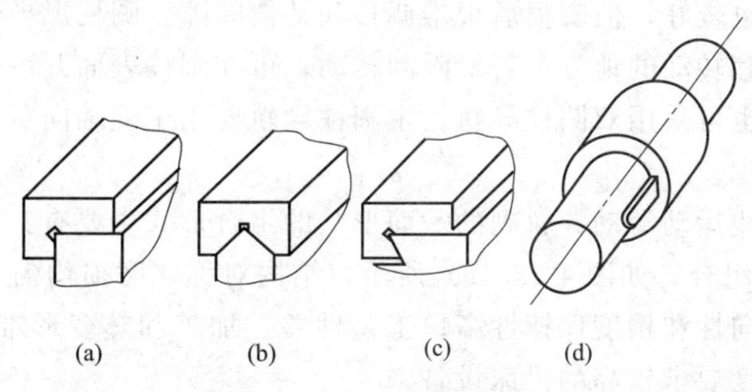

图 4-22　机床导轨截面

表 4-1　常见的导轨截面形状

项目	对称三角形	不对称三角形	矩形	燕尾形	圆形
凸形	45° 45°	90° 15°～30°		55° 55°	
凹形	90°～120°	65°～70° 90°		55° 55°	

凸形导轨不易积存切屑等脏物，但也不易储存润滑油，宜在低速下工作；凹形导轨则相反，可用于高速，但必须有良好的防护装置，以防切屑等脏物落入导轨。

图 4-22（a）为三角形导轨，V 形导轨。其截面角度由载荷大小及导向要求而定，一般为 90°。为增加承载面积，减小比压，在导轨高度不变的条件下，应采用较大的顶角（110°～120°）；为提高导向性，可采用较小的顶角（60°）。在垂直载荷的作用下，磨损后能

自动补偿，不会产生间隙，且导向精度较高，该导轨面有了磨损时会自动下沉补偿磨损量，精度保持性也较高，但是它的当量摩擦因数较高，因而承载能力不如矩形导轨。

如果导轨上所受的力，在两个方向上的分力相差很大，应采用不对称三角形，以使力的作用方向尽可能垂直于导轨面。导轨水平与垂直方向误差相互影响，给制造、检验和修理带来困难。

图 4-22（b）为矩形导轨。矩形导轨结构简单，制造、检验和修理方便，导轨面较宽，承载能力大，刚度高，应用广泛。矩形导轨的导向精度没有三角形导轨高，磨损后不能自动补偿，须有调整间隙装置。水平和垂直方向上的位置各不相关，即一方向上的调整不会影响到另一方向的位移，因此安装调整均较方便。在导轨的材料、载荷、宽度相同的情况下，矩形导轨的摩擦阻力和接触变形都比三角形导轨小。这种导轨当量摩擦因数小，刚度高，承载能力高，结构简单，工艺性好，便于加工和维修。该导轨的侧向间隙不能自动补偿，需设置间隙调整机构。

图 4-22（c）为燕尾形导轨。它结构紧凑自成闭式，可以承受颠覆力矩，导轨磨损后不能自动补偿间隙，也需设置侧隙调整机构。但这种导轨刚度较差，摩擦力较大，制造、检验和维修都不方便，用于运动速度不高、受力不大、要求结构尺寸比较紧凑的场合。

图 4-22（d）为圆柱形导轨。此类导轨制造方便，外圆采用磨削，内孔经过珩磨，可达到精密配合，工艺性也较好，但磨损后很难调整和补偿间隙。圆柱形导轨有两个自由度，适用于同时作直线运动和转动的地方。若要限制转动，可在圆柱表面开键槽或加工出平面，但不能承受大的转矩，也可采用双圆柱导轨。主圆柱导轨要用于受轴向负荷的导轨和承受轴向载荷的场合，应用较少。

数控机床常用直线运动滑动导轨副的截面形状的组合形式主要有：

a. 双三角形导轨组合，如图 4-23（a）所示，结构对称，磨损均匀，能自动补偿水平和垂直方向的磨损，导向性和精度保持性高；工艺性差，加工和热变形难以保证四个面同时、完全接触；多用于精度要求较高的机床设备。

b. 矩形导轨和矩形导轨组合，如图 4-23（b）所示，承载面与导向面分开，制造、调整简单。第一种以两侧面作导向面，承载能力大，导向精度低；第二种以内外侧面作导向面，导向精度高；第三种以两内侧面作导向面，导向精度高。

c. 三角形导轨和矩形导轨组合，如图 4-23（c）所示，兼有三角形导轨的导向性好，矩形导轨的制造方便、刚性好等优点，但导轨有磨损不均的问题。

d. 三角形和平面导轨组合，如图 4-23（d）所示，具有三角形-矩形组合的导轨的基本特点。无闭合导轨装置，只能用于受力向下的场合。两种导轨的摩擦阻力不等，应使牵引力与摩擦力的合力在同一直线上。

e. 燕尾形导轨组合，如图 4-23（e）所示，燕尾形导轨组合需要斜镶条、压板及直镶条进行间隙的调整。

导轨副间隙的调整，间隙调整装置主要有压板法和镶条法。矩形导轨需要在垂直和水平两个方向上调整间隙（图 4-24）。对于燕尾形导轨，可采用镶条法同时调整垂直和水平两个方向的间隙。对于矩形导轨和燕尾导轨水平间隙的调整（图 4-25），斜镶条斜度一般为（1∶40）～（1∶100），在全长上支承，刚度好，应用广泛。

② 滚动导轨。滚动导轨是在导轨工作面间放入滚珠、滚柱或滚针等滚动体，使导轨面间成为滚动摩擦。如图 4-26 所示。滚动导轨摩擦因数小，$f=0.0025\sim0.005$，动、静摩擦

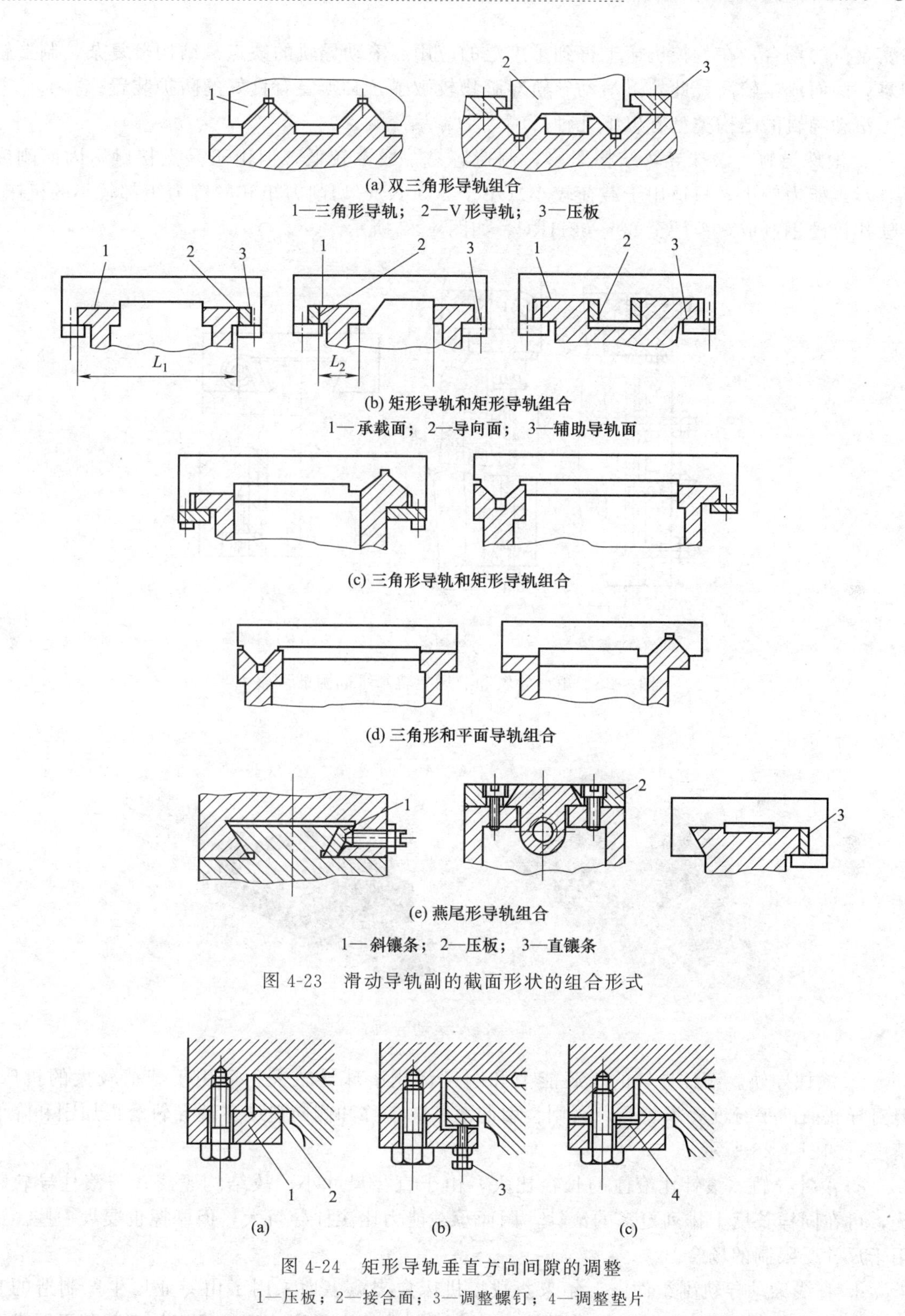

(a) 双三角形导轨组合

1—三角形导轨；2—V 形导轨；3—压板

(b) 矩形导轨和矩形导轨组合

1—承载面；2—导向面；3—辅助导轨面

(c) 三角形导轨和矩形导轨组合

(d) 三角形和平面导轨组合

(e) 燕尾形导轨组合

1—斜镶条；2—压板；3—直镶条

图 4-23　滑动导轨副的截面形状的组合形式

图 4-24　矩形导轨垂直方向间隙的调整

1—压板；2—接合面；3—调整螺钉；4—调整垫片

因数很接近，且几乎不受运动速度变化的影响，因而运动轻便灵活，所需驱动功率小；摩擦发热少，磨损小，精度保持性好；低速运动时，不易出现爬行现象，定位精度高；滚动导轨可以预紧，显著提高了刚度。滚动导轨很适合用于要求移动部件运动平稳、灵敏，以及实现精密定位的场合，在数控机床上得到了广泛的应用。滚动导轨的缺点是结构较复杂，制造较困难，因而成本较高。此外，滚动导轨对脏物较敏感，必须要有良好的防护装置。

滚动导轨的结构类型有以下几种：

a. 滚珠导轨。滚珠导轨结构紧凑，制造容易，成本较低，但由于是点接触，因而刚度低、承载能力较小，只适用于载荷较小（小于 2000N）、切削力矩和颠覆力矩都较小的机床。导轨用淬硬钢制成，淬硬至 60～62HRC。如图 4-27 所示。

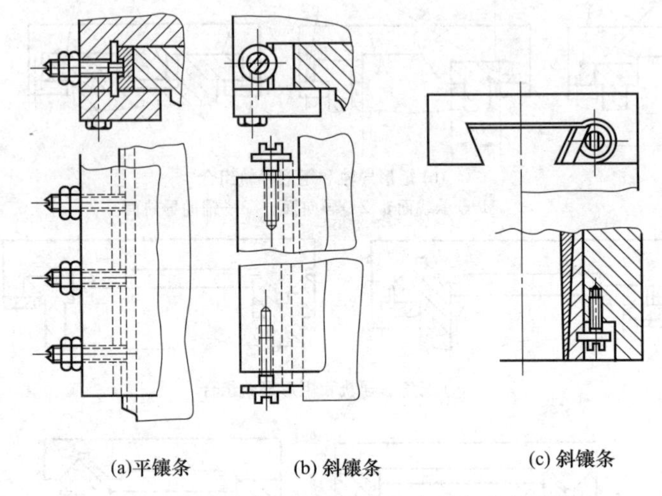

图 4-25 矩形导轨和燕尾导轨水平间隙的调整

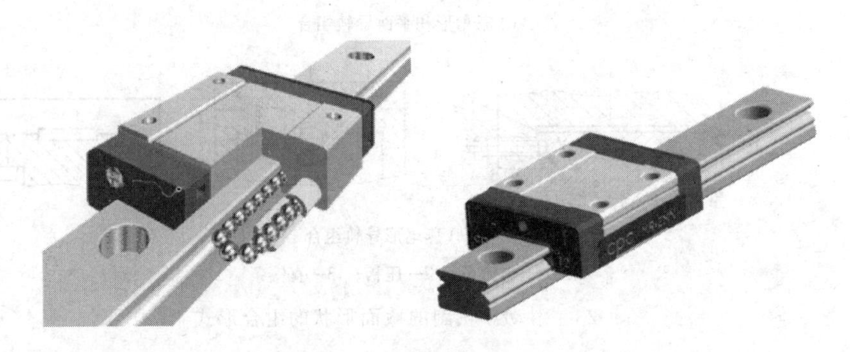

图 4-26 滚动导轨

b. 滚柱导轨。滚柱导轨的承载能力和刚度都比滚珠导轨大，适用于载荷较大的机床，但对导轨面的平行度要求较高，否则会引起滚柱的偏移和侧向滑动，使导轨磨损加剧和降低精度，如图 4-28 所示。

c. 滚针导轨。滚针比滚柱的长径比大，由于直径尺寸小，故结构紧凑；与滚柱导轨相比，可在同样长度上排列更多的滚针，因而承载能力比滚柱导轨大，但摩擦也要大一些。适用于尺寸受限制的场合。

d. 直线滚动导轨副组件。近年来，数控机床愈来愈多地采用了由专业厂生产制造的直线滚动导轨块或导轨副组件。该种导轨组件本身制造精度很高，而对机床的安装基面要求不高，安装、调整都非常方便，现已有多种形式、规格可供使用。导轨体固定在不动部件上，滑块固定在运动部件上。除导向外还能承受颠覆力矩，其制造精度高，可高速运行，并能长时间保持精度，通过预加负载可提高刚性，具有自调的能力，安装基面允许误差大。

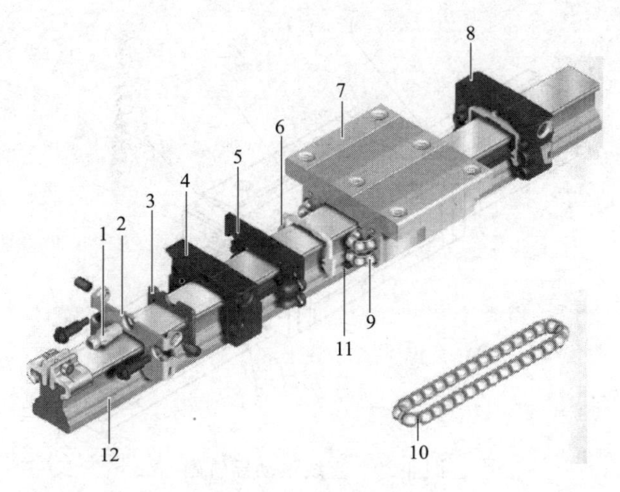

图 4-27　滚珠导轨导向系统

1—润滑接口；2—螺纹片；3—密封板；4—滚珠导向；5—转向板；
6—润滑插件；7—滑块基体；8—端盖；9—滚珠；
10—滚珠链；11—纵向密封；12—导轨

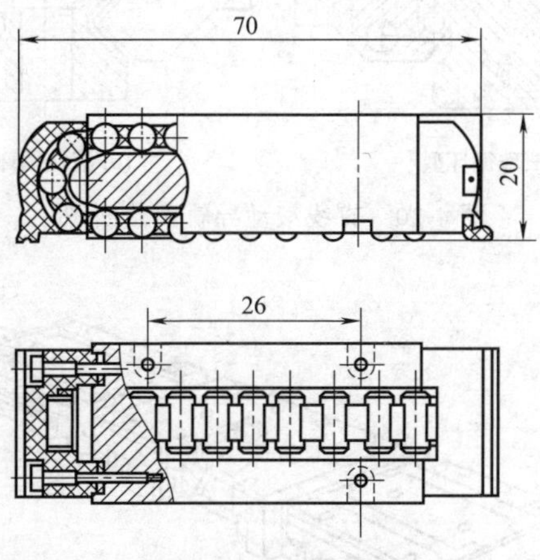

图 4-28　滚柱导轨

直线滚动导轨副由一根长导轨轴和一个或几个滑块组成，滑块内有四组滚珠或滚柱，如图 4-29 和图 4-30 所示，当滑块相对导轨轴移动时，每一组滚珠（滚柱）都在各自的滚道内循环运动，循环承受载荷，承受载荷形式与轴承类似。四组滚珠（短柱）可承受除轴向力以外的任何方向的力和力矩。滑块两端装有防尘密封垫。

直线滚动导轨摩擦因数小，精度高，安装和维修都很方便，由于它是一个独立部件，对机床支承导轨的部分要求不高，即不需要淬硬也不需磨削，只要精铣或精刨。由于这种导轨可以预紧，因而比滚动体不循环的滚动导轨刚度高，承载能力大，但不如滑动导轨，抗振性也不如滑动导轨，为提高抗振性，有时装有抗振阻尼滑座，如图 4-31 所示。有过大的振动和冲击载荷的机床不宜应用直线导轨副。直线运动导轨副的移动速度可以达到 60m/min，在数控机床和加工中心上得到广泛应用。

e. 滚动导轨块。滚动导轨块多用于中等负荷导轨。使用时导轨块装在运动部件上，每一导轨应至少用两块或更多块，导轨块的数目取决于导轨的长度和负载的大小，与之相对的

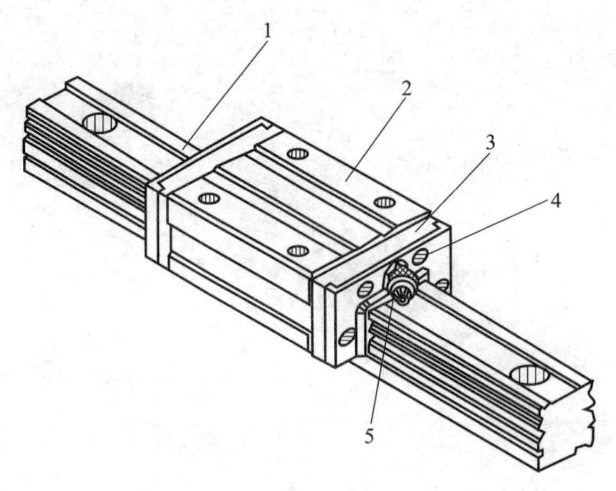

图 4-29 直线滚动导轨副

1—滑轨；2—滑块；3—端板；4—末端密封垫片；5—油嘴

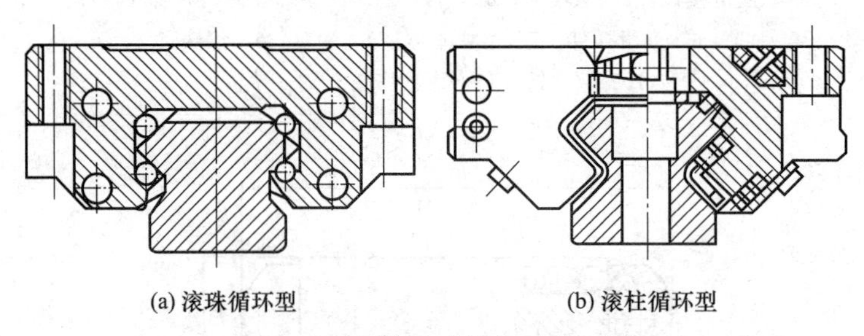

图 4-30 直线滚动导轨副截面图

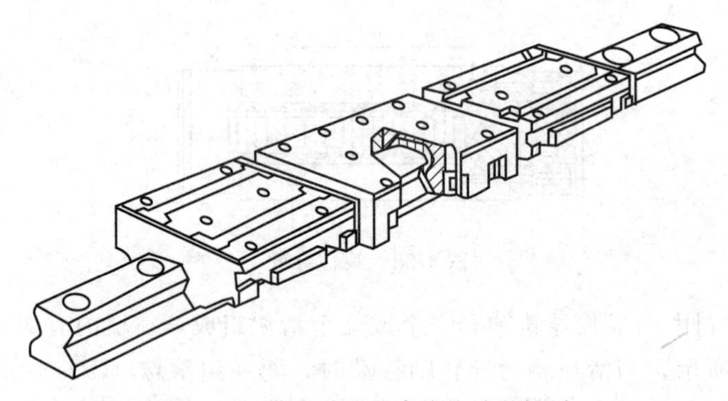

图 4-31 带阻尼器的直线滚动导轨副

导轨多用镶钢淬火导轨。

为了提高滚动导轨的刚度，应对滚动导轨进行预紧。预紧可提高接触刚度，消除间隙；在立式滚动导轨上，预紧可防止滚动体脱落和歪斜。常见的预紧方法：采用过盈配合，或者调整法，调整螺钉、斜块或偏心轮来进行预紧，如图 4-32 和图 4-33 所示。

③ 静压导轨。静压导轨分液体、气体两类。液体静压导轨多用于大型、重型数控机床，气体静压导轨多用于负荷不大的场合，像数控坐标磨床、三坐标测量机等。

液体静压导轨是在导轨工作面间通入具有一定压强的压力油，使运动件浮起，导轨面间充满压力油形成的油膜，因而处于纯液体摩擦状态，导轨不会磨损，精度保持性好，寿命长，而且导轨摩擦因数极小，约为 $f=0.0005$，功率消耗少。油膜承载能力大，刚度高，吸

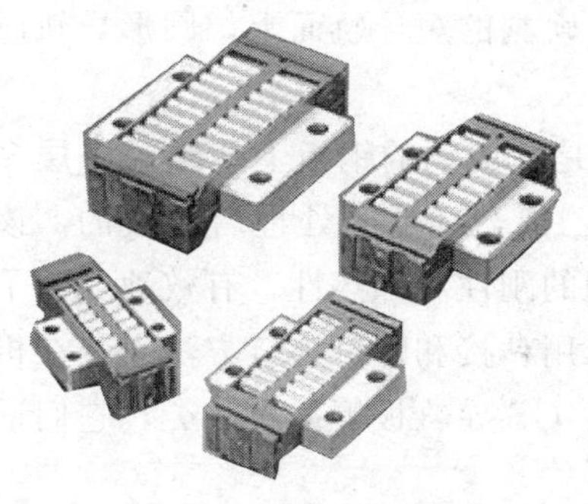

图 4-32 滚动导轨块

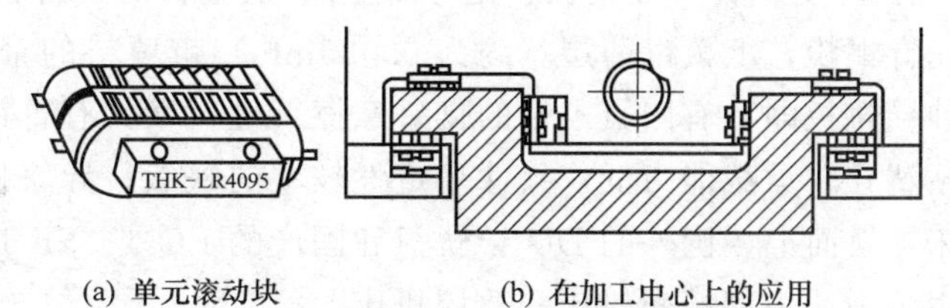

(a) 单元滚动块 (b) 在加工中心上的应用

图 4-33 滚柱式滚动导轨块

振性好，导轨运行平稳，既无爬行，也不会产生振动。但是静压导轨结构复杂，且需要一套过滤效果良好的供油系统，制造和调整都较困难，成本高，主要用于大型、重型数控机床上。如图 4-34 所示。

由于承载的要求不同，静压导轨分为开式和闭式两种。开式静压导轨只能承受垂直方向的负载，承受颠覆力矩的能力差。而闭式静压导轨能承受较大的颠覆力矩，导轨刚度也较高。闭式静压导轨恒压供油原理：在上、下导轨面上都开有油腔，可以承受双向外载荷，保证运动部件工作平稳，节流器进口处的油压压强是一定的，如图 4-35 所示。

（4）导轨副材料

导轨的工作性质要求导轨材料具有耐磨性好、工艺性好、成本低等特点。导轨的材料搭配遵循以下原则：动导轨和支承导轨尽量采用不同材料（或不同热处理方法），一般动导轨采用较软材料。导轨常用材料有铸铁、钢、非铁金属、塑料等，常使用铸铁-铸铁，铸铁-钢的导轨。

图 4-34 液体静压导轨块

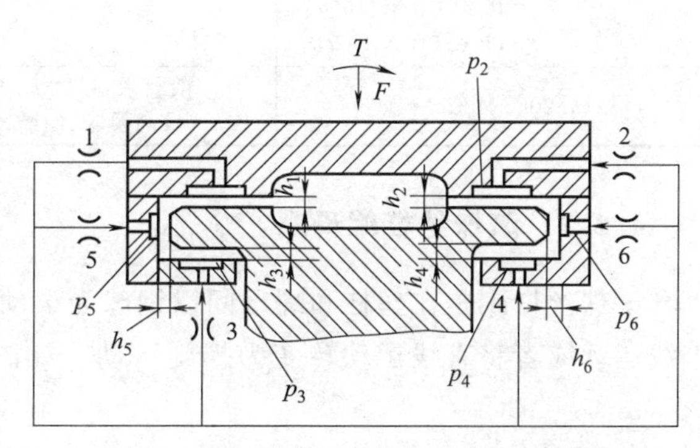

图 4-35 闭式静压导轨恒压供油原理图

1）铸铁：耐磨性、减振性好，热稳定性高，易于铸造和切削加工，成本低等特点。

2）钢：用淬硬的钢导轨可提高耐磨性。

3）非铁金属：黄铜、青铜等。

4）塑料：耐磨性、抗振性好，工作温度适应范围广，化学稳定性好，动静摩擦因数低且差别小，加工性好、工艺简单，成本低等特点。常用新型塑料导轨材料有：

① 聚四氟乙烯导轨软带：是以聚四氟乙烯为基体，加入青铜粉、二硫化铝和石墨等填充剂混合烧结而成，具有摩擦特性好、耐磨性好、减振性好等特点，已成功地用在中、小型数控机床上。该种软带可在原有滑动导轨面上用黏结剂粘接，加压固化后进行精加工，故一

般称为贴塑导轨。为磨损均匀，工艺简单，软带应粘接在导轨副的短导轨面上，圆形导轨应粘接在下导轨面上。

② 复合材料导轨板：是一种金属-氟塑料的复合板，它是在镀铜的钢板上烧结了一层多孔青铜粉，上覆以薄层（约为0.025mm）带填料的聚四氟乙烯，经适当处理后形成的。该种导轨板即具有四氟乙烯的良好摩擦特性，又具有青铜与钢的刚性和导热性，有效地克服了贴塑导轨承载能力低，尺寸稳定性较差的缺点。导轨板可以用粘接和螺钉连接方法安装在机床导轨面上。国外的DU导轨板和国产的FQ-1、SF-1、JS、GS导轨板等都属此类，它们适用于中、小型精密机床和数控机床。

③ 环氧型耐磨涂料：是以环氧树脂为基体，加入二硫化铝和胶体石墨以及铁粉等混合而成，再配以固化剂调匀涂刮或注入导轨面，故一般称之为“涂塑导轨”或“注塑导轨”。涂塑导轨具有良好的摩擦特性和耐磨性，它与铸铁搭配的导轨副摩擦因数较低，$f=0.1\sim0.12$，在无润滑油的情况下仍有较好润滑和防止爬行的效果。其抗压强度比导轨软带要高，尺寸稳定，因而可使用在大型、重型数控机床上。现代数控机床采用铸铁-塑料滑动导轨和镶钢-塑料滑动导轨。导轨上的塑料常用聚四氟乙烯导轨软带和环氧型耐磨导轨涂层两类。聚四氟乙烯导轨软带是以聚四氟乙烯为基体，加入青铜粉、二硫化钼和石墨等填充剂混合烧结，并做成软带状。

提高导轨副耐磨性的措施还可以通过镶装导轨，提高导轨的精度与改善表面粗糙，减小导轨单位面积上的压力（即比压）等方法实现，在此不详细论述。表4-2为滑动导轨常用材料的搭配。

表4-2 滑动导轨常用材料的搭配

支承导轨		动导轨	备注
铸铁		铸铁、青铜、黄铜、塑料	
淬火铸铁		铸铁	
淬火钢	40钢、50钢、40Cr、T8A、T10A、GCr15	30、40	多用于圆柱导轨
20Cr、40Cr		一般要求：HT200，HT300，青铜 较高要求：耐磨铸铁，青铜	

4.2.4 滚珠丝杠螺母副

滚珠丝杠副是在丝杠和螺母间以钢球为滚动体的螺旋传动元件，它可将螺旋运动转变为直线运动或者将直线运动转变为螺旋运动，如图4-36所示。因此，滚珠丝杠副既是传动元

图4-36 滚珠丝杠螺母副

件，也是回转运动和直线运动的互相转换元件。

（1）工作原理

滚珠丝杠螺母副丝杆（螺母）旋转，滚珠在封闭滚道内沿滚道滚动，迫使螺母（丝杆）轴向移动。图 4-37 所示为滚珠丝杠副的结构示意图。丝杠 1 和螺母 3 上均制有圆弧形面的螺旋槽，将它们装在一起便形成了螺旋滚道，滚珠 2 在其间既自转又循环滚动。

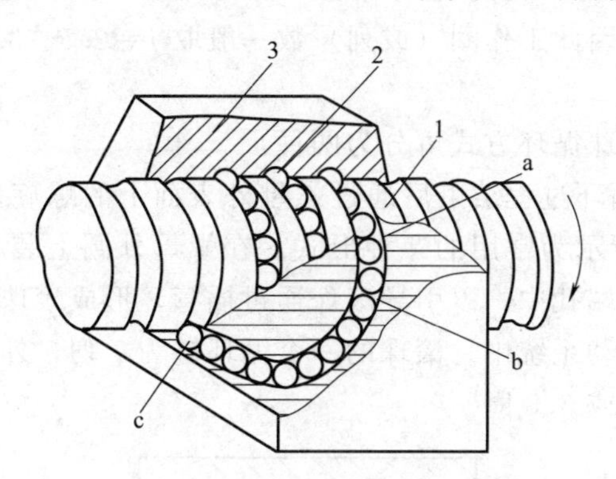

图 4-37 滚珠丝杠螺母副结构

1—丝杠；2—滚珠；3—螺母；

a—螺旋槽；b—回路管道；c—螺旋槽

（2）特点

与普通丝杠螺母副相比，滚珠丝杠螺母副具有以下优点：

① 摩擦损失小，传动效率高。滚珠丝杠螺母副的摩擦因数小，仅为 0.002～0.005；传动效率 0.92～0.96，比普通丝杠螺母副高 3～4 倍；功率消耗只相当于普通丝杠的 1/4～1/3，所以发热小，可实现高速运动。

② 运动平稳无爬行。由于摩擦阻力小，动、静摩擦力之差极小，故运动平稳，不易出现爬行现象。

③ 可以预紧，反向时无空程。滚珠丝杠副经预紧后，可消除轴间隙，因而无反向死区，同时也提高了传动刚度和传动精度。

④ 磨损小，精度保持性好，使用寿命长。

⑤ 具有运动的可逆性。由于摩擦因数小，不自锁，因而不仅可以将旋转运动转换成直线运动，也可将直线运动转换成旋转运动，即丝杠和螺母均可作主动件或从动件。

滚珠丝杠副的缺点是：

① 结构复杂，丝杠和螺母等元件的加工精度和表面质量要求高，故制造成本高。

② 不能自锁，特别是在用作垂直安装的滚珠丝杠传动，会因部件的自重而自动下降，当向下驱动部件时，由于部件的自重和惯性，当传动切断时，不能立即停止运动，必须增加制动装置。

因滚珠丝杠螺母副优点显著，所以被广泛应用在数控机床上。

（3）滚珠丝杠副的主要尺寸参数

图 4-38 所示为滚珠丝杠螺母副的主要尺寸参数。

① 公称直径 d_0。指滚珠与螺纹滚道在理论接触角状态时包络滚珠球心的圆柱直径，它是滚珠丝杠副的特征尺寸。

② 基本导程 P_h。丝杠相对螺母旋转 2π 弧度时，螺母上基准点的轴向位移。

③ 行程 λ。丝杠相对螺母旋转任意弧度时，螺母上基准点的轴向位移。

④ 滚珠直径 D_W。滚珠直径大，则承载能力也大。应根据轴承厂提供的尺寸选用。

⑤ 滚珠个数 N。N 过多，流通不畅，易产生阻塞；N 过少，承载能力小，滚珠自载加剧磨损和变形。

⑥ 滚珠的工作圈（或列）数 j。由于第一、第二、第三圈（或列）分别承受轴向载荷的50％、30％、15％左右，因此工作圈（或列）数一般取 $j=2.5\sim3.5$。

（4）结构类型

滚珠丝杠螺母副按滚珠循环方式可分为两种：

① 外循环。滚珠在循环过程结束后通过螺母外表面上的螺旋槽或插管返回丝杠螺母间重新进入循环，图 4-39 所示为常用的一种形式。在螺母外圆上装有螺旋形的插管。其两端插入滚珠螺母工作始末两端孔中，以引导滚珠通过插管，形成滚珠的多圈循环链。目前应用最为广泛，可用于重载传动系统中。滚珠的一个循环链为 1 列，外循环常用的有单列、双列两种结构，每列有 2.5 圈或 3.5 圈。

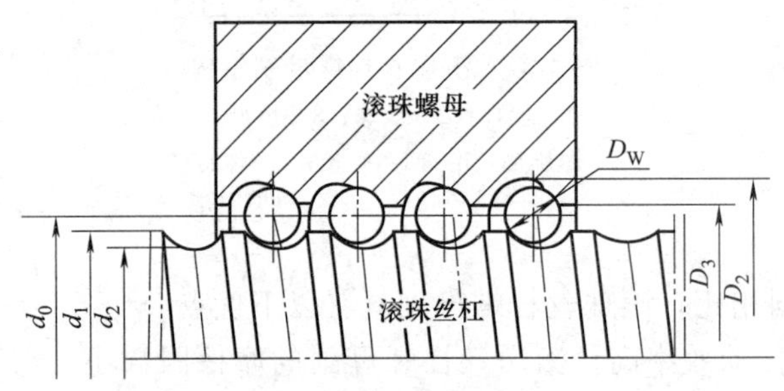

图 4-38 滚珠丝杠螺母副的主要尺寸参数

d_0—公称直径；d_1—丝杠大径；d_2—丝杠小径

② 内循环。滚珠在循环过程中始终与丝杠保持接触的结构。采用圆柱凸键反向器实现滚珠循环，反向器嵌入螺母内。如图 4-40 所示滚珠丝杠螺母副靠螺母上安装的反向器接通相邻滚道，使滚珠形成单圈循环，即每列 2 圈。反向器 4 的数目与滚珠圈数相等。一般一螺母上装 2～4 个反向器，即有 2～4 列滚珠。这种形式结构紧凑，刚性好，滚珠流通性好，摩擦损失小，但制造较困难，承载能力不高，适用于高灵敏、高精度的进给系统，不宜用于重载传动中。

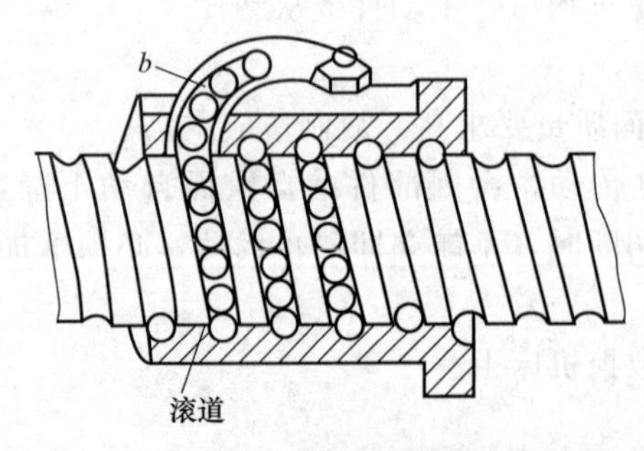

图 4-39 滚珠外循环结构

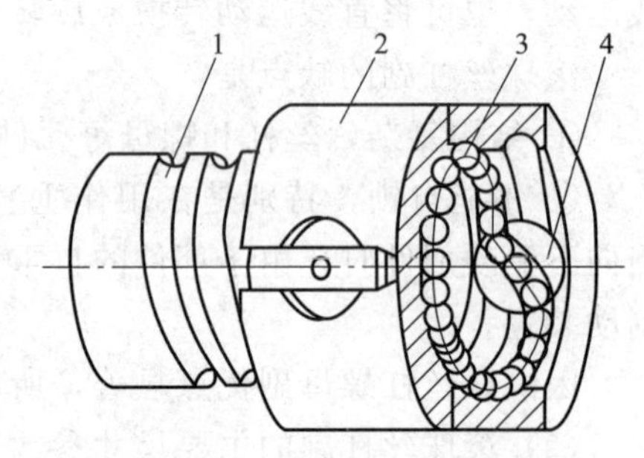

图 4-40 滚珠内循环结构

1—丝杠；2—螺母；3—滚珠；4—反向器

（5）滚珠丝杠螺母副轴向间隙调整

进给系统的传动间隙一般指反向间隙，即反向死区误差，它存在于整个传动链的各传动副中，直接影响数控机床的加工精度。传动间隙主要来自传动齿轮副、蜗杆副、联轴器、螺旋副及其支承部件之间，应施加预紧力和采取消除间隙的结构措施，尽量消除传动间隙，减小反向死区误差。设计中可采用消除间隙的联轴器及有消除间隙措施的传动副等方法。

滚珠丝杠的传动间隙是轴向间隙，轴向间隙通常是指丝杠和螺母无相对转动时，丝杠和螺母之间的最大轴向窜动量，除了结构本身所有的游隙之外，还包括施加轴向载荷后产生弹性变形所造成的轴向窜动量。为了保证反向传动精度和轴向刚度，必须消除轴向间隙。

用预紧方法可以消除间隙，但应注意，预加载荷能够有效地减少弹性变形所带来的轴向位移，但预紧力不宜过大，过大的预紧载荷将增加摩擦力，使传动效率降低，缩短丝杠的使用寿命。所以，一般需要经过多次调整才能保证机床在最大轴向载荷下既消除了间隙又能灵活运转。

消除间隙的方法除了少数用微量过盈滚珠的单螺母消除间隙外，常用的方法是用双螺母消除丝杠、螺母间隙。

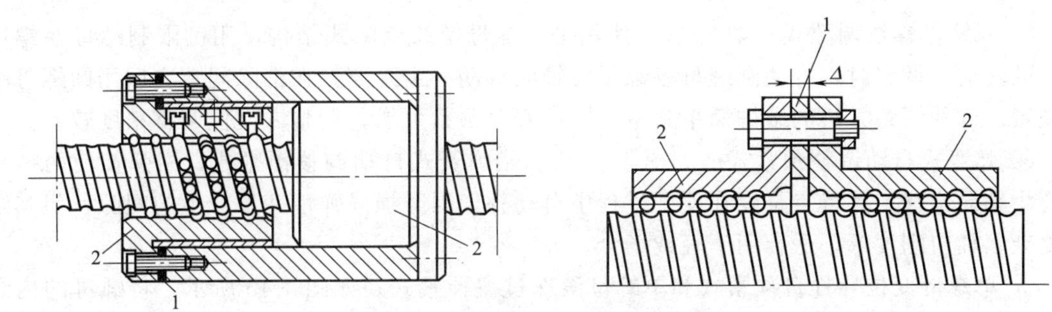

图 4-41　双螺母垫片调隙式结构

1—垫片；2—螺母

① 双螺母垫片调隙式。如图 4-41 所示是双螺母垫片调隙式结构，通过调整垫片的厚度使左右螺母产生轴向位移，就可达到消除间隙和产生预紧力的作用。这种方法结构简单、刚性好、装卸方便、可靠。但缺点是调整费时，很难在一次修磨中调整完成，调整精度不高，仅适用于一般精度的数控机床。

② 双螺母齿差调隙式。如图 4-42 所示是双螺母齿差调隙式结构，在两个螺母的凸缘上各制有一对圆柱齿轮，两个齿轮的齿数只相差一个齿，即 $z_2-z_1=1$。两个内齿轮 2 齿数相同，两个外齿轮 3 齿数相同，并用螺钉和销钉固定在螺母座的两端。

调整时先将内齿圈取下，根据间隙的大小调整两个螺母分别向相同的方向转过一个或多个齿，使两个螺母在轴向移近了相应的距离达到调整间隙和预紧的目的。

间隙消除量 Δ 可用下式简便地计算出：

$$\Delta=nt/z_1z_2 \tag{4-1}$$

式中　n——螺母在同一方向转过的齿数；

t——滚珠丝杠的导程；

z_1，z_2——齿轮的齿数。

例如，当 $z_1=99$、$z_2=100$、$t=10$mm 时，如果两个螺母向相同方向各转过一个齿，其相对轴向位移量为

$$s=t/(z_1z_2)=10/(100\times99)\approx0.001\text{mm}$$

若间隙量为 0.005mm，则相应的两螺母沿同方向转过 5 个齿即可消除。

$$n=\Delta(z_1z_2)/t=\Delta/s=0.005/0.001=5$$

齿差调隙式的结构较为复杂，尺寸较大，但是调整方便，可获得精确的调整量，预紧可靠不会松动，适用于高精度传动。

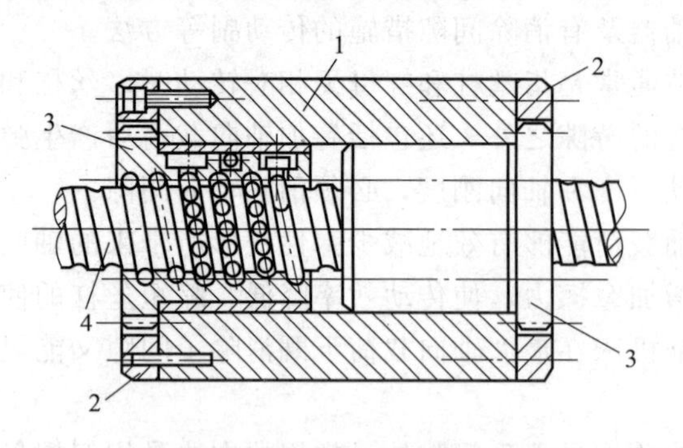

图 4-42 双螺母齿差调隙式结构

1—套筒；2—内齿轮；3—外齿轮；4—丝杠

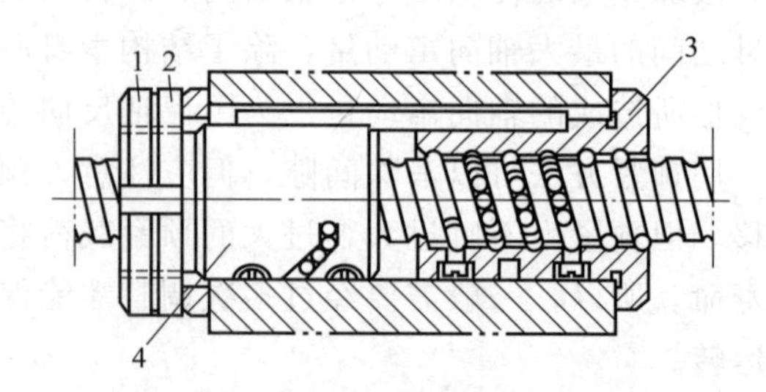

图 4-43 双螺母螺纹调隙式结构

1—锁紧螺母；2—调整螺母；3—右螺母；4—左螺母

③ 双螺母螺纹调隙式。如图 4-43 所示是双螺母螺纹调隙式结构，用键限制螺母在螺母座内的转动。调整时，拧动圆螺母将螺母沿轴向移动一定距离，在消除间隙之后用圆螺母将其锁紧。这种调整方法的结构简单紧凑，刚性好，预紧可靠，调整方便但调整精度较差。

④ 弹簧式自动调整预紧式。如图 4-44 所示是弹簧式自动调整预紧式，用弹簧使两螺母间产生轴向位移。其特点是能在使用过程中自动补偿因磨损或弹性变形产生的间隙，但其结构复杂、轴向刚度低，适合用于轻载场合。

⑤ 单螺母变位导程自预紧式和单螺母滚珠过盈预紧式。如图 4-45 所示，将螺母的内螺纹滚道在中部的一圈上产生一个 ΔP_h 的导程突变量，从而使左右端的滚珠在装配后产生轴向错位实现预紧，预紧力的大小取决于 ΔP_h。此种结构简单紧凑，运动平稳，特别适用于小型丝杠螺母副，但使用中不能调整，制造困难。

（6）滚珠丝杠螺母副的支承方式

滚珠丝杠所承受的主要是轴向载荷，它的径向载荷主要是卧式丝杠的自重。滚珠丝杠的轴向精度，丝杠的支承和螺母座的刚性以及与机床的连接刚性，对进给系统的传动精度影响很大。此外，滚珠丝杠的正确安装及其支承的结构刚度也不容忽视。为了提高丝杠的轴向承载能力，最好采用高刚度的推力轴承，当轴向载荷很小时，也可采用向心推力轴承。采用推力轴承为主的轴承组合来提高轴向刚度。

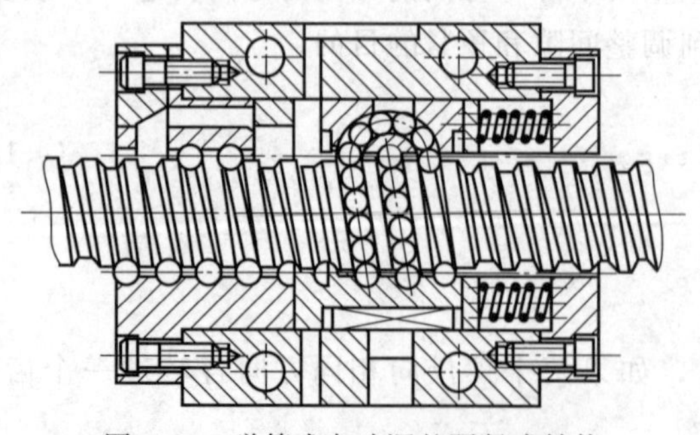

图 4-44 弹簧式自动调整预紧式结构

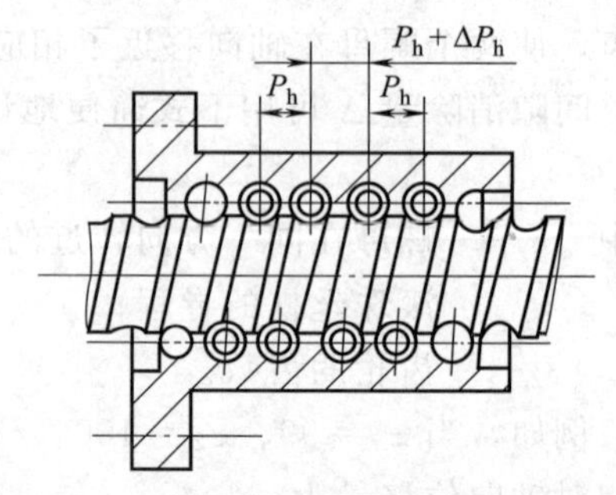

图 4-45 单螺母变位导程自预紧式结构

滚珠丝杠其支承方式有下列几种：

① 双推-自由式，即一端双推力轴承固定一端自由的支承形式，如图 4-46（a）所示。

其特点是结构简单，轴向刚度、压杆稳定性和临界转速低，承载能力也比较低，多用于轻载、低速的垂直安装丝杠传动系统；当丝杠垂直安装时，必须采用制动装置。故在设计时应尽量使丝杠受拉伸，它适用于短丝杠及垂直布置丝杠。

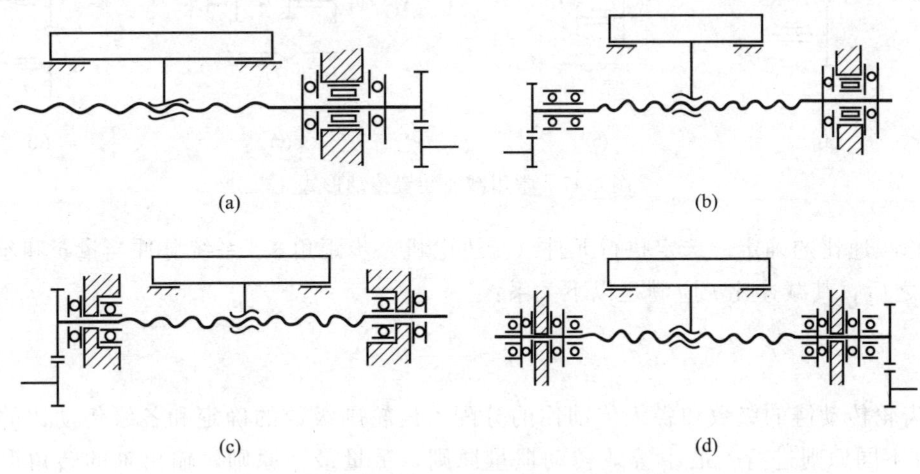

图 4-46　滚珠丝杠螺母副的支承方式

② 双推-简支式，即一端双推力轴承固定一端浮动的支承形式，如图 4-46（b）所示。丝杠轴向刚度与上述形式相同，而压杆稳定性及临界转速比上述形式同长度丝杠高，丝杠受热后有膨胀伸长的余地，需保证螺母与两支承同轴。这种形式的配置结构较复杂，工艺较困难，预紧力小，轴承寿命较高，适用于中速、精度较高的长丝杠传动系统或卧式丝杠。

③ 单推单推式［如图 4-46（c）所示］或双推-双推式，［如图 4-46（d）所示］，即两端双推力轴承或单推力轴承固定的支承形式，这种支承结构只要轴承无间隙，丝杠的轴向刚度比一端固定形式高约 4 倍且无压杆稳定性问题，固有频率比一端固定的高，可预拉伸，在它的一端装有碟形弹簧和调整螺母，这样既可对滚珠丝杠施加预紧力，又可使丝杠受热变形得到补偿保持预紧力恒定，但结构工艺都较复杂，适用于长丝杠。其中单推-单推式轴向刚度较高，预紧力大，寿命低；而双推-双推式适合于高刚度、高速度、高精度的精密丝杠传动系统。

(7) 滚珠丝杠螺母副的润滑与密封

滚珠丝杠螺母副的润滑一般采用脂润滑或滴油润滑，丝杠高速运转时采用喷雾润滑。丝杠的密封刚带套管、伸缩套管或折叠套管；螺母的密封多采用接触式密封（如毛毡密封圈），非接触密封如迷宫式密封。

4.2.5　齿轮传动装置及齿轮间隙的消除

齿轮传动是应用最广泛的一种机械传动，数控机床的传动装置中几乎都有齿轮传动装置。

(1) 齿轮传动装置

齿轮传动部件是转矩、转速和转向的变换器。

(2) 齿轮传动形式及其传动比的最佳匹配选择

当齿轮传动系统传递转矩时，要求要有足够的刚度，其转动惯量尽量小，精度要求较高。齿轮传动比 i 应满足驱动部件与负载之间的位移及转矩、转速的匹配要求。为了降低制造成本，采用各种调整齿侧间隙的方法来消除或减小啮合间隙。如图 4-47 所示。

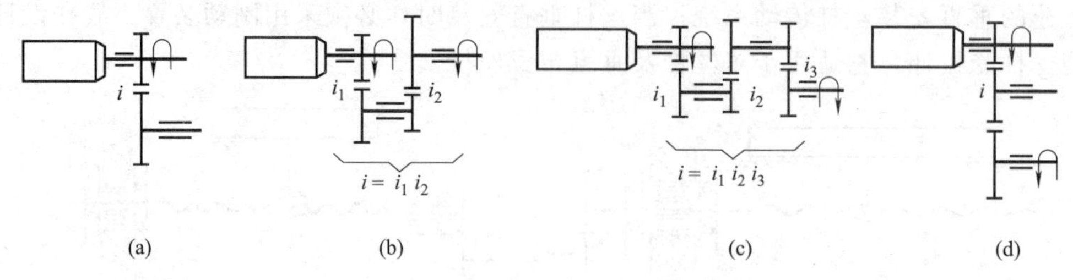

图 4-47 常用减速装置传动形式

① 总减速比的确定。选定执行元件（步进电机）步距角 α、系统脉冲当量 δ 和丝杠基本导程 L_0 之后，其减速比 i 应满足以下关系：

$$i=\frac{\alpha L_0}{360\delta} \tag{4-2}$$

② 齿轮传动链的级数和各级传动比的分配。齿轮副级数的确定和各级传动比的分配按以下三种不同原则进行：最小等效转动惯量原则，重量最轻原则，输出轴的转角误差最小原则。

（3）齿轮间隙的消除

数控机床的机械进给装置中常采用齿轮传动副来达到一定的降速比和转矩的要求。由于齿轮在制造中总是存在着一定的误差，不可能达到理想齿面的要求，因此一对啮合的齿轮，总应有一定的齿侧间隙才能正常地工作。齿侧间隙会造成进给系统的反向动作落后于数控系统指令要求，形成跟随误差甚至是轮廓误差。

数控机床进给系统中的减速齿轮除了本身要求很高的运动精度和工作平稳性以外，尚还需尽可能消除传动齿轮副间的传动间隙。否则，齿侧间隙会造成进给系统每次反向运动滞后于指令信号，丢失指令脉冲并产生反向死区，对加工精度影响很大。因此必须采用各种方法去减小或消除齿轮传动间隙。数控机床上常用的调整齿侧间隙的方法针对不同类型的齿轮传动副有不同的方法。

① 刚性调整方法：指调整之后齿侧间隙不能自动补偿的调整方法。分为偏心套（轴）式、轴向垫片式、双薄片斜齿轮式。数控机床双薄片斜齿轮式是通过改变垫片厚度调整双薄片斜齿轮轴向距离而调整齿槽间隙。

② 柔性调整法：指调整之后齿侧间隙可以自动补偿的调整方法。分为双齿轮错齿式、压力弹簧式、碟形弹簧式。

双齿轮错齿式：套装结构拉簧式双薄片直齿轮相对回转调整齿槽间隙；压力弹簧式：套装结构压簧式内外圈式锥齿轮相对回转调整齿槽间隙；碟形弹簧式：碟形弹簧式双薄片斜齿轮轴向移动调整齿槽间隙。

下面介绍几种常见齿轮传动间隙消除的结构形式。

1）直齿圆柱齿轮传动

① 偏心套调整法。数控机床偏心套（轴）调整法是通过转动偏心套调整中心距而调整间隙。如图 4-48 所示，齿轮 4 装在电动机 2 轴上，通过转动偏心套 1 可以改变齿轮 4 和 5 之间的中心距，从而消除齿侧间隙。

② 轴向垫片调整法。轴向垫片调整法是通过改变垫片厚度调整齿轮轴向位置而调整间

隙。如图 4-49 所示，在加工相互啮合的两个齿轮 1、2 时，将分度圆柱面控制成带有小锥度的圆锥面，使齿轮齿厚在轴向稍有变化，装配时只需改变垫片 3 的厚度，使齿轮 2 做轴向移动，调整两齿轮在轴向的相对位置即可达到消除齿侧间隙的目的。

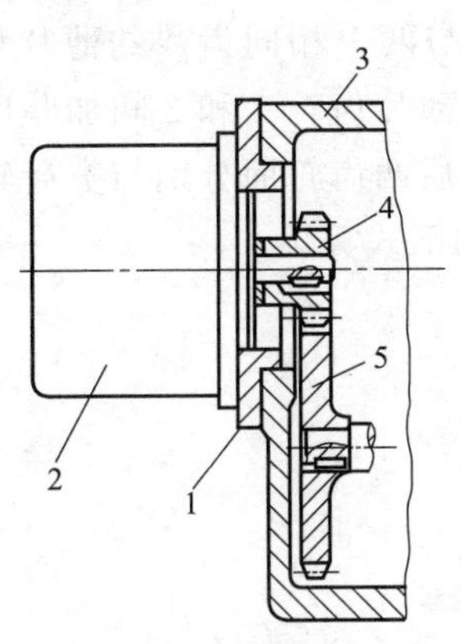

图 4-48　偏心套（轴）调整法

1—偏心套；2—电动机；3—减速箱；4—小齿轮；5—大齿轮

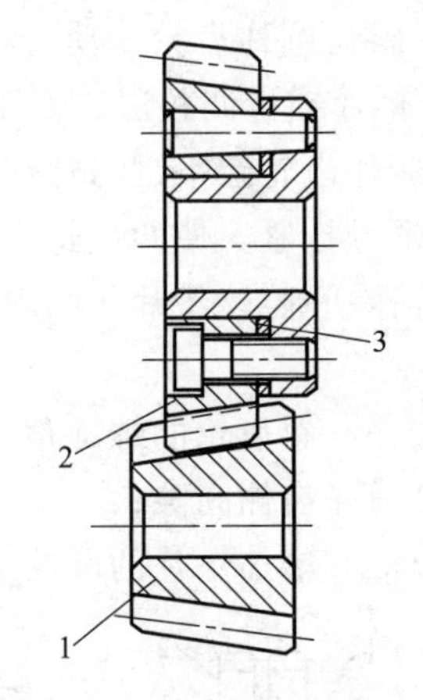

图 4-49　轴向垫片调整法

1—小齿轮；2—大齿轮；3—垫片

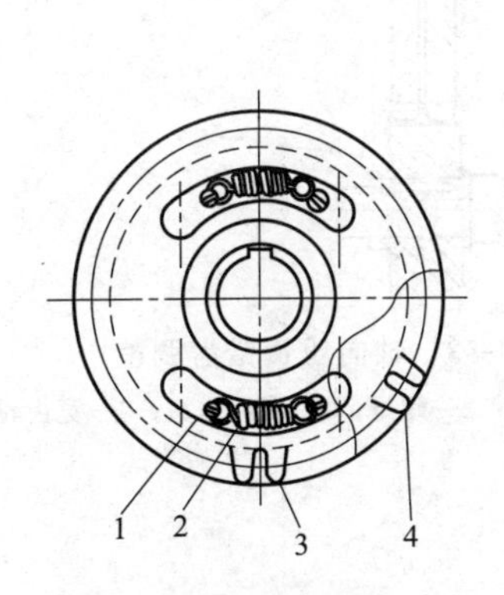

图 4-50　周向弹簧式

1—短柱；2—弹簧；3,4—薄片齿轮

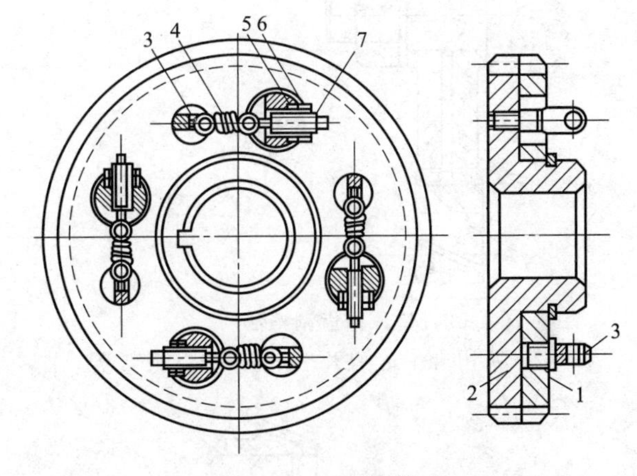

图 4-51　可调拉簧式

1,2—齿轮；3—凸耳；4—弹簧；5,6—螺母；7—螺钉

③ 双片薄齿轮错齿调整法。常见的有周向弹簧式和可调拉簧式。

周向弹簧式如图 4-50 所示，两个齿数相同的薄片齿轮 3、4 与另外一个宽齿轮啮合。薄片齿轮 3、4 套装在一起，并可做相对回转运动。每个薄片齿轮上分别开有周向圆弧槽，并在齿轮 3、4 槽内压有装弹簧的短圆柱 1。由于弹簧 2 的作用使齿轮 3、4 错位，分别与宽齿轮的左、右侧贴紧，消除了齿侧间隙。输出转矩小，适用于读数装置而不适用于驱动装置。可调拉簧式如图 4-51 所示，一个作成宽齿轮，另一个用两片薄齿轮组成，使一个薄齿轮的左齿侧和另一个薄齿轮的右齿侧分别紧贴在宽齿侧的左、右两侧，以消除间隙。这种方式齿侧间隙可自动补偿，但结构复杂，反向时不会出现死区。

总结一下这几种调整方法的特点：

a. 偏心套消除间隙、垫片调整消除间隙两种方法的结构比较简单，传动刚度好，能传递较大的动力，但齿轮磨损后齿侧间隙不能自动补偿，因此加工时对齿轮的齿厚及齿距公差要求较严，否则传动的灵活性将受到影响。

b. 双齿轮错齿调整法结构比较复杂，传动刚度低，不宜传递大转矩，对齿轮的齿厚和齿距要求较低，可始终保持啮合无间隙，尤其适用于检测装置。

2）斜齿圆柱齿轮传动

① 垫片错齿调整法。如图 4-52 所示，宽齿轮 4 同时与两个相同齿数的薄片齿轮 1 和 2 啮合，薄片齿轮经平键与轴连接，相互之间无相对回转。薄片齿轮 1 和 2 间加厚度为 t 的垫片，用螺母拧紧，使两齿轮 1 和 2 的螺旋线产生错位，其后两齿轮面分别与宽齿轮 4 的齿面紧贴以消除间隙。垫片 3 的厚度和齿侧间隙 Δ 的关系可用下式算出：

$$t=\Delta\cos\beta \tag{4-3}$$

式中 β——斜齿轮的螺旋角；

Δ——齿侧间隙；

t——增加垫片的厚度。

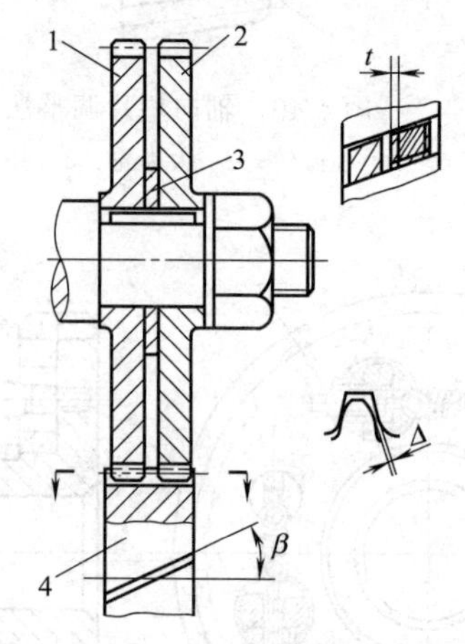

图 4-52 垫片错齿调整法

1，2—薄片齿轮；3—垫片；4—宽齿轮

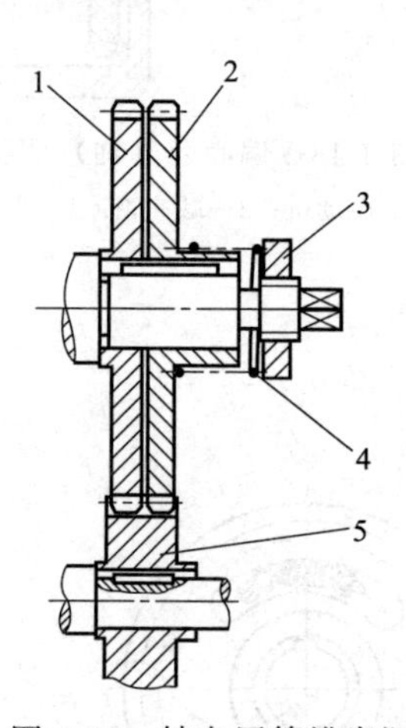

图 4-53 轴向压簧错齿调整

1，2—斜齿轮；3—螺母；4—碟形弹簧；5—宽齿轮

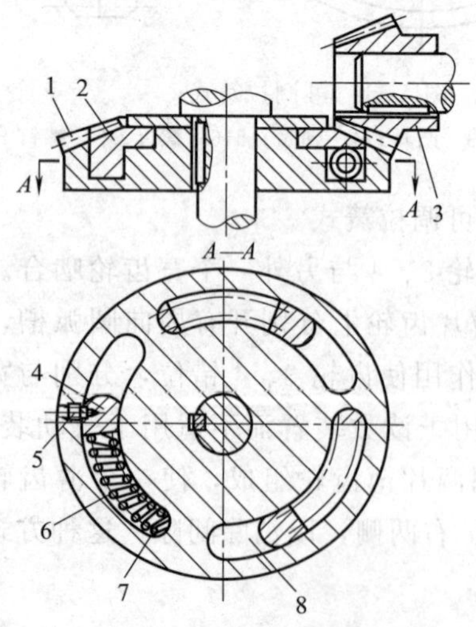

图 4-54 周向压簧调整

1—齿轮外圈；2—齿轮内圈；3—小锥齿轮；4—凸爪；5—螺钉；6—弹簧；7—镶块；8—圆弧槽

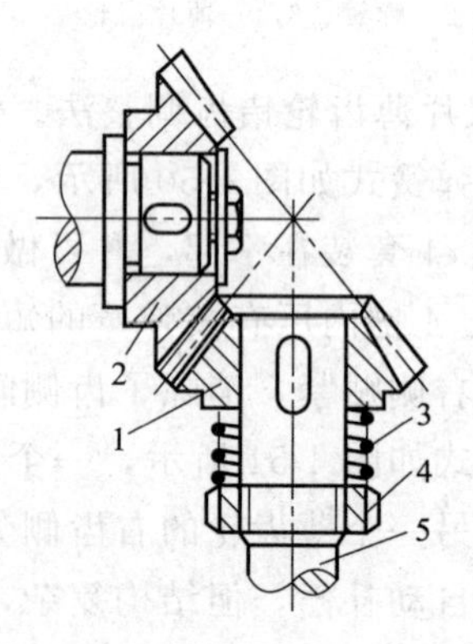

图 4-55 轴向压簧错齿调整

1，2—锥齿轮；3—压簧；4—螺母；5—轴

该结构比较简单，调整较费时，且齿侧隙不能自动补偿。

② 轴向压簧错齿调整法。如图 4-53 所示，斜齿轮 1 和 2 用键滑套在轴上，相互间无相对转动。斜齿轮 1 和 2 同时与宽齿轮 5 啮合，螺母 3 调节碟形弹簧 4，使齿轮 1 和 2 的齿侧分别贴紧宽齿轮 5 的槽左、右两侧，消除间隙。该结构齿侧隙可以自动补偿，但轴向尺寸较大，结构欠紧凑。以上两种方法适用于斜圆柱齿轮传动。

3）锥齿轮传动

① 周向压簧调整。如图 4-54 所示，将大锥齿轮加工成 1 和 2 两部分，齿轮的外圆 1 开有三个圆弧槽 8，内圆 2 的端面带有三个凸爪 4，套装在圆弧槽内。弹簧 6 的两端分别顶在凸爪 4 和镶块 7 上，使内外齿圆 1、2 的锥齿错位与小锥齿轮 3 啮合达到消除间隙的作用。

② 轴向压簧调整。如图 4-55 所示，锥齿轮 1、2 相啮合。在锥齿轮 1 的轴 5 上装有压簧 3，用螺母 4 调整压簧 3 的弹力。锥齿轮 1 在弹力作用下沿轴向移动，可消除锥齿轮 1 和 2 的间隙。

4.3　数控机床的主传动及主轴部件

主运动是机床实现切削的基本运动，即驱动主轴运动的系统。在切削过程中，它为切除工件上多余的金属提供所需的切削速度和动力，是切削过程中速度最高、消耗功率最多的运动。主传动系统是由主轴电动机经一系列传动元件和主轴构成的具有运动、传动联系的系统。数控机床的主传动系统包括主轴电动机、传动装置、主轴、主轴轴承、主轴定向装置。其中主轴是指带动刀具和工件旋转，产生切削运动且消耗功率最大的运动轴。

主传动系统的主要功用是：①传递动力：传递切削加工所需要的动力；②传递运动：传递切削加工所需要的运动；③运动控制：控制主运动的大小方向开停。

数控机床的主轴驱动是指产生主切削运动的传动，它是数控机床的重要组成部分之一。数控机床的主轴结构形式与对应传统机床的基本相同，但在刚度和精度方面要求更高。随着数控技术的不断发展，传统的主轴驱动已不能满足要求，现代数控机床对主传动系统提出了更高的要求。

（1）动力功率高

由于日益增长的对高效率的要求，加之刀具材料和技术的进步，大多数数控机床均要求有足够高的功率来满足高速强力切削。一般数控机床的主轴驱动功率在 3.7～250kW 之间。

（2）调速范围宽，可实现无级变速

调速范围：有恒转矩、恒功率调速范围之分。现在，数控机床的主轴的调速范围一般在 100～10000，且能无级调速，使切削过程始终处于最佳状态。并要求恒功率调速范围尽可能大，以便在尽可能低的速度下，利用其全功率，变速范围负载波动时，速度应稳定。

（3）控制功能的多样化

① 同步控制功能：CNC 车床车螺纹用。

② 主轴准停功能：加工中心自动换刀、自动装卸、CNC 车床车螺纹用（主轴实现定向控制）。

③ 恒线速切削功能：CNC 车床和 CNC 磨床在进行端面加工时，为了保证端面加工的粗糙度要求，要求接触点处的线速度为恒值（AD-15B 以车代磨，零件表面粗糙度能达到 0.8，铝件 0.4）。

④ C 轴控制功能：车削中心。

(4) 性能要求高

电动机过载能力强，要求有较长时间（1～30min）和较大倍数的过载能力。在断续负载下，电动机转速波动要小；速度响应要快，升降速时间要短；电动机温升低，振动和噪声小，精度要高；可靠性高，寿命长，维护容易；并要具有抗振性和热稳定性；体积小，重量轻，与机床连接容易等。

此外，有的数控机床还要求具有角度分度控制功能。为了达到上述有关要求，对主轴调速系统还需加位置控制，比较多地采用光电编码器作为主轴的转角检测。

4.3.1 数控机床的主传动装置

数控机床主传动系统是用来实现机床主运动的，它将主电动机的原动力变成可供主轴上刀具切削加工的切削力矩和切削速度。与普通机床相比，数控机床的主轴具有驱动功率大，调速范围宽，运行平稳，机械传动链短，具有自动夹紧控制和准停控制功能等特点，能够使数控机床进行快速、高效、自动、合理的切削加工。与数控机床主轴传动系统有关的机构包括主轴传动机构、支承、定向及夹紧机构等。

(1) 主轴传动方式

数控机床主运动的特点：主轴转速更高、变速范围更宽、消耗功率更大。主要有齿轮传动、皮带传动、两个电动机分别驱动主轴、调速电动机直接驱动主轴（内装电动机即电主轴）等几种方式，如图 4-56 所示。其中数控机床的主电动机采用的是可无级调速可换向的直流或交流电动机，所以主电动机可以直接带动主轴工作。由于电动机的变速范围一般不足以满足主运动调速范围（$R_n=100\sim200$）的要求，且无法满足与负载功率和转矩的匹配，因此一般在电动机之后串联 1～2 级机械有级变速传动（齿轮或同步带传动）。

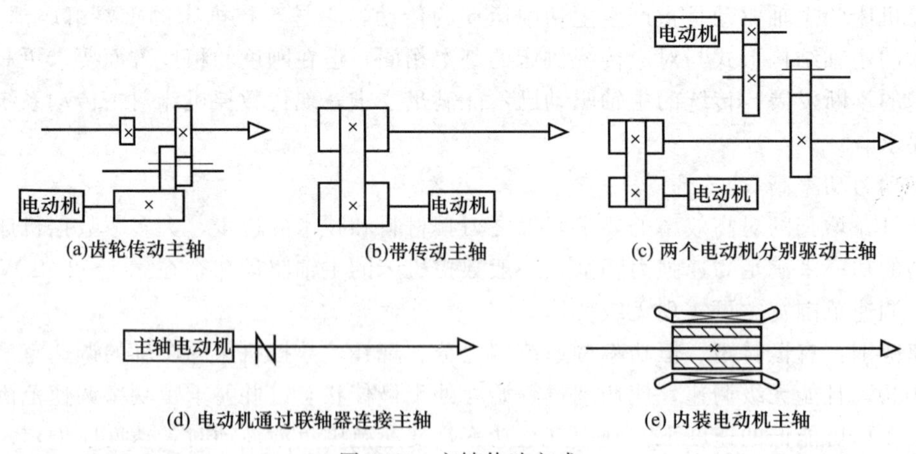

图 4-56 主轴传动方式

1) 齿轮传动机构。这种传动方式在大、中型数控机床中较为常见。如图 4-57 所示，它通过几对齿轮的啮合，在完成传动的同时实现主轴的分挡有级变速或分段无级变速，确保在低速时能满足主轴输出转矩特性的要求。滑移齿轮的移位大都采用液压拨叉或直接由液压缸带动齿轮来实现。

齿轮传动机构特点是虽然这种传动方式很有效，但它增加了数控机床液压系统的复杂性，而且必须先将数控装置送来的电信号转换成电磁阀的机械动作，再将压力油分配到相应的液压缸，因此增加了变速的中间环节。此外，这种传动机构传动引起的振动和噪声也较大。

2）带传动机构。这种方式主要应用在转速较高、变速范围不大的小型数控机床上，电动机本身的调整就能满足要求，不用齿轮变速，可避免齿轮传动时引起振动和噪声的缺点，但它只适用于低转矩特性要求。常用的有同步齿形带、多楔带、V 带、平带，如图 4-58 所示。下面介绍一下同步带的传动方式。

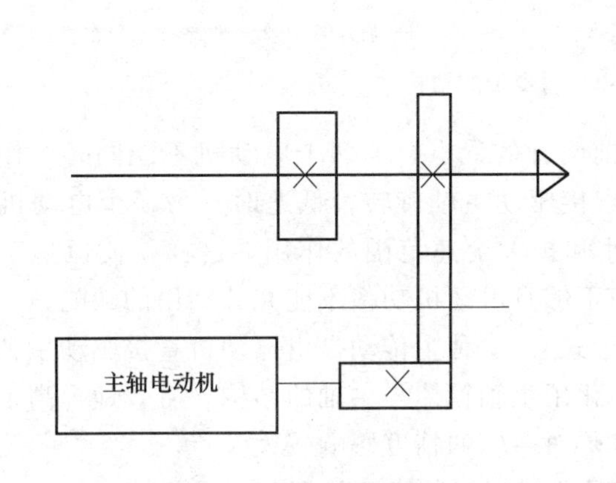

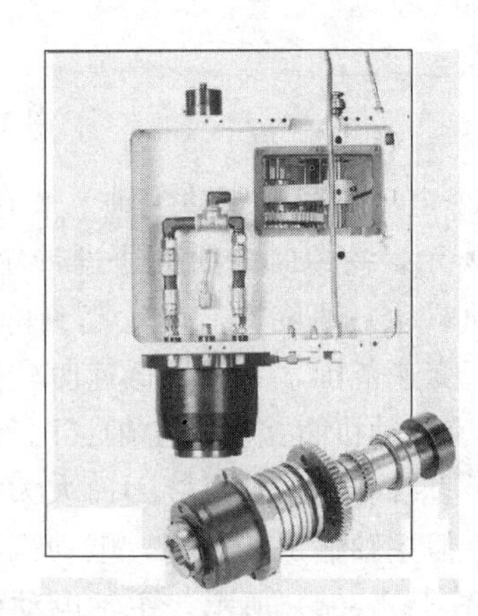

图 4-57　齿轮传动机构

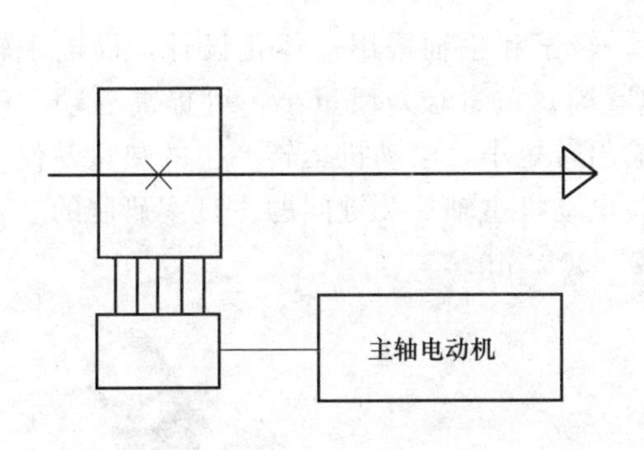

图 4-58　带传动机构

同步带传动结构简单，安装调试方便，同步齿形带的带型有 T 形齿和圆弧齿，在带内部采用了加载后无弹性伸长的材料作强力层，以保持带的节距不变，可使主、从动带轮作无相对滑动的同步传动。其结构如图 4-59 所示，它是一种综合了带、链传动优点的新型传动方式，传动效率高，但变速范围受电动机调速范围的限制。主要应用在小型数控机床上，可以避免齿轮传动时引起的振动和噪声，但只能适用于低转矩特性要求的主轴。

与一般带传动及齿轮传动相比，同步带传动具有如下优点：

① 无滑动，传动比准确。

② 传动效率高，可达 98%以上。

③ 使用范围广，速度可达 50m/s，传动比可达 10 左右，传递功率由几瓦到数千瓦。

④ 传动平稳，噪声小。

⑤ 维修保养方便，不需要润滑。

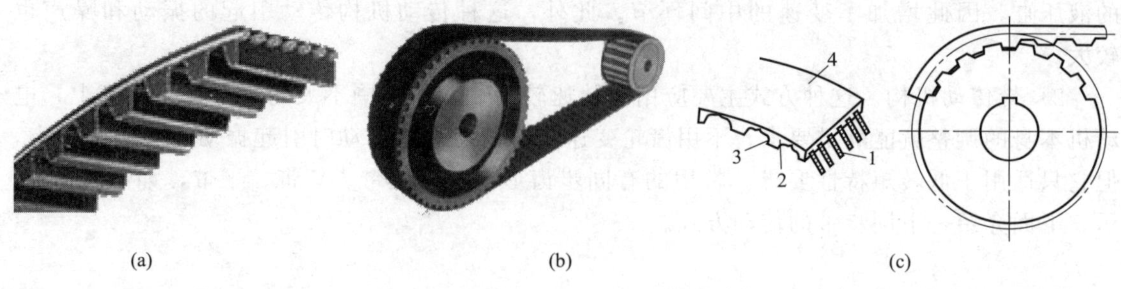

1—强力层；2—带齿；3—包布层；4—带背

图 4-59　同步带的结构

3）两个电动机同时驱动主轴。兼有前两种的优点，但两个电动机不能同时工作，如图 4-56（c）所示。高速时电动机通过带轮直接驱动主轴旋转；低速时，另一个电动机通过两级齿轮传动驱动主轴旋转，齿轮起到降速和扩大变速范围的作用，这样就使恒功率区增大了，扩大了变速范围，克服了低速时转矩不够且电动机功率不能充分利用的缺陷。

4）调速电动机直接驱动主轴（两种形式）。这种主传动是由电动机直接驱动主轴，即电动机的转子直接装在主轴上，因而大大简化了主轴箱体与主轴的结构，有效地提高了主轴部件的刚度，但主轴输出转矩小，电动机发热对主轴的精度影响较大。

① 如图 4-56（d）所示，主轴电动机输出轴通过精密联轴器与主轴连接，优点为结构紧凑，传动效率高，但主轴转速的变化及输出完全与电动机的输出特性一致，因而受一定限制。

② 内装电动机主轴，其电动机定子固定，转子和主轴采用一体化设计，即电主轴，如图 4-60 所示。电主轴的优点是主轴组件结构紧凑，重量轻，惯量小，可提高启动、停止的响应特性，并利于控制振动和噪声。缺点是输出转矩小，电动机运转产生的热量易使主轴产生热变形。因此，温度控制和冷却是使用内装电动机主轴的关键问题。日本研制的立式加工中心主轴组件，其内装电动机最高转速可达 20000r/min。

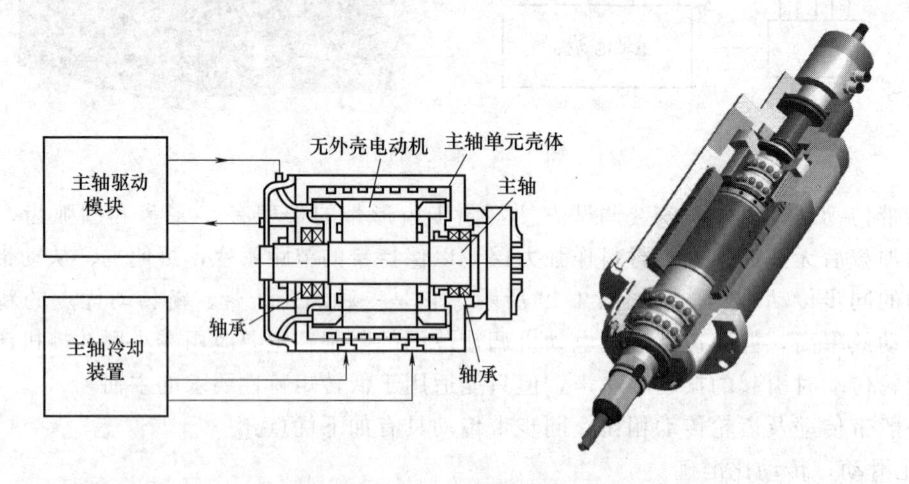

图 4-60　电主轴结构

电主轴的结构特点是电动机的转子直接作为机床的主轴，主轴单元的体就是电动机的机座，并且配合其他零部件，实现电动机与机床主轴的一体化，数控车床和数控铣床常用的电主轴如图 4-61 所示。

（2）主轴调速方法

数控机床的主轴调速是按照控制指令自动执行的，为了能同时满足对主传动的调速和输出转矩的要求，数控机床常用机电结合的方法，即同时采用电动机和机械齿轮变速两种方法。其中齿轮减速以增大输出转矩，并利用齿轮换挡来扩大调速范围。

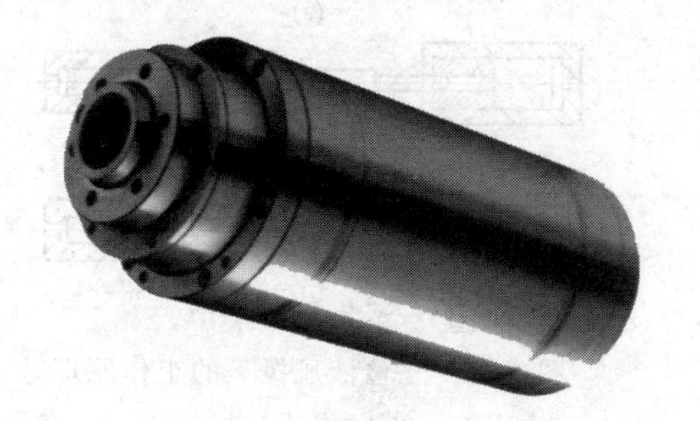

(a) 车床用电主轴

(b) 铣床用电主轴

图 4-61　电主轴

1）电动机调速。用于主轴驱动的调速电动机主要有直流电动机和交流电动机两大类，即直流电动机主轴调速和交流电动机主轴调速，交流电动机一般为笼式感应电动机结构，体积小，转动惯性小，动态响应快，且无电刷，因而最高转速不受火花限制。全封闭结构，具有空气强冷功能，保证高转速和较强的超载能力，具有很宽的调速范围。图 4-62 为交流主轴电动机的特性曲线，其恒功率范围一般可达（1∶4）～（1∶5）。

2）机械齿轮变速。数控机床常采用 1～4 挡齿轮变速与无级调速相结合的方式，即所谓分段无级变速。采用机械齿轮减速，增大了输出转矩，并利用齿轮换挡扩大了调速范围。

数控机床在加工时，主轴是按零件加工程序中主轴速度指令所指定的转速来自动运行。数控系统通过两类主轴速度指令信号来进行控制，即用模拟量或数字量信号（程序中的 S 代码）来控制主轴电动机的驱动调速电路，同时采用开关量信号（程序上用 M41～M44 代码）来控制机械齿轮变速自动换挡的执行机构。自动换挡执行机构是一种电-机转换装置，常用的有液压拨叉和电磁离合器。

① 液压拨叉换挡。液压拨叉是一种用一只或几只液压缸带动齿轮移动的变速机构。最简单的二位液压缸实现双联齿轮变速，对于三联或三联以上的齿轮换挡则必须使用差动液压缸。图 4-63 为三位液压拨叉的原理图。滑移齿轮的拨叉与变速液压缸的活塞杆连接，通过改变不同通油方式可以使三联齿轮获得三个不同的变速位置。当液压缸 1 通压力油，液压缸 5 卸压时，活塞杆带动拨叉 3 向左移动到极限位置，同时拨叉带动三联齿轮移到左端啮合位置，行程开关发出信号。当液压缸 5 通压力油而液压缸 1 卸压时，活塞杆 2 和套筒 4 一起向右移动，套筒 4 碰到液压缸 5 的端部之后，活塞杆 2 继续右移到极限位置，此时三联齿轮被拨叉 3 移到右端啮合位置，行程开关发出信号。当压力油同时进入左右两液压缸时，由于活塞杆 2 两端直径不同使活塞杆向左移动，活塞杆靠上套筒 4 的右端时，此时活塞杆左端受力大于右端，活塞杆不再移动，拨叉和三联齿轮被限制在中间位置，行程开关发出信号在齿轮传动的主传动系统中，齿轮的换挡主要靠液压拨叉来完成。需要注意的是液压拨叉换挡在主轴停转之后才能进行，为防止产生顶齿现象，通常增设一台微电动机，使齿轮低速回转时顺利啮合。

液压拨叉变速是一种有效的方法，但它需要配置液压系统。

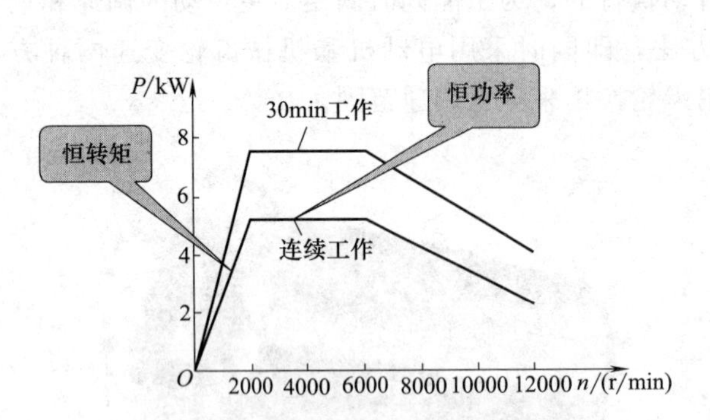

图 4-62 交流主轴电动机的特性曲线

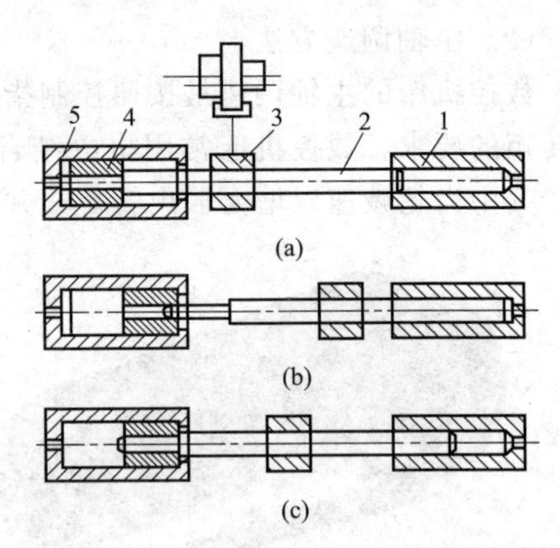

图 4-63 三位液压拨叉的工作原理

1,5—液压缸；2—活塞杆；3—拨叉；4—套筒

② 电磁离合器换挡。在数控机床中常使用无集电环摩擦片式电磁离合器和啮合式电磁离合器，如图 4-64 和图 4-65 所示。电磁离合器变速装置是利用电磁效应，通过安装在传动轴上的离合器的吸合和分离的不同组合来改变齿轮的传动路线，实现主轴的变速。电磁离合器用于数控机床的主传动时，能简化变速机构，便于实现自动操作，并有现成的系统产品可供选用，啮合式电磁离合器能够传递更大的转矩。

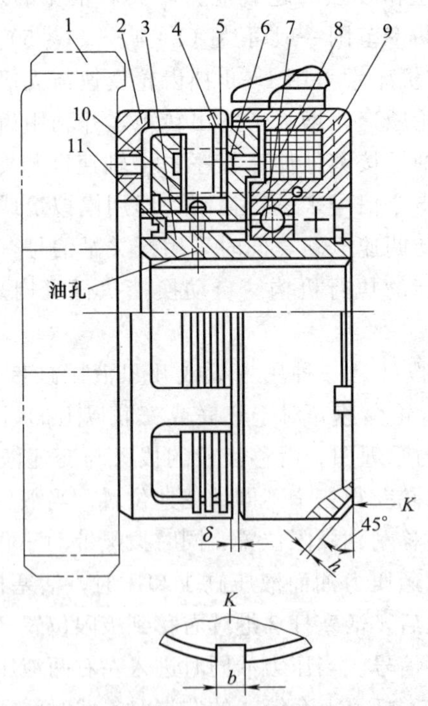

图 4-64 无集电环摩擦片式电磁离合器

1—传动齿轮；2—连接件；3—套筒；4—外摩擦片；5—内摩擦片；

6—挡环；7—滚动轴承；8—绕组；9—铁芯；10—衔铁；11—螺钉

图 4-66 所示为 THK6380 型自动换刀数控铣镗床的主传动系统图，该机床采用双速电动机和 6 个电磁离合器完成 18 级变速。

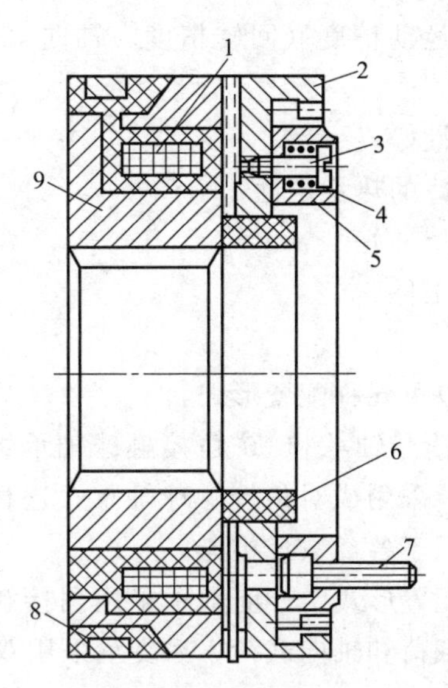

图 4-65　啮合式电磁离合器

1—线圈；2—衔铁连接件；3—螺钉；4—弹簧；5—定位环；
6—隔离环；7—连接螺钉；8—旋转集电环；9—磁轭

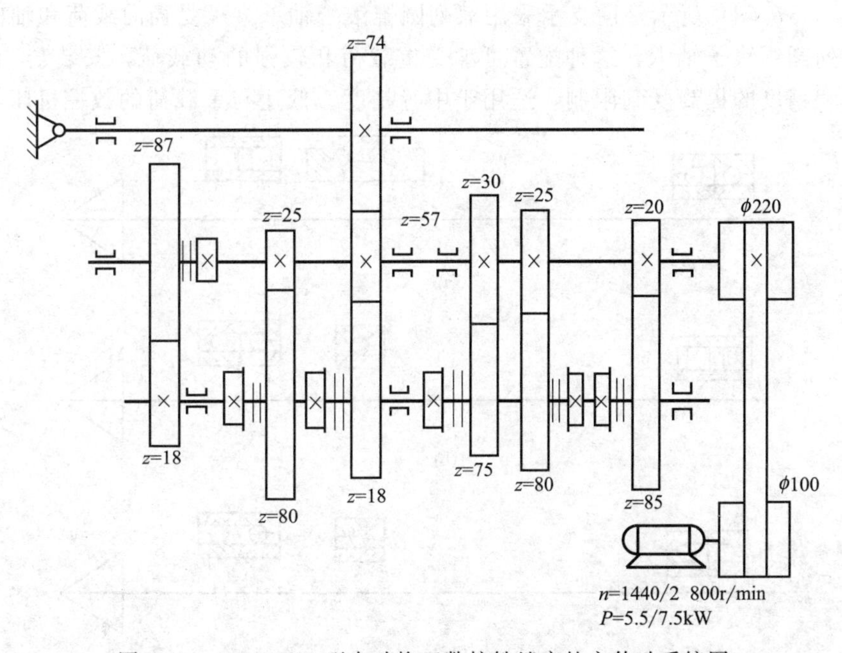

图 4-66　THK6380 型自动换刀数控铣镗床的主传动系统图

4.3.2　主轴部件结构

主轴部件是主运动的执行件，它夹持刀具或工件，并带动其旋转数控机床的主轴部件。一般包括主轴、主轴轴承、传动件、装夹刀具或工件的附件及辅助零部件等。对于加工中心，主轴部件还包括刀具自动夹紧装置、主轴准停装置和主轴孔的切屑消除装置。其功用是夹持工件或刀具实现切削运动，并传递运动及切削加工所需要的动力。

主轴部件有如下的主要性能要求：

① 主轴的精度要高。包括运动精度（回转精度、轴向窜动）和安装刀具或夹持工件的夹具的定位精度（轴向、径向）。

② 部件的结构刚度和抗振性好。

③ 较低的运转温升以及较好的热稳定性。

④ 部件的耐磨性和精度保持性好。

⑤ 自动可靠的装夹刀具或工件。

（1）主轴轴承的配置形式

数控机床主轴轴承主要有以下几种配置形式：

① 前支承采用双列短圆柱滚子轴承和 60°角接触球轴承组合，如图 4-67（a）所示，承受径向载荷和轴向载荷，后支承采用成对角接触球轴承，这种配置可提高主轴的综合刚度，满足强力切削的要求，普遍应用于各类数控机床。

② 如图 4-67（b）所示的配置形式中，前轴承采用角接触球轴承，由 2～3 个轴承组成一套，背靠背安装，承受径向载荷和轴向载荷，后支承采用双列短圆柱滚子轴承，这种配置适用于高速、重载的主轴部件。

③ 如图 4-67（c）所示，前后支承均采用成对角接触球轴承，以承受径向载荷和轴向载荷，这种配置适用于高速、轻载和精密的数控机床主轴。

④ 如图 4-67（d）所示，前支承采用双列圆锥滚子轴承，承受径向载荷和轴向载荷，后支承采用单列圆锥滚子轴承，这种配置可承受重载荷和较强的动载荷，安装与调整性能好，但主轴转速和精度的提高受到限制，适用于中等精度、低速与重载荷的数控机床主轴。

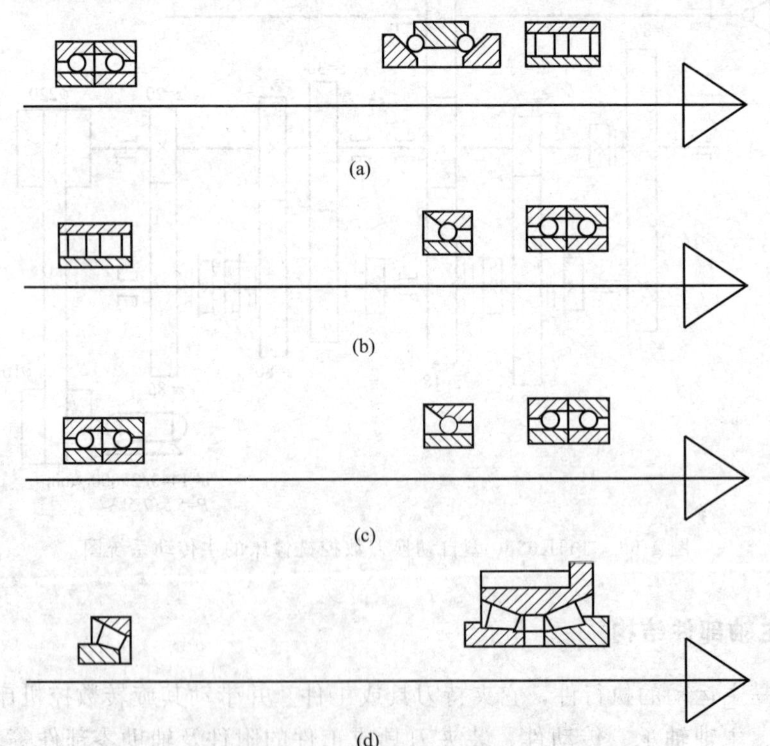

图 4-67 数控机床主轴轴承的配置形式

为提高主轴组件刚度，数控机床还常采用三支承主轴组件（对前后轴承跨距较大的数控机床），辅助支承常采用深沟球轴承。液体静压滑动轴承主要应用于主轴高转速、高回转精度的场合，如应用于精密、超精密的数控机床主轴、数控磨床主轴。

随着材料工业的发展，在数控机床主轴中有使用陶瓷滚珠轴承的趋势。这种轴承的特点是：滚珠重量轻，离心力小，动摩擦力矩小；因温升引起的热膨胀小，使主轴的预紧力稳定；弹性变形量小，刚度高，寿命长。缺点是成本较高。

在主轴的结构上，要处理好卡盘或刀具的装夹、主轴的卸荷、主轴轴承的定位和间隙的调整、主轴组件的润滑和密封以及工艺上的一系列问题。为了尽可能减少主轴组件温升引起的热变形对机床工作精度的影响，通常利用润滑油的循环系统把主轴组件的热量带走，使主轴组件和箱体保持恒定的温度。在某些数控铣镗床上采用专用的制冷装置，比较理想地实现了温度控制。近年来，某些数控机床的主轴轴承采用高级油脂润滑，每加一次油脂可以使用 7～10 年，简化了结构，降低了成本且维护保养简单。但需防止润滑油和油脂混合，通常采用迷宫式密封方式。

对于数控车床主轴，因为在它的两端安装着动力卡盘和夹紧液压缸，主轴刚度必须进一步提高，并应设计合理的连接端，以改善动力卡盘与主轴端部的连接刚度。下面介绍几类主轴支承的典型结构。

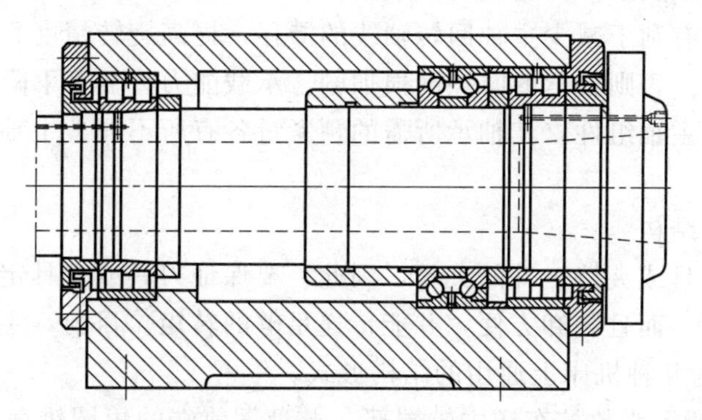

图 4-68　数控车床主轴支承结构

① 数控车床主轴支承。前支承采用双列短圆柱滚子轴承承受径向载荷和 60°角接触双列向心推力球轴承承受轴向载荷，后支承采用双列短圆柱滚子轴承，适用于中等转速，能承受较大的切削负载，主轴刚性高。如图 4-68 所示。

② 卧式铣床主轴支承，轴的径向刚度好，并有较高的转速。如图 4-69 所示。

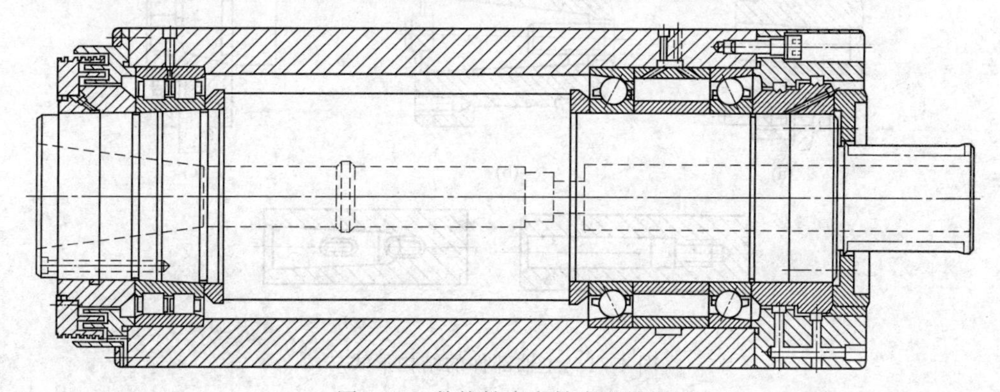

图 4-69　数控铣床主轴支承结构

③ 卧式镗铣床主轴部件的支承，这种支承方式可以承受双向轴向载荷和径向载荷，承载能力大，刚性好，结构简单。如图 4-70 所示。

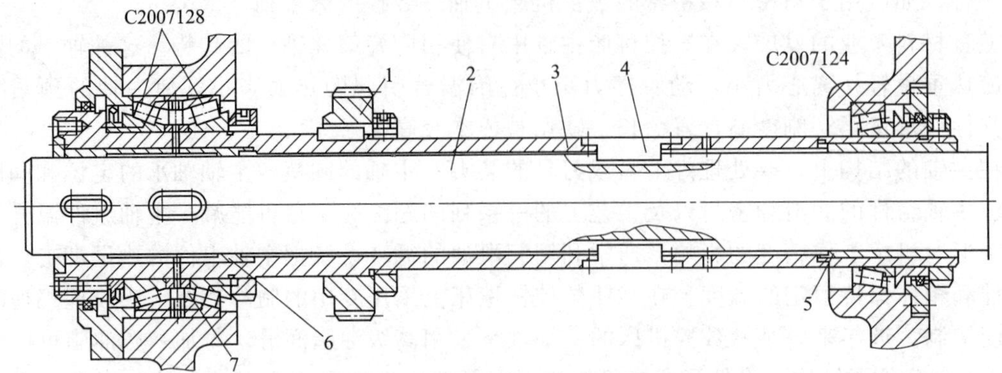

图 4-70　卧式镗铣床主轴支承结构

1—齿轮；2—主轴；3—主轴套筒；4—连接套；5,6—轴承隔套；7—轴承

滚动轴承存在较大间隙时，载荷将集中作用于受力方向上的少数滚动体上，使得轴承刚度下降，承载能力下降，旋转精度变差。将滚动轴承进行适当预紧，使滚动体与内外圈滚道在接触处产生一定量预变形，使受载后承载的滚动体数量增多，受力趋向均匀，从而提高轴承承载能力和刚度，有利于减少主轴回转轴线的漂移，提高旋转精度。

过盈量不宜太大，否则轴承的摩擦磨损加剧，承载能力将显著下降。公差等级、轴承类型和工作条件不同的主轴组件，其轴承所需的预紧量各有所不同。主轴组件必须具备轴承间隙的调整机构。

（2）主轴端部的结构

端部用于安装刀具或夹持工件的夹具，因此，要保证刀具或夹具定位（轴向、定心）准确，装夹可靠、牢固，而且装卸方便，并能传递足够的转矩。目前，主轴的端部形状已标准化。如图 4-71 所示为几种机床上通用的结构形式。

如图 4-71（a）所示为数控车床主轴端部，卡盘靠前端的短圆锥面和凸缘端面定位，用拨销传递转矩，卡盘装有固定螺栓，卡盘装于主轴端部时，螺栓从凸缘上的孔中穿过，转动快卸卡板将数个螺栓同时卡住，再拧紧螺母将卡盘固定在主轴端部。

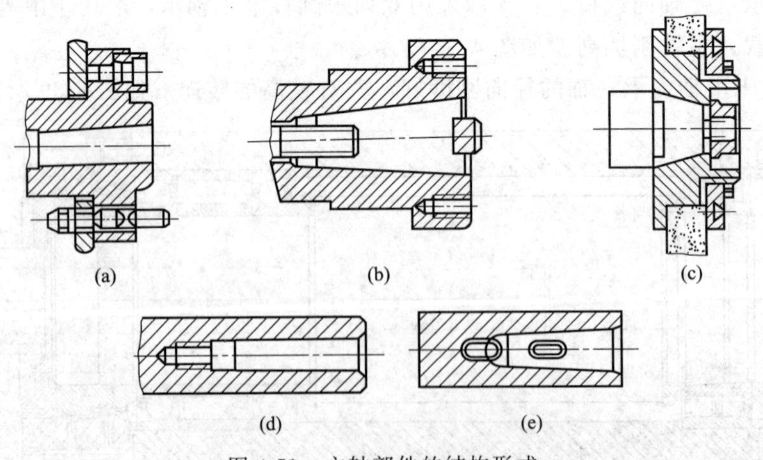

图 4-71　主轴部件的结构形式

如图 4-71（b）所示为数控铣、镗床的主轴端部，主轴前端有 7∶24 的锥孔，用于装夹铣刀柄或刀杆。主轴端面有一端面键，通过它既可传递刀具的转矩，又可用于刀具的轴向定位，并用拉杆从主轴后端拉紧。

如图 4-71（c）所示为外圆磨床砂轮主轴的端部，如图 4-71（d）所示为内圆磨床砂轮主轴端部，如图 4-71（e）所示为钻床与普通镗床锤杆端部，刀杆或刀具由莫氏锥孔定位，用锥孔后端第一扁孔传递转矩，第二个扁孔用以拆卸刀具。

（3）主轴轴承

主轴轴承是主轴部件的重要组成部分。它的类型、结构、配置、精度、安装、调整、润滑和冷却都直接影响主轴的工作性能。在数控机床上常用的主轴轴承有滚动轴承和静压滑动轴承。

滚动轴承主要有角接触球轴承（承受径向、轴向载荷），双列短圆柱滚子轴承（只承受径向载荷）、60°角接触双向推力球轴承（只承受轴向载荷，常与双列圆柱滚子轴承配套使用）、双列圆柱滚子轴承（能同时承受较大的径向、轴向载荷，常作为主轴的前支承），如图 4-72 所示。

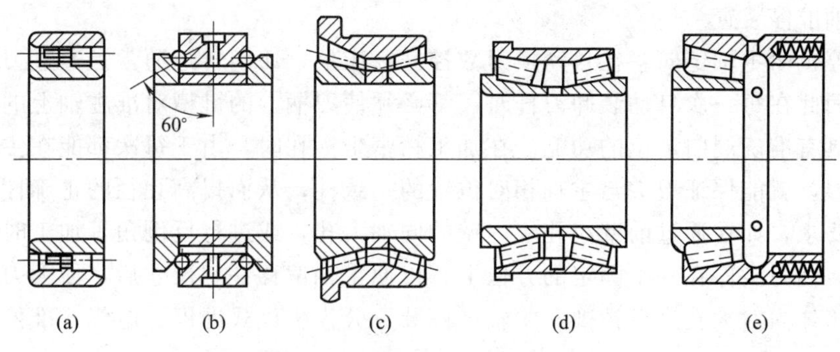

图 4-72　主轴常用的滚动轴承

液体静压滑动轴承也常用在数控机床中，主要由供油系统、节流器、轴承三部分组成，如图 4-73 所示。节流器是使液体静压滑动轴承各油腔形成压强差的关键。液体静压轴承的工作原理如下：在油压的作用下，轴套内孔壁上的油腔与运动表面之间形成油膜。当轴的重量忽略不计时，油膜四周厚度相同，油腔没有压力差存在。当轴在径向载荷作用下，轴心下移，上油膜厚度大于下油膜，油腔产生压力差，将轴托起，使之回到平衡位置。液体静压支承的特点是精度高、刚度大、抗振性好、摩擦力矩小，用于中低速重载高精度的数控机床，如主轴回转精度 0.025μm 的超精密车床。

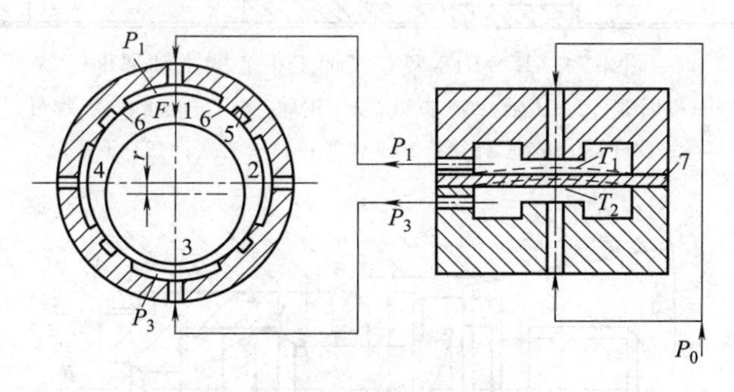

图 4-73　液体静压滑动轴承

（4）主轴内刀具的自动夹紧和切屑清除装置

在带有刀库的自动换刀数控机床中，为实现刀具在主轴上的自动装卸，其主轴必须设计有刀具的自动夹紧机构。自动换刀立式铣镗床（JCS-018 型立式加工中心）主轴的刀具夹紧机构如图 4-74 所示。刀夹以锥度为 7∶24 的锥柄在主轴前端的锥孔中定位，并通过拧紧在锥柄尾部的拉钉拉紧在锥孔中。夹紧刀夹时，液压缸上腔接通回油，弹簧推活塞上移，处于图示位置，拉杆在碟形弹簧作用下向上移动；由于此时装在拉杆前端径向孔中的钢球进入主轴孔中直径较小的 d_2 处（见图 4-75），被迫径向收拢而卡进拉钉的环形凹槽内，因而刀杆被拉杆拉紧，依靠摩擦力紧固在主轴上。切削转矩则由端面键传递。换刀前需将刀夹松开时，压力油进入液压缸上腔，活塞推动拉杆向下移动，碟形弹簧被压缩；当钢球随拉杆一起下移至进入主轴孔直径较大的 d_1 处时，它就不再能约束拉钉的头部，紧接着拉杆前端内孔的台肩端面 a 碰到拉钉，把刀夹顶松。此时行程开关出信号，换刀机械手随即将刀夹取下。与此同时，压缩空气由管接头经活塞和拉杆的中心通孔吹入主轴装刀孔内，把切屑或脏物清除干净，以保证刀具的安装精度。机械手把新刀装上主轴后，液压缸接通回油，碟形弹簧又拉紧刀夹。刀夹拉紧后，行程开关发出信号。

（5）主轴准停装置

主轴准停也叫主轴定向。在自动换刀数控铣镗床上，切削转矩通常是通过刀杆的端面键来传递的，因此在每一次自动装卸刀杆时，都必须使刀柄上的键槽对准主轴上的端面键，这就要求主轴具有准确周向定位的功能。在加工精密坐标孔时，由于每次都能在主轴固定的圆周位置上装刀，就能保证刀尖与主轴相对位置的一致性，从而提高孔径的正确性。另外，一些特殊工艺要求，如在通过前壁小孔镗内壁的同轴大孔，或进行反倒角等加工时，也要求主轴实现准停，使刀尖停在一个固定的方位上，以便主轴偏移一定尺寸后，使大刀刃能通过前壁小孔进入箱体内对大孔进行镗削。主轴准停装置分为机械式准停、电气式准停。

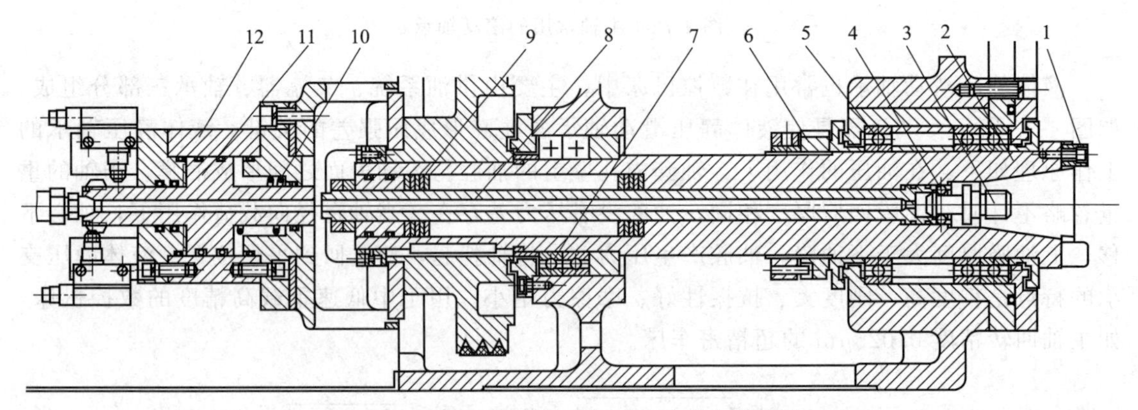

图 4-74　JCS-018 型立式加工中心的主轴部件

1—端面键；2—主轴；3—拉钉；4—钢球；5，7—轴承；6—螺母；
8—拉杆；9—碟形弹簧；10—弹簧；11—活塞；12—液压缸

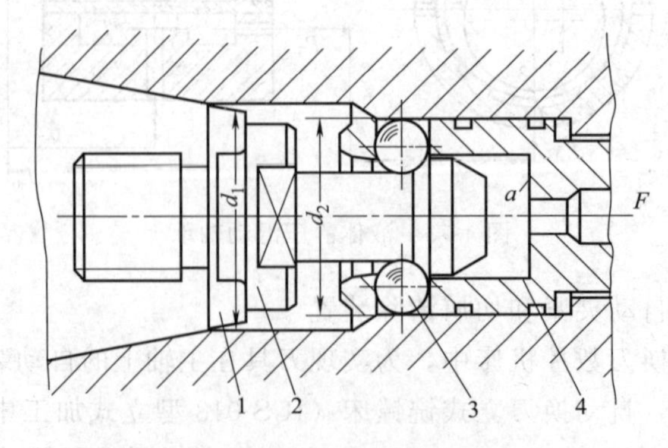

图 4-75　刀具夹紧情况

1—刀夹；2—拉钉；3—钢球；4—拉杆

图 4-76 所示为电气控制的主轴准停装置，这种装置利用装在主轴上的磁性传感器作为位置反馈部件，由它输出信号，使主轴准确停止在规定位置上，它不需要机械部件，可靠性好，准停时间短，只需要简单的强电顺序控制，且有高的精度和刚性，是目前加工中心普遍采用的电控准停装置。

工作原理是在传动主轴旋转的多楔带轮 1 的端面上装有一个厚垫片 4，垫片上又装有一个体积很小的永久磁铁 3。在主轴箱箱体的对应于主轴准停的位置上，装有磁传感器 2。当机床需要停车换刀时，数控装置发出主轴停转指令，主轴电动机立即降速，在主轴 5 以最低转速慢转几转后，永久磁铁 3 对准磁传感器 2 时，后者发出准停信号。此信号经放大后，由定向电路控制主轴电动机准确地停止在规定的周向位置上，如图 4-77 所示。

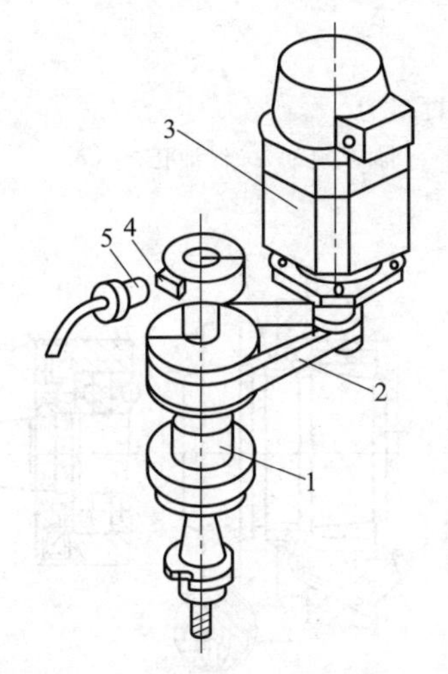

图 4-76　电气控制的主轴准停装置
1—主轴；2—多楔带；3—主轴电动机；
4—永久磁铁；5—磁传感器

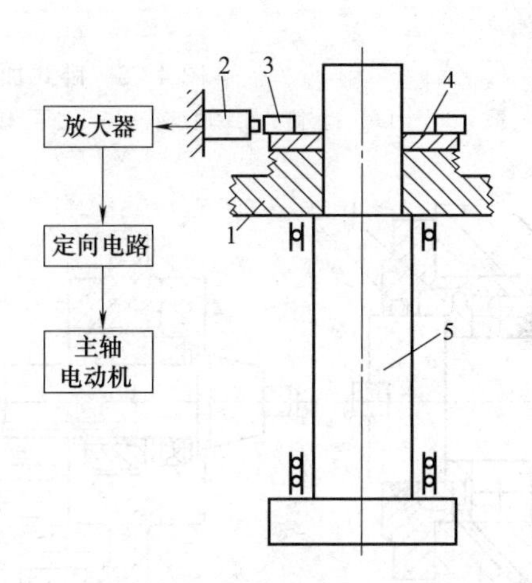

图 4-77　电气控制的主轴准停装置示意图
1—多楔带轮；2—磁传感器；3—永久磁铁；
4—垫片；5—主轴

（6）主轴密封

在密封件中，被密封的介质往往是穿漏、渗透或扩散的形式越界泄漏到密封连接处的彼侧。造成泄漏的基本原因是流体从密封面上的间隙中溢出，或是由于密封部件内外两侧密封介质的压力差或浓度差，致使流体向压力或浓度低的一侧流动。

如图 4-78 所示为一卧式加工中心主轴前支承的密封结构。卧式加工中心主轴前支承的密封结构采用的是双层小间隙密封装置。主轴前端加工有两组锯齿形护油槽，在法兰盘 4 和 5 上开有沟槽及泄油孔，当喷入轴承 2 内的油液流出后被法兰盘 4 内壁挡住，并经其下部的泄油孔 9 和套筒 3 上的回油斜孔 8 流回油箱，少量油液沿主轴 6 流出时，在离心力的作用下被主轴护油槽甩至法兰盘 4 的沟槽内，经回油斜孔 8 重新流回油箱，达到了防止润滑介质泄漏的目的。

主轴的密封有接触式和非接触式密封。如图 4-79 所示是几种非接触密封的形式。

接触式密封主要有油毡圈和耐油橡胶密封圈密封，如图 4-80 所示。

4.3.3　数控机床主传动系统及主轴部件结构实例

主轴部件是数控机床的关键部件，其精度、刚度和热变形对加工质量有直接的影响。本节主要介绍数控车床、数控铣床和加工中心的主轴部件结构。

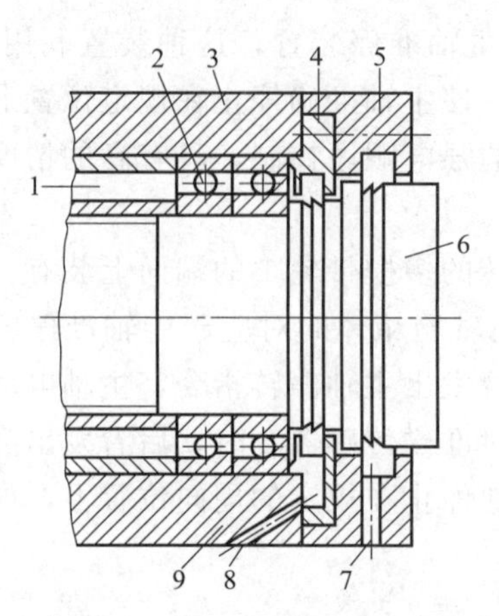

图 4-78 卧式加工中心主轴前支承的密封结构

1,3—套筒；2—轴承；4,5—法兰盘；6—主轴；7—泄漏孔；8—回油斜孔；9—泄油孔

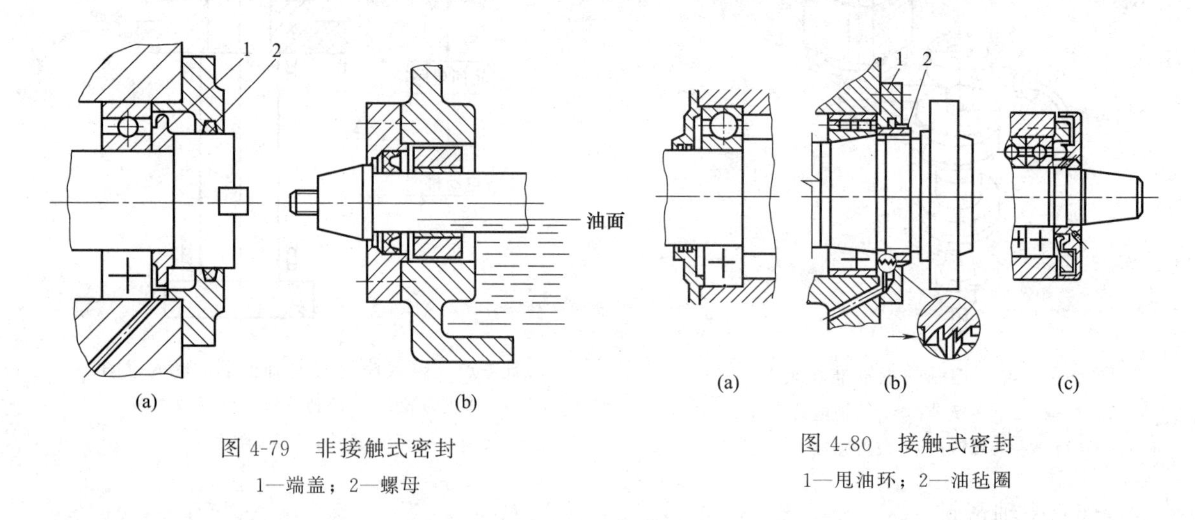

图 4-79 非接触式密封

1—端盖；2—螺母

图 4-80 接触式密封

1—甩油环；2—油毡圈

(1) 数控车床

TND360 型数控车床的主传动系统如图 4-81 所示，主电动机一端经同步齿形带（$m=3.183\text{mm}$）拖动主轴箱内的轴Ⅰ，另一端带动测速发电机实现速度反馈。主轴Ⅰ上有一双

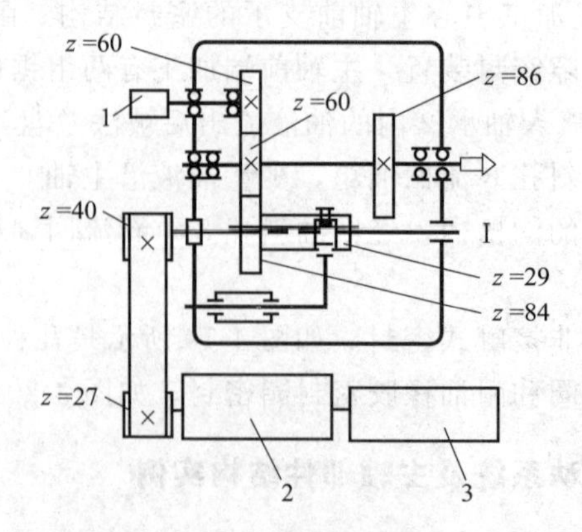

图 4-81 TND360 型数控车床的主传动系统

1—圆光栅；2—主轴直流伺服电动机；3—测速发电机

联滑移齿轮，经 84/60 使主轴得到 800～3150r/min 的高速段，经 29/86 使主轴得到 7～760r/min 的低速段。主电动机为德国西门子公司的产品，额定转速为 2000r/min，最高转速为 4000r/min，最低转速为 35r/min。额定转速至最高转速之间为调磁调速，恒功率；最低转速至额定转速之间为调压调速，恒转矩。滑移齿轮变速采用液压缸操纵。

主轴内孔用于通过长的棒料，也可以通过气动、液压夹紧装置（动力夹盘），如图 4-82 所示。主轴前端的短圆锥及其端面用于安装卡盘或夹盘。主轴前后支承都采用角接触轴承或

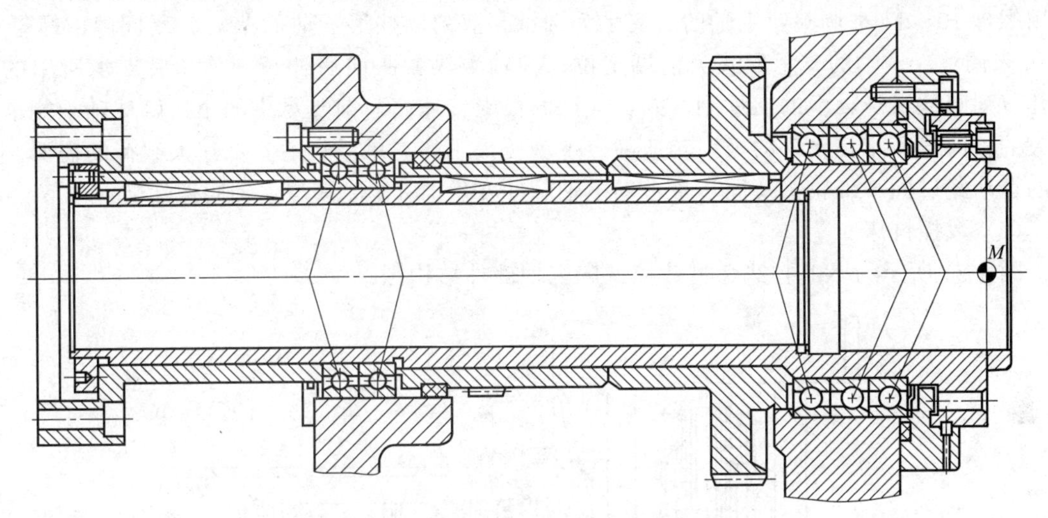

图 4-82　TND360 型数控车床主轴部件结构图

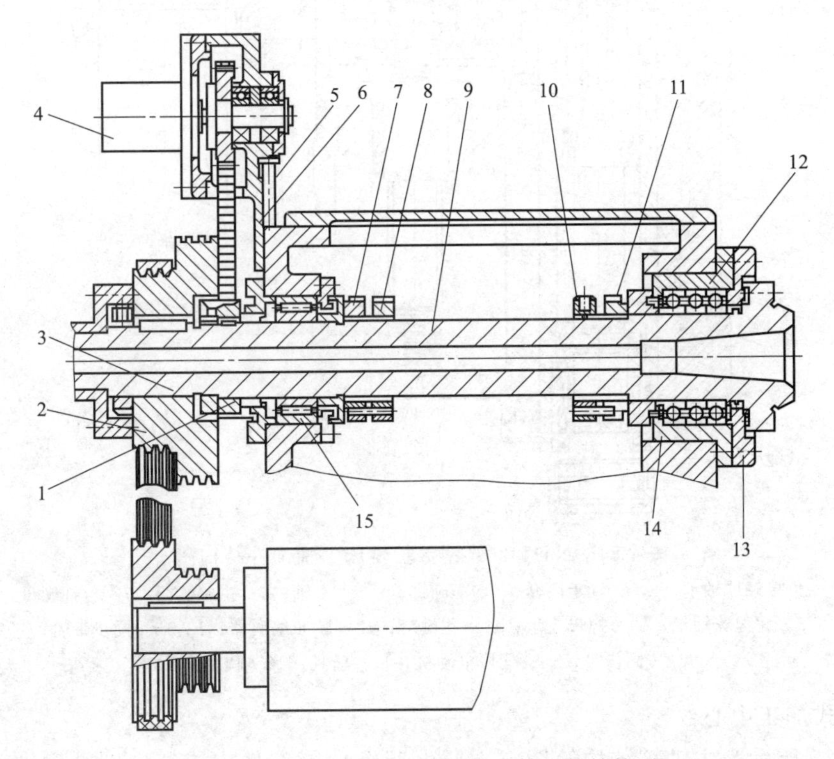

图 4-83　CK7815 型数控车床主轴部件结构图

1—同步带轮；2—带轮；3,7,8,10,11—螺母；4—主轴脉冲发生器；5—螺钉；6—支架；9—主轴；12—角接触球轴承；13—前端盖；14—前支承套；15—圆柱滚子轴承

球轴承。前支承三个一组，前面两个大口朝前端，后面一个大口朝后端。后支承两个角接触球轴承小口相对。前后轴承都由轴承厂配好，成套供应，装配时不需修配。

图 4-83 所示为 CK7815 型数控车床主轴部件结构图。交流主轴电动机通过带轮 2 把运动传给主轴 9。主轴有前、后两个支承，前支承由一个圆锥孔双列圆柱滚子轴承 15 和一对角接触球轴承 12 组成，轴承 15 来承受径向载荷，两个角接触球轴承一个大口向外（朝向主轴前端），一个大口向里（朝向主轴后端），承受双向的轴向载荷和径向载荷。前支撑轴向间隙用螺母 10、11 来调整，主轴的后支承为圆锥孔双列圆柱滚子轴承 15，轴承间隙由螺母 3、7、8 来调整。主轴的支承形式为前端定位，主轴受热膨胀向后伸长。前、后支承所用的圆锥孔双列圆柱滚子轴承的支承刚度好，允许的极限转速高。前支承中的角接触球轴承能承受较大的轴向载荷，且允许的极限转速高。主轴所采用的支承结构适宜低速大载荷的需要。主轴的运动经过同步带轮 1 及同步带带动主轴脉冲发生器 4，使其与主轴同速运转。

（2）数控铣床

图 4-84 所示为 NT-J320A 型数控铣床主轴部件结构图。

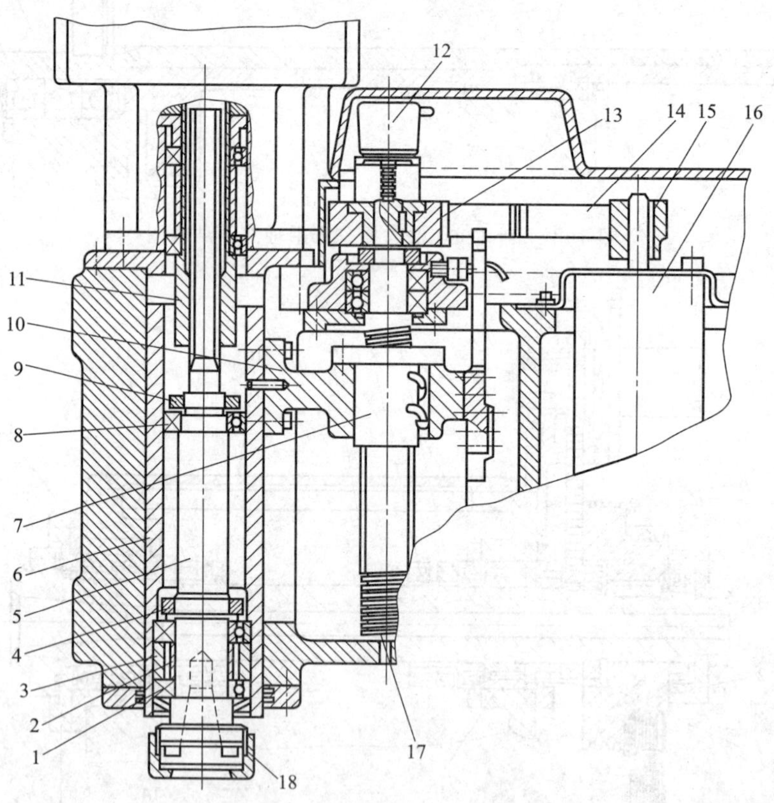

图 4-84　NT-J320A 型数控铣床主轴部件结构图

1—角接触球轴承；2,3—轴承隔套；4,9—圆螺母；5—主轴；6—主轴套筒；7—丝杠螺母；8—深沟球轴承；10—螺母支承；11—花键套；12—脉冲编码器；13,15—同步带轮；14—同步带；16—伺服电动机；17—丝杠；18—快换夹头

（3）立式加工中心

如图 4-85 所示为主轴箱结构简图，主要由四个功能部件构成，分别是主轴部件、刀具自动夹紧机构、切屑清除装置和主轴准停装置。

主轴的前支承配置了三个高精度的角接触球轴承，用以承受径向载荷和轴向载荷，前两

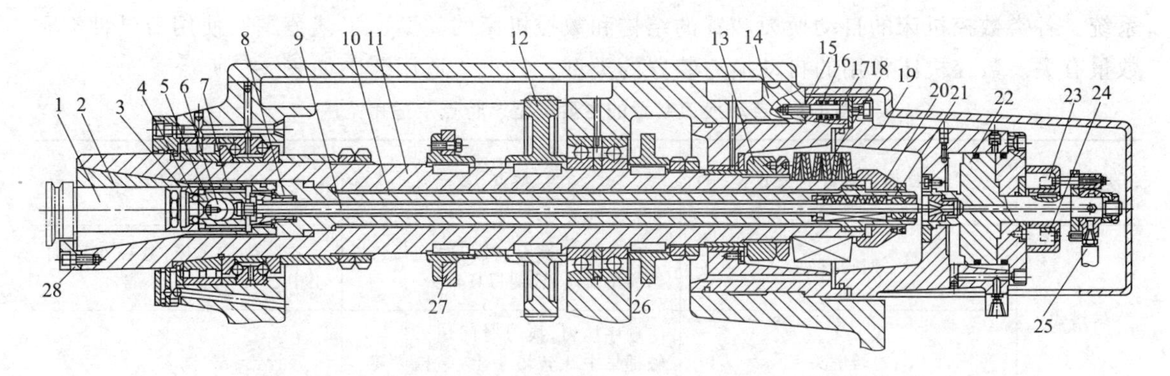

图 4-85　THK 型数控铣 6380 加工中心主轴部件结构

1—刀夹；2—弹簧夹头；3,20—套筒；4—钢球；5—定位螺钉；6—定位小轴；7—定位套筒；8—锁紧件；9—拉杆；10—拉套；11—主轴；12—齿轮；13—圆螺母；14—主轴箱；15—连接座；16—连接弹簧；17—螺钉；18—碟形弹簧；19—液压缸支架；21—垫圈；22—活塞；23,24—继电器；25—压缩空气管接头；26,27—凸轮；28—定位块

个轴承大口朝下，后面一个轴承大口朝上。前支承按预加载荷计算的预紧量由螺母来调整。后支承为一对小口相对配置的角接触球轴承，它们只承受径向载荷，因此轴承外圈不需要定位。该主轴选择的轴承类型和配置形式，满足主轴高转速和承受较大轴向载荷的要求。主轴受热变形向后伸长，不影响加工精度。

主轴内部和后端安装的是刀具自动夹紧机构。它主要由拉杆、拉杆端部的四个钢球、碟形弹簧、活塞、液压缸等组成。机床的切削转矩是由主轴上的端面键来传递的。每次机械手自动装取刀具时，必须保证刀柄上的键槽对准主轴的端面键，这就要求主轴具有准确定位的功能。为满足主轴这一功能而设计的装置称为主轴准停装置。

主轴工作原理如下：

① 取用过刀具过程。CNC 发出换刀指令→液压缸右腔进油→活塞左移→推动拉杆克服弹簧的作用左移→带动钢球移至大空间→钢球失去对拉钉的作用→取刀。

② 吹扫过程。旧刀取走后→CNC 发出指令→空压机启动→压缩空气经压缩空气管接头吹扫装刀部位并用定时器计时。

③ 装刀过程。时间到→CNC 发出装刀指令→机械手装新刀→液压缸右腔回油→拉杆在碟形弹簧的作用下复位→拉杆带动拉钉右移至小直径部位→通过钢球将拉钉卡死。

4.4　自动换刀机构

为了进一步提高生产效率，压缩非切削时间，现代的数控机床逐步发展为一台机床的一次装夹中完成多工序或全部工序的加工工作。这类多工序的数控机床在加工过程中要使用多种刀具，因此必须有自动换刀装置，以便选用不同刀具，完成不同工序的加工工艺。自动换刀装置应当满足的基本要求包括：刀具换刀时间短，换刀可靠，刀具重复定位精度高，足够的刀具存储量，刀库占地面积小安全可靠等特性。

4.4.1　自动换刀装置的类型

换刀装置的形式有回转刀架换刀、更换主轴换刀、更换主轴箱换刀、带刀库的自动换刀系统。各类数控机床的自动换刀装置的结构和数控机床的类型、工艺范围、使用刀具种类和数量有关。数控机床常用的自动换刀装置的类型、特点、适用范围如表 4-3 所示。

表 4-3　自动换刀装置的主要类型、特点及适用范围

<table>
<tr><th>类别形式</th><th>自动换刀装置的类型</th><th>特点</th><th>适用范围</th></tr>
<tr><td rowspan="2">转塔式</td><td>回转刀架</td><td>多为顺序换刀，换刀时间短、结构简单紧凑、容纳刀具较少</td><td>各种数控车床，数控车削加工中心</td></tr>
<tr><td>转塔头</td><td>顺序换刀，换刀时间短，刀具主轴都集中在转塔头上，结构紧凑。但刚性较差，刀具主轴数受限制</td><td>数控钻、镗、铣床</td></tr>
<tr><td rowspan="3">刀库</td><td>刀具与主轴之间直接换刀</td><td>换刀运动集中，运动部件少，但刀库运动多，布局不灵活，适应性差，刀库容量受限</td><td rowspan="3">各种类型的自动换刀数控机床。尤其是对使用回转类刀具的数控镗、铣床类立式、卧式加工中心机床
要根据工艺范围和机床特点，确定刀库容量和自动换刀装置类型，也可用于加工工艺范围的立、卧式车削中心机床</td></tr>
<tr><td>用机械手配合刀库进行换刀</td><td>刀库只有选刀运动，机械手进行换刀运动，比刀库作换刀运动惯性小、速度快，刀库容量大</td></tr>
<tr><td>用机械手、运输装置配合刀库换刀</td><td>换刀运动分散，由多个部件实现，运动部件多，但布局灵活，适应性好</td></tr>
<tr><td colspan="2">有刀库的转塔头换刀装置</td><td>弥补转塔头换刀数量不足的缺点，换刀时间短</td><td>扩大工艺范围的各类转塔式数控机床</td></tr>
</table>

（1）回转刀架换刀

刀架是数控车床的重要功能部件，其结构形式很多，下面介绍几种典型刀架结构。

1）数控车床方刀架。数控机床上使用的回转刀架是一种最简单的自动换刀装置。根据不同的适用对象，刀架可设计为四方形、六角形或其他形式。回转刀架可分别安装 4 把、6 把以及更多的刀具并按数控装置发出的脉冲指令回转、换刀。

图 4-86 所示为数控机床四方回转刀架。数控车床方刀架是在普通车床方刀架的基础上发展起来的一种自动换刀装置，它有 4 个刀位。刀架的全部动作由液压系统通过电磁换向阀和顺序阀控制，具体过程如下。刀架接收数控能同时装夹 4 把刀，刀架回转 90°，刀具变换一个刀位，转位信号和刀位号的选择由加工程序指令控装置指令，刀架松开，转到指令要求的位置，夹紧，发出转位结束信号。

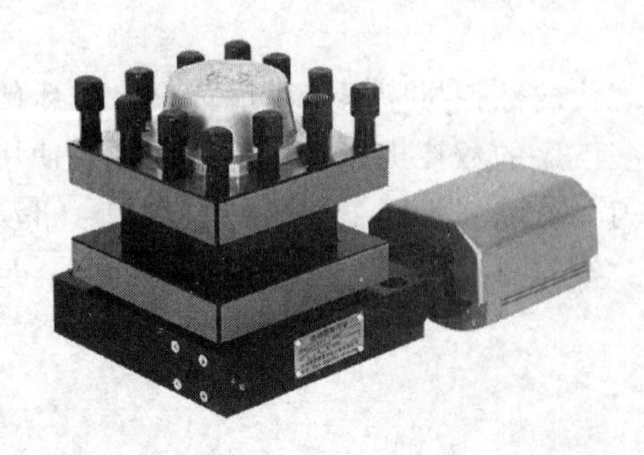

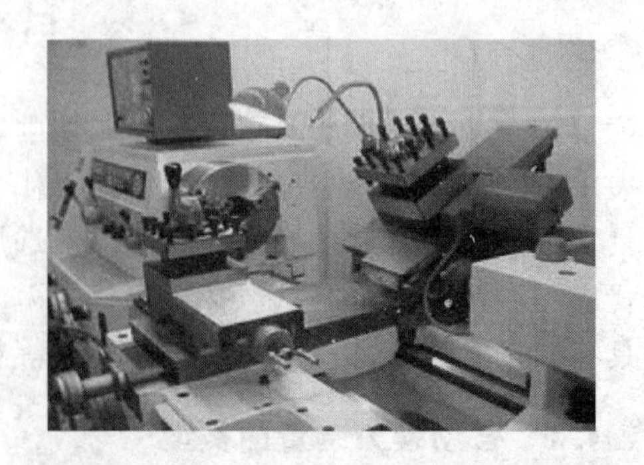

图 4-86　四方回转刀架

如图 4-87 所示，其换刀过程如下：

① 刀架抬起。当数控装置发出换刀指令后，电动机 1 启动正转，通过平键套筒联轴器 2 使蜗杆轴 3 转动，从而带动蜗轮丝杠 4 转动。刀架体 7 的内孔加工有内螺纹，与蜗轮丝杠旋合。蜗轮丝杠内孔与刀架中心轴外圆是滑配合，在转位换刀时，中心轴固定不动，蜗轮丝杠绕中心轴空转。当蜗轮丝杠开始转动时，由于刀架体 7 和刀架底座 5 上的端面齿处于啮合状态，且蜗轮丝杠轴向固定，因此刀架体 7 不能转动只能轴向移动，这是刀架体抬起。

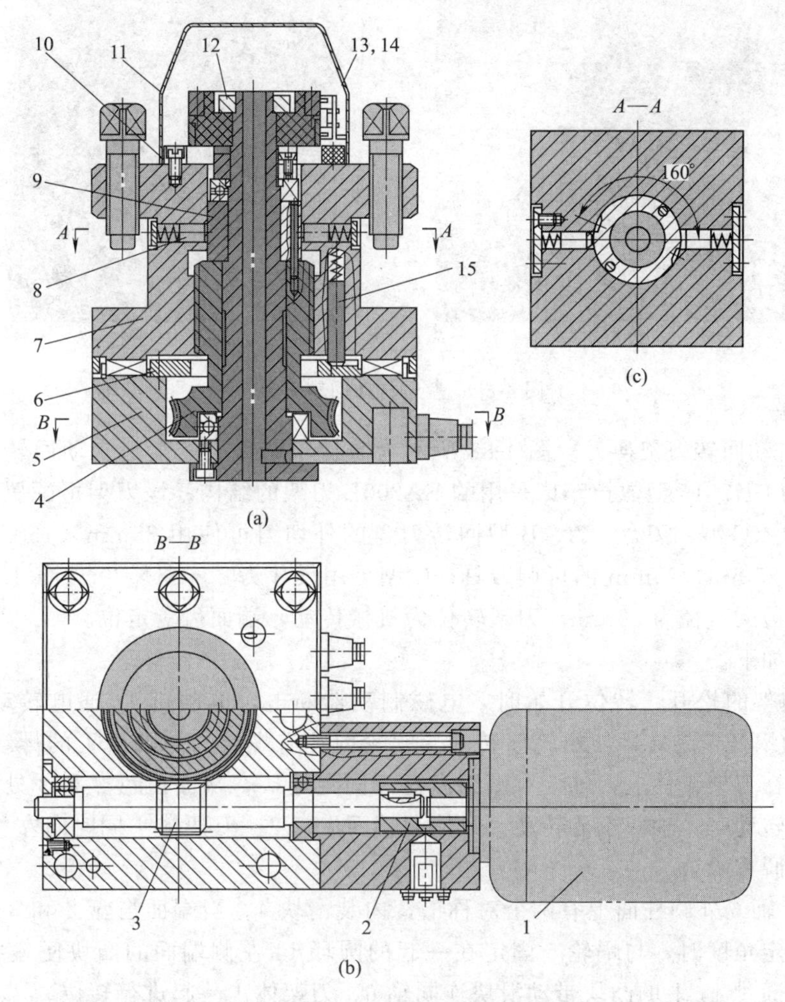

图 4-87　数控车床方刀架结构

1—电动机；2—联轴器；3—蜗杆轴；4—蜗轮丝杠；5—刀架底座；6—粗定位盘；7—刀架体；8—球头销；9—转位套；10—电刷座；11—发信体；12—螺母；13,14—电刷；15—粗定位销

② 刀架转位。当刀架体抬至一定距离后，端面齿脱开，转位套用销钉与蜗轮丝杠连接，随蜗轮丝杠一起转动，当端面齿完全脱开时，转位套 9 正好转过 160°［如图 4-87（c）所示］，球头销 8 在弹簧力的作用下进入转位套 9 的槽内，转位套通过弹簧销带动刀架体转位。

③ 刀架定位。刀架体 7 转动时带着电刷座 10 转动，当转到程序指令的刀号时，定位销 15 在弹簧的作用下进入粗定位盘 6 的槽中进行粗定位，同时电刷 13、14 接触导通，使电动机 1 反转。由于粗定位槽的限制，刀架体 7 不能转动，使其在该位置垂直落下，刀架体 7 和刀架底座 5 上的端面齿啮合实现精确定位。

④ 夹紧。刀架电动机 1 继续反转，此时蜗轮丝杠停止转动，蜗杆轴 3 继续转动，端面齿间夹紧力不断增加，转矩不断增大，达到一定值时，在传感器的控制下电动机 1 停止转动。译码装置由发信体 11、电刷 13、14 组成。电刷 13 负责发信，电刷 14 负责位置判断。当刀架定位出现过位或不到位时，可松开螺母 12，调好发信体 11 与电刷 14 的相对位置。这种刀架在经济性数控机床及卧式车床的数控化改造中应用广泛。

图 4-88　盘形自动回转刀架

2）盘形自动回转刀架换刀。图 4-88 所示为数控车床常见的盘形自动回转刀架外形图，图 4-89 所示为 CK7815 型数控车床采用的 BA200L 刀架的结构。该刀架可配置 12 位（A 型或 B 型）、8 位（C 型）刀盘。A、B 型回转刀盘的外切刀可使用 25mm×150mm 标准刀具和刀杆截面为 25mm×25mm 的可调刀具，C 型可用尺寸为 20mm×20mm×125mm 的标准刀具。镗刀杆最大直径为 32mm。刀架转位为机械传动，端面齿盘定位。

转位过程如下：

① 回转刀架的松开。转位开始时，电磁制动器断电，电动机 11 通电转动，通过齿轮 10、9、8 带动蜗杆 7 旋转，使蜗轮 5 转动。蜗轮内孔有螺纹，与轴 6 上的螺纹配合。端面齿盘 3 被固定在刀架箱体上，轴 6 和端面齿盘 2 固定连接，端面齿盘 2 和 3 处于啮合状态，因此，蜗轮 5 转动时，轴 6 不能转动，只能和端面齿盘 2、刀架体 1 同时向左移动，直到端面齿盘 2 和 3 脱离啮合。

② 转位。轴 6 外圆柱面上有两个对称槽，内装滑块 4。当端面齿盘 2 和 3 脱离啮合后，蜗轮 5 转到一定角度时，与蜗轮 5 固定在一起的圆环 14 左侧端面的凸块便碰到滑块 4，蜗轮继续转动，通过 14 上的凸块带动滑块连同轴 6、刀架体 1 一起进行转位。

③ 回转刀架的定位。到达要求位置后，电刷选择器发出信号，使电动机 11 反转，这时蜗轮 5 与圆环 14 反向旋转，凸块与滑块 4 脱离，不再带动轴 6 转动。同时，蜗轮 5 与轴 6 上的螺纹使轴 6 右移，端面齿盘 2 和 3 啮合并定位。当齿盘压紧时，轴 6 右端的小轴 13 压下微动开关，发出转位结束信号，电动机断电，电磁制动器通电，维持电动机轴上的反转力矩，以保持端面齿盘之间有一定的压紧力。刀具在刀盘上由压板 15 及调节楔铁 16 来夹紧，更换和对刀十分方便。刀位选择由刷型选择器进行，松开、夹紧位置检测由微动开关 12 控制。整个刀架控制是一个纯电气系统，结构简单。

3）车削中心动力转塔刀架。图 4-90（a）为意大利 Baruffaldi 公司生产的适用于全功能型数控车床及车削中心的动力转塔刀架。刀盘上既可以安装各种非动力辅助刀夹（车刀夹、镗刀夹、弹簧夹头、莫氏刀柄）夹持刀具进行加工，还可以安装动力刀夹进行主动切削，配

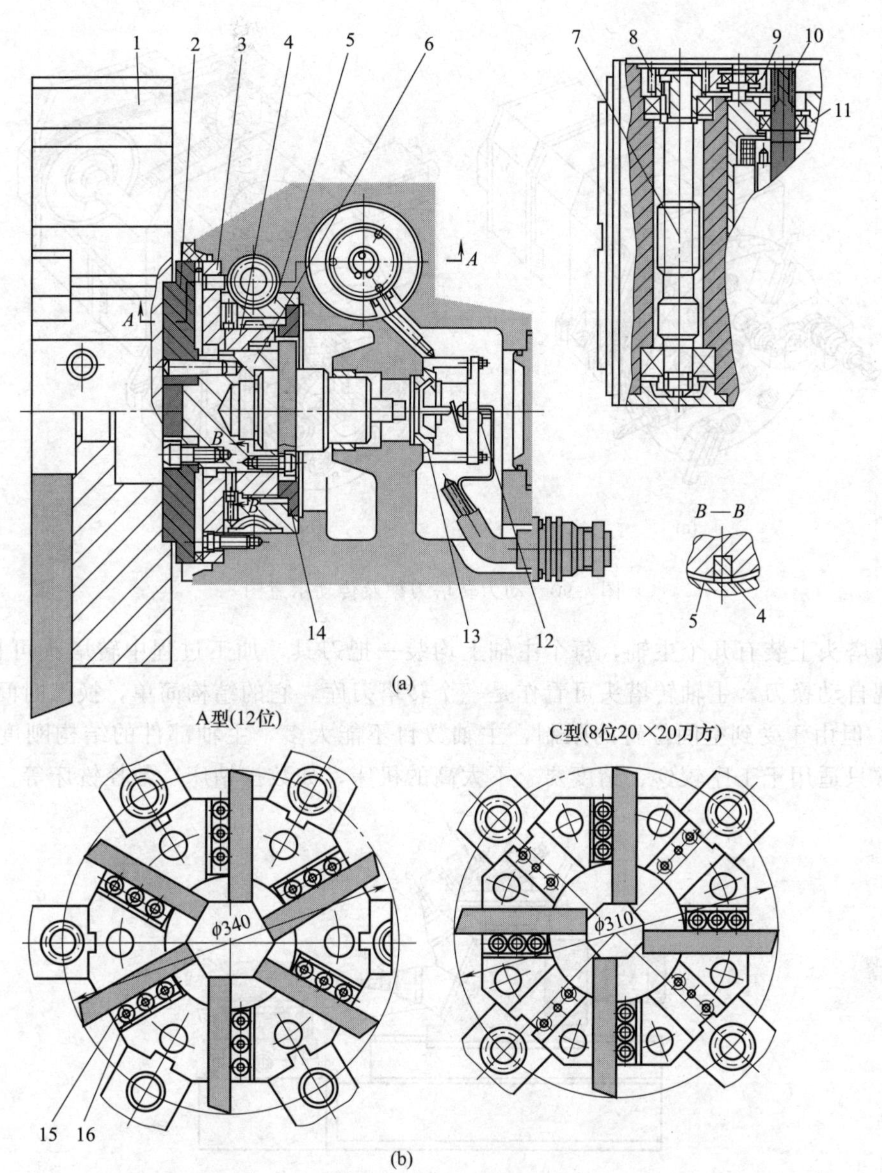

图 4-89　回转刀架结构

1—刀架体；2，3—端面齿盘；4—滑块；5—蜗轮；6—轴；
7—蜗杆；8～10—传动齿轮；11—电动机；
12—微动开关；13—小轴；14—圆环；15—压板；16—调节楔铁

合主机完成车、铣、钻、镗等各种复杂工序，实现加工程序自动化、高效化。

图 4-90（b）为该转塔刀架的传动示意图。刀架采用端面齿盘作为分度定位元件，刀架转位由三相异步电动机驱动，电动机内部带有制动机构，刀位由二进制绝对编码器识别，并可正反双向转位和任意刀位就近选刀。动力刀具由交流伺服电动机驱动，通过同步齿形带、传动轴、传动齿轮、端面齿离合器将动力传至动力刀夹，在通过刀夹内部的齿轮传动，刀具回转，实现主动切削。

（2）转塔头式换刀装置

带有旋转刀具的数控机床常采用转塔头式自动换刀装置，如数控钻镗床的多轴转塔头

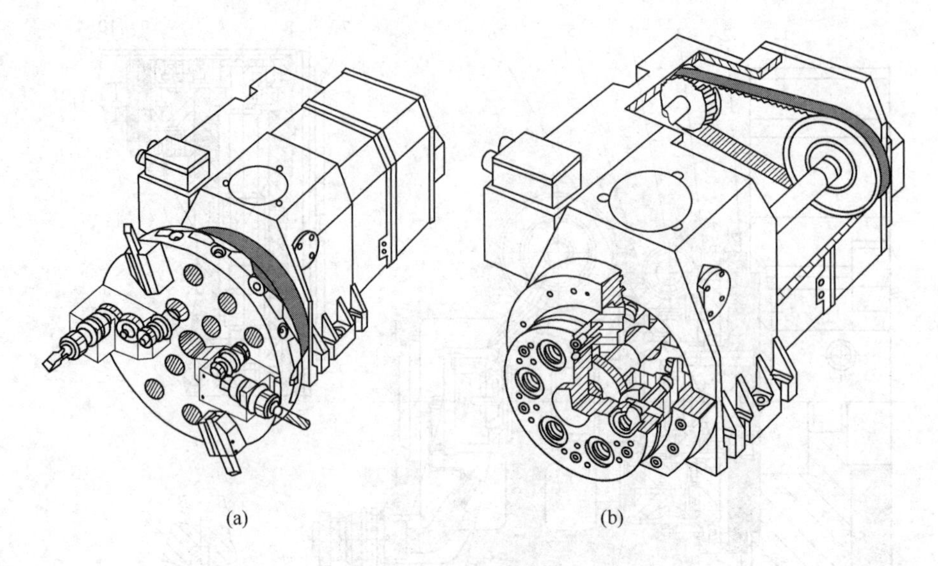

图 4-90　动力转塔刀架及传动示意图

等。在转塔头上装有几个主轴，每个主轴上均装一把刀具，加工过程中转塔头可自动转位，从而实现自动换刀。主轴转塔头可看作是一个转塔刀库，它的结构简单，换刀时间短，仅为2s左右。但由于受到空间位置的限制，主轴数目不能太多，主轴部件的结构刚度也有所下降，通常只适用于工序较少、精度要求不太高的机床，如数控钻床、数控铣床等。

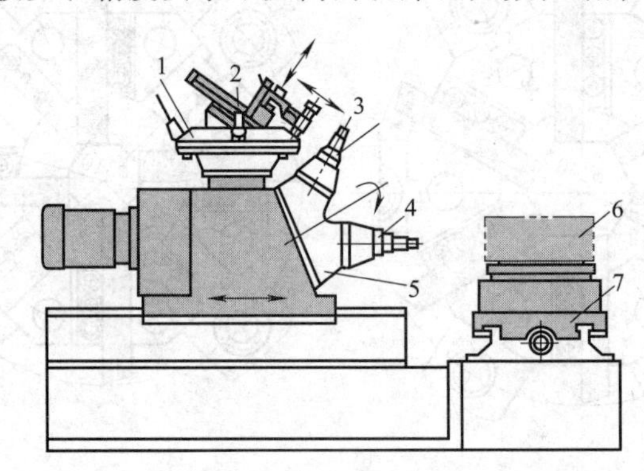

图 4-91　机械手和转塔头配合刀库换刀的自动换刀装置

1—刀库；2—机械手；3,4—刀具主轴；5—转塔头；6—工件；7—工作台

为了弥补转塔换刀数量少的缺点，近年来出现了一种机械手和转塔头配合刀库进行换刀的自动换刀装置，如图 4-91 所示。它实际上是转塔头换刀装置和刀库式换刀装置的结合。它的工作原理如下：转塔头 5 上安装两个刀具主轴 3 和 4，当用一个刀具主轴上的刀具进行加工时，机械手 2 将下一个工序需要的刀具换至不工作的主轴上，待本工序完成后，转塔头回转 180°，完成换刀。

因为它的换刀时间大部分和机械加工时间重合，只需要转塔头转位的时间，所以换刀时间很短，而且转塔头上只有两个主轴，有利于提高主轴的结构刚性，但还未能达到精镗加工所需要的主轴刚度，这种换刀方式主要用于数控钻床，也可用于数控铣镗床和数控组合机床。

(3) 更换主轴头换刀

在带有旋转刀具的数控机床中，更换主抽换刀是一种比较简单的换刀方式。这种机床的主轴头就是一个转塔刀库，有卧式和立式两种，常用转塔的转位来更换主轴头以实现自动换刀。各个主轴头上预先装有各工序加工所需要的旋转刀具，当收到换刀指令时，各主轴头依次转到加工位置，实现自动换刀，并接通主运动，使相应的主轴带动刀具旋转，而其他处于不加工位置的主轴都与主运动脱开。

更换主轴头换刀用于主轴头就是一个转塔刀库的卧式或立式机床。见图 4-92，以八方转塔数控镗铣床为例。八方形主轴头上装有 8 根主轴，每根主轴上装有一把刀具，根据工序的要求按顺序自动地将装有所需刀具的主轴转到工作位置，实现自动换刀，同时接通主传动、不处在加工位置的主轴与主传动脱开，转位动作由槽轮机构来实现。具体动作包括：脱开主轴传动，转塔头抬起，转塔头转位，转塔头定位夹紧，主轴传动接通。

更换主轴头换刀的特点是：动作简单，缩短了换刀时间，可靠性高；结构限制，刚性较差；运用于工序数较多，精度不高的机床。

（4）更换主轴箱换刀

机床上有很多主轴箱，一个主轴箱在动力头上进行加工，其余 $n-1$ 个主轴箱（备用），停放在主轴箱库中，如图 4-93 所示，主轴箱库两侧的导轨上装有二台同步小车Ⅰ和Ⅱ，它们在主轴箱库和动力头之间进行主轴箱运输。先选好下一道工序所需要的主轴箱，待两小车运行到该主轴箱处，将其推到小车Ⅰ上，小车Ⅰ载着它与空车Ⅱ同时运行到机床的动力头两侧的交换位置。当上一道工序完成后，动力头将带着主轴箱上升到平衡位置。动力头的夹紧装置将主轴箱松开。定位销从定位孔中拔出，推杆将用过的动力头从动力头上推到小车Ⅱ上，同时又将待用的主轴箱从小车Ⅰ推到机床的动力头上，并进行定位夹紧。与此同时，两小车返回到主轴箱库，停在待换的主轴箱旁，重复上面的动作。

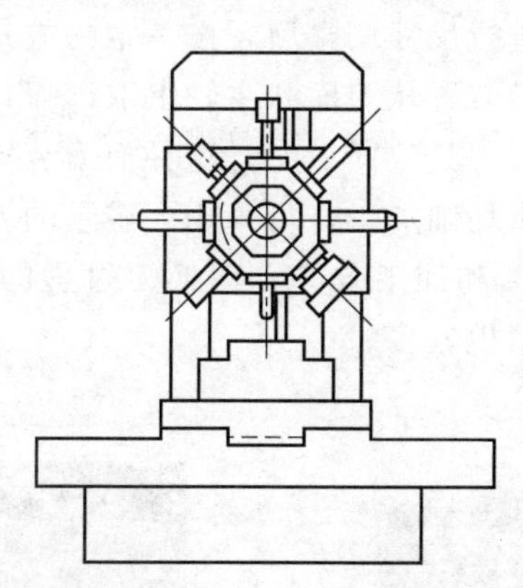

图 4-92　更换主轴换刀装置

更换主轴箱换刀方式主要适用于组合机床，采用这种换刀方式，在加工长箱体类零件时可以提高生产率。

（5）带刀库的自动换刀系统

刀库式的自动换刀方法在数控机床上的应用最为广泛，主要应用于加工中心上。加工中心是一种备有刀库并能自动更换刀具对工件进行多工序加工的数控机床。工件经一次装夹后，数控系统能控制机床连续完成多工步的加工，工序高度集中。自动换刀装置是加工中心的重要组成部分，主要包括刀库、选刀机构、刀具交换装置及刀具在主轴上的自动装卸机构等部分组成。如图 4-94 所示，刀库可装在机床的立柱、主轴箱或工作台上。

当刀库容量大及刀具较重时，也可装在机床之外，作为一个独立部件，常常需要附加运

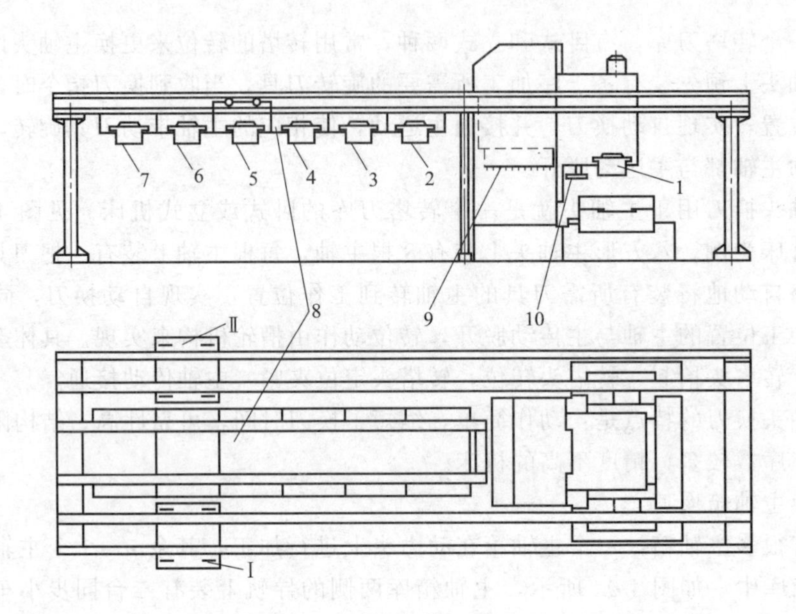

图 4-93 更换主轴换刀装置

Ⅰ,Ⅱ—小车；1—动力头上的主轴箱；2～7—备用主轴箱；8—主轴箱库；9—推杆；10—动力头锁紧装置

输装置，来完成刀库与主轴之间刀具的运输，为了缩短换刀时间，还可采用带刀库的双主轴或多主轴换刀系统。

带刀库的换刀系统的整个换刀过程较为复杂，首先要把加工过程中要用的全部刀具分别安装在标准的刀柄上，在机外进行尺寸调整后，按一定的方式放入刀库。换刀时，根据选刀指令先在刀库上选刀，刀具交换装置从刀库和主轴上取出刀具，进行刀具交换，然后将新刀具装入主轴，将主轴上取下的旧刀具放回刀库。这种换刀装置和转塔主轴头相比，由于主轴的刚性好，有利于精密加工和重切削加工；可采用大容量的刀库，以实现复杂零件的多工序加工，从而提高了机床的适应性和加工效率。但换刀过程的动作较多，换刀时间较长，同时，影响换刀工作可靠性的因素也较多。

图 4-94 带刀库的自动换刀系统

4.4.2 刀库

（1）刀库的类型

在自动换刀装置中，刀库是最主要的部件之一，其作用是用来储存加工刀具及辅助工具。它的容量从几把到上百把刀具。刀库要有使刀具运动及定位的机构来保证换刀的可靠。刀库的形式很多，结构也各不相同，根据刀库的容量和取刀方式的不同，可以将刀库设计成各种形式，常用的有以下几种：盘式刀库、链式刀库和格子盒式刀库等，如表 4-4 所示。加工中心上普遍采用的刀库有盘式刀库和链式刀库，密集型的鼓轮式刀库或格子箱式刀库，多用于 FMS 中的集中供刀系统。

① 盘式刀库。盘式刀库结构简单、紧凑，取刀也很方便，因此应用广泛，在钻削中心上应用较多。盘式刀库的储存量少则 6～8 把，多则 50～60 把，个别可达 100 余把。目前，大部分的刀库安装在机床立柱的顶面和侧面，如图 4-95 所示，当刀库容量较大时，为了防止刀库转动造成的振动对加工精度的影响，也有的安装在单独的地基上。为适应机床主轴的布局，刀库上刀具轴线可以按不同的方向配置，图 4-96 为刀具轴线与鼓盘轴线平行布置的刀库，其中图 4-96（a）为径向取刀式，图 4-96（b）为轴向取刀式。图 4-97（a）为刀具径向安装在刀库上的结构，图 4-97（b）为刀具轴线与鼓盘轴线成一定角度布置的结构，这两种结构占地面积较大。

图 4-95　盘式刀库

表 4-4　刀库的主要形式

刀库形式	分类别	特点
直线刀库		刀具在刀库中吴直线排列，结构简单，存放刀具数量少（一般 8～12 把）现已很少使用
单盘式刀库	轴向轴线式	
	径向轴线式	取刀方便
	斜向轴线式	结构简单
	可翻转式	使用广泛
鼓轮弹仓式刀库		容量大，结构紧凑，选刀、取刀动作复杂
链式刀库	单排链式刀库	最多容纳 45 把刀
	多排链式刀库	最多容纳 60 把刀
	加长链条式刀库	容量大

续表

刀库形式	分类别	特点
多盘式刀库		容量大,结构复杂,很少使用
格子盒式刀库		

盘式刀库又可分为单盘刀库和双环或多环刀库，单盘刀库的结构简单，取刀也较为方便，但刀库的容量较小，一般不多于30～40把，空间利用率低。双环或多环排列，多层盘形刀库，结构简单、紧凑，但选刀和取刀动作复杂，因而较少应用。

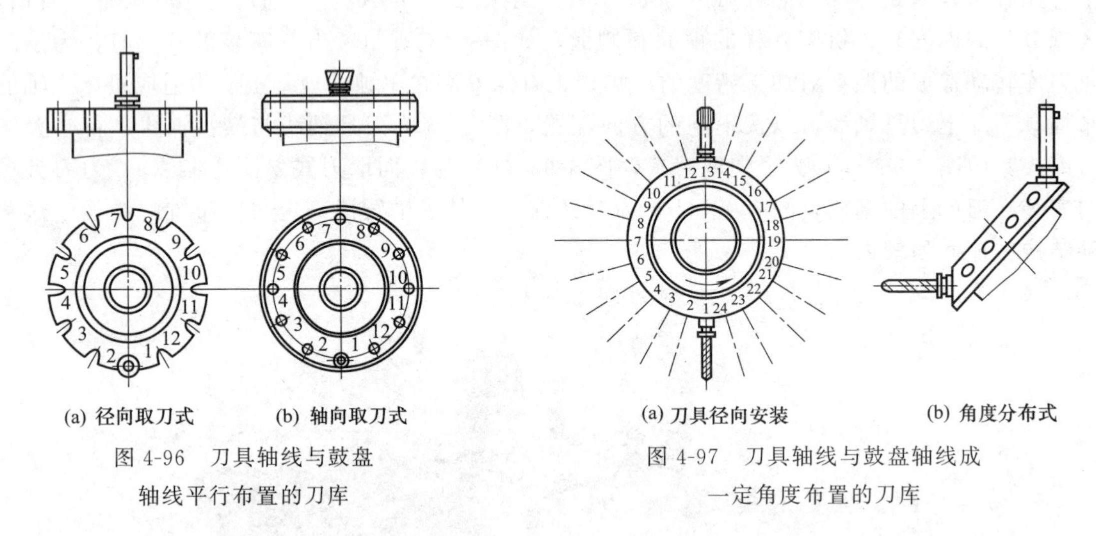

(a) 径向取刀式　(b) 轴向取刀式

图4-96　刀具轴线与鼓盘轴线平行布置的刀库

(a) 刀具径向安装　(b) 角度分布式

图4-97　刀具轴线与鼓盘轴线成一定角度布置的刀库

② 链式刀库。链式刀库是在环形链条上装有许多刀座，刀座的孔中装夹各种刀具，链条由链轮驱动，如图4-98所示。

链式刀库有单环链式和多环链式等几种，如图4-99（a）、（b）所示。当链条较长时，可以增加支承链轮的数目，使链条折叠回绕，提高空间利用率，如图4-99（c）所示。

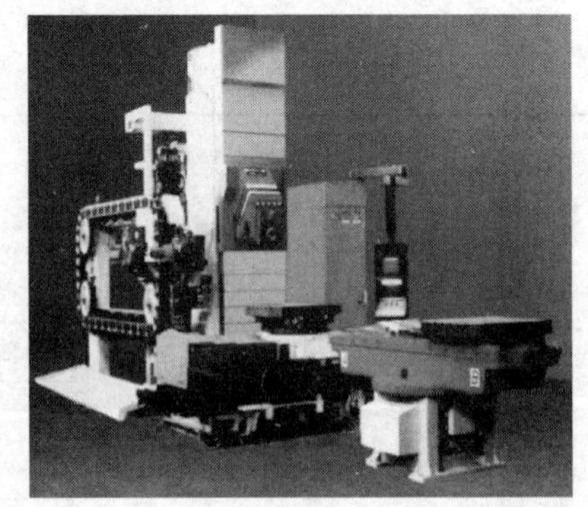

图4-98　链式刀库

③ 格子盒式刀库。图4-100所示为固定型格子盒式刀库。刀具分几排直线排列，由纵、横向移动的取刀机械手完成选刀运动，将选取的刀具送到固定的换刀位置刀座上，由换刀机械手交换刀具。这种形式刀具排列密集，空间利用率高，刀库容量大。

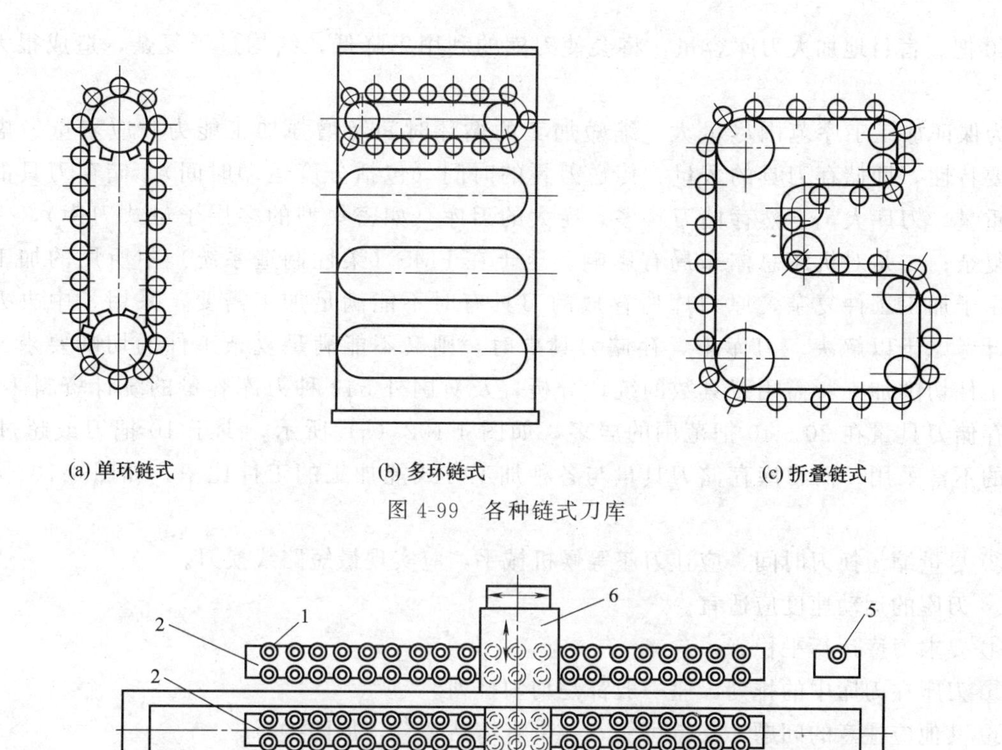

(a) 单环链式　(b) 多环链式　(c) 折叠链式

图 4-99　各种链式刀库

图 4-100　固定型格子盒式刀库

1—刀座；2—刀具固定板架；3—取刀机械手横向导轨；4—取刀机械手纵向导轨；5—换刀位置刀座；6—换刀机械手

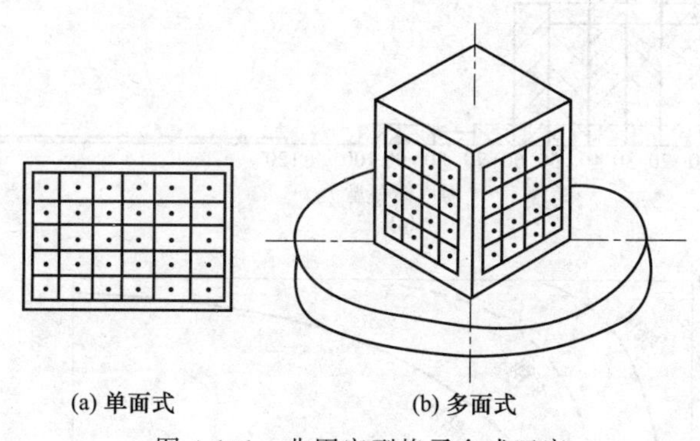

(a) 单面式　(b) 多面式

图 4-101　非固定型格子盒式刀库

对于非固定型格子盒式刀库，可换主轴箱的加工中心刀库由多个刀匣组成，可直线运动，刀匣可以从刀库中垂直提出。

格子盒式刀库可将其单独安置于机床外，由机械手进行选刀及换刀。这种刀库选刀及取刀动作复杂，应用最少，又可分为单面式和多面式，如图 4-101 所示。

(2) 设计刀库时应考虑的主要问题

① 合理确定刀库的储存量。刀库中的刀具并不是越多越好，太大的容量会增加刀库的尺寸和占地面积，使选刀过程时间增长。刀库的容量首先要考虑加工工艺的需要，一般取为

10～40把。盲目地加大刀库容量，将会使刀库的利用率降低，结构过于复杂，造成很大的浪费。

为保证加工工序范围尽量大、缩短加工的循环时间及增强加工能力，应着重考虑刀库主要特性，即储存刀具的数量、传送刀具的时间（包括分度运动时间）、储存刀具的直径和重量。刀库大，自然存储刀具多。庞大的刀库（如密集型的多层子母式刀库），一是结构复杂；二是对机床总体布局有影响。至于在FMS（柔性制造系统）中所用的加工中心，由于加工工件复杂，原刀库所存放的刀具有时不能满足加工需要，采用了中央刀库的设计考虑予以解决。刀库小，存储刀具少时，则又不能满足复杂工件的切削要求。对大量工件切削加工所需用刀具数的统计分析，及对国外343种刀库容量的统计资料表明，刀库存储刀具量在20～40把范围的居多，如图4-102（a）所示，少于10把刀或超过60把刀的不常采用。而刀库存储刀具量与各种加工方式能加工的工件比率，如图4-102（b）所示。

② 尽量缩短换刀时间，应让刀座等候机械手，应实现最短路线换刀。

③ 刀库的运动速度应适宜。

④ 要求刀库运行平稳。

⑤ 刀座在刀库中的排列，座一般都是均匀排列。

⑥ 其他应注意的问题：夹持可靠，并带有清洁装置，加防护罩。

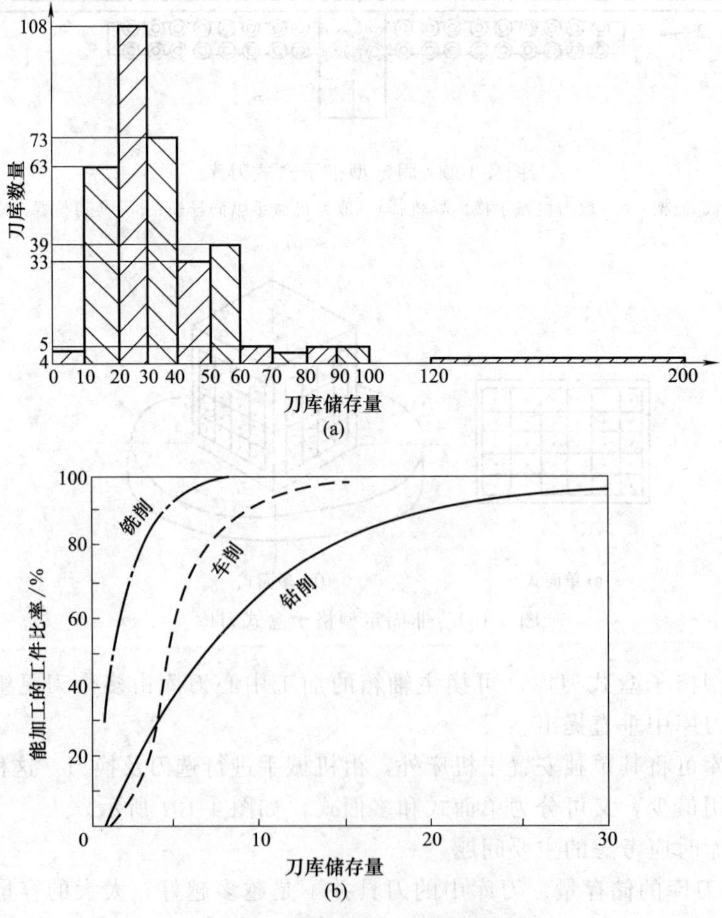

图4-102 合理确定刀库的储存量

（3）刀具的选择方式

按数控装置的刀具选择指令，从刀库中挑选各工序所需要的刀具的操作，称为自动换刀。目前有顺序选择和任意选择两种方式。

顺序选刀，就是在加工之前先将加工零件所需的刀具按照工艺要求依次插入刀库的刀套中，顺序不能有差错，加工时再按顺序调刀。顺序选刀方式下，加工不同的工件时必须重新调整刀库中的刀具顺序，因此操作十分烦琐；而且加工同一工件中各工序的刀具不能重复使用，这样就会增加刀具的数量；另外，刀具的尺寸误差也容易造成加工精度的不稳定。顺序选刀的优点是刀库的驱动和控制都比较简单，适用于加工批量较大、工件品种数量较少的中、小型数控机床。

任意选刀的换刀方式可分为刀具编码式、刀座编码式、附件编码式、计算机记忆式等方式。

刀套编码或刀具编码都需要在刀具或刀套上安装用于识别的编码条，再根据编码条对应选刀。这类换刀制造困难，取送刀具十分麻烦，换刀时间长。记忆式任意换刀方式能将刀具号和刀库中的刀套位置对应地记忆在数控系统 PC 中，无论刀具放在哪个刀套内，PC 始终都记忆着它的踪迹。刀库上装有位置检测装置，可以检测出每个刀套的位置，这样就可以任意取出并送回刀具。

① 刀具编码式。这种选择方式采用了一种特殊的刀柄结构，并对每把刀具进行编码。换刀时通过编码识别装置，根据换刀指令代码，在刀库中寻找所需要的道具。

由于每一把刀都有自己的代码，因而刀具可以放入刀库的任何一个刀座内，这样不仅刀库中的刀具可以在不同的工序中多次重复使用，而且换下来的刀具也不必放回原来的刀座，这对装刀和选刀都十分有利，刀库的容量相应减少，而且可避免由于刀具顺序的差错所发生的事故。但每把刀具上都带有专用的编码系统，刀具长度加长，制造困难，刚度降低，刀库和机械手的结构变复杂。刀具编码识别有两种方式：接触式识别和非接触式识别。接触式识别编码的刀柄结构如图 4-103 所示：在刀柄尾部的拉紧螺杆 4 上套装着一组等间隔的编码环 2，并由锁紧螺母 3 将它们固定。

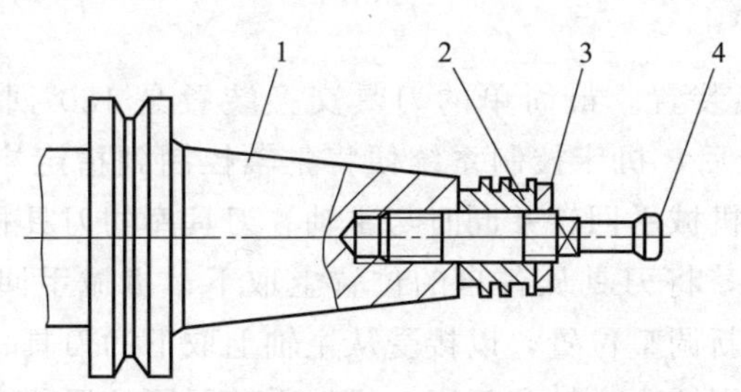

图 4-103　接触式识别编码的刀柄结构

1—刀柄；2—编码环；3—锁紧螺母；4—拉紧螺杆

编码环的外径有大小两种不同的规格，每个编码环的大小分别表示二进制数的“1”和“0”。通过对两种圆环的不同排列，可以得到一系列的代码。例如图中的 7 个编码环，就能够区别出 127 种刀具（2^7-1）。通常全部为零的代码不允许使用，以免和刀座中没有刀具的状况相混淆。当刀具依次通过编码识别装置时，编码环的大小就能使相应的触针读出每一把刀具的代码，从而选择合适的刀具。

接触式编码识别装置结构简单，但可靠性较差，寿命较短，而且不能快速选刀。

非接触式刀具识别采用磁性或光电识别法。磁性识别法是利用磁性材料和非磁性材料磁感应的强弱不同，通过感应线圈读取代码。编码环分别由软钢和塑料制成，软钢代表“1”，塑料代表“0”，将它们按规定的编码排列。

当编码环通过感应线圈时，只有对应软钢圆环的那些感应线圈才能感应出电信号“1”，而对应于塑料的感应线圈状态保持不变“0”，从而读出每一把刀具的代码。

磁性识别装置没有机械接触和磨损，因此可以快速选刀，而且结构简单、工作可靠、寿命长。

② 刀座编码式。刀座编码是对刀库中所有的刀座预先编码，一把刀具只能对应一个刀座，从一个刀座中取出的刀具必须放回同一刀座中，否则会造成事故。这种编码方式取消了刀柄中的编码环，使刀柄结构简化，长度变短，刀具在加工过程中可重复使用，但必须把用过的刀具放回原来的刀座，送取刀具麻烦，换刀时间长。

③ 计算机记忆式。目前加工中心上大量使用的是计算机记忆式选刀。这种方式能将刀具号和刀库中的刀座位置（地址）对应地存放在计算机的存储器或可编程控制器的存储器中。不论刀具存放在哪个刀座上，新的对应关系重新存放，这样刀具可在任意位置（地址）存取，刀具不需设置编码元件，结构大为简化，控制也十分简单。在刀库机构中通常设有刀库零位，执行自动选刀时，刀库可以正反方向旋转，每次选刀时刀库转动不会超过一圈的 1/2。

4.4.3 刀具交换装置

数控机床的自动换刀装置中，实现刀库与机床主轴之间传递和装卸刀具的装置称为刀具的交换装置，如图 4-104 所示。自动换刀的刀具可靠固紧在专用刀夹内，每次换刀时将刀夹直接装入主轴。刀具的交换方式通常有两种：采用机械手交换刀具方式和由刀库与机床主轴的相对运动实现刀具交换的方式。

（1）机械手换刀

采用机械手进行刀具交换的方式应用最为广泛，因为机械手换刀具有很大的灵活性，换刀时间也较短。机械手的结构形式多种多样，换刀运动也有所不同。下面介绍两种最常见的换刀形式。

① 180°回转刀具交换装置。最简单的刀具交换装置是 180°回转刀具交换装置，如图 4-105所示。接到换刀指令后，机床控制系统便将主轴控制到指定换刀位置；同时刀具库运动到适当位置完成选刀，机械手回转并同时与主轴、刀具库的刀具相配合；拉杆从主轴刀具上卸掉，机械手向前运动，将刀具从各自的位置上取下；机械手回转 180°，交换两把刀具的位置，与此同时刀库重新调整位置，以接受从主轴上取下的刀具；机械手向后运动，将夹换的刀具和卸下的刀具分别插入主轴和刀库；机械手转回原位置待命。至此换刀完成，程序继续。这种刀具交换装置的主要优点是结构简单，涉及的运动少，换刀快；主要缺点是刀具必须存放在与主轴平行的平面内，与侧置后置的刀库相比，切屑及切削液易进入刀夹，刀夹锥面上有切屑会造成换刀误差，甚至损坏刀夹和主轴，因此必须对刀具另加防护。这种刀具交换装置既可用于卧式机床也可用于立式机床。

② 回转插入式刀具交换装置。回转插入式刀具交换装置是最常用的形式之一，是回转式的改进形式。这种装置刀库位于机床立柱一侧，避免了切屑造成主轴或刀夹损坏的可能。但刀库中存放的刀具的轴线与主轴的轴线垂直，因此机械手需要三个自由度。机械手沿主轴轴线的插拔刀具动作，由液压缸实现；绕竖直轴 90°的摆动进行刀库与主轴间刀具的传送由

液压马达实现；绕水平轴旋转 180°完成刀库与主轴上刀具的交换的动作，由液压马达实现。其换刀分解动作如图 4-106 所示。

图 4-104　刀具交换装置

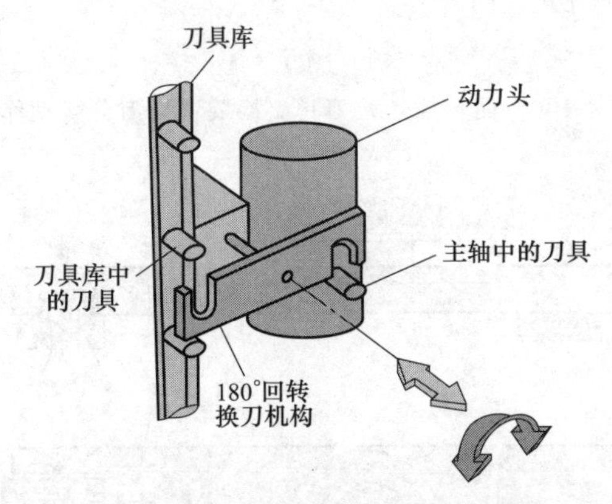

图 4-105　180°回转刀具交换装置

图 4-106（a）：抓刀爪伸出，抓住刀库上的待换刀具，刀库刀座上的锁板拉开。

图 4-106（b）：机械手带着待换刀具绕竖直轴逆时针方向转 90°，与主轴轴线平行，另一个抓刀爪抓住主轴上的刀具，主轴将刀具松开。

图 4-106（c）：机械手前移，将刀具从主轴锥孔内拔出。

图 4-106（d）：机械手绕自身水平轴转 180°，将两把刀具交换位置。

图 4-106（e）：机械手后退，将新刀具装入主轴，主轴将刀具锁住。

图 4-106（f）：抓刀爪缩回，松开主轴上的刀具。机械手绕竖直轴顺时针转 90°，将刀具放回到库相应的刀座上，刀库上的锁板合上。

最后，抓刀爪缩回，松开刀库上的刀具，恢复到原始位置。

为了防止刀具掉落，各种机械手的刀爪都必须带有自锁机构，如图 4-107 所示。

它有两个固定刀爪 5，每个刀爪上还有一个活动销 4，它依靠后面的弹簧 1，在抓刀后顶住刀具。为了保证机械手在运动时刀具不被甩出，有一个锁紧销 2，当活动销 4 顶住刀具时，锁紧销 2 就被弹簧 3 顶起，将活动销 4 锁住不能后退。当机械手处于上升位置要完成拔插刀动作时，销 6 被挡块压下使锁紧销 2 也退下，因此可自由地抓放刀具。

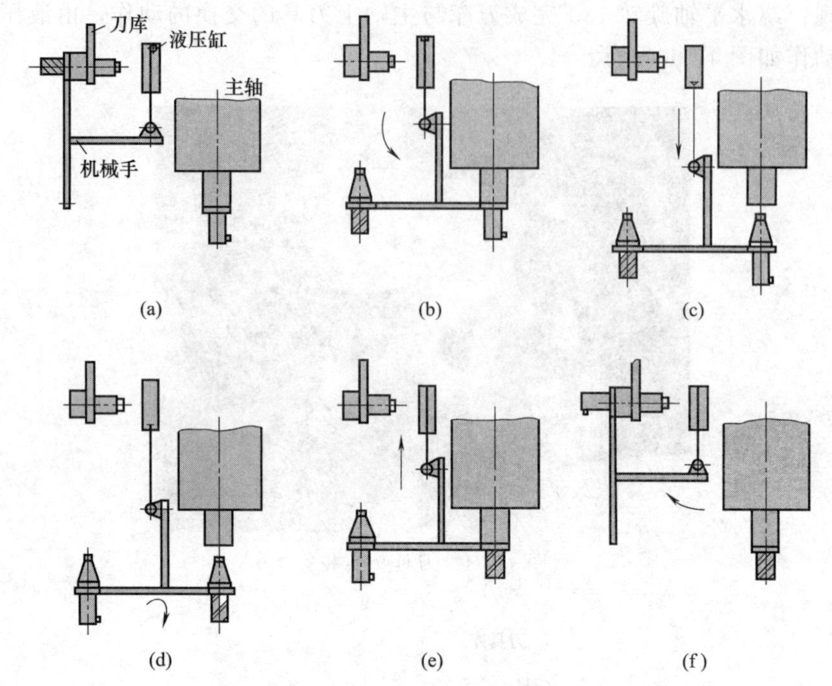

图 4-106　回转插入式刀具交换装置换刀分解动作

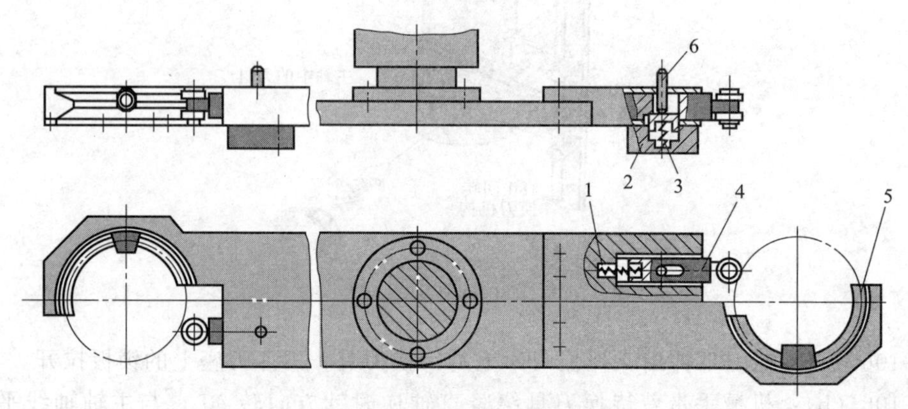

图 4-107　机械手臂和刀爪

1,3—弹簧；2—锁紧销；4—活动销；5—刀爪；6—销

根据刀库及刀具交换方式不同，换刀机械手也有多种形式，如图 4-108 所示为常见的几种形式。

此外，图 4-109 所示为双刀库机械手装置，其特点是两个刀库和两个单臂机械手进行工作，因此机械手的工作行程大为缩短，可有效节省换刀时间。另外，还因刀库分两处设立，故使机床整体布局较为合理。

（2）无机械手换刀

无机械手换刀的方式是利用刀库与机床主轴的相对运动实现刀具交换，也叫主轴直接式换刀。XH754 型卧式加工中心就是采用这类刀具交换装置的实例。机床外形和换刀过程如图 4-110 所示。

图 4-110（a）：当加工工步结束后执行换刀指令，主轴实现准停，主轴箱沿 Y 轴上升。

这时机床上方的刀库的空刀位正好处在换刀位置，装夹刀具的卡爪打开。

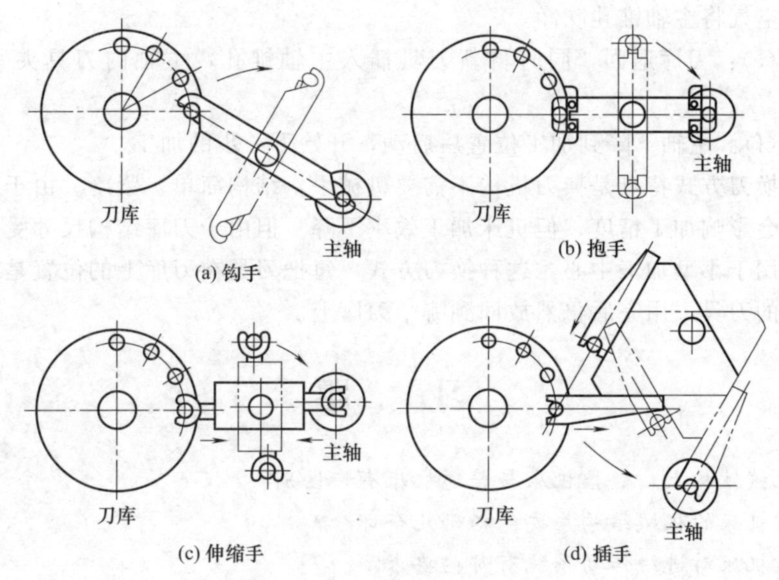

图 4-108　双臂机械手常用结构

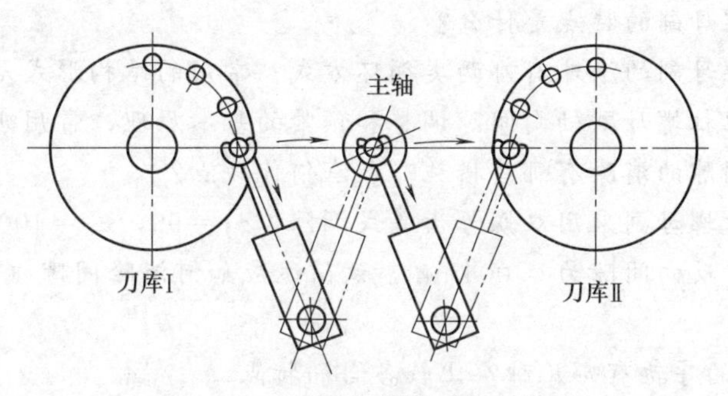

图 4-109　双刀库机械手换刀装置

图 4-110（b）：主轴箱上升到极限位置，被更换刀具的刀杆进入刀库空刀位，被刀具定位卡爪钳住，与此同时主轴内刀杆自动夹紧装置放松刀具。

图 4-110（c）：刀库伸出，从主轴锥孔内将刀具拔出。

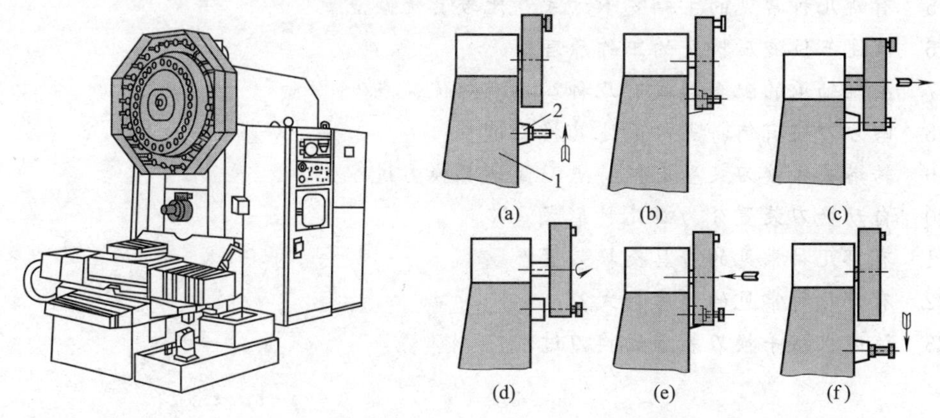

图 4-110　XH754 型卧式加工中心机床外形及其换刀过程

1—主轴箱；2—刀库

图 4-110（d）：刀库转位，按照程序指令要求将选好的刀具转到主轴最下面的换刀位置，同时压缩空气将主轴锥孔吹净。

图 4-110（e）：刀库退回，同时将新刀具插入主轴锥孔，主轴内刀具夹紧装置将刀杆拉紧。

图 4-110（f）：主轴下降到加工位置后启动，开始下一步的加工。

无机械手换刀方式特点是换刀机构不需要机械手，结构简单、紧凑。由于换刀时机床不工作，所以不会影响加工精度，但机床加工效率下降。但由于刀库结构尺寸受限，装刀数量不能太多，常用于小型加工中心。这种换刀方式，每把刀具在刀库上的位置是固定的，从哪个刀座上取下的刀具，用完后仍然放回到哪个刀座上。

习　题

4-1　在机械结构上，数控机床与普通机床有何区别？

4-2　数控机床的机械结构主要包括哪几个部分？

4-3　数控机床对进给传动系统有哪些要求？

4-4　进给传动主要包括哪些部件？

4-5　滚珠丝杠螺母副的特点是什么？

4-6　滚珠丝杠螺母副的滚珠有哪两类循环方式？常用的结构形式是什么？

4-7　试述滚珠丝杠螺母副轴向间隙调整和预紧的基本原理，常用哪几种结构形式？

4-8　齿轮传动间隙的消除有哪些措施？各有何优缺点？

4-9　某滚珠丝杠螺母副采用双螺母齿差式调隙，$z_1=99$，$z_2=100$。若调试时发现该系统的螺距 $t=10$mm，反向间隙为 0.004mm，试简述应如何消除间隙（不考虑方向）并计算齿数。

4-10　数控机床的导轨有哪几种？比较各自的特点。

4-11　数控机床对主传动系统有哪些要求？

4-12　主轴传动有哪几种传动方式？各有什么特点？

4-13　主传动变速有几种方式？各有何特点？各应用于何种场合？

4-14　数控机床的主轴有哪些特点？

4-15　有哪几种常见的主轴支承方式？比较其优缺点。

4-16　试述三位液压拨叉的工作原理。

4-17　主轴轴承的配置形式有几种？各有何优缺点？

4-18　四方刀架有何特点？简述其换刀过程。

4-19　转塔头式换刀装置有何特点？简述其换刀过程。

4-20　自动换刀装置分为哪几种形式？

4-21　有哪几种常见的刀具交换装置？

4-22　有哪几种常见的刀库形式？

4-23　试述机械手换刀装置的换刀过程。

第5章　数控车削（车削中心）加工工艺

数控车床是数控机床中应用最为广泛的一种机床。数控车床在结构及其加工工艺上都与普通车床相类似，但由于数控车床是由电子计算机数字信号控制的机床，其加工是通过事先编制好的加工程序来控制的，因此在工艺特点上又与普通车床有所不同。本章将着重介绍数控车削加工工艺拟定的过程、工序的划分方法、工序顺序的安排和进给路线的确定等工艺知识；数控车床常用的工装夹具；数控车削用刀具类型和选用；最后以典型零件的数控车削加工工艺为例，对数控车削工艺知识有一个系统的认识，并能对一般数控车削零件加工工艺进行分析及制定加工方案。

5.1　数控车削加工工艺分析

5.1.1　数控车削的主要加工对象

数控车削是数控加工中用得最多的加工方法之一。由于数控车床具有加工精度高、具有直线和圆弧插补功能以及在加工过程中能自动变速等特点，因此其加工范围比普通车床宽得多。凡是能在普通车床上装夹的回转体零件都能在数控车床上加工。与普通车床相比，数控车床比较适合车削具有以下要求和特点的回转体零件。

（1）精度要求高的回转体零件

零件的精度要求主要指尺寸、形状、位置和表面等精度要求，其中的表面精度主要指表面粗糙度。因为数控车床刚性好，制造和对刀精度高，并能方便、精确地进行人工补偿和自动补偿，所以能加工尺寸精度要求较高的零件，有些场合能达到以车代磨的效果。另外，因数控车床的运动是通过高精度插补运算和伺服驱动来实现的，所以它能加工直线度、圆度、圆柱度等形状精度要求高的零件。由于数控车床一次装夹能完成加工的内容较多，因此它能有效提高零件的位置精度，并且加工质量稳定。数控车床具有恒线速度切削功能，所以它不仅能加工出表面粗糙度小而均匀的零件，还适合车削各部位表面粗糙度要求不同的零件。一般数控车床的加工精度可达0.001mm，表面粗糙度 Ra 可达0.16μm（精密数控车床可达0.02μm）。例如图5-1所示数控车削可以加工的高精度零件。

（2）超精密、超低表面粗糙度的零件

磁盘、录像机磁头、激光打印机的多面反射体、复印机的回转鼓、照相机等光学设备的透镜及其模具，以及隐形眼镜等要求超高的轮廓精度和超低的表面粗糙度，它们适合于在高精度、高功能的数控车床上加工，以往很难加工的塑料散光用的透镜，现在也可以用数控车床来加工。超精加工的轮廓精度可达0.1μm，表面的粗糙度可达0.02μm，超精加工所用数控系统的最小设定单位应达到0.01μm。超精车削零件的材质以前主要是金属，现已扩大到塑料和陶瓷。

（3）表面轮廓形状特别复杂或难以控制尺寸的回转体零件

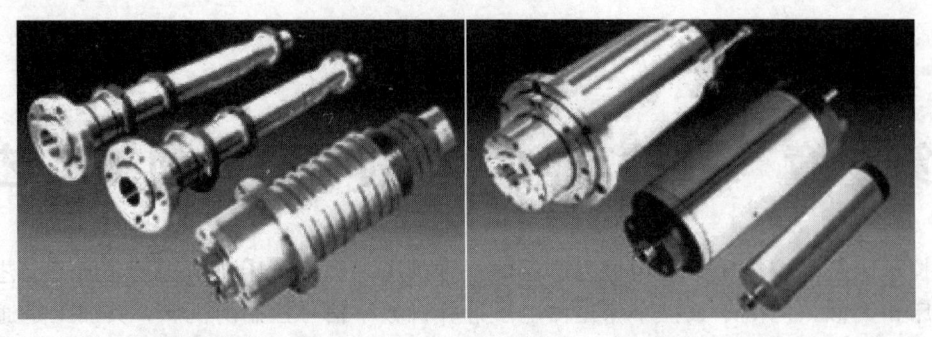

(a) 高精度的机床主轴　　(b) 高速电机主轴

图 5-1　精度要求高的零件

由于数控车床具有直线和圆弧插补功能（部分数控车床还有某些非圆弧曲线插补功能），因此它可以车削由任意直线和各类平面曲线组成的形状复杂的回转体零件，包括通过拟合计算处理后的、不能用方程式描述的列表曲线，如图 5-2 所示的零件。

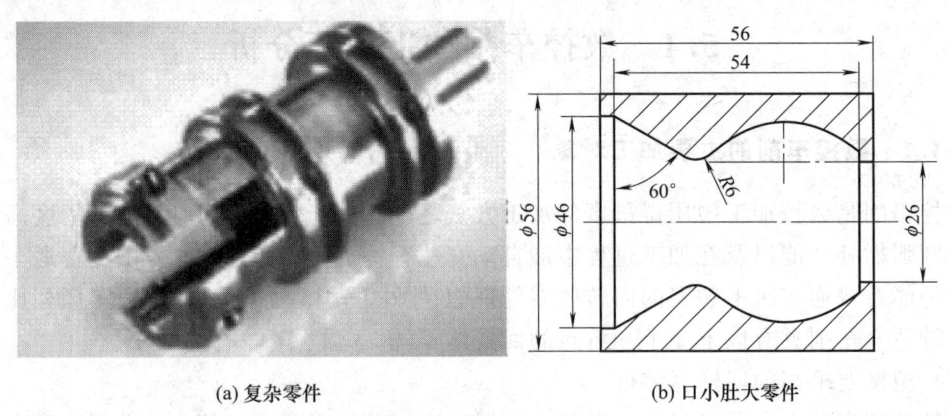

(a) 复杂零件　　(b) 口小肚大零件

图 5-2　轮廓形状复杂零件

(4) 带特殊螺纹的零件

传统车床所能切削的螺纹相当有限，它只能车等节距的直、锥面公/英制螺纹，而且一台车床只限定加工若干种节距。数控车床不但能车任何等节距的直、锥和端面螺纹，而且能车增节距、减节距，以及要求等节距、变节距之间平滑过渡的螺纹和变径螺纹。数控车床车削螺纹时主轴转向不必像传统车床那样交替变换，它可以一刀又一刀不停地循环，直到完成，所以它车削螺纹的效率很高。数控车床可以配备精密螺纹切削功能，再加上采用机夹硬质合金螺纹车刀，以及可以使用较高的转速，所以车削出来的螺纹精度较高、表面粗糙度小。可以说，包括丝杠在内的螺纹零件很适合于在数控车床上加工，如图 5-3 所示的零件。

(5) 其他结构复杂零件

带有键槽或径向孔，或端面有分布的孔系以及有曲面的盘套或轴类零件，如带法兰的轴套、带有键槽或方头的轴类零件等，这类零件宜选车削加工中心加工。当然端面有分布的孔系、曲面的盘类零件也可选择立式加工中心加工，有径向孔的盘套或轴类零件也常选择卧式加工中心加工。这类零件如果采用普通机床加工，工序分散，工序数目多。采用加工中心加工后，由于有自动换刀系统，使得一次装夹可完成普通机床的多个工序的加工，减少了装夹次数，实现了工序集中的原则，保证了加工质量的稳定性，提高了生产率，降低了生产成

图 5-3　非标丝杠

本。如图 5-4 所示。

(a) 高压技术用钢制连接件

(b) 石油工业用阀门壳体件

(c) 精密加工用隔套

(d) 航天工业用连接套

图 5-4　其他结构复杂的零件

5.1.2　数控车削加工的主要内容

根据数控车床的工艺特点，数控车削加工主要有以下加工内容。

(1) 车削外圆

车削外圆是最常见、最基本的车削方法，工件外圆一般由圆柱面、圆锥面、圆弧面及回转槽等基本面组成。图 5-5 所示为使用各种不同的车刀车削中小型零件外圆（包括车外回转槽）的方法。

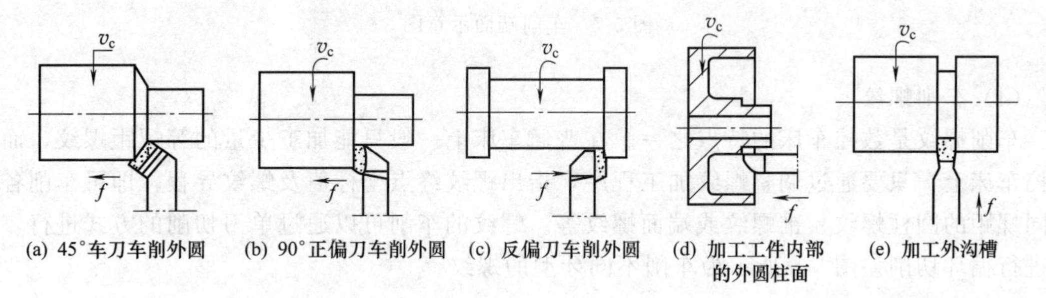

图 5-5　车削外圆示意图

锥面车削，可以分别视为内圆、外圆切削的一种特殊形式。锥面可分为内锥面和外锥面，在普通车床上加工锥面的方法有小滑板转位法、尾座偏移法、靠模法和宽刀法等，而在数控车床上车削圆锥，则完全和车削其他外圆一样，不必像普通车床那么麻烦。车削圆弧面时，则更能显示数控车床的优越性。

（2）车削内孔

车削内孔是指用车削方法扩大工件的孔或加工空心工件的内表面，是常用的车削加工方法之一。常见的车孔方法如图 5-6 所示。在车削盲孔和台阶孔时，车刀要先纵向进给，当车到孔的根部时再横向进给车端面或台阶端面，如图 5-6（b）、（c）所示。

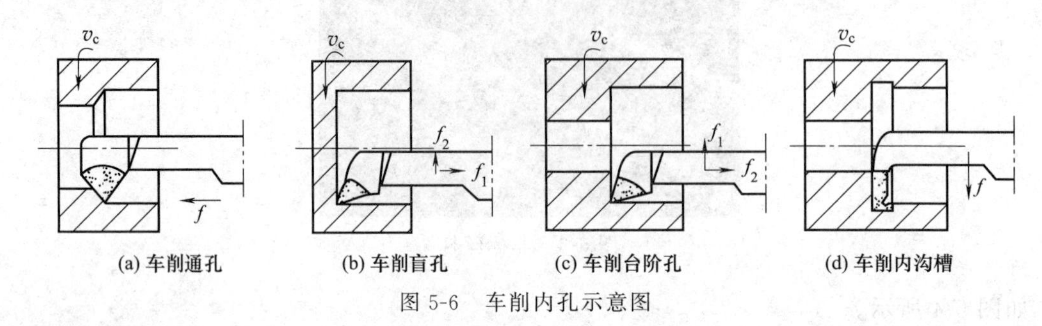

图 5-6　车削内孔示意图

（3）车削端面

车削端面包括台阶端面的车削，常见的方法如图 5-7 所示。图 5-7（a）是使用 45°偏刀车削端面，可采用较大背吃刀量，切削顺利，表面光洁，而且大、小端面均可车削；图 5-7（b）是使用 90°左偏刀从外向工件中心进给车削端面，适用于加工尺寸较小的端面或一般的台阶端面；图 5-7（c）是使用 90°左偏刀从工件中心向外进给车削端面，适用于加工工件中心带孔的端面或一般的台阶端面；图 5-7（d）是使用右偏刀车削端面，刀头强度较高，适宜车削较大端面，尤其是铸锻件的大端面。

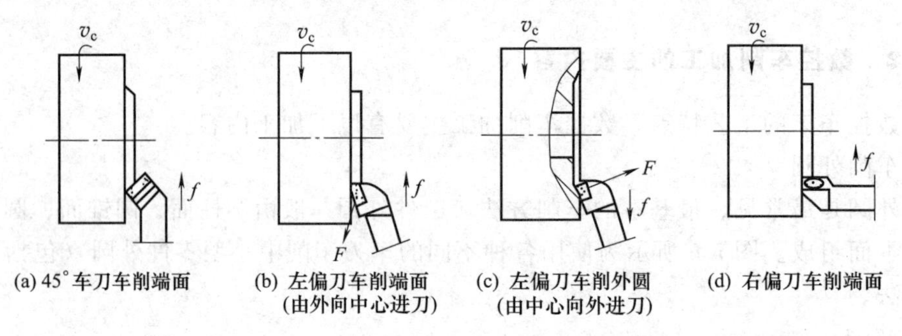

图 5-7　车削端面示意图

（4）车削螺纹

车削螺纹是数控车床的特点之一。在普通车床上一般只能加工少量的等螺距螺纹，而在数控车床上，只要通过调整螺纹加工程序，指出螺纹终点坐标值及螺纹导程，即可车削各种不同螺距的圆柱螺纹、锥螺纹或端面螺纹等。螺纹的车削可以通过单刀切削的方式进行，也可进行循环切削。图 5-8 所示为车削不同牙型的螺纹。

5.1.3　数控车削加工工艺分析

工艺分析是数控车削加工的前期工艺准备工作。工艺制定得合理与否，对程序编制、机床的加工效率和零件的加工精度等都有重要影响。因此，编制加工程序前，应遵循一般的工艺原则并结合数控车床的特点，认真而详细地考虑零件图的工艺分析，确定工件在数控车床上的装夹，刀具、夹具和切削用量的选择等。制定车削加工工艺之前，必须首先对被加工零

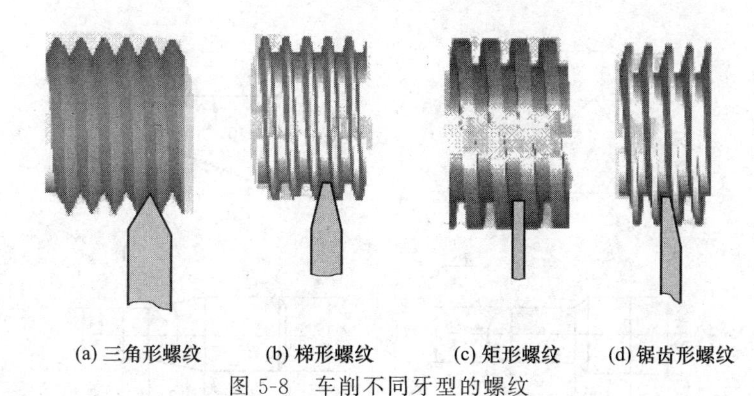

图 5-8　车削不同牙型的螺纹

件的图样进行分析，它主要包括以下内容。

（1）零件的结构工艺性分析

零件的结构工艺性是指零件对加工方法的适应性，即所设计的零件结构应便于加工成形。在数控车床上加工零件时，应根据数控车削的特点，认真审视零件结构的合理性。例如图 5-9（a）所示零件，需用三把不同宽度的切槽刀切槽，如无特殊需要，显然是不合理的，若改成图 5-9（b）所示结构，只需一把刀即可切出三个槽。这样既减少了刀具数量，少占刀架刀位，又节省了换刀时间。在结构分析时若发现问题应向设计人员或有关部门提出修改意见。

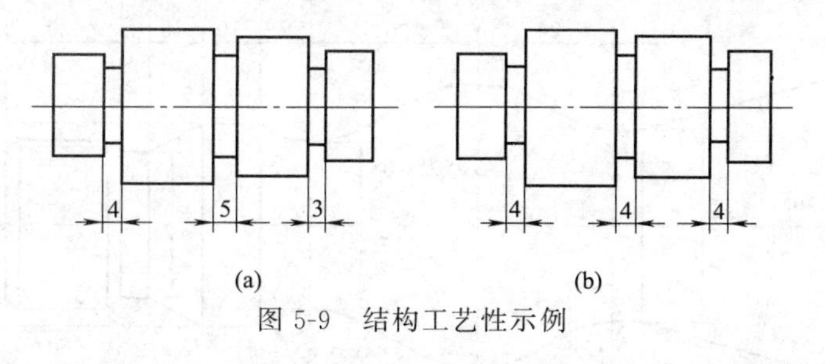

图 5-9　结构工艺性示例

（2）零件轮廓的几何要素分析

由于设计等各种原因，在图纸上可能出现加工轮廓的数据不充分、尺寸模糊不清及尺寸封闭等缺陷，从而增加编程的难度，有时甚至无法编写程序，如图 5-10 所示。

在图 5-10（a）中，两圆弧的圆心位置是不确定的，不同的理解将得到完全不同的结果。再如图 5-10（b）中，圆弧与斜线的关系要求为相切，但经计算后的结果却为相交割关系，而非相切。这些问题由于图样上的图线位置模糊或尺寸标注不清，使编程工作无从下手。在图 5-10（c）中，标注的各段长度之和不等于其总长尺寸，而且漏掉了倒角尺寸。在图 5-10（d）中，圆锥体的各尺寸已经构成封闭尺寸链。这些问题都给编程计算造成困难，甚至产生不必要的误差。当发生以上缺陷时，一方面要校核图样标注的正确性，另一方面要与设计人员及时沟通，为后续的编程工作做好铺垫。

（3）精度、技术要求分析

对被加工零件的精度及技术要求进行分析，可以帮助我们选择合理的加工方法、装夹方法、进给路线、切削用量、刀具类型和角度等工艺内容。精度及技术要求的分析主要包括：

① 尺寸公差要求。在确定控制零件尺寸精度的加工工艺时，必须分析零件图样上的公差要求，从而正确选择刀具及确定切削用量等。

在尺寸公差要求的分析过程中，还可以同时进行一些编程尺寸的简单换算，如中值尺寸

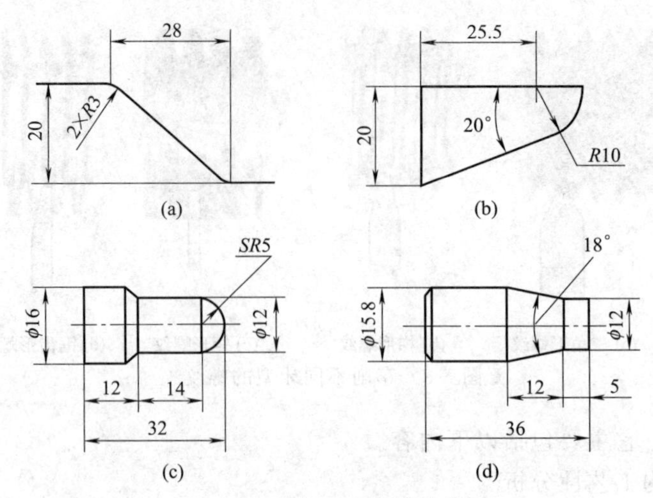

图 5-10 几何要素缺陷示意图

及尺寸链的解算等。在数控编程时，常常对零件要求的尺寸取其最大和最小极限尺寸的平均值（即“中值”）作为编程的尺寸依据。如图 5-11 所示为尺寸公差调整前后的对比。

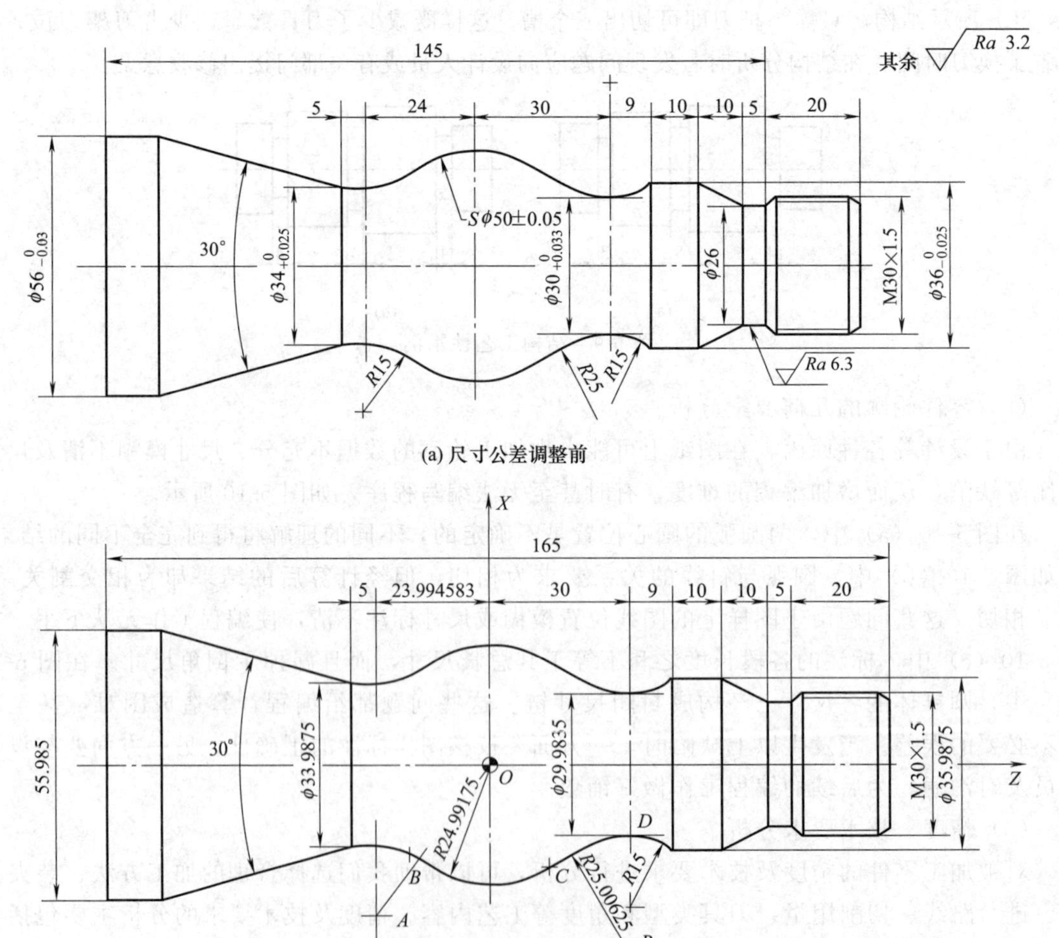

图 5-11 尺寸公差调整前后的对比

② 形状和位置公差要求。图样上给定的形状和位置公差是保证零件精度的重要要求。在工艺准备过程中，除了按其要求确定零件的定位基准和检测基准，并满足其设计基准的规定外，还可以根据机床的特殊需要进行一些技术性处理，以便有效地控制其形状和位置误差。

③ 表面粗糙度要求。表面粗糙度是保证零件表面微观精度的重要要求，也是合理选择机床、刀具及确定切削用量的重要依据。对表面粗糙度要求较高的表面，应选择刚性好的机床并确定用恒线速度切削。一般地，粗车的表面粗糙度 Ra 为 25～12.5μm，半精车 Ra 为 6.3～3.2μm，精车 Ra 为 1.6～0.8μm（精车有色金属 Ra 可达 0.8～0.4μm）。

（4）材料的可切削性分析

图样上给出的零件毛坯材料及热处理要求，是选择刀具（材料、几何参数及使用寿命），确定加工工序、切削用量及选择机床的重要依据。

（5）加工数量

零件的加工数量对工件的装夹与定位、刀具的选择、工序的安排及走刀路线的确定等都是不可忽视的参数。

批量生产时，应在保证加工质量的前提下突出加工效率和加工过程的稳定性，其加工工艺涉及的夹具选择、走刀路线安排、刀具排列位置和使用顺序等都要仔细斟酌。

单件生产时，要保证一次合格率，特别是复杂高精度零件，效率退居到次要位置，且单件生产要避免过长的生产准备时间，尽可能采用通用夹具或简单夹具、标准机夹刀具或可刃磨焊接刀具，加工顺序、工艺方案也应灵活安排。

5.1.4　数控车削工艺过程的拟定

（1）工序的划分

机械加工的工序划分通常采用工序集中原则和工序分散原则。所谓工序集中原则就是将工件的加工集中在少数几道工序内完成，每道工序的加工内容较多。所谓工序分散原则就是将工件的加工分散在较多的工序内进行，每道工序的加工内容很少。在数控车床上加工零件，通常按工序集中原则划分工序，在一次安装下尽可能完成比较多的表面的加工，不仅可以保证各个加工表面之间的相互位置精度，还可以减少工序间的工件运输量和装夹工件的辅助时间。

① 按安装次数划分工序：以每一次装夹作为一道工序。此种划分工序的方法适用于加工内容不多的零件，专用数控机床和加工中心常用此方法。

② 按加工部位划分工序：按零件的结构特点分成几个加工部分，每一部分作为一道工序。

③ 按所用刀具划分工序：这种方法用于工件在切削过程中基本不变形，退刀空间足够大的情况。此时可以着重考虑加工效率、减少换刀时间和尽可能缩短走刀路线。刀具集中分序法是按所用刀具划分工序，即用同一把刀具或同一类刀具加工完成零件上所有需要加工的部位，以达到节省时间、提高效率的目的。

④ 按粗、精加工划分工序：对易变形或精度要求较高的零件厂采用此种划分工序的方法。这样划分工序一般不允许一次装夹就完成加工，而要粗加工时留出一定的加工余量，重新装夹后再完成精加工。

（2）加工顺序的安排

1）非数控车削加工工序的安排

① 零件上有不适合数控车削加工的表面，如渐开线齿形、键槽、花键表面等，必须安排相应的非数控车削加工工序。

② 零件表面硬度及精度要求均高，热处理需安排在数控车削加工之后，则热处理之后一般安排磨削加工。

③ 零件要求特殊，不能用数控车削加工完成全部加工要求，则必须安排其他非数控车削加工工序，如喷丸、滚压加工、抛光等。

④ 零件上有些表面根据工厂条件采用非数控车削加工更合理，这时可适当安排这些非数控车削加工工序，如铣端面打中心孔等。

2）数控加工工序与普通工序的衔接　数控工序前后一般穿插有其他普通工序，如衔接得不好就容易产生矛盾，最好的办法是相互建立状态要求，如：要不要留加工余量，留多少；定位面的尺寸精度要求及形位公差；对矫形工序的技术要求；对毛坯的热处理状态要求等。其目的是达到相互能满足加工需要，且质量目标及技术要求明确，交接验收有依据。

3）数控车削加工工序顺序的安排　加工顺序的安排应根据工件的结构和毛坯状况，选择工件的定位和安装方式，重点保证工件的刚度不被破坏，尽量减少变形，因此制定零件数控车削加工工序顺序需遵循下列原则：

① 先加工定位面，即上道工序的加工能为后面的工序提供精基准和合适的夹紧表面，不能互相影响。制定零件的整个工艺路线就是从最后一道工序开始往前推，按照前工序为后工序提供基准的原则先大致安排。

② 先加工平面，后加工孔；先内后外，先加工工件的内腔，后进行外形加工；先加工简单的几何形状，再加工复杂的几何形状。

③ 根据加工精度要求的情况，可将粗、精加工合为一道工序。对精度要求高，粗精加工需分开进行的，先粗加工后精加工。

④ 以相同定位、夹紧方式安装的工序，最好接连进行，以减少重复定位次数、夹紧次数及空行程时间。

⑤ 中间穿插有通用机床加工工序的要综合考虑、合理安排其加工顺序。

⑥ 在一次安装加工多道工序中，先安排对工件刚性破坏较小的工序。

上述工序顺序安排的一般原则不仅适用于数控车削加工工序顺序的安排，也适用于其他类型的数控加工工序顺序的安排。

4）数控车削加工工步顺序的安排　制定零件数控车削加工工步顺序安排的一般原则：

① 先粗后精。按照粗车→半精车→精车的顺序，逐步提高加工精度。粗车将在较短的时间内将工件表面上的大部分加工余量（如图 5-12 中的双点画线内所示部分）切掉，一方面提高金属切除率；另一方面满足精车的余量均匀性要求。若粗车后所留余量的均匀性满足不了精加工的要求，则要安排半精加工，为精车作准备。精车要保证加工精度，按图样尺寸，一刀车出零件轮廓。

② 先近后远。这里所说的远和近是按加工部位相对于对刀点的距离大小而言的。在一般情况下，离对刀点远的部位后加工，以便缩短刀具移动距离，减少空行程时间。而且对于车削而言，先近后远还有利于保持坯件或半成品的刚性，改善其切削条件。例如，当加工如图 5-13 所示零件时，如果按 ϕ38mm→ϕ36mm→ϕ34mm 的次序安排车削，不仅会增加刀具返回对刀点所需的空行程时间，而且一开始就削弱了工件的刚性，还可能使台阶的外直角处

产生毛刺。对这类直径相差不大的台阶轴，当第一刀的背吃刀量（图中最大背吃刀量可为 3mm 左右）未超过限时，宜按 ϕ34mm→ϕ36mm→ϕ38mm 的次序先近后远地安排车削。

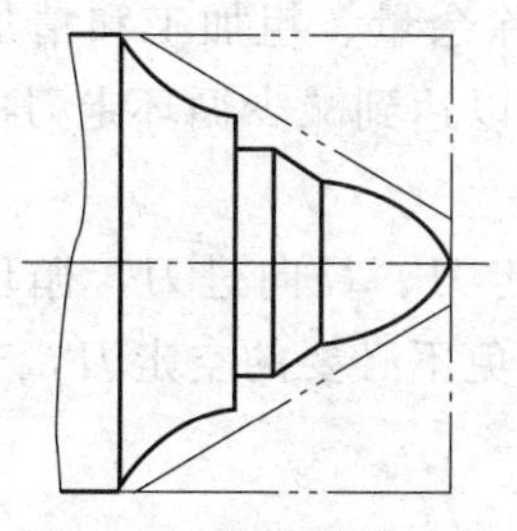

图 5-12　先粗后精示例

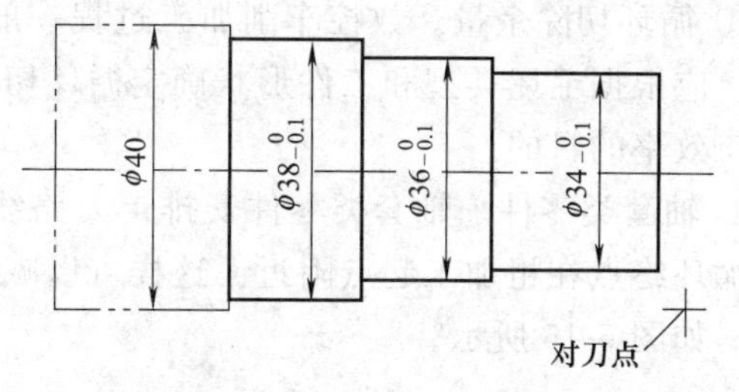

图 5-13　先近后远示例

③ 内外交叉。对既有内表面（内型、腔），又有外表面需加工的零件，安排加工顺序时应先进行内外表面粗加工，后进行内外表面精加工。切不可将零件上一部分表面（外表面或内表面）加工完毕后，再加工其他表面（内表面或外表面）。

④ 保证工件加工刚度。

⑤ 同一把刀尽可能连续加工。

（3）定位基准的选择

定位基准的选择包括定位方式的选择和被加工工件定位面的选择。由于车削加工的成形运动形式和加工自由度限制，数控车床在加工零件的定位基准选择上比较简单，没有太多的选择余地，也没有过多的基准转换问题。

轴（套）类零件的定位方式通常是一端外圆（或内孔）固定，即用三爪卡盘、四爪卡盘或弹簧套（轴）固定工件的外圆（或内孔）表面。但此种定位方式对于工件的悬伸长度有一定限制，工件悬伸过长会导致切削过程中产生变形，严重时将使切削无法进行。对于切削悬伸长度过长的工件可以采用一夹一顶或两顶尖定位，必要时再辅以中心架、跟刀架等辅助支撑，以减小工件的受力变形。

（4）走刀路线的确定

数控车削的走刀路线包括刀具的运动轨迹和各种刀具的使用顺序，是预先编制在加工程序中的。合理的刀具运动轨迹和使用顺序对于提高加工效率、保证加工质量是十分重要的。数控车削的走刀路线不是十分复杂，也有一定的规律可循。

下面是数控车削加工零件时常用的加工路线。

1）轮廓粗车进给路线。在确定粗车进给路线时，根据最短切削进给路线的原则，同时兼顾工件的刚性和加工工艺性等要求，来选择确定最合理的进给路线。

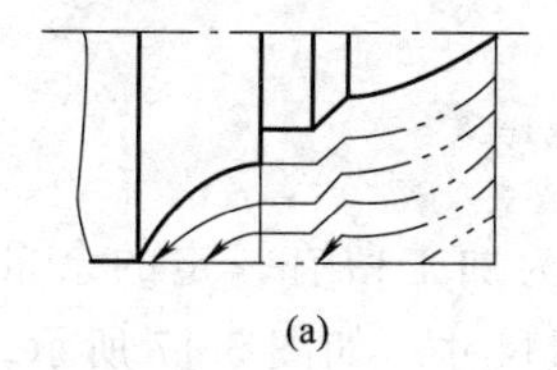

(a)

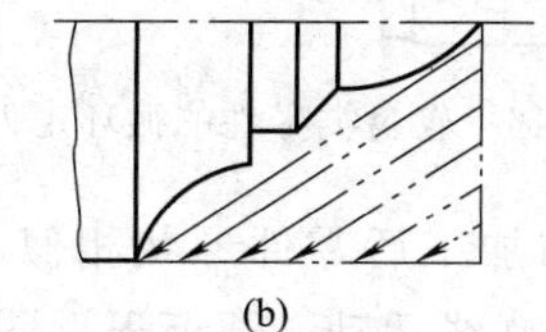

(b)

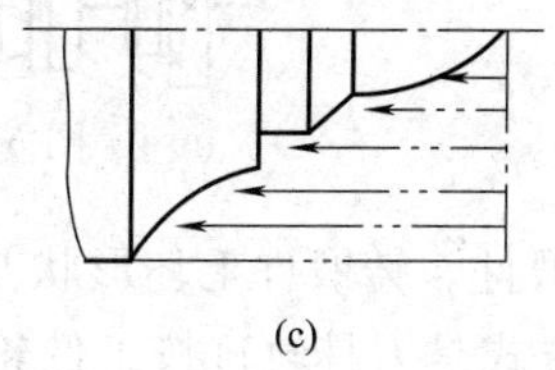

(c)

图 5-14　粗车进给路线示意图

图 5-14 给出了 3 种不同的轮廓粗车切削进给路线，其中图 5-14（a）表示利用数控系统的循环功能控制车刀沿着工件轮廓线进行进给的路线；图 5-14（b）为三角形循环（车锥法）进给路线；图 5-14（c）为矩形循环进给路线，其路线总长最短，因此在同等切削条件

下的切削时间最短，刀具损耗最少。

在确定轮廓粗车进给路线时，使用数控系统的循环功能车削路线如下所示：

① 循环切除余量。数控车削加工过程一般要经过循环切除余量、粗加工和精加工三道工序。应根据毛坯类型和工件形状确定循环切除余量的方式，以达到减少循环走刀次数、提高加工效率的目的。

a. 轴套类零件。轴套类零件安排走刀路线的原则是轴向走刀、径向进刀，循环切除余量的循环终点在粗加工起点附近。这样可以减少走刀次数，避免不必要的空走刀，节省加工时间。如图 5-15 所示。

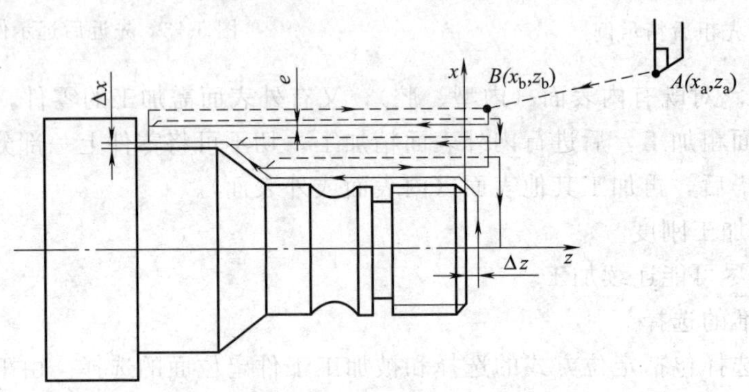

图 5-15 轴套类零件的循环走刀路线

b. 轮盘类零件。轮盘类零件安排走刀路线的原则是径向走刀、轴向进刀，循环切除余量的循环终点在粗加工起点附近。编制轮盘类零件的加工程序时，与轴套类零件相反，是从大直径端开始顺序向前。如图 5-16 所示。

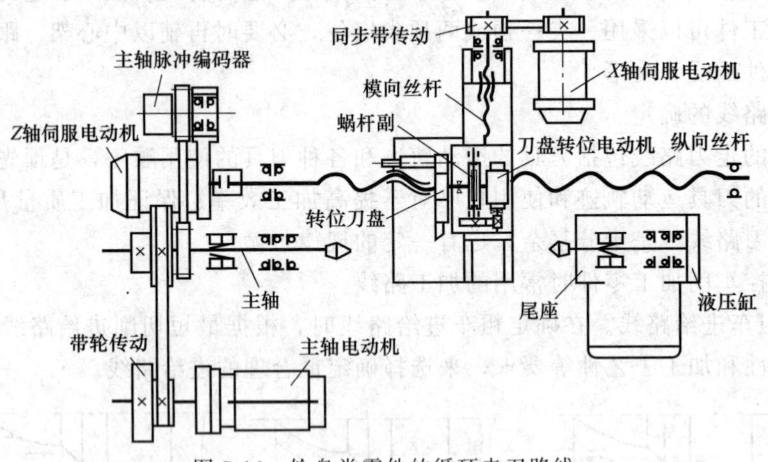

图 5-16 轮盘类零件的循环走刀路线

c. 铸锻件。铸锻件毛坯形状与加工后零件形状相似，为加工留有一定的余量。循环去除余量的方式是刀具轨迹按工件轮廓线运动，逐渐逼近图纸尺寸。如图 5-17 所示。

在确定轮廓粗车进给路线时，除使用数控系统的循环功能外，还可使用下列方法进行：

② 车削圆锥的加工路线。在数控车床上车削外圆锥可以分为车削正圆锥和车削倒圆锥两种情况，而每一种情况又有两种加工路线。图 5-18 所示为车削正圆锥的两种加工路线。

按第一种加工路线车削正圆锥，刀具切削运动的距离较短，每次切深相等，但需要通过计算。按第二种方法车削，每次切削背吃刀量是变化的，而且切削运动的路线较长。

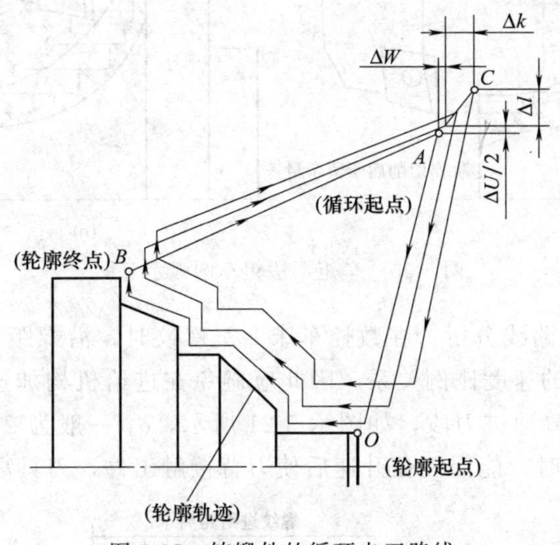

图 5-17　铸锻件的循环走刀路线

图 5-19（a）、（b）为车削倒锥的两种加工路线，分别与图 5-18（a）、（b）相对应，其车锥原理与正圆锥相同，有时在粗车圆弧时也经常使用。

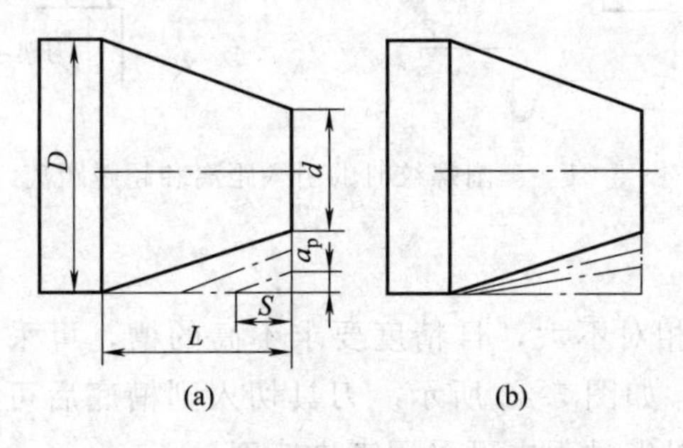

图 5-18　粗车正锥进给路线示意图

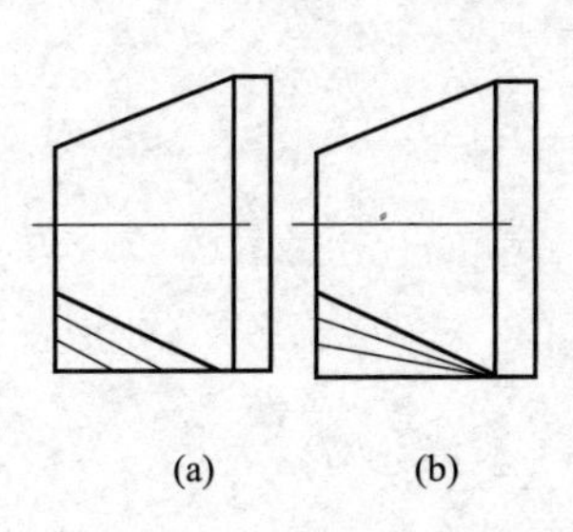

图 5-19　粗车倒锥进给路线示意图

③ 车削圆弧的加工路线。在采用车矩形法粗车圆弧时，关键要注意每刀切削所留的余量应尽可能保持一致，严格控制后面的切削长度不超过前一刀的切削长度，以防崩刀。图 5-20 是车矩形法粗车圆弧的两种进给路线，图 5-20（a）是错误的进给路线，图 5-20（b）按 1→5 的顺序车削，每次车削所留余量基本相等，是正确的进给路线。

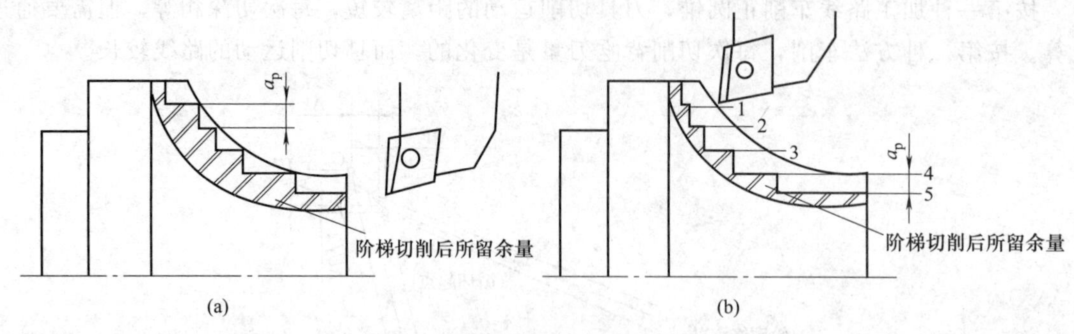

图 5-20 车矩形法粗车圆弧示意图

④ 车螺纹时的加工路线分析。在数控车床上车螺纹时，沿螺距方向的 Z 向进给应和车床主轴的转速保持严格的速度比例关系，因此应避免在进给机构加速或减速的过程中切削。为此要有升速进刀段和降速进刀段，如图示 5-21 所示，δ_1 一般为 2～5mm，δ_2 一般为 1～2mm。这样在切削螺纹时，能保证在升速后使刀背接触工件，刀具离开工件后再降速。

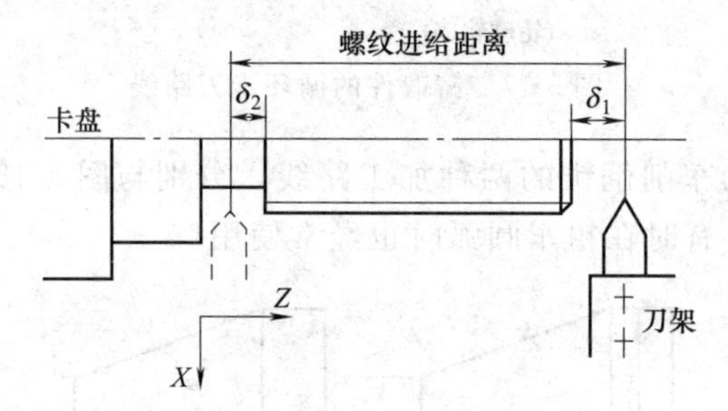

图 5-21 车削螺纹时的引入距离和超越距离

⑤ 车槽加工路线分析。

a. 对于宽度、深度值相对不大，且精度要求不高的槽，可采用与槽等宽的刀具，直接切入一次成形的方法加工，如图 5-22 所示。刀具切入到槽底后可利用延时指令使刀具短暂停留，以修整槽底圆度，退出过程中可采用工进速度。

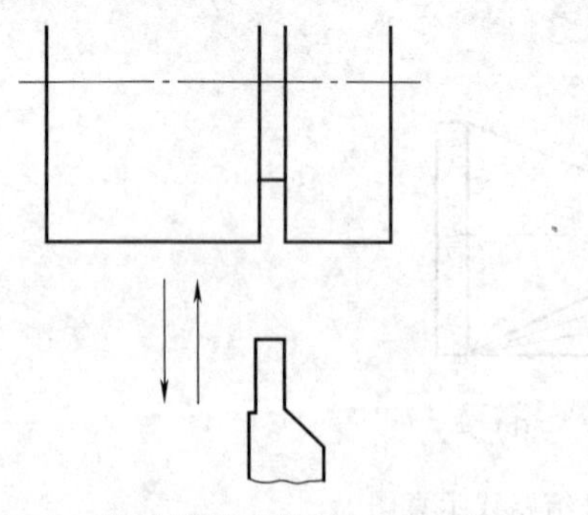

图 5-22 简单槽类零件的加工方式

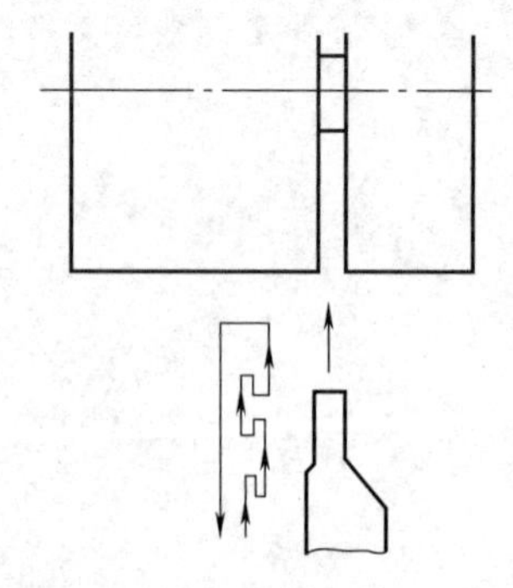

图 5-23 深槽零件的加工方式

b. 对于宽度值不大但深度较大的深槽零件，为了避免切槽过程中由于排屑不畅，使刀具前部压力过大出现扎刀和折断刀具的现象，应采用分次进刀的方式，刀具在切入工件一定深度后，停止进刀并退回一段距离，达到排屑和断屑的目的，如图 5-23 所示。

c. 宽槽的切削。通常把大于一个切刀宽度的槽称为宽槽，宽槽的宽度、深度的精度及表面质量要求相对较高。在切削宽槽时常采用排刀的方式进行粗切，然后是用精切槽刀沿槽的一侧切至槽底，精加工槽底至槽的另一侧，再沿侧面退出，切削方式如图 5-24 所示。

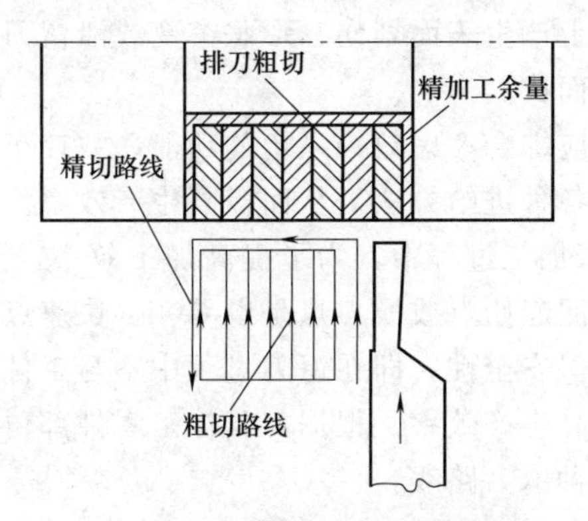

图 5-24　宽槽切削方法示意图

2）空行程进给路线。

① 合理安排“回零”路线。合理安排退刀路线时，应使其前一刀终点与后一刀起点间的距离尽量减短，或者为零，以满足进给路线为最短的要求。另外，在选择返回参考点指令时，在不发生加工干涉现象的前提下，宜尽量采用 x、z 坐标轴同时返回参考点指令，该指令的返回路线将是最短的。

② 巧用起刀点和换刀点。图 5-25（a）为采用矩形循环方式粗车的一般情况。考虑到精车等加工过程中换刀的方便，故将对刀点 A 设置在离坯件较远的位置处，同时将起刀点与对刀点重合在一起，按三刀粗车的进给路线安排如下：

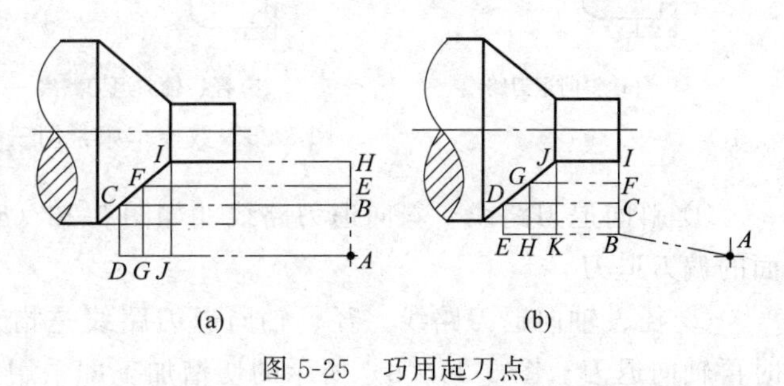

图 5-25　巧用起刀点

第一刀为 $A \to B \to C \to D \to A$；

第二刀为 $A \to E \to F \to G \to A$；

第三刀为 $A \to H \to I \to J \to A$。

图 5-25（b）则是将起刀点与对刀点分离，并设于 B 点位置，仍按相同的切削用量进行三刀粗车，其进给路线安排如下：

车刀先由对刀点 A 运行至起刀点 B；

第一刀为 $B \to C \to D \to E \to B$；

第二刀为 $B \to F \to G \to H \to B$；

第三刀为 $B \to I \to J \to K \to B$。

显然，图 5-25（b）所示的进给路线短。该方法也可用在其他循环（如螺纹车削）的切削加工中。

为考虑换刀的方便和安全，有时将换刀点也设置在离坯件较远的位置处（图 5-25 中的 A 点），那么，当换刀后，刀具的空行程路线也较长。如果将换刀点都设置在靠近工件处，则可缩短空行程距离。换刀点的设置，必须确保刀架在回转过程中所有的刀具不与工件发生碰撞。

3）轮廓精车进给路线。在安排轮廓精车进给路线时，应妥善考虑刀具的进、退刀位置，避免在轮廓中安排切入和切出，避免换刀及停顿，以免因切削力突然发生变化而造成弹性变形，致使在光滑连续的轮廓上产生表面划伤、形状突变或滞留刀痕等缺陷。合理的轮廓精车进给路线应是一刀连续加工而成。

零件加工的进给路线，应综合考虑数控系统的功能、数控车床的加工特点及零件的特点等多方面的因素，灵活使用各种进给方法，从而提高生产效率。

4）退刀路线。数控机床加工过程中，为了提高加工效率，刀具从起始点或换刀点运动到接近工件部位及加工后退回起始点或换刀点是以G00（快速点定位）方式运动的。考虑退刀路线的原则是：第一，确保安全性，即在退刀过程中不与工件发生碰撞；第二，考虑退刀路线最短，缩短空行程，提高生产效率。根据刀具加工零件部位的不同，退刀路线的确定也不同。数控车床常用以下三种退刀路线：

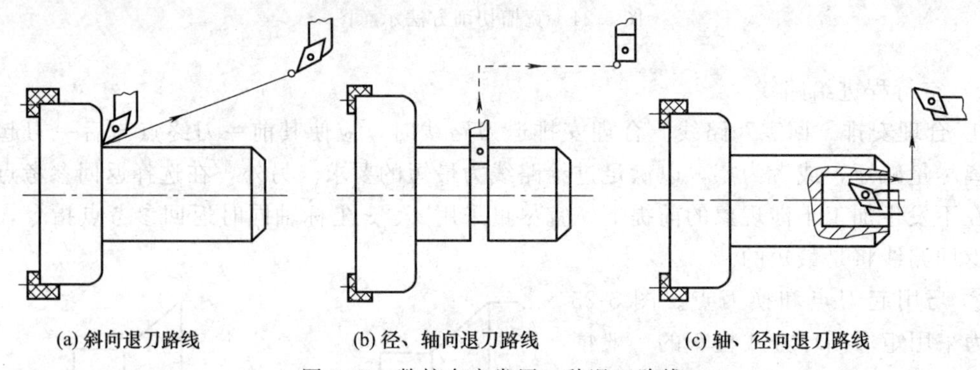

图 5-26 数控车床常用三种退刀路线

① 斜向退刀路线。斜向退刀路线［如图5-26（a）所示］行程最短，适合于加工外圆表面的偏刀退刀。

② 径、轴向退刀路线。径、轴向退刀路线是指刀具先沿径向垂直退刀，到达指定位置时再轴向退刀。图5-26（b）所示的切槽加工即采用此类退刀路线。

③ 轴、径向退刀路线。轴、径向退刀路线的顺序与径、轴向退刀路线刚好相反。图5-26（c)所示的镗孔加工即采用此类退刀路线。

（5）换刀点

设置数控车床刀具的换刀点是编制加工程序过程中必须考虑的问题。换刀点最安全的位置是换刀时刀架或刀盘上的任何刀具都不与工件或机床其他部件发生碰撞的位置。

一般地，在单件小批量生产中，我们习惯把换刀点设置为一个固定点，其位置不随工件坐标系的位置改变而发生变化。换刀点的轴向位置由刀架上轴向伸出最长的刀具（如内孔镗刀、钻头等）决定，换刀点的径向位置则由刀架上径向伸出最长的刀具（如外圆车刀、切槽刀等）决定。

在大批量生产中，为了提高生产效率，减少机床空行程时间，降低机床导轨面磨损，有时候可以不设置固定的换刀点。每把刀各有各的换刀位置。这时，编制和调试换刀部分的程序应该遵循两个原则：

① 确保换刀时刀具不与工件发生碰撞；

② 力求最短的换刀路线，即所谓的“跟随式换刀”。

（6）对刀点

对刀点就是在数控机床上加工零件时，刀具相对于工件运动的起点。由于程序段从该点开始执行，因此对刀点又称为“程序起点”或“起刀点”。

对刀点的选择原则是：

① 便于用数字处理和简化程序编制；

② 在机床上找正容易，加工中便于检查；

③ 引起的加工误差小。

对刀点可选在工件上，也可选在工件外面（如选在夹具上或机床上），但必须与零件的定位基准有一定的尺寸关系。为了提高加工精度，对刀点应尽量选在零件的设计基准或工艺基准上，如以孔定位的工件，可选孔的中心作为对刀点。刀具的位置则以此孔来找正，使“刀位点”与“对刀点”重合。工厂常用的找正方法是将千分表装在机床主轴上，然后转动机床主轴，以使“刀位点”与对刀点一致。一致性越好，对刀精度越高。所谓“刀位点”是指车刀、镗刀的刀尖，钻头的钻尖，立铣刀、端铣刀刀头底面的中心，球头铣刀的球头中心。如图 5-27 所示。

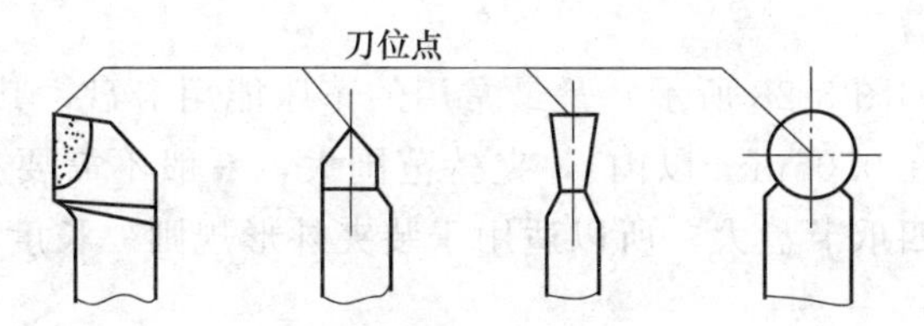

图 5-27 车刀的刀位点

（7）数控车削余量的确定

数控车削余量的确定，可以采用查表法。表 5-1 为轴类零件的机械加工余量简表，仅供实际加工参考。

表 5-1 轴类零件的机械加工余量 mm

名义直径	表面加工方法	直径余量(按轴长取)		
		≤120	>120～260	>260～500
高精度轧制件车削				
>30～50	粗车和一次车	1.2/1.1	1.5/1.4	2.2/—
	半精车	0.3/0.25	0.3/0.25	0.35/—
	精车	0.15/0.12	0.16/0.13	0.20/—
>50～80	粗车和一次车	1.5/1.1	1.7/1.5	2.3/2.1
	半精车	0.25/0.20	0.3/0.25	0.3/0.3
	精车	0.14/0.12	0.15/0.13	0.17/0.16
普通精度轧制件车削				
>30～50	粗车和一次车	1.3/1.1	1.6/1.4	2.2/—
	半精车	0.45/0.45	0.45/0.45	0.15/—
	精车	0.25/0.20	0.25/0.25	0.30/—
>50～80	粗车和一次车	1.5/1.1	1.7/1.5	2.3/2.1
	半精车	0.45/0.45	0.50/0.45	0.50/0.50
	精车	0.25/0.20	0.30/0.25	0.30/0.30

5.2 数控车床常用的工装夹具

5.2.1 数控车床工装夹具的概念

在数控车床上用以装夹工件的装置称为车床夹具。其作用是将工件定位，以使工件获得相对于机床和刀具的正确位置，并把工件可靠地夹紧。

车床夹具主要分为通用夹具和专用夹具两大类。通用夹具是指已经标准化的，在一定范围内可用于加工不同工件的夹具，例如车床上三爪卡盘和四爪单动卡盘等；专用夹具是指为某一工件的某道工序而专门设计的夹具。

5.2.2 数控车床通用夹具

数控车床有多种实用的夹具，下面主要介绍常见的车床夹具。

（1）三爪自定心卡盘

三爪自定心卡盘（如图5-28所示）是最常用的车床能用卡盘，其三个爪是同步运动的，能自动定心（定心误差在0.05mm以内），夹持范围大，一般不需要找正，装夹效率比四爪卡盘高，但夹紧力没有四爪卡盘大，所以适用于装夹外形规则、长度不太长的中小型零件。

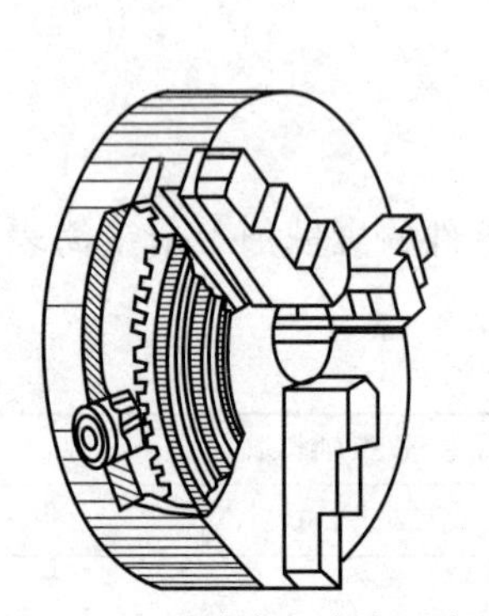

图5-28 三爪自定心卡盘示意图

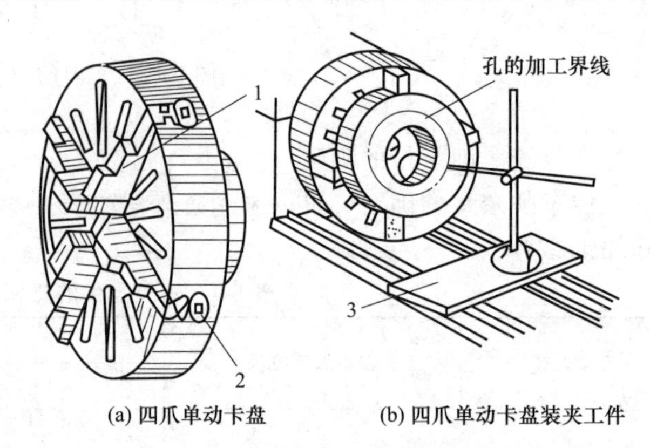

图5-29 四爪单动卡盘

1—卡爪；2—螺杆；3—木板

（2）四爪单动卡盘

四爪单动卡盘如图5-29所示，它的四个对分布卡爪是各自独立运动的，因此工件装夹时必须调整工件夹持部位在主轴上的位置，使工件加工面的回转中心与车床主轴的四面转中心重合。四爪单动卡盘找正比较费时，只能用于单件小批量生产。四爪单动卡盘的优点是夹紧力大，但装夹不如三爪自定心卡盘方便，所以适用于装夹大型或不规则的工件。

（3）双顶尖

对于长度较长或必须经过多次装夹才能加工的工件，如细长轴、长丝杠等的车削，或工序较多，为保证每次装夹时的装夹精度（如同轴度要求），可以用两顶尖装夹。如图5-30（a）所示的两顶尖装夹工件方便，不需找正，装夹精度高。

利用两顶尖装夹定位还可以加工偏心工件。如图5-30（b）所示。

（4）软爪

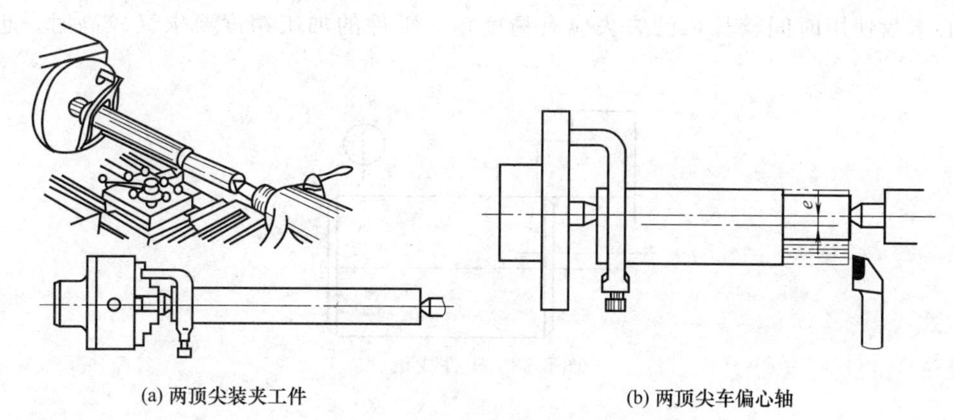

(a) 两顶尖装夹工件　　(b) 两顶尖车偏心轴

图 5-30　两顶尖装夹工件和两顶尖车偏心轴

软爪是一种具有切削性能的夹爪。当成批加工某一工件时，为了提高三爪自定心卡盘的定心精度，可以采用软爪结构。即用黄铜或软钢焊在三个卡爪上，然后根据工件形状和直径把三个软爪的夹持部分直接在车床上车出来（定心误差只有 0.01～0.02mm），即软爪是在使用前配合被加工工件特别制造的（如图 5-31 所示），如加工成圆弧面、圆锥面或螺纹等形式，可获得理想的夹持精度。

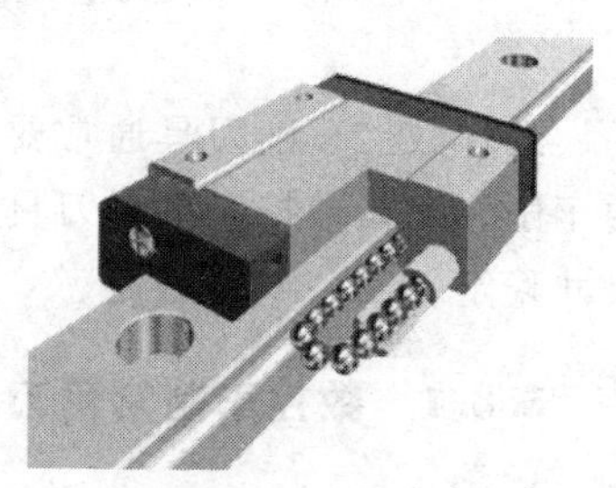

图 5-31　加工软爪

（5）花盘、弯板

当在非回转体零件上加工圆柱面时，由于车削效率较高，经常用花盘、弯板进行工件装夹。如图 5-32 所示。

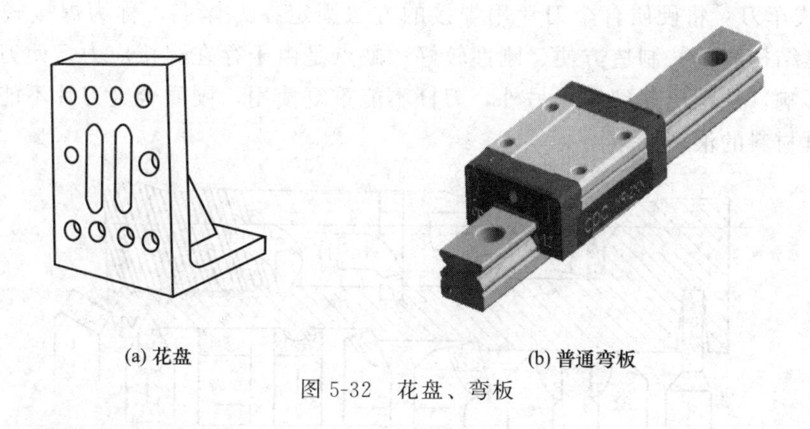

(a) 花盘　　(b) 普通弯板

图 5-32　花盘、弯板

5.2.3　数控车床的装夹找正

① 找正要求：找正装夹时必须将工件的加工表面回转轴线（同时也是工件坐标系 Z 轴）找正到与车床主轴回转中心重合。

② 找正方法：与普通车床上找正工件相同，一般为打表找正。如图 5-33 所示，通过调整卡爪，使工件坐标系 Z 轴与车床主轴的回转中心重合。

单件生产工件偏心安装时常采用找正装夹；用三爪自定心卡盘装夹较长的工件时，工件离卡盘夹持部分较远处的旋转中心不一定与车床主轴旋转中心重合，这时必须找正；又当三爪自定心卡盘使用时间较长，已失去应有精度，而工件的加工精度要求又较高时，也需要找正。

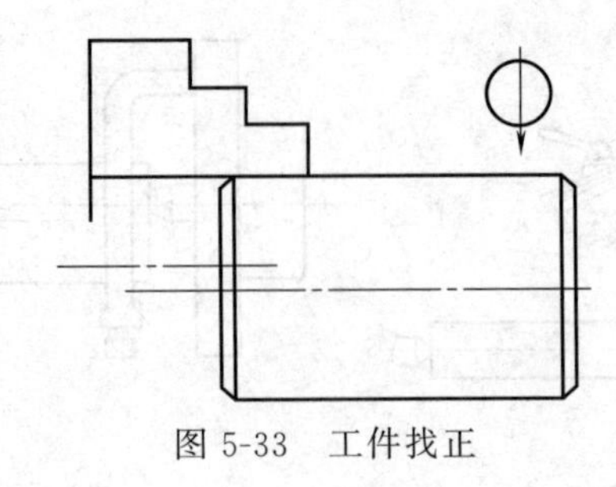

图 5-33　工件找正

5.3　数控车削用刀具类型和选用

选择数控车削刀具通常要考虑数控车床的加工能力、工序内容及工件材料等因素。与普通车削相比，数控车削对刀具的要求更高，不仅要求精度高、刚度好、耐用度高，而且要求尺寸稳定、安装调整方便。

5.3.1　数控车削常用刀具种类

由于工件材料、生产批量、加工精度以及机床类型、工艺方案的不同，车刀的种类也非常多。

(1) 按刀片装夹形式分类

根据与刀体的连接固定方式的不同，车刀主要可分为焊接式与机械夹固式两大类。

① 焊接式车刀。将硬质合金刀片用焊接的方法固定在刀体上，称为焊接式车刀。这种车刀的优点是结构简单、制造方便、刚性较好；缺点是由于存在焊接应力，使刀具材料的使用性能受到影响，甚至出现裂纹。另外，刀杆不能重复使用，硬质合金刀片不能充分回收利用，造成刀具材料的浪费。

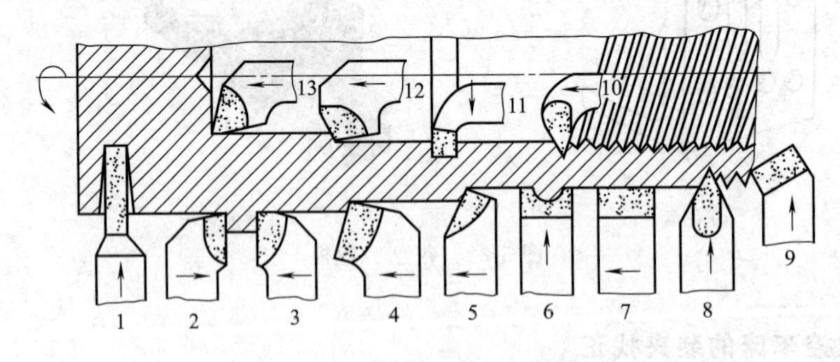

图 5-34　常用焊接式车刀和种类

1—切断刀；2—90°左偏刀；3—90°右偏刀；4—弯头车刀；5—直头车刀；6—成形车刀；7—宽刃车刀；8—外螺纹车刀；9—端面车刀；10—内螺纹车刀；11—内沟槽刀；12—通孔车刀；13—盲孔车刀

根据工件加工表面以及用途的不同，焊接式车刀又可分为切断刀、外圆车刀、端面车刀、内孔车刀、螺纹车刀以及成形车刀等，如图 5-34 所示。

② 机械夹固式可转位车刀。如图 5-35 所示，机械夹固式可转位车刀由刀杆 1、刀片 2、

刀垫 3，以及夹紧元件 4 组成。刀片每边都有切削刃，当某切削刃磨损钝化后，只需松开夹紧元件，刀片转一个位置便可继续使用。车刀上的硬质合金可转位刀片按 GB/T 2076—2007 规定有等边等角（如正方形、正三角形、正五边形等）、等边不等角（如菱形）、等角不等边（如矩形）、不等角不等边（如平行四边形）和圆形 5 种，其部分刀片如图 5-36 所示。

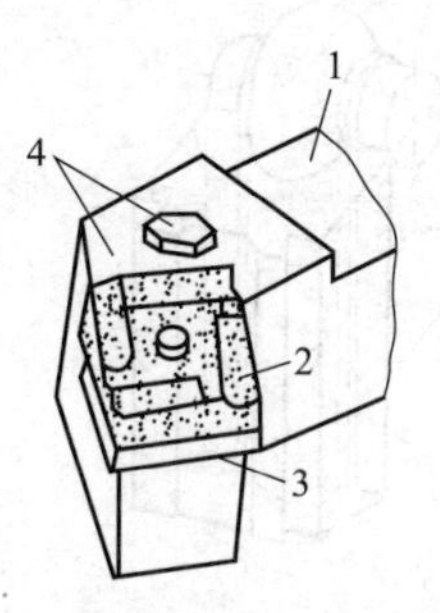

图 5-35 机械夹固式可转位车刀
1—刀杆；2—刀片；3—刀垫；4—夹紧元件

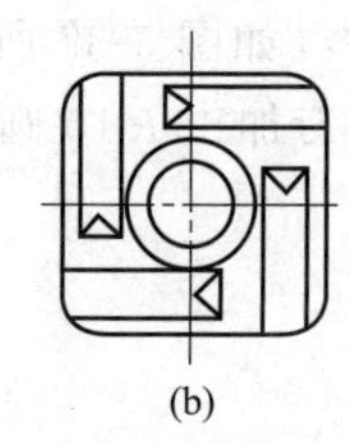
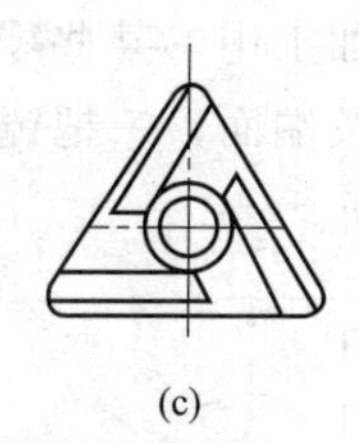

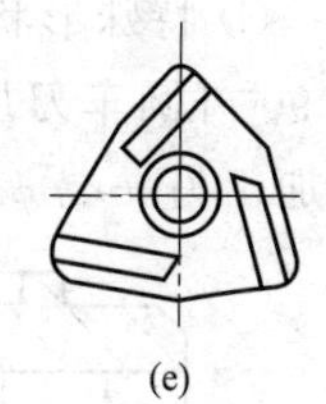

(a) (b) (c) (d) (e)

图 5-36 硬质合金可转位刀片

（2）按刀头或刀片的形状分类

数控车削常用的车刀按照刀尖形状一般分为尖形车刀、圆弧形车刀、成形车刀和特殊形状车刀。

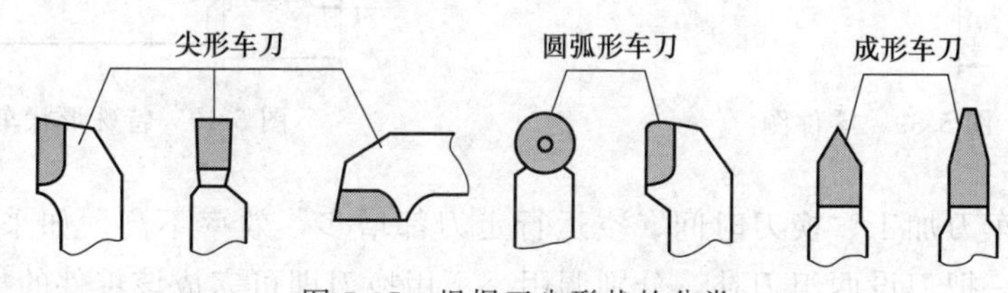

图 5-37 根据刀尖形状的分类

① 尖形车刀。以直线形切削刃为特征的车刀一般称为尖形车刀。这类车刀的刀尖（同时也为其刀位点）由直线形的主、副切削刃构成，如 90°内、外圆车刀，左、右端面车刀，切槽（断）车刀及刀尖倒棱很小的各种外圆和内孔车刀。

用这类车刀加工零件时，其零件的轮廓形状主要由一个独立的刀尖或一条直线形主切削刃位移后得到，它与另两类车刀加工时所得到的零件轮廓形状的原理是截然不同的。

② 圆弧形车刀。圆弧形车刀是较为特殊的数控加工用车刀（如图 5-37 所示）。其特征是：构成主切削刃的刀刃形状为一圆度误差或轮廓误差很小的圆弧；该圆弧上的每一点都是圆弧形车刀的刀尖，因此，刀位点不在圆弧上，而是在该圆弧的圆心上；车刀圆弧半径理论上与被加工零件的形状无关，并可按需要灵活确定或经测定后确认。

③ 成形车刀。成形车刀俗称样板车刀，其加工零件的轮廓形状完全由车刀刀刃的形状和尺寸决定。在数控车削加工中，常见的成形车刀有小半径圆弧车刀、非矩形车槽刀和螺纹车刀等。如图 5-38 所示。在数控加工中，应尽量少用或不用成形车刀。当确有必要选用时，则应在工艺文件或加工程序单上进行详细说明。

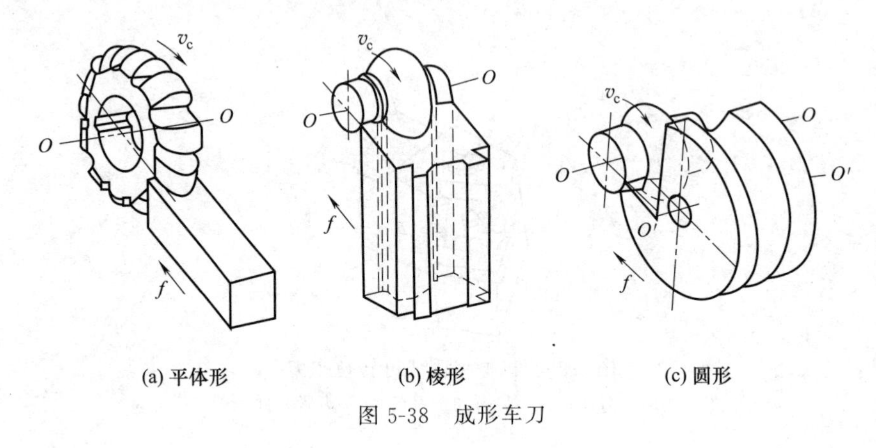

图 5-38　成形车刀

④ 特殊形状车刀。在实际生产加工中，某些零件（如图 5-39 所示）可用 3 把刀，即一把 90°外圆车刀加工 $\phi26$、$\phi22$ 外圆及端面，一把镗孔刀加工 $R10$ 圆弧及 $\phi16$ 孔，一把切槽刀加工另一端 $\phi22$ 外圆及倒角和切断。

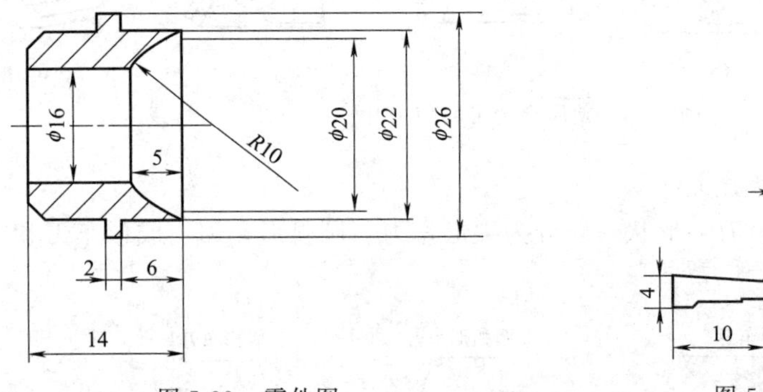

图 5-39　零件图

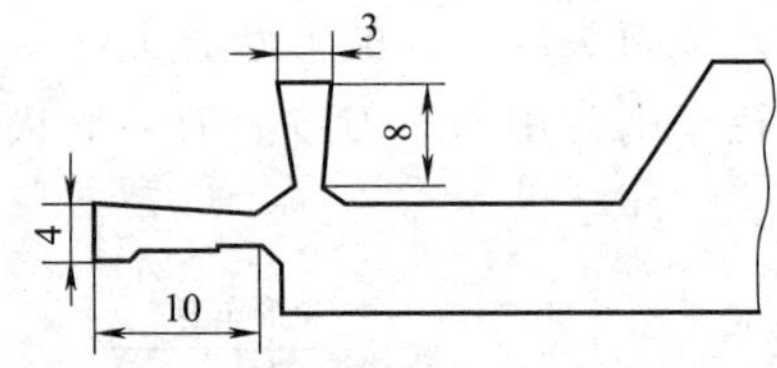

图 5-40　特殊形状车刀

但由于 3 把车刀加工、换刀时间、空运行走刀都增多，效率不高。如采用图 5-40 所示特殊形状车刀，一把刀设两组刀补，分别调用，不用换刀即可完成该零件的加工，减少刀具换刀和空运行时间，大大提高生产效率。

5.3.2　刀具的应用

数控车床刀具切削部分的几何参数对零件的表面的质量及切削性能、加工效益影响极大，应根据零件的形状、件数、材料种类、刀具的安装位置以及工件的加工方法、机床的性能等要求，正确选择刀具的种类、几何形状及几何参数。

(1) 尖形车刀

尖形车刀的种类较多，如 90°偏刀、切槽刀、镗孔刀等。这种刀在数控车床上应用广泛，各种车刀的几何参数、使用方法与选择方法，与普通车床车削时的选择方法基本相同，但也要根据数控车床的加工特点（如走刀线路及加工干涉）等全面考虑后选用，适用于批量小、精度要求一般的各类零件的加工。

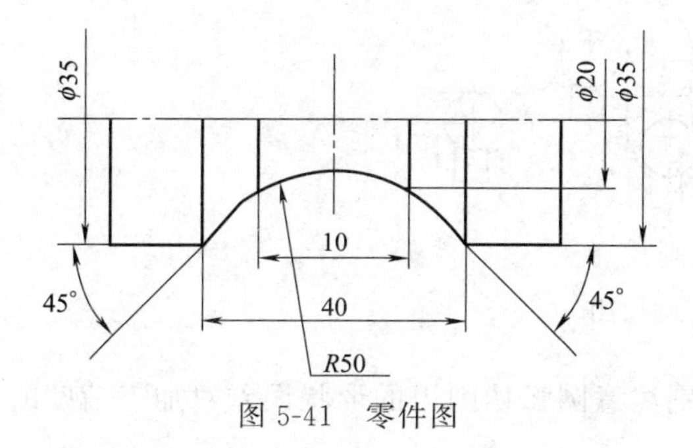

图 5-41　零件图

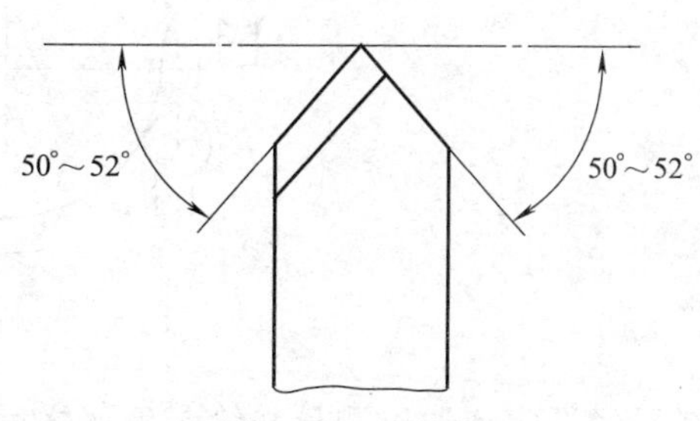

图 5-42　尖形车刀

数控车床在加工时具有连续性，如图 5-41 所示零件，可用一把车刀将 ϕ35、ϕ20、R50 及两个 45°锥面一次加工出来，那么车刀的主偏角应取 50°～52°，副偏角取 50°～52°（见图 5-42），这样既可保证刀头有足够的强度，又可保证在车削两个 45°锥面时主、副切削刃不致发生加工干涉（即主、副切削刃不参加切削部分不碰到工件表面）。

选择尖形车刀形状可根据零件的几何轮廓灵活制定，尽可能一刀多用，但须保证所选车刀不会发生干涉的几何角度。可用作图或计算的方法，如副偏角的大小，大于作图或计算所得不发生干涉的极限角度值 6°～8°即可，同时又要保证有足够的刀尖角，以保证刀头有足够的强度。

（2）圆弧形车刀

数控车削加工用的尖形车刀和成形车刀的选用方法基本上与普通车削用刀具相同，只需注意到尖形车刀的主、副偏角大小不至于在车削过程中发生加工干涉现象即可。这里着重介绍圆弧形车刀的选用。

圆弧形车刀是与普通车削加工用圆弧成形车刀性质完全不同的特殊车刀，它适用于某些精度要求较高的凹曲面零件（见图 5-43）或一刀即可完成跨多个象限的外圆弧面零件（见图 5-44）的车削。

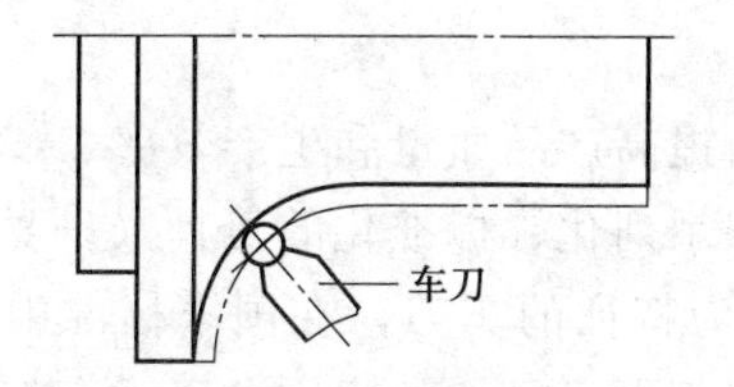

图 5-43　圆弧形车刀的应用（一）

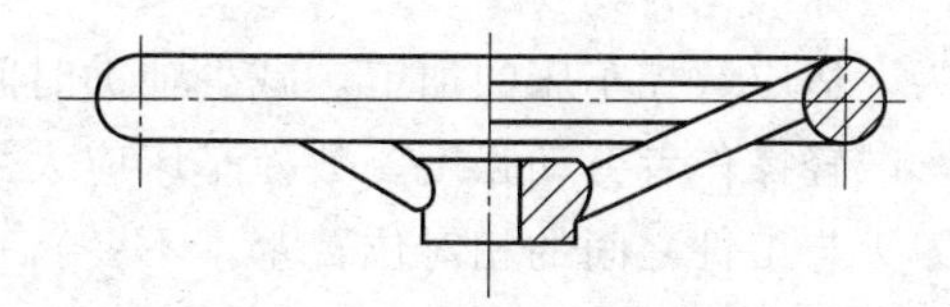
图 5-44　圆弧形车刀的应用（二）

圆弧形车刀适用于某些精度要求高、批量大的大外圆曲面或凹曲面的车削，以及其他刀具所不能完成的加工。圆弧形车刀具有宽刃切削性质，能使精车余量相当均匀，从而改善切削性能，使零件的尺寸、形位公差、精度容易得以保证，还能一刀车出多个象限的圆弧面。如图 5-45 所示的外圆弧轮廓，无论采用何种形状及角度的尖形车刀也不可能由一条圆弧加工程序一刀车出，而利用圆弧形车刀就能十分简便地完成。

圆弧形车刀的几何参数除了前角和后角外，主要为圆弧切削刃的形状及半径。

选择车刀圆弧半径的大小时，应考虑两点：第一，车刀切削刃的圆弧半径应当小于或等于零件凹形轮廓上的最小曲率半径，以免发生加工干涉；第二，该半径不宜选择太小，否则既难以制造，又会因其刀头强度太弱或刀体散热能力差，使车刀容易受到损坏。当车刀圆弧

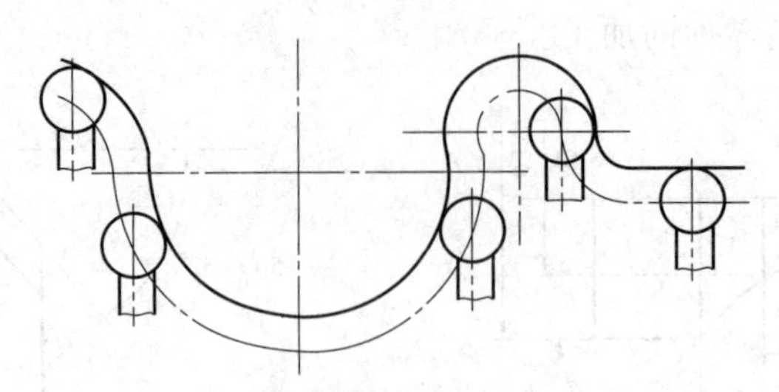

图 5-45 圆弧形车刀的应用（三）

半径已经选定或通过测量并给予确认之后，应特别注意圆弧切削刃的形状误差对加工精度的影响。

(3) 成形车刀

在数控车床的加工中，对一些小半径圆弧、非矩形槽和各类螺纹的加工，可将车刀刃磨成与零件的轮廓形状尺寸完全相同的形状，直接加工而成，其车刀的几何角度基本与普通车床相同。但要注意由于这类车刀在车削时因接触面较大，加工时易引起振动，从而导致加工质量的下降，故在选用时要谨慎。当确有必要选用时，可通过改善切削用量、编程工艺处理等来避免振动的产生。

(4) 特殊形状车刀

鉴于数控车床加工的特性，对于一些零件，如图 5-39、图 5-40 所示，为了提高生产效率可采用一些特殊形状的车刀（可根据零件的形状灵活制定），一把刀有 2 个（或几个）刀头，设两组刀补，各自取用，不用换刀，一把刀将零件加工完毕，这样就可大大提高生产效率。这些车刀刀头部分的几何参数与普通车刀基本相同，在决定是否选用这类车刀时，必须符合以下几个条件：首先，被加工材料应用易加工材料（如铜、铝、塑料等等），使刀具的磨损较小；其次，零件的件数多、批量较大，否则无必要；再次，刀具在制造、刃磨上（或换刀片）应比较方便；最后，选用的刀具形状应便于零件的加工，有利于提高加工效率。

(5) 标准化刀具

为了适应数控车床的加工，减少辅助时间，并不断提高产品质量和生产效率，节省刀具费用，减轻操作者劳动强度，数控车床应大力推广使用系列化、标准化的刀具（只要更换刀片，刀刃与工件之间的相对位置基本不变），以方刀体为特征的车刀，在国家标准中对可转位机夹外圆车刀、内孔刀、切断刀、螺纹刀、圆头刀等都做了具体的规定，不重磨刀片已有多种标准形状和系列化的型号（规格）可供选用。精密制造技术的发展为数控车床的机夹刀具提供了较好的应用环境，刀片和刀杆的定位精度越来越高，满足了数控车床加工的需要，缩短了工艺准备周期。

① 刀片材质的选择。车刀刀片的材料主要有高速钢、硬质合金、涂层硬质合金、陶瓷、立方氮化硼和金刚石等。其中应用最多的是高速钢、硬质合金和涂层硬质合金刀片。高速钢通常是型坯材料，韧性较硬质合金好，硬度、耐磨性和红硬性较硬质合金差，不适于切削硬度较高的材料，也不适于进行高速切削。高速钢刀具使用前需生产者自行刃磨，且刃磨方便，适于各种特殊需要的非标准刀具。硬质合金刀片和涂层硬质合金刀片切削性能优异，在数控车削中被广泛使用。硬质合金刀片有标准规格系列，具体技术参数和切削性能由刀具生产厂家提供。选择刀片材质，主要依据被加工

工件的材料、被加工表面的精度、表面质量要求、切削载荷的大小，以及切削过程中有无冲击和振动等。

② 刀片尺寸的选择。刀片尺寸的大小（刀片切削刃长度 l）取决于必要的有效切削刃长度 L。有效切削刃长度 L 与背吃刀量 a_p 和车刀的主偏角 κ_r 有关（见图 5-46）。使用时可查阅有关《刀具手册》选取。

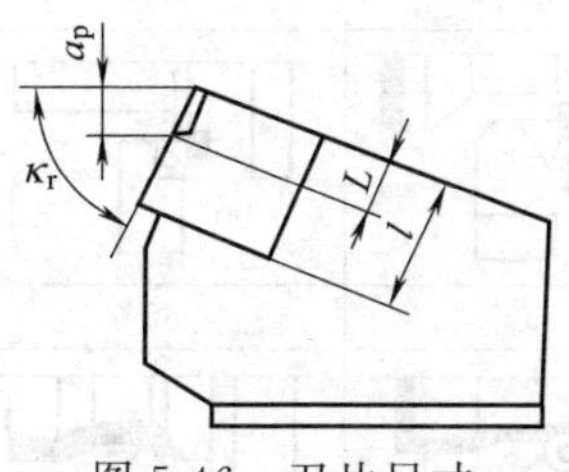

图 5-46　刀片尺寸

③ 刀片形状的选择。刀片形状主要依据被加工工件的表面形状、切削方法、刀具寿命和刀片的转位次数等因素选择。刀片是机械夹固式可转位车刀的一个最重要组成元件。按照国标 GB/T 2076—2007，大致可分为带圆孔、带沉孔、无孔三大类。形状有三角形、正方形、五边形、六边形、圆形以及菱形等，共 17 种。

图 5-47 所示为常见的几种刀片形状及角度。

a. 正三角形刀片可用于主偏角为 60°或 90°的外圆、端面和内孔车刀，由于此刀片刀尖角小，强度差，耐用度低，故只宜用较小的切削用量。

b. 正方形刀片刀尖角为 90°，其强度和散热性能均有所提高，主要用于 45°、60°、75°等的外圆车刀、端面车刀和镗孔车刀。

c. 正五边形的刀尖角为 108°，其强度、耐用度高，散热面积大，但切削径向力大，只宜在加工系统刚性较好的情况下使用。

d. 菱形刀片和圆弧刀片主要用于成形表面和圆弧表面的加工，其形状及尺寸可结合加工对象的要求参照国家标准来选择。

表 5-2 所示为被加工表面形状及适用的刀片形状。

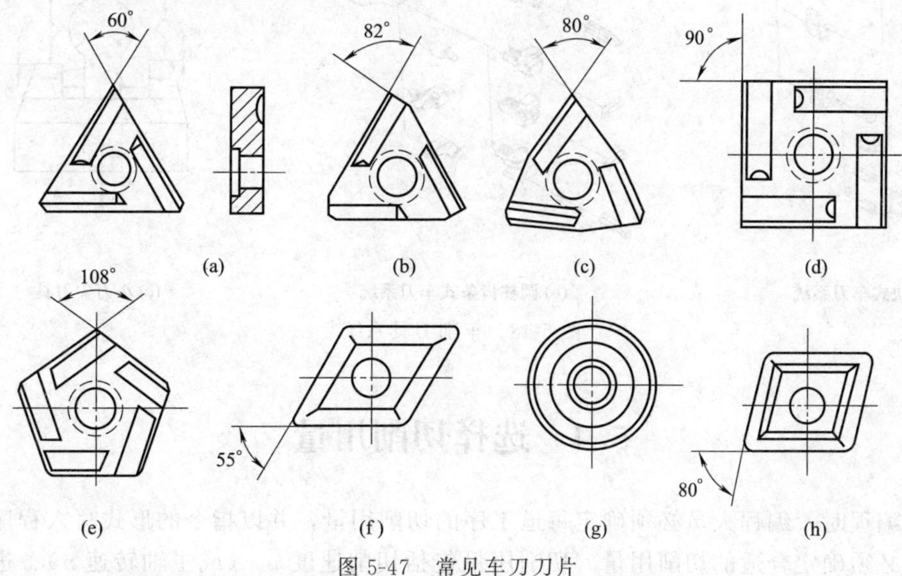

图 5-47　常见车刀刀片

表 5-2 被加工表面形状及适用的刀片形状

车削外圆	主偏角	45°	45°	60°	75°	95°
	加工示意图	45°	45°	60°	75°	95°
车削端面	主偏角	75°	90°	90°	95°	
	加工示意图	75°	90°	90°	95°	
车削成形面	主偏角	15°	45°	60°	90°	
	加工示意图	15°	45°	60°	90°	

（6）车削刀具系统

为了提高效率，减少换刀辅助时间，数控车削刀具已经向标准化、系列化、模块化方向发展，目前数控车床的刀具系统常用的有两类。

一类是刀块式，结构是用凸键定位、螺钉夹紧，如图 5-48（a）所示。该结构定位可靠，夹紧牢固、刚性好，但换装刀具费时，不能自动夹紧；另一类结构是圆柱柄上铣有齿条的结构，如图 5-48（b）所示，该结构可实现自动夹紧，换装比较快捷，刚性较刀块式差。

瑞典山特维克公司推出了一套模块化的车刀系统，刀柄是一样的，仅需更换刀头和刀杆即可用于各种加工，如图 5-48（c）所示，该结构刀头很小，更换快捷，定位精度高，也可自动更换。

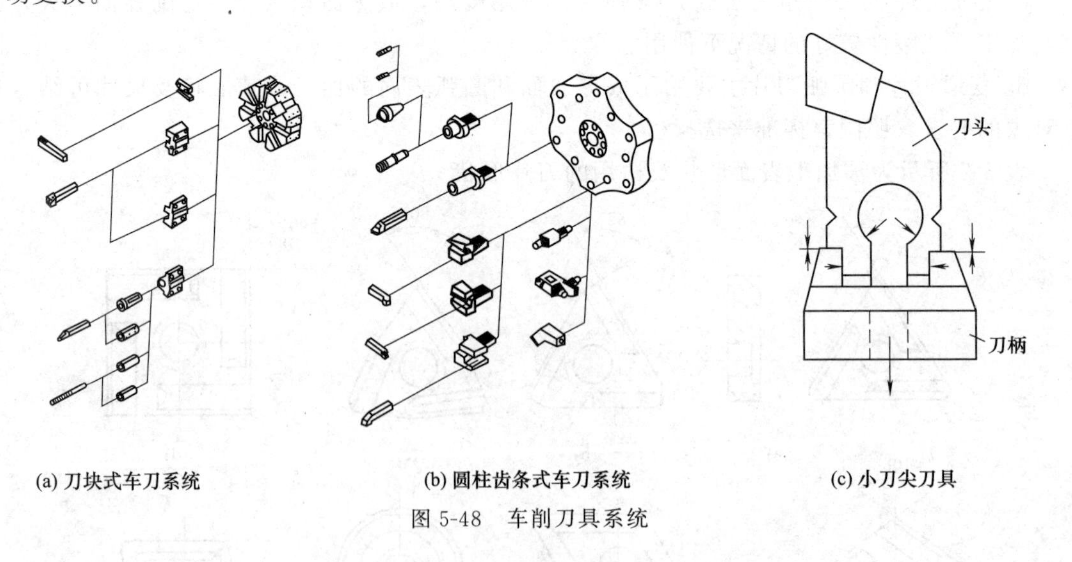

(a) 刀块式车刀系统　　(b) 圆柱齿条式车刀系统　　(c) 小刀尖刀具

图 5-48 车削刀具系统

5.4 选择切削用量

数控编程时，编程人员必须确定每道工序的切削用量，并以指令的形式写入程序中，所以编程前必须确定合适的切削用量。切削用量包括切削速度 v_c（或主轴转速 n）、进给量 f

和切削深度 a_p 三要素。如图5-49所示。

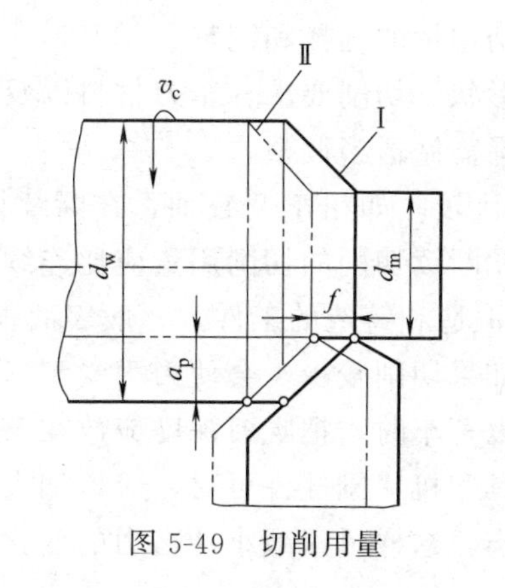

图5-49 切削用量

5.4.1 切削用量的合理选择

在一般情况下，加大切削速度、吃刀深度和走刀量，对提高生产效率有利。但若过分地增加，将会产生相反效果，即加剧刀具磨损，影响工件质量，严重时甚至撞坏刀具，产生“闷车”等现象，所以必须把切削用量选择在一定范围内。根据不同的切削条件，找出切削用量矛盾的主要方面，即首先确定主要的切削速度，再选择其他切削要素。

（1）选择切削用量的一般原则

切削用量的选择受生产效率、切削力、切削功率、刀具耐用度和加工表面粗糙度等许多因素的限制。选择切削用量的基本原则是所确定的切削用量应能达到零件的加工精度和表面粗糙度要求，在工艺系统强度和刚性允许的条件下充分利用机床功率和发挥刀具切削性能。

1）粗车。粗车时，一般加工余量较多，可分两种情况来选择：

① 当粗加工余量较多时，应首先选择大的吃刀深度，除去精加工余量，尽可能一次切削完成，只有当精加工余量太大，无法一次切削时，才考虑分几次切削；其次选取较大走刀量；最后才根据刀具耐用度的许可条件，选择合适的切削速度。

② 当粗加工余量（a_p<3mm）不多时，则从切屑变形方面考虑，力求减小对切削力的影响，首先应选择大的走刀量，而吃刀深度受粗加工余量的限制取规定值，最后选取适当的切削速度。

在粗车时如果把切削速度选得很高，刀具的耐用度就显著降低，且易于磨损，需要经常磨刀、换刀，增加了许多辅助工时；同时，吃刀深度只能相应减少，如果加工余量较多，则必然要分几刀才能完成车削，大大降低了生产效率。当吃刀深度和走刀量基本选定后，按一般切削情况，切削速度大致可按下列范围选用：

a. 用硬质合金车刀车削中碳钢（正火、退火状态）时，切削速度平均取90m/min左右；车削铸铁时，切削速度均取70m/min左右。在具体选用时，还应适当调整。

b. 车削调质的钢料、合金时，切削速度应比车削中碳钢时降低20%～30%。

c. 车削有色金属的切削速度应比车削中碳钢的切削速度提高100%～200%。

2）精车。在精车时，留下的加工余量不多（一般留精车余量 a_p=0.2～0.75mm），如果将走刀量取大，则残留面积增加，所以走刀量受到一定限制（一般取 f=0.08～0.03mm/r）。因此，在选择精车切削用量时，应将切削速度放在第一位，走刀量放在第二位，且按工件质量要求适当选择；而吃刀深度则根据工件尺寸来确定。

（2）不同切削条件下对切削用量的选择和调整

在不同的工件材料、工件形状、切削要求、车刀材料以及工件、车刀、夹具和机床系统的刚性等条件下，切削用量选择需做适当调整。

① 断续切削与连续切削的比较。如粗车偏心轴，在断续切削时，工件对刀刃特别是刀尖有着一个较大的冲击力，因此断续切削的切削用量应比连续切削选得小一些。

② 荒车和粗车时的比较。锻造和铸造的工件，一般表面很不平整，而且表皮硬度较高，当粗车第一刀（即荒车）时，如果切削较少，会使刀刃受到一个不均匀的冲击力，易产生崩刃现象，造成严重的磨损。所以荒车时，把吃刀深度应放在第一位来考虑，其意义比粗车时更为突出，当工件、车刀、夹具和机床刚性许可时，应该加大吃刀深度，适当减小走刀量和切削速度，使工件表面全部车出，这样可以减小冲击力的变化，避免刀尖和硬度较高的表皮层相接触，不易磨损。

③ 车削管料工件和轴类工件的比较。管料工件一般较长，刚性较差，因此在精车管料工件时，切削速度和吃刀深度要比轴类工件选得小一些，而走刀量可适当选得大一些，以减少振动。

④ 车外圆和车内孔的比较。由于车内孔时，刀杆尺寸受到限制，车刀刚性比车外圆的车刀要差，车削时车刀容易振动，所以车内孔时选择的切削用量，特别是吃刀深度和走刀量，要比车削外圆时小。

⑤ 使用高速钢车刀和硬质合金车刀的比较。由于高速钢的热硬性比硬质合金车刀差，因此在使用高速钢车刀车削时，选择的切削用量应比使用硬质合金车刀小，尤其是切削速度，高速钢车刀的切削速度大体为硬质合金车刀的 1/5～1/4。当采用高速钢车刀宽刃大走刀加工中碳钢工件时，一般采用切削速度 $v=3\sim5\text{m/min}$。

⑥ 车削大型工件和中小型工件时的比较。车削大型工件时，机床和工件的刚性好，其吃刀深度和走刀量应选得比车削中小型工件时大。但切削速度应降低些，以保证车刀的耐用度，并减少工件回转时的离心力，达到安全生产的目的。

⑦ 工件、车刀、夹具和机床的刚性好与差时的比较。工件、车刀、夹具和机床的刚性也是选择切削用量的依据之一。如在车削细长轴尤其是中间部位时常会发生振动；在车削较深孔时，由于刀杆细长，刚性较差，也易发生振动；又如在花盘和角铁上装夹工件，比一般用四爪卡盘夹持时刚性要差，前者则存在一定的偏重（即动平衡偏差）等。所以，切削用量均不宜选得过大（在具体选择时，走刀量可适当取大些，有利于减少振动）。

5.4.2 切削用量的确定

（1）背吃刀量的确定

背吃刀量是指切削时已加工表面与待加工表面之间的垂直距离，用符号 a_p 表示，单位为 mm。其计算公式如下：

$$a_p=\frac{d_w-d_m}{2} \tag{5-1}$$

式中 d_w——待加工表面外圆直径，mm；

d_m——已加工表面外圆直径，mm。

在工艺系统刚性和机床功率允许的条件下，尽可能选取较大的背吃刀量，以减少进给次数，提高生产效率。粗加工时，除留下精加工余量外，一次走刀尽可能切除全部余量。也可分多次走刀。精加工的加工余量一般较小，可一次切除。在中等功率机床上，粗加工的背吃刀量可达8～10mm；半精加工的背吃刀量取0.5～5mm；精加工的背吃刀量取0.2～1.5mm。

（2）主轴转速的确定

① 光车时的主轴转速光车时的主轴转速应根据零件上被加工部位的直径，并按零件、刀具的材料、加工性质等条件所允许的切削速度来确定。切削速度除了计算和查表选取外，还可根据实践经验确定。需要注意的是交流变频调速数控车床低速输出力矩小，因而切削速度不能太低。切削速度确定之后，就用式（5-2）计算主轴转速。表5-3为硬质合金外圆车刀切削速度的参考值，选用时可参考选择。

$$n=\frac{1000v_c}{\pi d} \tag{5-2}$$

式中 v_c——切削速度，m/min；

n——主轴转速，r/min；

d——工件待加工表面直径，mm。

表5-3 硬质合金外圆车刀切削速度的参考值

工件材料	热处理状态	$a_p=0.3\sim2.0$mm	$a_p=2\sim6$mm	$a_p=6\sim10$mm
		$f=0.08\sim0.30$mm/r	$f=0.3\sim0.6$mm/r	$f=0.6\sim1.0$mm/r
		v_c/(m/min)		
低碳钢、易切钢	热轧	140～180	100～120	70～90
中碳钢	热轧	130～160	90～110	60～80
	调质	100～130	70～90	50～70
合金结构钢	热轧	100～130	70～90	50～70
	调质	80～110	50～70	40～60
工具钢	退火	90～120	60～80	50～70
灰铸铁	＜190HBS	90～120	60～80	50～70
	190～225HBS	80～110	50～70	40～60
高锰钢(Mn13%)			10～20	
铜、铜合金		200～250	120～180	90～120
铝、铝合金		300～600	200～400	150～200
铸铝合金		100～180	80～150	60～100

说明：切削钢、灰铸铁时的刀具耐用度约为60min

② 车螺纹时的主轴转速切削螺纹时，数控车床的主轴转速将受到螺纹螺距（或导程）的大小、驱动电动机的升降频率特性、螺纹插补运算速度等多种因素的影响，故对于不同的数控系统，推荐不同的主轴转速选择范围。例如，大多数经济型数控车床的数控系统，推荐切削螺纹时的主轴转速为：

$$n\leqslant\frac{1200}{p}-k \tag{5-3}$$

式中 p——工件螺纹的螺距或导程（T），mm；

k——保险系数，一般取80。

（3）进给量（或进给速度）的确定

进给量是指刀具在进给方向上相对工件的位移量，即工件每转一圈，车刀沿进给方向移动的距离，用符号 f 表示，单位为mm/r。

$$v_f=fn \tag{5-4}$$

① 单向进给量计算。单向进给量包括纵向进给量和横向进给量，进给量的数值可按式（5-4）计算。粗车时一般取 0.3～0.8mm/r，精车时常取 0.1～0.3mm/r，切断时常取 0.05～0.2mm/r。表 5-4 是硬质合金车刀粗车外圆及端面的进给量参考值，表 5-5 是按表面粗糙度选择进给量的参考值，供参考选用。

表 5-4 硬质合金车刀粗车外圆及端面的进给量

工件材料	刀杆尺寸 $B \times H$/mm	工件直径 d_w/mm	背吃刀量 a_p/mm ≤3	>3～5	>5～8	>8～12	>12
			进给量 f/(mm/r)				
碳素结构钢 合金结构钢 耐热钢	16×25	20	0.3～0.4				
		40	0.4～0.5	0.3～0.4			
		60	0.5～0.7	0.4～0.6	0.3～0.5		
		100	0.6～0.9	0.5～0.7	0.5～0.6	0.4～0.5	
		400	0.8～1.2	0.7～1.0	0.6～0.8	0.5～0.6	
	20×30 25×25	20	0.3～0.4				
		40	0.4～0.5	0.3～0.4			
		60	0.5～0.7	0.5～0.7	0.4～0.6		
		100	0.8～1.0	0.7～0.9	0.5～0.7	0.4～0.7	
		400	1.2～1.4	1.0～1.2	0.8～1.0	0.6～0.9	0.4～0.6
铸铁 铜合金	16×25	40	0.4～0.5				
		60	0.5～0.8	0.5～0.8	0.4～0.6		
		100	0.8～1.2	0.7～1.0	0.6～0.8	0.5～0.7	
		400	1.0～1.4	1.0～1.2	0.8～1.0	0.6～0.8	
	20×30 25×25	40	0.4～0.5				
		60	0.5～0.9	0.5～0.8	0.4～0.7		
		100	0.9～1.3	0.8～1.2	0.7～1.0	0.5～0.8	
		400	1.2～1.8	1.2～1.6	1.0～1.3	0.9～1.1	0.7～0.9

注：1. 加工断续表面及有冲击工件时，表中进给量应乘系数 k=0.75～0.85。

2. 在无外皮加工时，表中进给量应乘系数 k=1.1。

3. 在加工耐热钢及合金钢时，进给量不大于 1mm/r。

4. 加工淬硬钢，进给量应减小。当钢的硬度为 44～56HRC 时，应乘系数 k=0.8；当钢的硬度为 56～62HRC 时，应乘系数 k=0.5。

表 5-5 按表面粗糙度选择进给量的参考值

工件材料	表面粗糙度 Ra/μm	切削速度范围 v_c/(m/min)	刀尖圆弧半径 r/mm 0.5	1.0	2.0
			进给量 f/(mm/r)		
铸铁、青钢、铝合金	>5～10	不限	0.25～0.40	0.40～0.50	0.50～0.60
	>2.5～5.0		0.15～0.25	0.25～0.40	0.40～0.60
	>1.25～2.5		0.10～0.15	0.15～0.20	0.20～0.35
碳钢及合金钢	>5～10	<50	0.30～0.50	0.45～0.60	0.55～0.70
		>50	0.40～0.55	0.55～0.65	0.65～0.70
	>2.5～5.0	<50	0.18～0.25	0.25～0.30	0.30～0.40
		>50	0.25～0.30	0.30～0.35	0.30～0.50
	>1.25～2.5	<50	0.10	0.11～0.15	0.15～0.22
		50～100	0.11～0.16	0.16～0.25	0.25～0.35
		>100	0.16～0.20	0.20～0.25	0.25～0.35

注：r=0.5mm，用于 12mm×12mm 及以下刀杆；r=1mm，用于 30mm×30mm 以下刀杆；r=2mm，用于 30mm×45mm 以下刀杆。

② 合成进给速度的计算。合成进给速度是指刀具作合成运动（斜线及圆弧插补等）时的进给速度，例如加工斜线及圆弧等轮廓零件时，刀具的进给速度由纵、横两个坐标轴同时

运动的速度合成获得，即：

$$v_{FH}=\sqrt{v_{FX}^2+v_{FZ}^2} \tag{5-5}$$

因为计算合成进给速度的过程比较烦琐，所以除特别情况需要计算外，在编制数控加工程序时，一般凭实践经验或通过试切确定合成进给速度值。

5.5　数控车削工艺文件的编制

数控加工工艺文件既是数控加工、产品验收的依据，也是操作者要遵守、执行的规程，同时还为产品零件的重复生产积累和储备了必要的技术工艺资料。它是编程人员在编制加工程序单时作出的与程序单相关的技术文件。该文件主要包括数控加工工序卡、数控刀具调整单、机床调整单、零件加工程序单等。

5.6　典型零件的数控车削加工工艺

下面以图 5-50（a）所示零件为例，分析并制定其数控加工工序的工艺过程。该零件材料为 45 钢，图 5-50（b）为该零件前工序简图。本工序加工部位为图中端面 A 以右的内外表面。

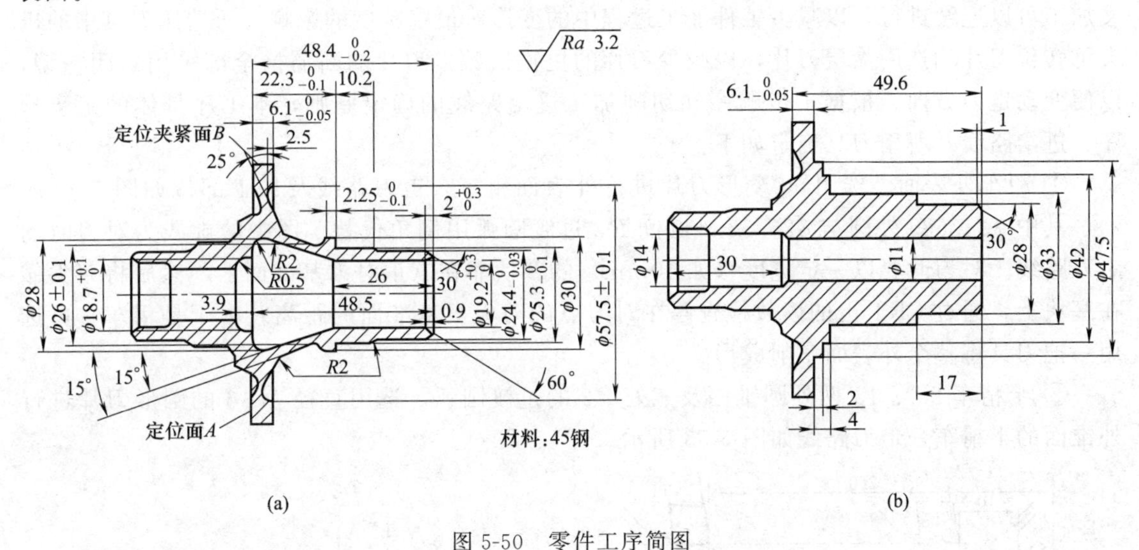

图 5-50　零件工序简图

（1）零件工艺分析

该零件由内、外圆柱面，内、外圆锥面，平面及圆弧等组成，结构形状复杂，加工部多，非常适合数控车削加工。但工件壁薄易变形，装夹时需采取特殊工艺措施。精度上，该零件的 $\phi 24.4_{-0.03}^{\ 0}$ 外圆和 $6.1_{-0.05}^{\ 0}$ 端面两处尺寸精度要求较高。此外，工件圆锥面上有几处 $R2$ 圆弧面，由于圆弧半径较小，可直接用成形刀车削而不用圆弧插补程序切削，这样既可减小编程工作量，又可提高切削效率。

（2）确定装夹方案

为了使工序基准与定位基准重合，并敞开所有的加工部位，选择 A 面和 B 面分别为轴向和径向定位基准，限定 5 个自由度。由于该工件属薄壁易变形件，为减少夹紧变形，选工件上刚度最好的部位 B 面为夹紧表面，采用如图 5-51 所示包容式软爪夹紧。该软爪以其底部的端齿在卡盘（通常是液压或气动卡盘）上定位，能保证较高的重复安装精度。为方便加工中的对刀和测量，可在软爪上设定一基准面，这个基准面是在数控车床上加工软爪的夹持表面和支靠表面时一同加工出来的，基准面至支撑面的距离可以控制得很准确。

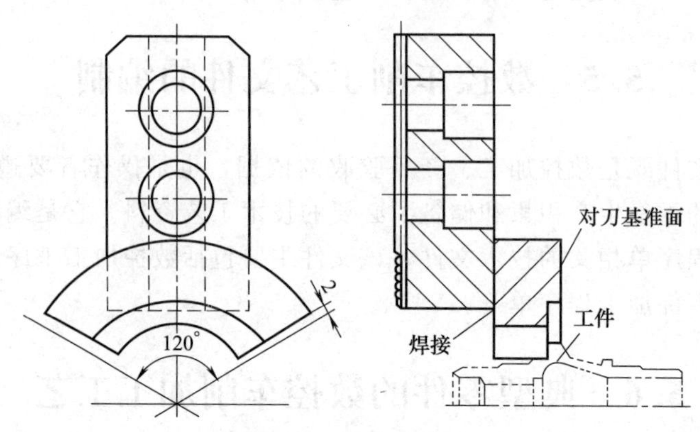

图 5-51 包容式软爪

（3）确定工步顺序、进给路线和所用刀具

由于采用软爪夹持工件，所有待加工表面都不受夹具紧固件的干涉，因而内外表面的交叉加工可以连续进行，以减少工件加工过程中的变形对最终精度的影响。所选用刀具中的机夹可转位刀片均选用涂层刀片，以减少刀片的更换次数。刀片的断屑槽全部采用封闭槽型，以便变动走刀方向。根据工步顺序和切削加工进给路线的确定原则，本工序具体的工步顺序、进给路线及所用刀具确定如下：

① 粗车外表面。选用 80°菱形刀片进行外表面粗车，走刀路线及加工部位如图 5-52 所示，其中 $\phi24.685$ 外圆与 $\phi25.55$ 外圆间 $R2$ 过渡圆弧用倒角代替。图中的虚线为对刀时的走刀路线。对刀时要以一定宽度（如 10mm）的塞块靠在软爪对刀基准面上，然后将刀尖靠在塞块上，通过 CRT 上的读数检查停在对刀点的刀尖至基准面的距离。由于是粗车，可选用一把刀具将整个外表面车削成形。

② 半精车 25°、15°两外圆锥面及三处 $R2$ 的过渡圆弧。选用直径为 $\phi6$ 的圆形刀片进行外锥面的半精车，走刀路线如图 5-53 所示。

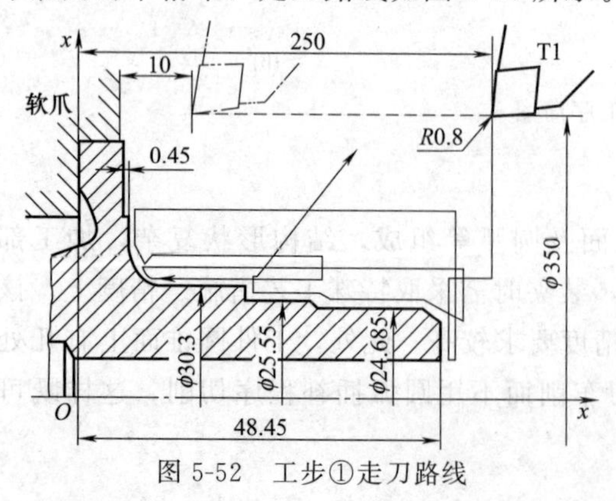

图 5-52 工步①走刀路线

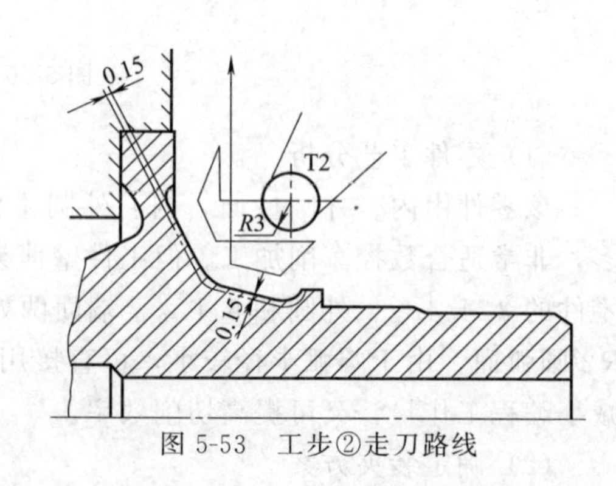

图 5-53 工步②走刀路线

③ 粗车内孔端部。本工步的进给路线如图 5-54 所示。选用三角形刀片进行内孔端部的粗车。此加工共分 3 次走刀，依次将距内孔端部 10mm 左右的一段车至 $\phi13.3$、$\phi15.6$ 和 $\phi18$。

④ 钻削内孔深部。进给路线见图 5-55。选用 $\phi18$ 钻头，顶角为 118°，进行内孔深部的钻削。与内孔车刀比，钻头的切削效率较高，切屑的排除也比较容易，但孔口一段因远离工件的夹持部位，钻屑不宜过大、过长，安排一个车削工步可减小切削变形，因为车削力比钻削力小，因此前面安排孔口端部车削工步。

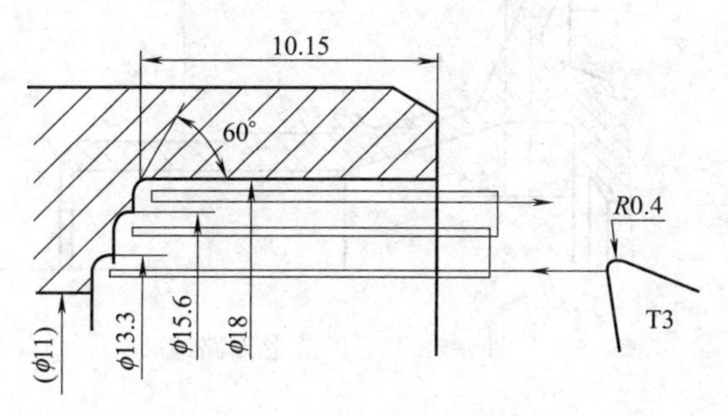

图 5-54　工步③走刀路线

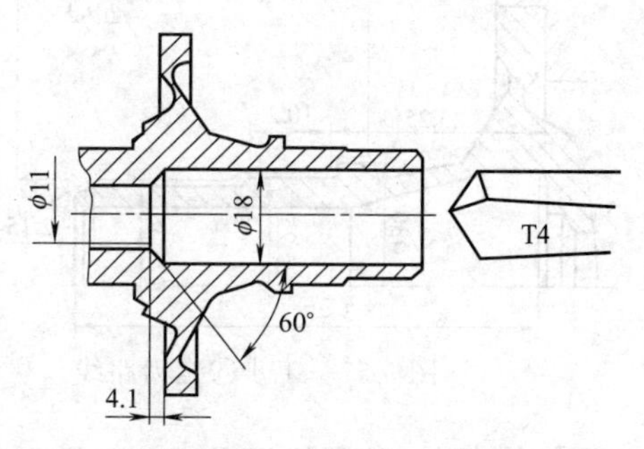

图 5-55　工步④走刀路线

⑤ 粗车内锥面及半精车其余内表面。选用 55°菱形刀片，进行 $\phi19.2$ 内孔的半精车及内锥面的粗车，以留有精加工余量 0.15mm 的外端面为对刀基准。由于内锥面需切除余量较多，故刀具共走刀 4 次，走刀路线及切削部位如图 5-56 所示。每两次走刀之间都安排一次退刀停车，以便操作者及时清除孔内的切屑。主轴旋向为逆时针，具体加工内容为：半精车 $\phi19.2^{+0.3}_{0}$ 内孔（前序尺寸为 $\phi18$）至 $\phi19.05$、粗车 15°内圆锥面、半精车 $R2$ 圆弧面及左侧内表面。

⑥ 精车外圆柱面及端面。选用 80°菱形刀片，精车图 5-57 中的右端面及 $\phi24.38$、$\phi25.25$、$\phi30$ 外圆及 $R2$ 圆弧和台阶面。由于是精车，刀尖圆弧半径选取较小值 $R0.4$。

⑦ 精车 25°外圆锥面及 $R2$ 圆弧面。用带 $R2$mm 的圆弧车刀，精车外圆锥面，其进给路线如图 5-58 所示。

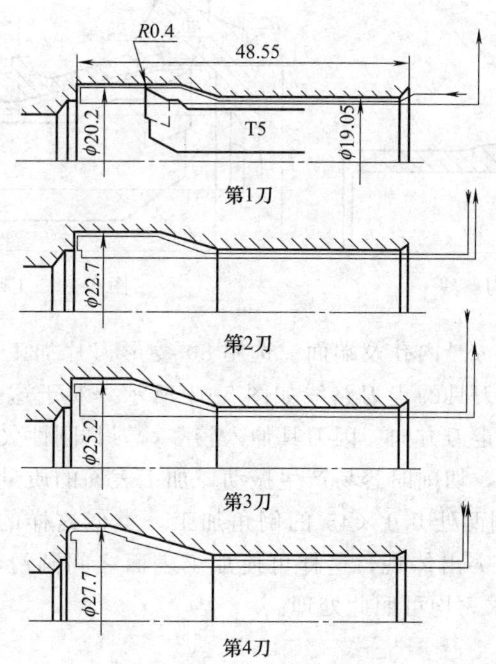

图 5-56　工步⑤走刀路线

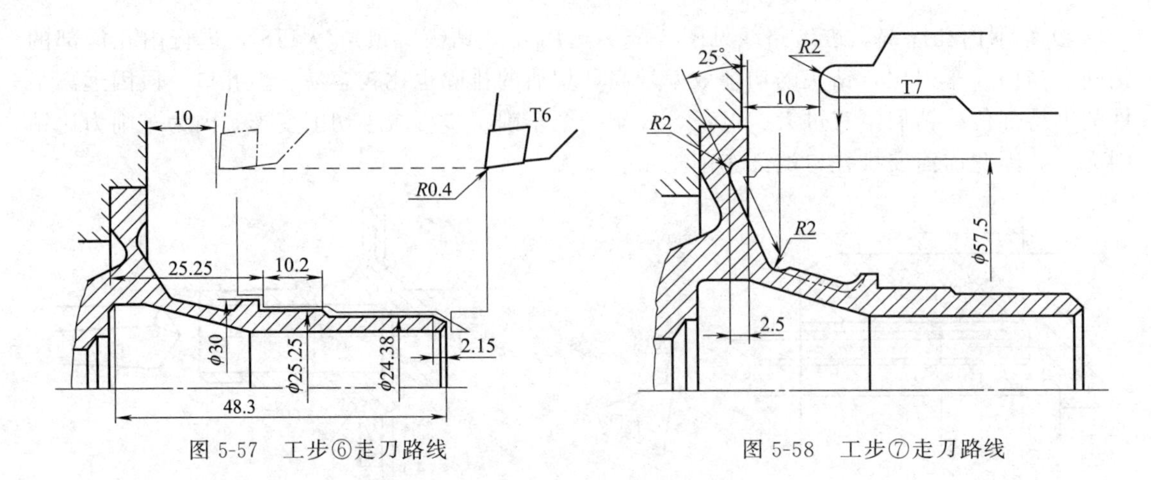

图 5-57 工步⑥走刀路线　　图 5-58 工步⑦走刀路线

⑧ 精车 15°外圆锥面及 $R2$ 圆弧面。用带 $R2$mm 的圆弧车刀，精车 15°外圆锥面，其进给路线如图 5-59 所示。程序中同样安排在软爪基准面进行选择性对刀。但应注意受刀具圆 $R2$mm 制造误差的影响，对刀后不一定能满足该零件尺寸 $2.25_{-0.1}^{0}$ 的公差要求。该刀具的轴向刀补还应根据刀具圆弧半径的实际值进行处理，不能完全由对刀决定。

⑨ 精车内表面。选用 80°菱形刀片，精车 $\phi19.2_{0}^{+0.3}$ 内孔、15°内锥面、$R2$ 圆弧及锥孔端面，进给路线如图 5-60 所示。该刀具在工件外端面上进行轴向对刀，此时外端面上已无加工余量。

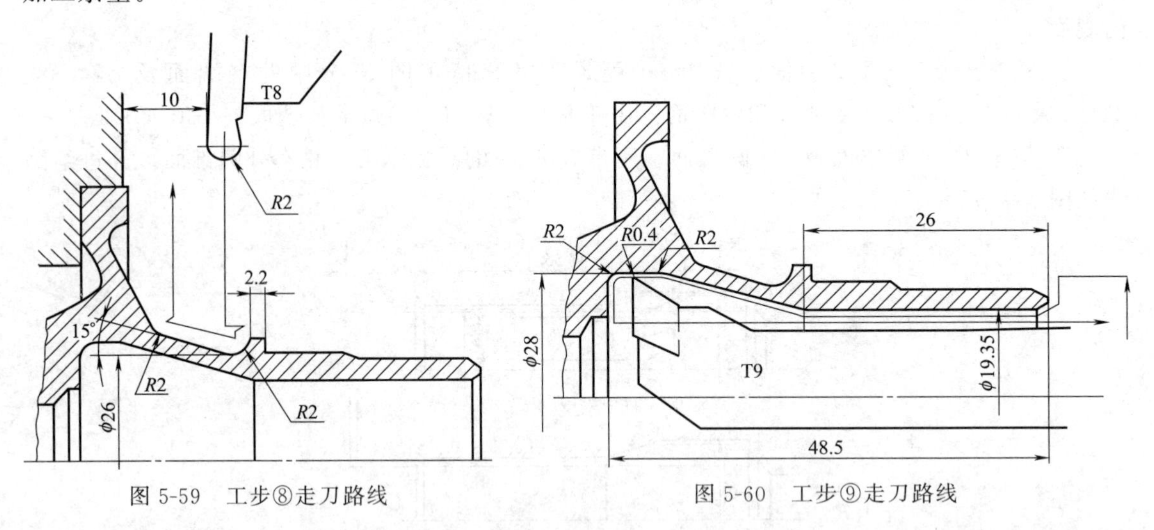

图 5-59 工步⑧走刀路线　　图 5-60 工步⑨走刀路线

⑩ 加工最深处 $\phi18.7_{0}^{+0.1}$ 内孔及端面。选用 80°菱形刀片加工，分 2 次走刀，中间退刀一次，以便清除切屑。该刀具的走刀路线如图 5-61 所示。对于这把刀具要特别注意妥善安排内孔根部端面车削时的走刀方向。因刀具伸入较多，刀具刚性欠佳，如采用与图示走刀路线相反的方向车削该端面，切削时容易产生振动，加工表面的质量很难保证。

在图 5-61 中可以看到两处 0.1×45°的倒角加工，类似这样的小倒角或小圆弧的加工，正是数控车削加工特点的突出体现，这样可使加工表面之间圆滑转接过渡。只要图样上无“保持锐角边”的特殊要求，均可照此处理。

(4) 确定切削用量

根据加工要求经查表修整来确定切削用量，具体确定如表 5-6 所示。

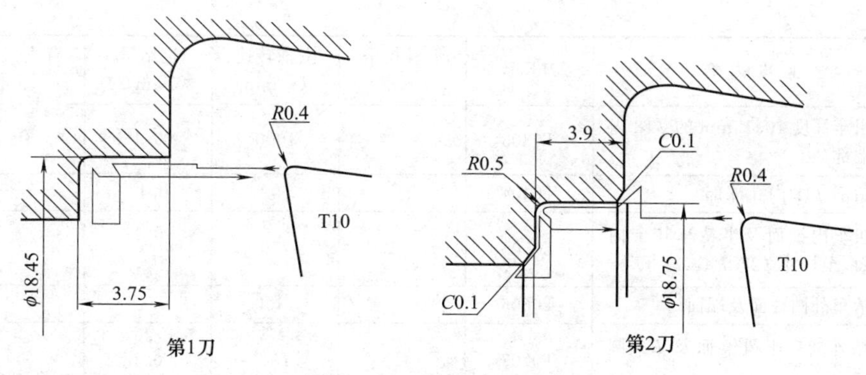

图 5-61 工步⑩走刀路线

表 5-6 切削用量的选择

序号	加工表面	切削用量选择
1	粗车外表面	车削端面时主轴转速 $S=1400$r/min，其余部位 $S=1000$r/min，端部倒角进给量 $f=0.15$mm/r，其余部位 $f=0.2\sim0.25$mm/r
2	半精车 25°、15°两外圆锥面及三处 $R2$ 的过渡圆弧	主轴转速 $S=1000$r/min，切入时进给量 $f=0.1$mm/r，进给时 $f=0.2$mm/r
3	粗车内孔端部	主轴转速 $S=1000$r/min，切入时进给量 $f=0.1$mm/r，进给时 $f=0.2$mm/r
4	钻削内孔深部	主轴转速 $S=550$r/min，进给量 $f=0.15$mm/r
5	粗车内锥面及半精车其余内表面	主轴转速 $S=700$r/min，车削 $\phi19.05$ 内孔时进给量 $f=0.2$mm/r，车削其余部位时 $f=0.1$mm/r
6	精车外圆柱面及端面	主轴转速 $S=1400$r/min，进给量 $f=0.15$mm/r
7	精车 25°外圆锥面及 $R2$ 圆弧面	主轴转速 $S=700$r/min，进给量 $f=0.1$mm/r
8	精车 15°外圆锥面及 $R2$ 圆弧面	主轴转速 $S=700$r/min，进给量 $f=0.1$mm/r
9	精车内表面	主轴转速 $S=1000$r/min，进给量 $f=0.1$mm/r
10	加工最深处 $\phi18.7^{+0.1}_{0}$ 内孔及端面	主轴转速 $S=1000$r/min，进给量 $f=0.1$mm/r

（5）刀具调整图

在确定了零件的进给路线，选择了切削刀具之后，视所用刀具多少，若使用刀具较多，可结合零件定位和编程加工的具体情况，绘制一份刀具调整图。图 5-62 所示为本例的刀具调整图。

（6）填写工艺文件

① 按加工顺序将各工步的加工内容、所用刀具及切削用量等填入表 5-7 中。

表 5-7 数控加工工序卡片

<table>
<tr><td rowspan="2">××××大学
××学院</td><td rowspan="2" colspan="2">数控加工
工序卡片</td><td>产品名称</td><td>零件名称</td><td>材料</td><td colspan="2">零件图号</td></tr>
<tr><td></td><td></td><td>45</td><td colspan="2">BIT20150906</td></tr>
<tr><td colspan="2">工序号</td><td colspan="2">程序编号</td><td>夹具编号</td><td colspan="2">使用设备</td><td>车间</td></tr>
<tr><td>工步号</td><td>工步内容</td><td>刀具号</td><td>刀具规格
/mm</td><td>主轴转速
/(r/min)</td><td>进给量
/(mm/r)</td><td>背吃刀量
/mm</td><td>备注</td></tr>
<tr><td>1</td><td>粗车外表面至尺寸 φ24.68、φ25.55、φ30.3 平端面</td><td>T0101</td><td></td><td>1000
1400</td><td>0.2～0.25
0.15</td><td></td><td></td></tr>
<tr><td>2</td><td>半精车外圆锥面，留精车余量 0.15mm</td><td>T0202</td><td></td><td>1000</td><td>0.1，0.2</td><td></td><td></td></tr>
</table>

续表

工步号	工 步 内 容	刀具号	刀具规格/mm	主轴转速/(r/min)	进给量/(mm/r)	背吃刀量/mm	备注
3	粗车深度 10.15mm 的 ϕ18 内孔端部	T0303		1000	0.1		
4	钻削 ϕ18 内孔深部	T0404		500	0.15		
5	粗车内锥面及半精车其余内表面，至尺寸 ϕ27.7、ϕ19.05	T0505		700	0.1 0.2		
6	精车外圆柱面及端面	T0606		1400	0.15		
7	精车 25°外圆锥面及 R2 圆弧面	T0707		700	0.1		
8	精车 15°外圆锥面及 R2 圆弧面	T0808		700	0.1		
9	精车内表面至尺寸	T0909		1400	0.1		
10	加工最深处 $\phi18.7^{+0.1}_{0}$ 内孔及端面	T1010		1400	0.1		

编制		审核		批准		共 页	第 页

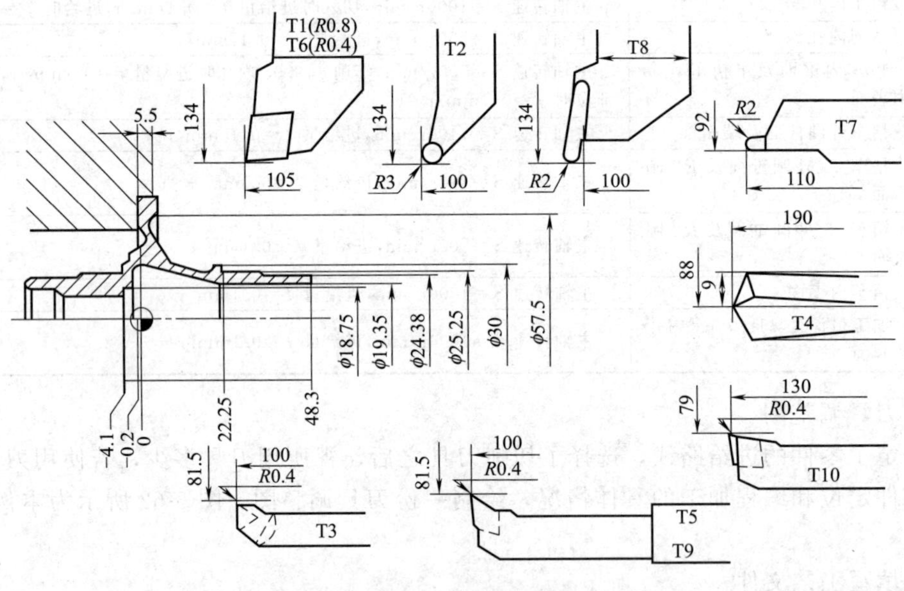

图 5-62 刀具调整图

② 将选定的各工步所用刀具的刀具型号、刀片型号、刀片牌号及刀尖圆弧半径填入表 5-8 中。

表 5-8 数控加工刀具卡片

产品名称或代号			零件名称		零件图号		程序编号	
工步号	刀具号	刀具名称	刀具型号	刀片		刀尖半径/mm	备注	
				型号	牌号			
1	T0101	机夹可转位车刀	PCGCL2525-09Q	CCMT097308	GC435	0.8		
2	T0202	机夹可转位车刀	PRJCL2525-06Q	RCMT060200	GC435	3		
3	T0303	机夹可转位车刀	PTJCL1010-09Q	TCMT090204	GC435	0.4		

续表

工步号	刀具号	刀具名称	刀具型号	刀片		刀尖半径/mm	备注
				型号	牌号		
4	T0404	ϕ18 钻头					
5	T0505	机夹可转位车刀	PDJNL1515-11Q	DNMA110404	GC435	0.4	
6	T0606	机夹可转位车刀	PCGCL2525-08Q	CCMW080304	GC435	0.4	
7	T0707	成形车刀				2	
8	T0808	成形车刀				2	
9	T0909	机夹可转位车刀	PDJNL1515-11Q	DNMA110404	GC435	0.4	
10	T1010	机夹可转位车刀	PCJCL1515-06Q	CCMW060204	GC435	0.4	
编制		审核		批准		共 页	第 页

习 题

5-1 举例说明数控车削加工的对象有哪些。

5-2 举例说明数控车削加工工艺设计的主要内容有哪些。

5-3 数控车削加工工艺与普通车削加工工艺的区别在哪里，其特点是什么？

5-4 说明数控车削常用粗加工进给路线有哪些，精加工路线应如何确定。

5-5 举例说明数控车削切削用量三要素如何确定。

5-6 如何选用数控车削加工刀具？

5-7 在数控车床上加工如题 5-7 图所示零件，已知该零件的毛坯为 ϕ85mm×45mm 的棒料，材料为 45 钢，试编制其数控车削加工工艺。

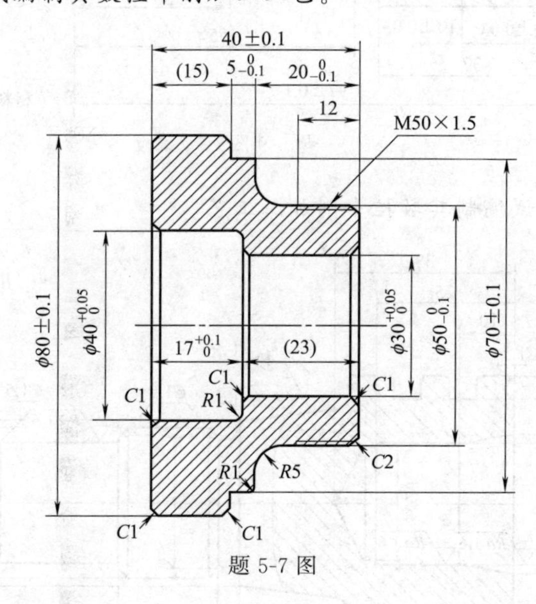

题 5-7 图

5-8 在数控车床上加工如题 5-8 图所示零件，已知该零件的毛坯为 ϕ75mm×85mm 的棒料，材料为 45 钢，试编制其数控车削加工工艺。

5-9 在数控车床上加工如题 5-9 图所示零件，已知该零件的毛坯为 ϕ50mm×100mm 的棒料，材料为 45 钢，试编制其数控车削加工工艺。

5-10 在数控车床上加工如题 5-10 图所示零件，已知该零件的毛坯为 ϕ50mm×97mm

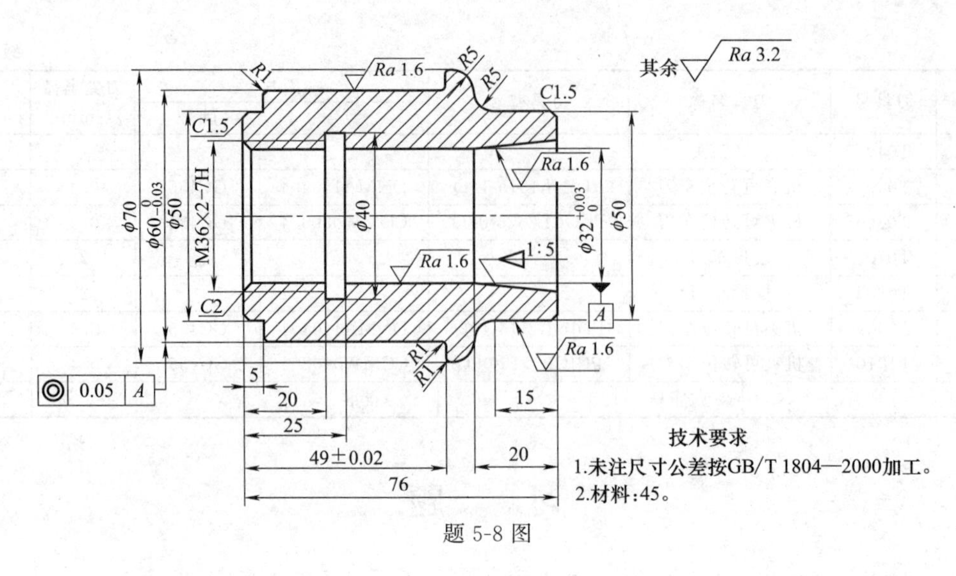

题 5-8 图

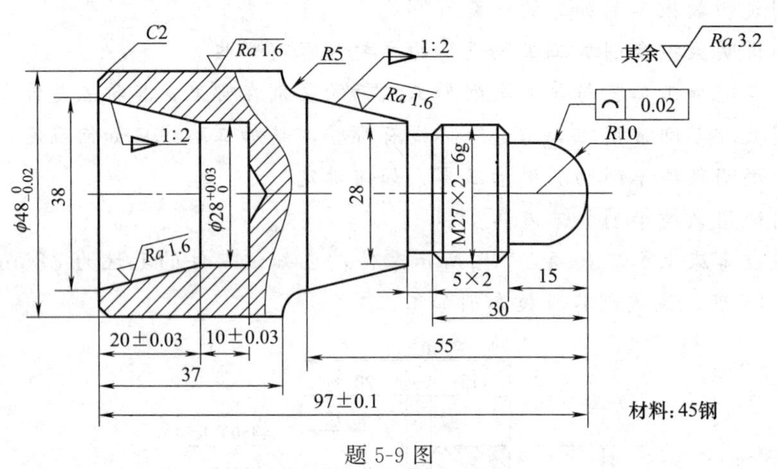

题 5-9 图

的棒料，材料为 45 钢，试编制其数控车削加工工艺。

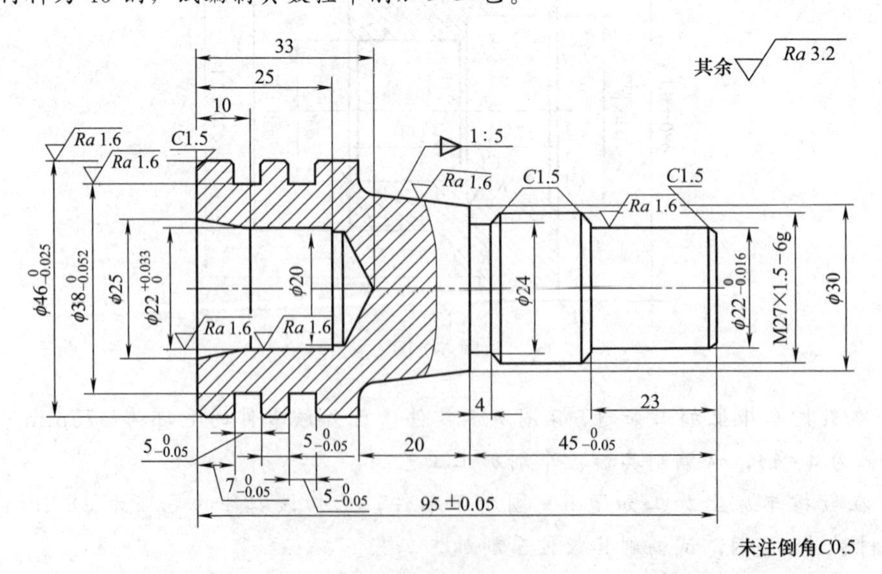

题 5-10 图

第6章　数控铣削（镗铣削中心）加工工艺

6.1　数控铣削加工工艺分析

6.1.1　数控铣削加工工艺

数控铣削加工工艺是以普通铣床的加工工艺为基础，结合数控铣床的特点，综合运用多方面的知识解决数控铣削加工过程中面临的工艺问题，其内容包括金属切削原理与刀具、加工工艺、典型零件加工及工艺性分析等方面的基础知识和基本理论。本章的宗旨在于从工程实际应用的角度，介绍数控铣削加工工艺所涉及的基础知识和基本原则，以便于读者在操作实训过程中科学、合理地设计加工工艺，充分发挥数控铣床的特点，实现数控加工中的优质、高产和低耗。

（1）数控铣削加工的主要对象

数控铣削是机械加工中最常用和最主要的数控加工方法之一，它除了能铣削普通铣床所能铣削的各种零件表面外，还能铣削普通铣床不能铣削的需要2～5坐标联动的各种平面轮廓和立体轮廓。根据数控铣床的特点，从铣削加工角度考虑，适合数控铣削的主要加工对象有以下几类。

① 平面轮廓零件。这类零件的加工面平行或垂直于定位面，或加工面与定位面的夹角为固定角度，如各种盖板、凸轮以及飞机整体结构件中的框、肋等。目前在数控铣床上加工的大多数零件属于平面类零件，其特点是各个加工面是平面，或可以展开成平面。平面类零件是数控铣削加工中最简单的一类零件，一般只需用3坐标数控铣床的2坐标联动（即2轴半坐标联动）就可以把它们加工出来。

② 变斜角类零件。加工面与水平面的夹角呈连续变化的零件称为变斜角类零件，例如图6-1所示的飞机变斜角梁椽条。

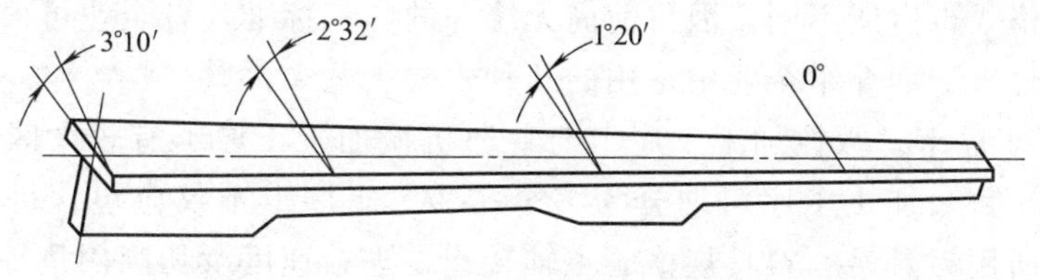

图6-1　飞机变斜角梁椽条

变斜角类零件的变斜角加工面不能展开为平面，但在加工中，加工面与铣刀圆周的瞬时接触为一条线。最好采用4坐标、5坐标数控铣床摆角加工，若没有上述机床，也可采用3坐标数控铣床进行2轴半近似加工。

③ 空间曲面轮廓零件。这类零件的加工面为空间曲面，如模具、叶片、螺旋桨等。空

间曲面轮廓零件不能展开为平面。加工时，铣刀与加工面始终为点接触，一般采用球头刀在三轴数控铣床上加工。当曲面较复杂、通道较狭窄、会伤及相邻表面及需要刀具摆动时，要采用4坐标或5坐标铣床加工。

④ 孔。孔及孔系的加工可以在数控铣床上进行，如钻、扩、铰和镗等加工。由于孔加工多采用定尺寸刀具，需要频繁换刀，当加工孔的数量较多时，就不如用加工中心加工方便、快捷。

⑤ 螺纹。内螺纹、外螺纹、圆柱螺纹、圆锥螺纹等都可以在数控铣床上加工。

(2) 数控铣削加工工艺的特点

工艺规程是工人在加工时的指导性文件。由于普通铣床受控于操作工人，因此，在普通铣床上用的工艺规程实际上只是一个工艺过程卡，铣床的切削用量、走刀路线、工序的工步等往往都是由操作工人自行选定的。数控铣床加工的程序是数控铣床的指令性文件。数控铣床受控于程序指令，加工的全过程都是按程序指令自动进行的。因此，数控铣床加工程序与普通铣床工艺规程有较大差别，涉及的内容也较广。数控铣床加工程序不仅要包括零件的工艺过程，还要包括切削用量、走刀路线、刀具尺寸以及铣床的运动过程。因此，要求编程人员对数控铣床的性能、特点、运动方式、刀具系统、切削规范以及工件的装夹方法都要非常熟悉。工艺方案的好坏不仅会影响铣床效率的发挥，而且将直接影响到零件的加工质量。

(3) 数控铣削加工工艺的主要内容

① 选择适合在数控铣床上加工的零件，确定工序内容。

② 分析被加工零件的图纸，明确加工内容及技术要求。

③ 确定零件的加工方案，制定数控铣削加工工艺路线。处理与非数控加工工序的衔接等。

④ 数控铣削加工工序的设计。如选取零件的定位基准、划分工序、安排加工顺序，夹具方案的确定、工步划分、刀具选择和确定切削用量等。

⑤ 数控铣削加工程序的调整。如选取对刀点和换刀点、确定刀具补偿及确定加工路线等。

6.1.2 数控加工工艺文件

编写数控加工工艺文件是数控加工工艺设计的内容之一。这些工艺文件既是数控加工和产品验收的依据，也是操作者必须遵守和执行的规程。针对不同的数控机床和加工要求，工艺文件的内容和格式也有所不同，因目前尚无统一的国家标准，各企业可根据自身特点制定出相应的工艺文件。下面介绍企业中常用的几种主要工艺文件。

① 数控加工工序卡。数控加工工序卡与普通机械加工工序卡有较大区别。数控加工一般采用工序集中，每一加工工序可划分为多个工步，工序卡不仅应包含每一工步的加工内容，还应包含其所用刀具号、刀具规格、主轴转速、进给速度及切削用量等内容。它不仅是编程人员编制程序时必须遵循的基本工艺文件，同时也是指导操作人员进行数控机床操作和加工的主要资料。不同的数控机床，数控加工工序卡可采用不同的格式和内容。数控铣削加工工序卡的格式见6.5节。

② 数控加工刀具卡。数控加工刀具卡主要反映使用刀具的规格名称、编号、刀长和半径补偿值以及所加工表面等内容，它是调刀人员准备和调整刀具、机床操作人员输入刀补参数的主要依据。数控铣削加工刀具卡的格式见6.5节。

③ 数控加工走刀路线图。一般用数控加工走刀路线图来反映刀具进给路线，该图应准确描述刀具从起刀点开始，直到加工结束返回终点的轨迹。它不仅是程序编制的基本依据，同时也便于机床操作者了解刀具运动路线（如从哪里进刀，从哪里抬刀等），计划好夹紧位置及控制夹紧元件的高度，以避免碰撞事故发生。走刀路线图一般可用统一约定的符号来表示，不同的机床可以采用不同的图例与格式。

④ 数控加工程序单。数控加工程序单是编程员根据工艺分析情况，经过数值计算，按照数控机床的程序格式和指令代码编制的。它是记录数控加工工艺过程、工艺参数、位移数据的清单，同时也可帮助操作员正确理解加工程序内容。表 6-1 是数控铣削加工程序单的格式。

表 6-1　数控铣削加工程序单

零件号			零件名称		编制		审核	
程序号					日期		日期	
序号	程序内容				程序说明			
1								
2								
3								
4								
5								
6								
7								
8								
编制	×××	审核	×××	批准	×××	××年×月×日	共　页	第　页

6.1.3　零件的工艺分析

数控铣削加工的工艺设计是在普通铣削加工工艺设计的基础上，考虑和利用数控铣床的特点，充分发挥其优势。关键在于合理安排工艺路线，协调数控铣削工序与其他工序之间的关系，确定数控铣削工序的内容和步骤，并为程序编制准备必要的条件。

（1）数控铣削加工部位及内容的选择与确定

一般情况下，某个零件并不是所有的表面都需要采用数控加工，应根据零件的加工要求和企业的生产条件进行具体分析，确定具体的加工部位和内容及要求。具体而言，以下情况适宜采用数控铣削加工：

① 由直线、圆弧、非圆曲线及列表曲线构成的内外轮廓。

② 空间曲线或曲面。

③ 形状虽然简单，但尺寸繁多、检测困难的部位。

④ 用普通机床加工时难以观察、控制及检测的内腔、箱体内部等。

⑤ 有严格位置尺寸要求的孔或平面。

⑥ 能够在一次装夹中顺带加工出来的简单表面或形状。

⑦ 采用数控铣削加工能有效提高生产效率，减轻劳动强度的一般加工内容。而像简单的粗加工面、需要用专用工装协调的加工内容等则不宜采用数控铣削加工。在具体确定数控铣削的加工内容时，还应结合企业设备条件、产品特点及现场生产组织管理方式等具体情况进行综合分析，以优质、高效、低成本完成零件的加工为原则。

(2) 数控铣削加工零件的工艺性分析

零件的工艺性分析是制定数控铣削加工工艺的前提，其主要内容包括如下。

① 零件图及其结构工艺性分析。

a. 分析零件的形状、结构及尺寸的特点，确定零件上是否有妨碍刀具运动的部位，是否有会产生加工干涉或加工不到的区域，零件的最大形状尺寸是否超过机床的最大行程，零件的刚性随着加工的进行是否有太大的变化等。

b. 检查零件的加工要求，如尺寸加工精度、形位公差及表面粗糙度在现有的加工条件下是否可以得到保证，是否还有更经济的加工方法或方案。

c. 在零件上是否存在对刀具形状及尺寸有限制的部位和尺寸要求，如过渡圆角、倒角、槽宽等，这些尺寸是否过于凌乱，是否可以统一。尽量使用最少的刀具进行加工，减少刀具规格、换刀及对刀次数和时间，以缩短总的加工时间。

d. 对于零件加工中使用的工艺基准应当着重考虑，它不仅决定了各个加工工序的前后顺序，还将对各个工序加工后各个加工表面之间的位置精度产生直接的影响。应分析零件上是否有可以利用的工艺基准，对于一般加工精度要求，可以利用零件上现有的一些基准面或基准孔，或者专门在零件上加工出工艺基准。当零件的加工精度要求很高时，必须采用先进的统一基准定位装夹系统才能保证加工要求。

e. 分析零件材料的种类、牌号及热处理要求，了解零件材料的切削加工性能，才能合理选择刀具材料和切削参数。同时要考虑热处理对零件的影响（如热处理变形），并在工艺路线中安排相应的工序消除这种影响。而零件的最终热处理状态也将影响工序的前后顺序。

f. 当零件上的一部分内容已经加工完成，这时应充分了解零件的已加工状态，数控铣削加工的内容与已加工内容之间的关系，尤其是位置尺寸关系，这些内容之间在加工时如何协调，采用什么方式或基准保证加工要求。如对其他企业的外协零件的加工。

g. 构成零件轮廓的几何元素（点、线、面）的条件（如相切、相交、垂直和平行等），是数控编程的重要依据。因此，在分析零件图样时，务必要分析几何元素的给定条件是否充分，发现问题应及时与设计人员协商解决。有关铣削零件的结构工艺性实例如表 6-2 所示。

表 6-2 数控铣床加工零件结构工艺性实例

序号	A 工艺性差的结构	B 工艺性好的结构	说 明
1	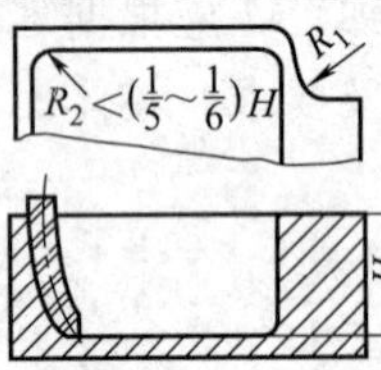 R_1 $R_2<(\frac{1}{5}\sim\frac{1}{6})H$ H	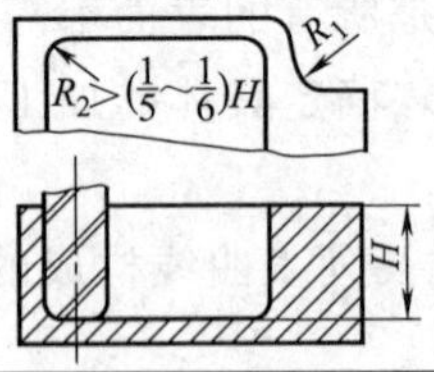 R_1 $R_2>(\frac{1}{5}\sim\frac{1}{6})H$ H	B结构可选用较高刚性刀具
2	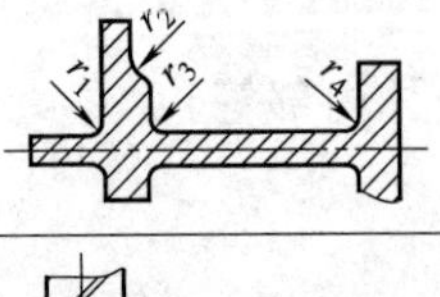 r_1 r_2 r_3 r_4	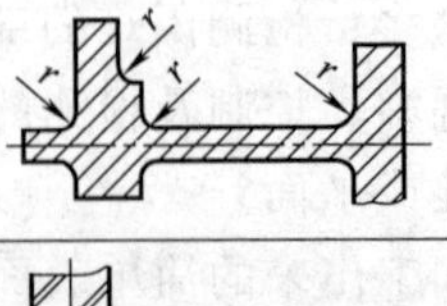 r r r r	B结构需用刀具比 A 结构少，减少了换刀的辅助时间
3	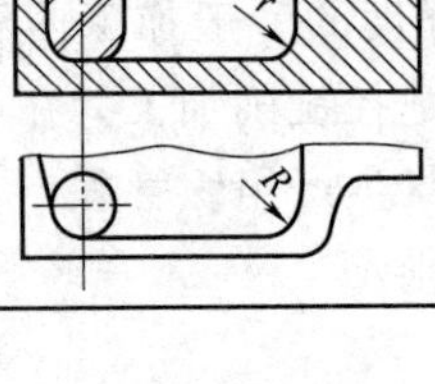 r R	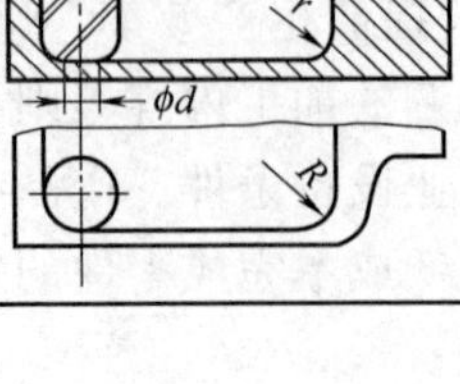 r ϕd R	B结构 R 大，r 小，铣刀端刃铣削面积大，生产效率高

续表

序号	A　工艺性差的结构	B　工艺性好的结构	说　明
4			B 结构 $a>2R$，便于半径为 R 的铣刀进入，所需刀具少，加工效率高
5			B 结构刚性好，可用大直径铣刀加工，加工效率高
6			B 结构在加工面和不加工面之间加入过渡表面，减少了切削量
7			B 结构用斜面筋代替阶梯筋，节约材料，简化编程
8			B 结构采用对称结构，简化编程

② 零件毛坯的工艺性分析。零件在进行数控铣削加工时，由于加工过程的自动化，使得余量的大小、如何装夹等问题在设计毛坯时就要仔细考虑好。否则，如果毛坯不适合数控铣削，加工将很难进行下去。根据实践经验，下列几方面应作为毛坯工艺性分析的重点。

a. 毛坯应有充分、稳定的加工余量。毛坯主要指锻件、铸件。因模锻时的欠压量与允许的错模量会造成余量的多少不等；铸造时也会因砂型误差、收缩量及金属液体的流动性差不能充满型腔等造成余量的不等。此外，锻造、铸造后，毛坯的挠曲与扭曲变形量的不同也会造成加工余量不充分、不稳定。因此，除板料外，不论是锻件、铸件还是型材，只要准备采用数控铣削加工，其加工面均应有较充分的余量。经验表明，数控铣削中最难保证的是加工面与非加工面之间的尺寸，这一点应该特别引起重视。如果已确定或准备采用数控铣削加工，就应事先对毛坯的设计进行必要的更改或在设计时就加以充分考虑，即在零件图样注明的非加工面处也增加适当的余量。

b. 分析毛坯的装夹适应性。主要考虑毛坯在加工时定位和夹紧的可靠性与方便性，以便在一次安装中加工出较多表面。对不便于装夹的毛坯，可考虑在毛坯上另外增加装夹余量或工艺凸台、工艺凸耳等辅助基准，如图 6-2 所示，该工件缺少合适的定位基准，在毛坯上铸出 2 个工艺凸耳，在凸耳上制出定位基准孔。

c. 分析毛坯的余量大小及均匀性。主要是考虑在加工时要不要分层切削，分几层切削。也要分析加工中与加工后的变形程度，考虑是否应采取预防性措施与补救措施。如对于热轧

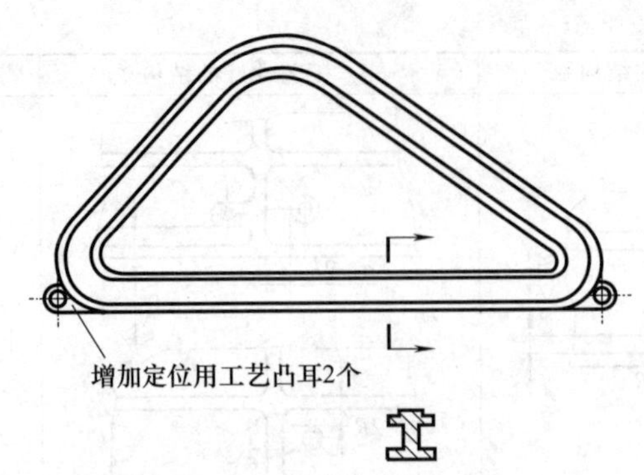

图 6-2 增加辅助基准示例

中、厚铝板，经淬火时效后很容易在加工中与加工后变形，最好采用经预拉伸处理的淬火板坯。

6.1.4 数控铣削加工工艺路线的拟定

随着数控加工技术的发展，在不同设备和技术条件下，同一个零件的加工工艺路线会有较大的差别。但关键的都是从现有加工条件出发，根据工件形状结构特点合理选择加工方法、划分加工工序、确定加工路线和工件各个加工表面的加工顺序，协调数控铣削工序和其他工序之间的关系以及考虑整个工艺方案的经济性等。

(1) 加工方法的选择

数控铣削加工对象的主要加工表面一般可采用表 6-3 所列的加工方案。

表 6-3 加工表面的加工方案

序号	加工表面	加工方案	所使用的刀具
1	平面内外轮廓	*X*、*Y*、*Z* 方向粗铣→内外轮廓方向分层半精铣→轮廓高度方向分层半精铣→内外轮廓精铣	整体高速钢或硬质合金立铣刀；机夹可转位硬质合金立铣刀
2	空间曲面	*X*、*Y*、*Z* 方向粗铣→曲面 *Z* 方向分层粗铣→曲面半精铣→曲面精铣	整体高速钢或硬质合金立铣刀、球头铣刀；机夹可转位硬质合金立铣刀、球头铣刀
3	孔	定尺寸刀具加工铣削	麻花钻、扩孔钻，铰刀、镗刀；整体高速钢或硬质合金立铣刀；机夹可转位硬质合金立铣刀
4	外螺纹	螺纹铣刀铣削	螺纹铣刀
5	内螺纹	攻螺纹 螺纹铣刀铣削	丝锥 螺纹铣刀

① 平面加工方法的选择。在数控铣床上加工平面主要采用端铣刀和立铣刀加工。粗铣的尺寸精度和表面粗糙度一般可达 IT11～IT13，*Ra*6.3～25μm；精铣的尺寸精度和表面粗糙度一般可达 IT8～IT10，*Ra*1.6～6.3μm。需要注意的是：当零件表面粗糙度要求较高时，应采用顺铣方式。

② 平面轮廓加工方法的选择。平面轮廓多由直线和圆弧或各种曲线构成，通常采用 3 坐标数控铣床进行 2 轴半坐标加工。图 6-3 所示为由直线和圆弧构成的零件平面轮廓 *ABCDEA*，采用半径为 *R* 的立铣刀沿周向加工，虚线 $A'B'C'D'E'A'$ 为刀具中心的运动轨迹。为保证加工面光滑，刀具沿 PA' 切入，沿 $A'K$ 切出。

③ 固定斜角平面加工方法的选择。固定斜角平面是与水平面成一固定夹角的斜面。当零件尺寸不大时，可用斜垫板垫平后加工；如果机床主轴可以摆角，则可以摆成适当的定角，用不同的刀具来加工（图 6-4）。当零件尺寸很大，斜面斜度又较小时，常用行切法加工，但加工后，会在加工面上留下残留面积，需要用钳修方法加以清除，用 3 坐标数控立铣加工飞机整体壁板零件时常用此法。当然，加工斜面的最佳方法是采用 5 坐标数控铣床，主轴摆角后加工，可以不留残留面积。

④ 变斜角面加工方法的选择。

a. 对曲率变化较小的变斜角面，选用 X、Y、Z 和 A 4 坐标联动的数控铣床，采用立铣刀（但当零件斜角过大，超过机床主轴摆角范围时，可用角度成型铣刀加以弥补）以插补方式摆角加工，如图 6-5（a）所示。加工时，为保证刀具与零件型面在全长上始终贴合，刀具绕 A 轴摆动角度 α。

b. 对曲率变化较大的变斜角面，用 4 坐标联动加工难以满足加工要求，最好用 X、Y、Z、A 和 B（或 C 转轴）的 5 坐标联动数控铣床，以圆弧插补方式摆角加工，如图 6-5（b）所示。

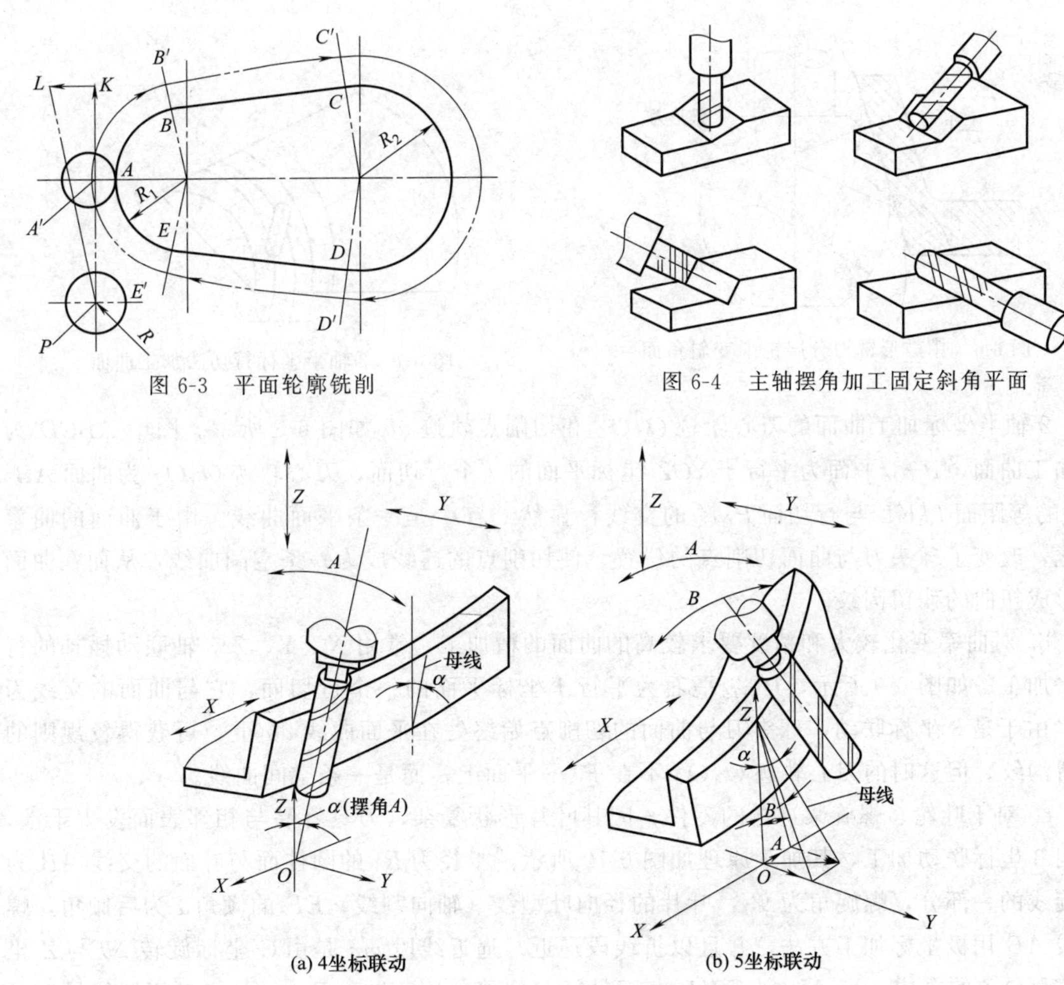

图 6-3　平面轮廓铣削

图 6-4　主轴摆角加工固定斜角平面

图 6-5　数控铣床加工变斜角面

图中夹角 A 和 B 分别是零件斜面母线与 Z 坐标轴夹角 α 在 ZOY 平面上和 XOY 平面上

的分夹角。

c. 采用 3 坐标数控铣床 2 坐标联动，利用球头铣刀和鼓形铣刀，以直线或圆弧插补方式进行分层铣削加工，加工后的残留面积用钳修方法清除。图 6-6 所示为用鼓形铣刀分层铣削变斜角面的情形。因鼓形铣刀的鼓径可以做得比球头铣刀的球径大，所以加工后的残留面积高度小，加工效果比球头刀好。

⑤ 曲面轮廓加工方法的选择。立体曲面的加工应根据曲面形状、刀具形状以及精度要求采用不同的铣削加工方法，如 2 轴半、3 轴、4 轴及 5 轴等联动加工。

a. 对曲率变化不大和精度要求不高的曲面的粗加工，常用 2 轴半坐标行切法加工（所谓行切法，是指刀具与零件轮廓的切点轨迹是一行一行的，而行间的距离是按零件加工精度的要求确定的）。即 X、Y、Z 三轴中任意两轴作联动插补，第三轴作单独的周期进给。如图 6-7 所示，将 X 向分成若干段，球头铣刀沿 YOZ 面所截的曲线进行铣削，每一段加工完后进给 ΔX，再加工另一相邻曲线，如此依次切削即可加工出整个曲面。在行切法中，要根据轮廓表面粗糙度的要求及刀头不干涉相邻表面的原则选取 ΔX。球头铣刀的刀头半径应选得大一些，有利于散热，但刀头半径应小于内凹曲面的最小曲率半径。

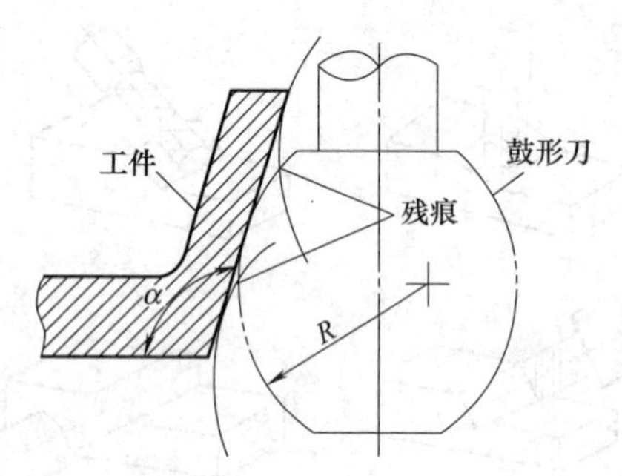

图 6-6 用鼓形铣刀分层铣削变斜角面

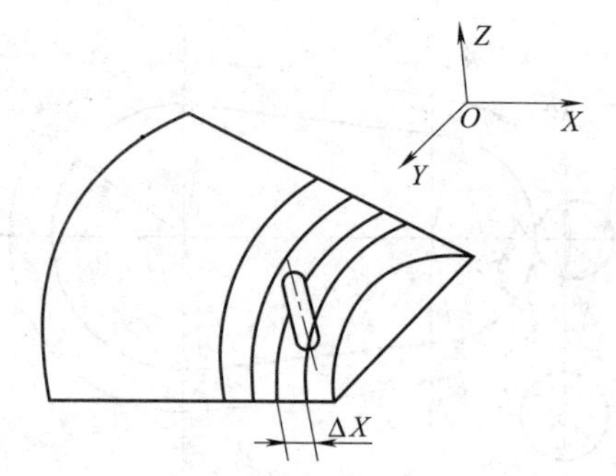

图 6-7 2 轴半坐标行切法加工曲面

2 轴半坐标加工曲面的刀心轨迹 O_1O_2 和切削点轨迹 ab 如图 6-8 所示。图中 $ABCD$ 为被加工曲面，P_{YOZ}平面为平行于 YOZ 坐标平面的一个行切面，刀心轨迹 O_1O_2 为曲面 AB-CD 的等距面 $IJKL$ 与行切面 P_{YOZ}的交线，显然 O_1O_2 是一条平面曲线。由于曲面的曲率变化，改变了球头刀与曲面切削点的位置，使切削点的连线成为一条空间曲线，从而在曲面上形成扭曲的残留沟纹。

b. 对曲率变化较大和精度要求较高的曲面的精加工，常用 X、Y、Z 3 轴联动插补的行切法加工。如图 6-9 所示，P_{YOZ}平面为平行于坐标平面的一个行切面，它与曲面的交线为 ab。由于是 3 坐标联动，球头刀与曲面的切削点始终处在平面曲线 ab 上，可获得较规则的残留沟纹。但这时的刀心轨迹 O_1O_2 不在 P_{YOZ}平面上，而是一条空间曲线。

c. 对于叶轮、螺旋桨这样的零件，因其叶片形状复杂，刀具容易与相邻表面发生干涉，常用 3 坐标联动加工，其加工原理如图 6-10 所示。半径为 R_i 的圆柱面与叶面的交线 AB 为螺旋线的一部分，螺旋角为 Ψ_i，叶片的径向叶型线（轴向割线）EF 的倾角 α 为后倾角，螺旋线 AB 用极坐标加工方法，并且以折线段逼近。逼近线段 mn 是由 C 坐标旋转 $\Delta\theta$ 与 Z 坐标位移 ΔZ 的合成。当 AB 加工完后，刀具径向位移 ΔX（改变 R_i），再加工相邻的另一条叶型线，依次加工即可形成整个叶面。因叶面的曲率半径较大，所以常采用立铣刀加工，以提高生产率并简化程序。为保证铣刀端面始终与曲面贴合，铣刀还应作由坐标 A 和坐标 B

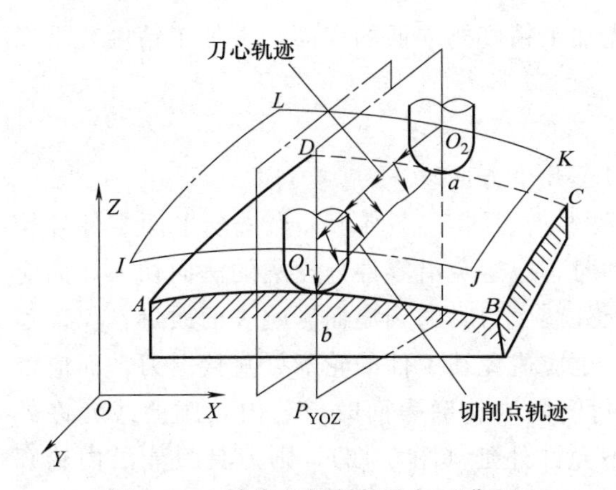

图 6-8 2 轴半坐标行切法加工曲面

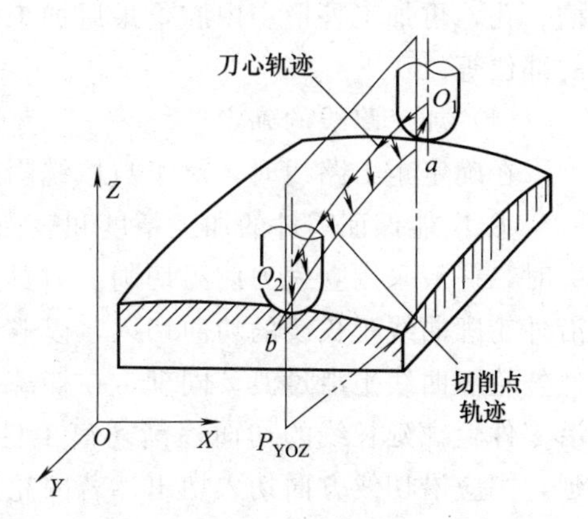

图 6-9 3 轴联动行切法加工曲面

形成的θ_1 和α_1 的摆角运动。在摆角的同时，还应作直角坐标的附加运动，以保证铣刀端面中心始终位于编程值所规定的位置上，所以需要 5 坐标联动加工。这种加工的编程计算相当复杂，一般采用自动编程。

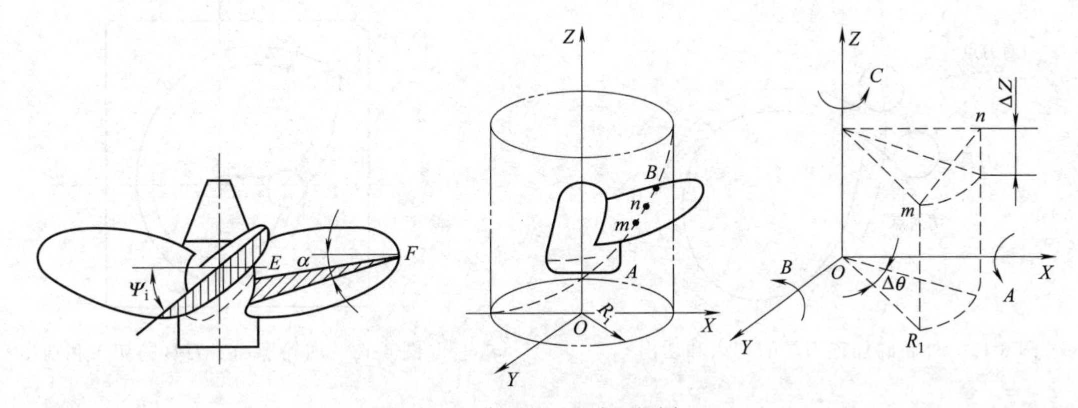

图 6-10 曲面的 5 坐标联动加工

(2) 工序的划分

在确定加工内容和加工方法的基础上，根据加工部位的性质、刀具使用情况以及现有的加工条件，将这些加工内容安排在一个或几个数控铣削加工工序中。

① 当加工中使用的刀具较多时，为了减少换刀次数，缩短辅助时间，可以将一把刀具所加工的内容安排在一个工序（或工步）中。

② 按照工件加工表面的性质和要求，将粗加工、精加工分为依次进行的不同工序（或工步）。先进行所有表面的粗加工，再进行所有表面的精加工。一般情况下，为了减少工件加工中的周转时间，提高数控铣床的利用率，保证加工精度要求，在数控铣削工序划分的时候，应尽量使工序集中。当数控铣床的数量比较多，同时有相应的设备技术措施保证工件的定位精度时，为了更合理地均匀机床的负荷，协调生产组织，也可以将加工内容适当分散。

(3) 加工顺序的安排

在确定了某个工序的加工内容后，要进行详细的工步设计，即安排这些工序内容的加工顺序，同时考虑程序编制时刀具运动轨迹的设计。一般将一个工步编制为一个加工程序，因此，工步顺序实际上也就是加工程序的执行顺序。一般数控铣削采用工序集中的方式，这时工步的顺序就是工序分散时的工序顺序，通常按照从简单到复杂的原则，先加工平面、沟槽、孔，再加工外形、内腔，最后加工曲面；先加工精度要求低的表面，再加工精度要求高的部位等。

（4）加工路线的确定

在确定走刀路线时，对于数控铣削应考虑以下几个方面。

① 应能保证零件的加工精度和表面粗糙度要求。如图 6-11 所示，当铣削平面零件外轮廓时，一般采用立铣刀侧刃切削。刀具切入工件时，应避免沿零件外轮廓的法向切入，而应沿外轮廓曲线延长线的切向切入，以避免在切入处产生刀具的刻痕而影响表面质量，保证零件外轮廓曲线平滑过渡。同理，在切离工件时，也应避免在工件的轮廓处直接退刀，而应该沿零件轮廓延长线的切向逐渐切离工件。铣削封闭的内轮廓表面时，若内轮廓曲线允许外延，则应沿切线方向切入切出。若内轮廓曲线不允许外延（图 6-12），则刀具只能沿内轮廓曲线的法向切入切出，此时刀具的切入切出点应尽量选在内轮廓曲线两几何元素的交点处。当内部几何元素相切无交点时（图 6-13），为防止刀补取消时在轮廓拐角处留下凹口[图 6-13（a）]，刀具切入切出点应远离拐角[图 6-13（b）]。

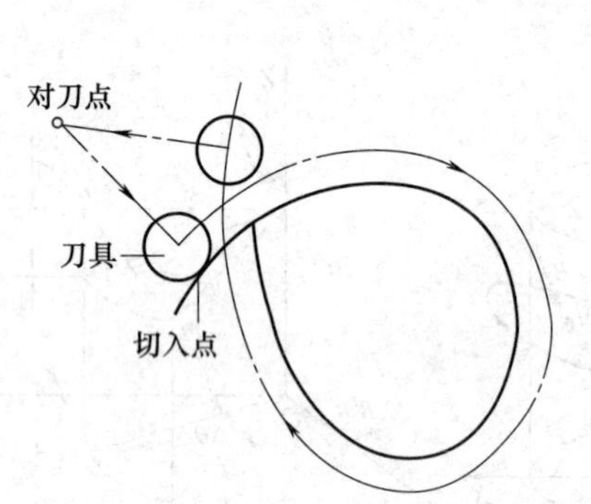

图 6-11　外轮廓加工刀具的切入和切出

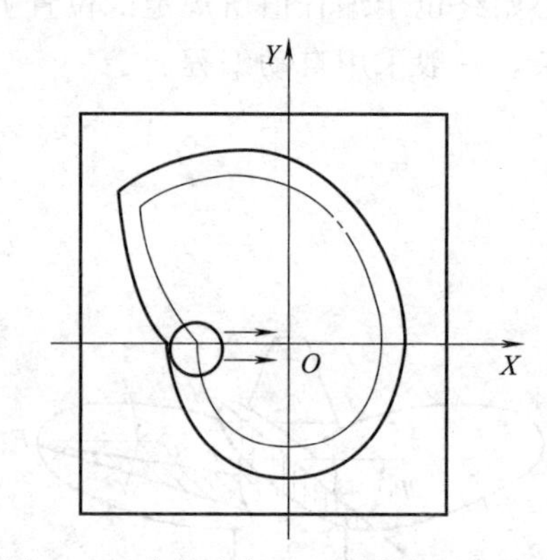

图 6-12　内轮廓加工刀具的切入和切出

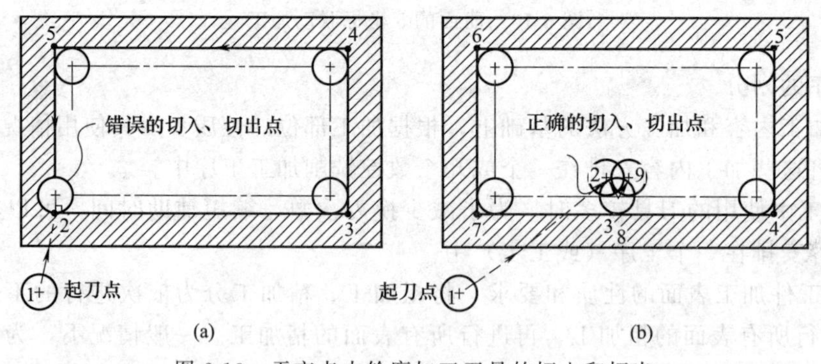

图 6-13　无交点内轮廓加工刀具的切入和切出

图 6-14 所示为圆弧插补方式铣削外整圆时的走刀路线。当整圆加工完毕时，不要在切点处直接退刀，而应让刀具沿切线方向多运动一段距离，以免取消刀补时，刀具与工件表面相碰，造成工件报废。铣削内圆弧时也要遵循从切向切入的原则，最好安排从圆弧过渡到圆弧的加工路线（图 6-15），这样可以提高内孔表面的加工精度和加工质量。

对于孔位置精度要求较高的零件，在精镗孔系时，镗孔路线一定要注意各孔的定位方向一致，即采用单向趋近定位点的方法，以避免传动系统反向间隙误差或测量系统的误差对定

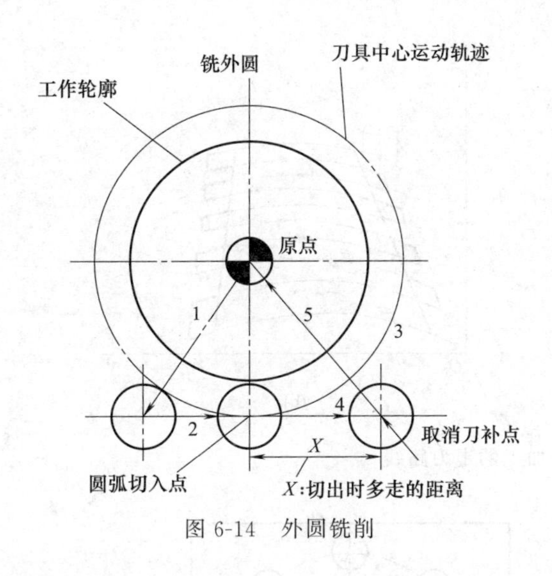

图 6-14　外圆铣削

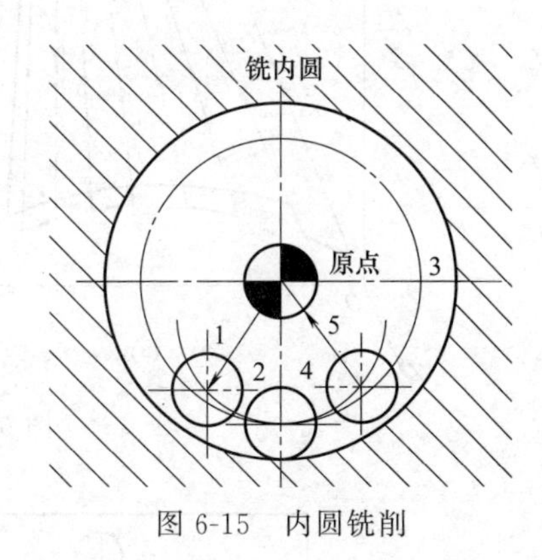

图 6-15　内圆铣削

位精度的影响。例如图 6-16（a）所示的孔系加工路线，在加工孔Ⅳ时，X 方向的反向间隙将会影响Ⅲ、Ⅳ两孔的孔距精度；如果改为图 6-16（b）所示的加工路线，可使各孔的定位方向一致，从而提高了孔距精度。

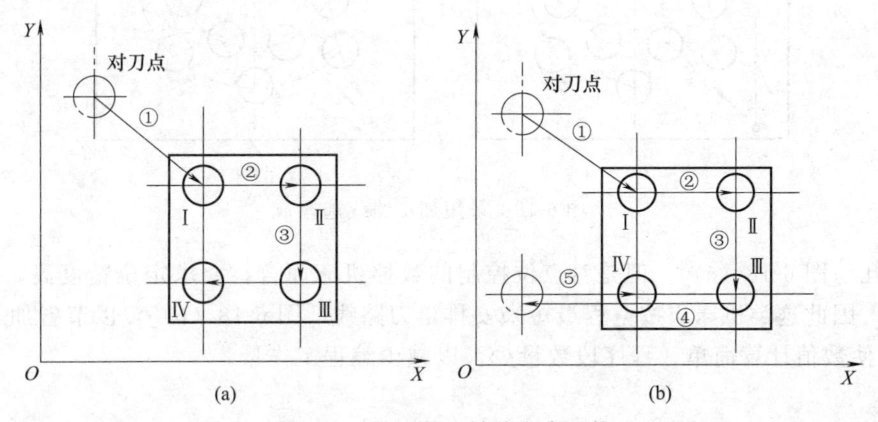

图 6-16　孔系加工路线方案比较

铣削曲面时，常采用球头刀行切法进行加工。对于边界敞开的曲面加工，可采用两种走刀路线。如图 6-17 所示的发动机大叶片，当采用图（a）所示的加工方案时，每次沿直线加工，刀位点计算简单、程序少，加工过程符合直纹面的形成，可以准确保证母线的直线度；当采用图（b）所示的加工方案时，符合这类零件数据给出情况，便于加工后检验，叶形的准确度较高，但程序较多。因为曲面零件的边界是敞开的，没有其他表面限制，所以边界曲面可以延伸，球头刀应由边界外开始加工。此外，轮廓加工中应避免进给停顿。因为加工过程中的切削力会使工艺系统产生弹性变形并处于相对平衡状态，进给停顿时，切削力突然减小，会改变系统的平衡状态，刀具会在进给停顿处的零件轮廓上留下刻痕。为提高工件表面的精度和减小粗糙度，可以采用多次走刀的方法，精加工余量一般以 0.2～0.5mm 为宜。而且精铣时宜采用顺铣，以减小零件被加工表面粗糙度的值。

② 应使走刀路线最短，减少刀具空行程时间，提高加工效率。图 6-18 所示为正确选择钻孔加工路线的例子。按照一般习惯，总是先加工均布于同一圆周上的 8 个孔，再加工另一

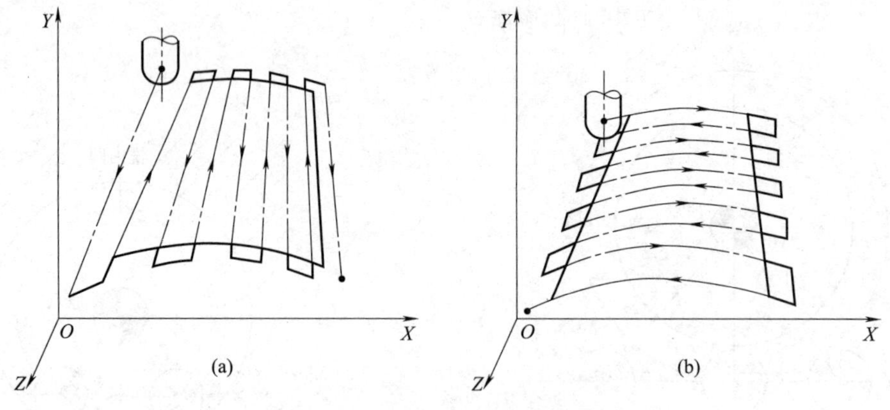

图 6-17 曲面加工的走刀路线

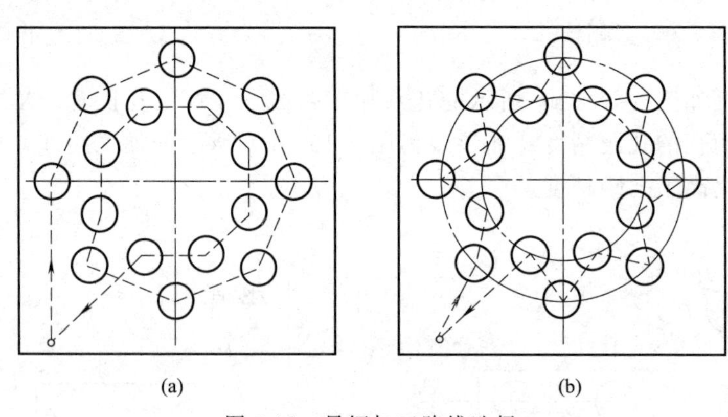

图 6-18 最短加工路线选择

圆周上的孔［图 6-18（a)］。但是对点位控制的数控机床而言，要求定位精度高，定位过程尽可能快，因此这类机床应按空程最短来安排走刀路线［图 6-18（b)］，以节省加工时间。

③ 应使数值计算简单，程序段数量少，以减少编程工作量。

6.2 数控铣床常用的工装夹具

6.2.1 工件的夹紧

夹紧是工件装夹过程中的重要组成部分。工件定位后必须通过一定的机构产生夹紧力，把工件压紧在定位元件上，使其保持准确的定位位置，不会由于切削力、工件重力、离心力或惯性力等的作用而产生位置变化和振动，以保证加工精度和安全操作。这种产生夹紧力的机构称为夹紧装置。

(1) 夹紧装置应具备的基本要求

① 夹紧过程可靠，不改变工件定位后所占据的正确位置。

② 夹紧力的大小适当，既要保证工件在加工过程中其位置稳定不变、振动小，又要使工件不会产生过大的夹紧变形。

③ 操作简单方便、省力、安全。

④ 结构性好，夹紧装置的结构力求简单、紧凑，便于制造和维修。

（2）夹紧力方向和作用点的选择

① 夹紧力应朝向主要定位基准。如图 6-19（a）所示，工件被镗孔与 A 面有垂直度要求，因此加工时以 A 面为主要定位基面，夹紧力 F_J 的方向应朝向 A 面。如果夹紧力改朝 B 面，由于工件侧面 A 与底面 B 的夹角误差，夹紧时工件的定位位置被破坏，如图 6-19（b）所示，影响孔与 A 面的垂直度要求。

② 夹紧力的作用点应落在定位元件的支承范围内，并靠近支承元件的几何中心。如图 6-20 所示，夹紧力作用在支承面之外，导致工件的倾斜和移动，破坏工件的定位。正确位置应是图中虚线所示的位置。

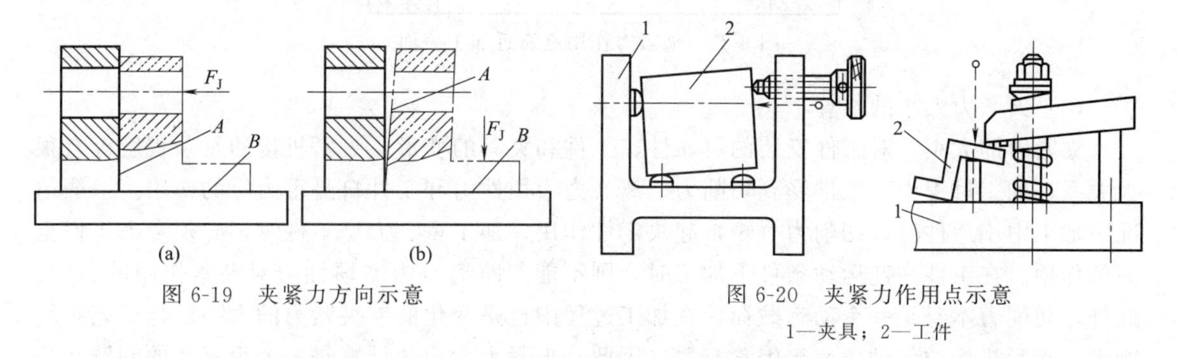

图 6-19　夹紧力方向示意

图 6-20　夹紧力作用点示意
1—夹具；2—工件

③ 夹紧力的方向应有利于减小夹紧力的大小。如图 6-21 所示，钻削孔 A 时，夹紧力 F_J 与轴向切削力 F_H、工件重力 G 的方向相同，加工过程所需的夹紧力为最小。

④ 夹紧力的方向和作用点应施加在工件刚性较好的方向和部位。如图 6-22（a）所示，薄壁套筒工件的轴向刚性比径向刚性好，应沿轴向施加夹紧力；夹紧图 6-22（b）所示薄壁箱体时，应作用于刚性较好的凸边上；箱体没有凸边时，可以将单点夹紧改为三点夹紧［图 6-22（c）］。

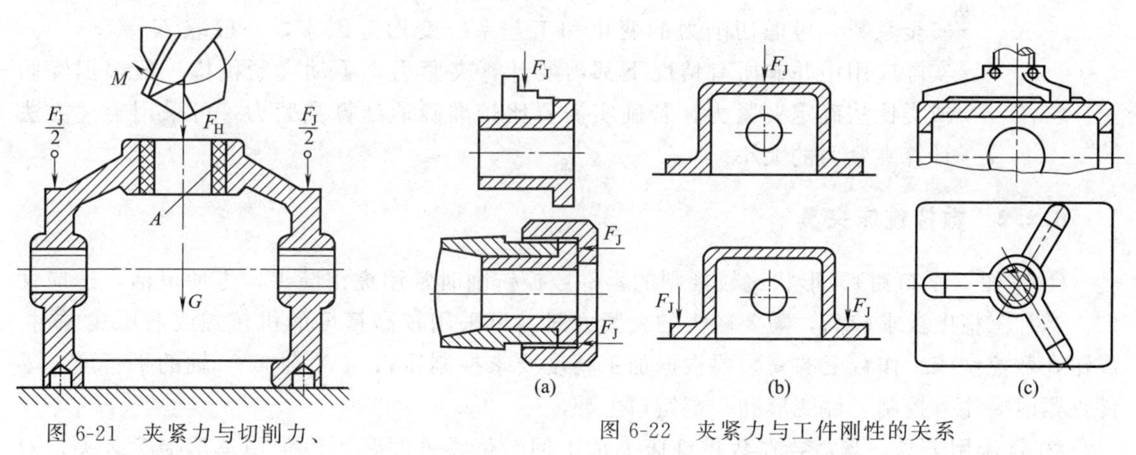

图 6-21　夹紧力与切削力、重力的关系

图 6-22　夹紧力与工件刚性的关系

⑤ 夹紧力作用点应尽量靠近工件加工表面。为提高工件加工部位的刚性，防止或减少图 6-23 所示夹紧力作用点靠近加工表面工件产生振动，应将夹紧力的作用点尽量靠近加工表面。如图 6-23 所示，在拨叉装夹时，主要夹紧力 F_1 垂直作用于主要定位基面，在靠近加工面处设辅助支承，再施加适当的辅助夹紧力 F_2，可提高工件的安装刚度。

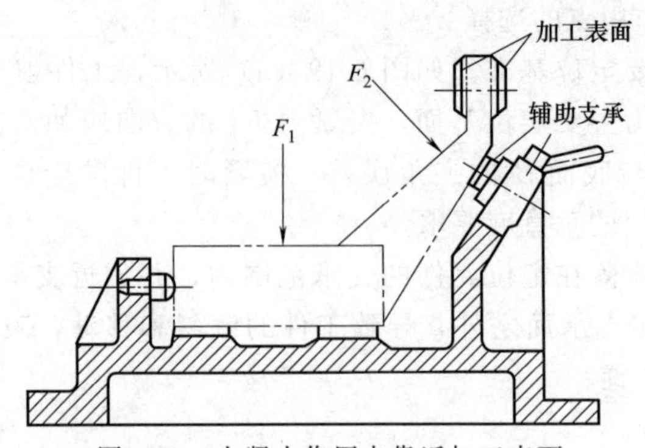

图 6-23 夹紧力作用点靠近加工表面

(3) 夹紧力大小的估算

夹紧力的大小，对工件安装的可靠性、工件和夹具的变形、夹紧机构的复杂程度等有很大关系。加工过程中，工件受到切削力、离心力、惯性力和工件自身重力等的作用。一般情况下加工中小工件时，切削力（矩）起决定性作用。加工重、大型工件时，必须考虑工件重力的作用。在工件高速运动条件下加工时，则不能忽略离心力或惯性力对夹紧作用的影响。此外，切削力本身是一个动态载荷，在加工过程中也是变化的。夹紧力的大小还与工艺系统刚度、夹紧机构的传动效率等因素有关。因此，夹紧力大小的计算是一个很复杂的问题，一般只能作粗略的估算。为简化起见，在确定夹紧力大小时，可只考虑切削力（矩）对夹紧的影响，并假设工艺系统是刚性的，切削过程是平稳的，根据加工过程中对夹紧最不利的瞬时状态，按静力平衡原理求出夹紧力的大小，再乘以安全系数作为实际所需的夹紧力，即

$$F_J = KF \tag{6-1}$$

式中 F_J——实际所需夹紧力；

F——在给定条件下，按静力平衡计算出的夹紧力；

K——安全系数，考虑切削力的变化和工艺系统变形等因素，一般取 $K=1.5\sim3$，实际应用中并非所有情况下都需要计算夹紧力，手动夹紧机构一般根据经验或类比法确定夹紧力，若确实需要比较准确地计算夹紧力，可采用上述方法计算夹紧力的大小。

6.2.2 数控铣床夹具

① 虎钳（平口钳）。形状比较规则的零件数控铣削时常用虎钳装夹，方便灵活，适应性广。当加工精度要求较高，需要较大的夹紧力时，可采用较高精度的机械式或液压式虎钳。虎钳在数控铣床工作台上的安装要根据加工精度要求控制钳口与 X 轴或 Y 轴的平行度，零件夹紧时要注意控制工件变形和一端钳口上翘。

② 铣床用卡盘。当需要在数控铣床上加工回转体零件时，可以采用三爪卡盘装夹，对于非回转零件可采用四爪卡盘装夹。铣床用卡盘的使用方法与车床卡盘相似，使用时用 T 形槽螺栓将卡盘固定在机床工作台上即可。

③ 机械夹紧机构。铣床夹具中使用最普遍的是机械夹紧机构，这类机构大多数是利用机械摩擦的原理来夹紧工件的。斜楔夹紧是其中最基本的形式，螺旋、偏心等机构是斜楔夹紧机构的演变形式。

a. 斜楔夹紧机构。采用斜楔作为传力元件或夹紧元件的夹紧机构，称为斜楔夹紧机构。

图 6-24（a）所示为斜楔夹紧机构的应用示例，敲入斜楔 1 大头，使滑柱 2 下降，装在滑柱上的浮动压板 3 可同时夹紧两个工件 4。加工完后，敲斜楔 1 的小头，即可松开工件。采用斜楔直接夹紧工件的夹紧力较小、操作不方便，因此实际生产中一般与其他机构联合使用。

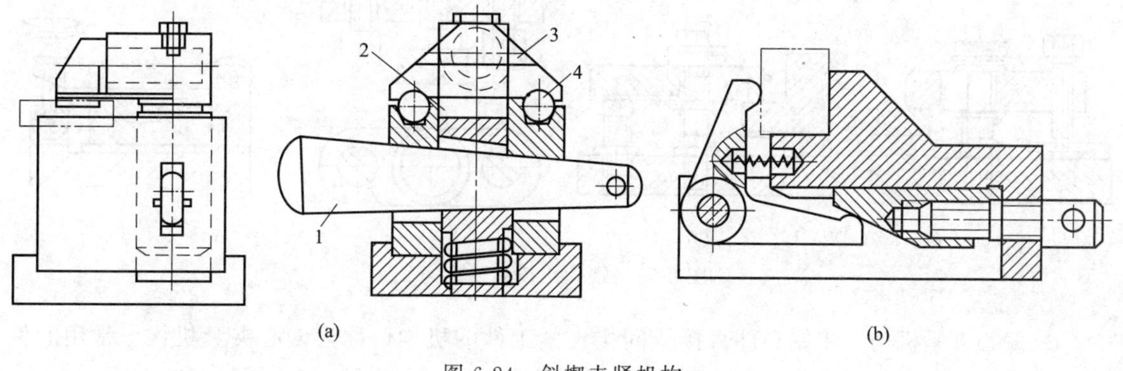

图 6-24　斜楔夹紧机构

1—斜楔；2—滑柱；3—浮动压板；4—工件

图 6-24（b）所示为斜楔与螺旋夹紧机构的组合形式，当拧紧螺旋时楔块向左移动，使杠杆压板转动夹紧工件；当反向转动螺旋时，楔块向右移动，杠杆压板在弹簧力的作用下松开工件。

b. 螺旋夹紧机构。采用螺旋直接夹紧或采用螺旋与其他元件组合实现夹紧的机构，称为螺旋夹紧机构。

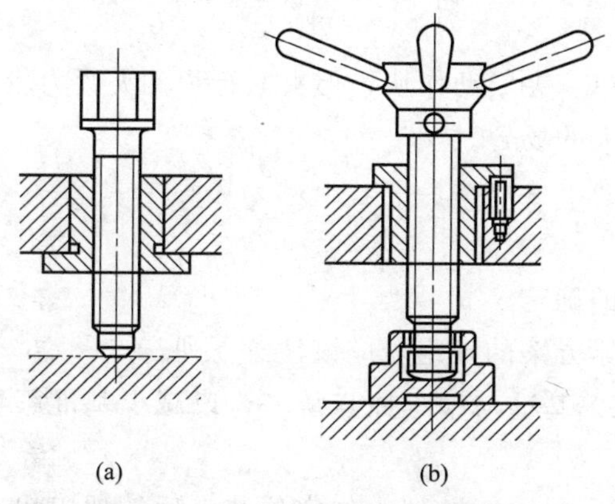

图 6-25　最简单的螺旋夹紧机构

螺旋夹紧机构具有结构简单、夹紧力大、自锁性好和制造方便等优点，适用于手动夹紧，因而在机床夹具中得到广泛的应用。其缺点是夹紧动作较慢，因此在机动夹紧机构中应用较少。螺旋夹紧机构分为简单螺旋夹紧机构和螺旋压板夹紧机构。图 6-25 所示为最简单的螺旋夹紧机构。图 6-25（a）螺栓头部直接对工件表面施加夹紧力，螺栓转动时，容易损伤工件表面或使工件转动，解决这一问题的办法是在螺栓头部套上一个摆动压块，如图 6-25（b）所示，这样既能保证与工件表面有良好的接触，防止夹紧时螺栓带动工件转动，还可避免螺栓头部直接与工件接触而造成压痕。摆动压块的结构已经标准化，可根据夹紧表面来选择。实际生产中使用较多的是如图 6-26 所示的螺旋压板夹紧机构。它利用杠杆原理实现对工件的夹紧，杠杆比不同，夹紧力也不同。其结构形式变化很多，图 6-26（a）、（b）

为移动压板，图 6-26（c）、（d）为转动压板。其中图 6-26（d）的增力倍数最大。

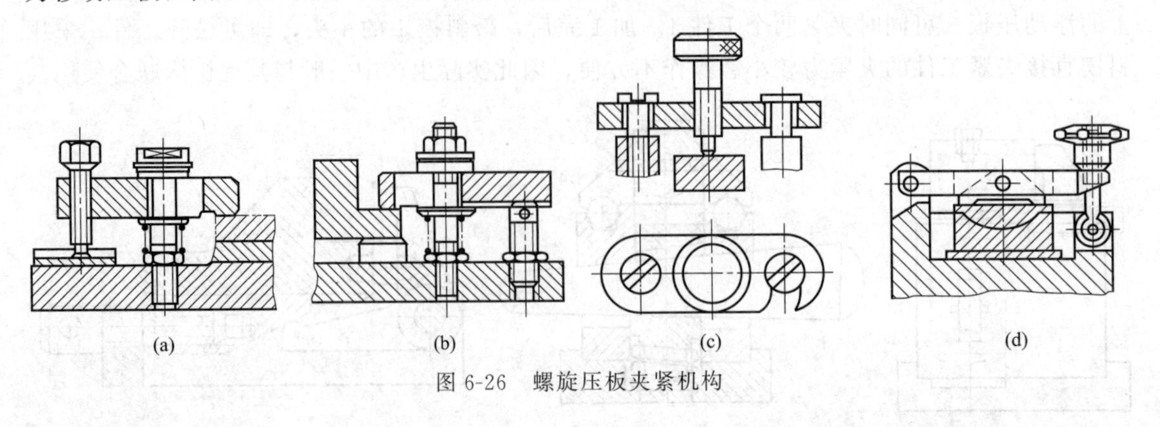

图 6-26 螺旋压板夹紧机构

c. 偏心夹紧机构。用偏心件直接或间接夹紧工件的机构，称为偏心夹紧机构。常用的偏心件有圆偏心轮［图 6-27（a）、（b）］、偏心轴［图 6-27（c）］和偏心叉［图 6-27（d）］。

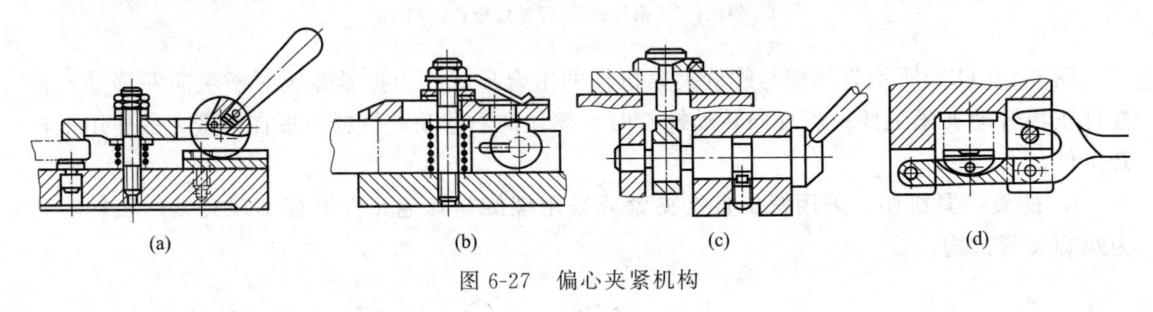

图 6-27 偏心夹紧机构

偏心夹紧机构操作简单、夹紧动作快，但夹紧行程和夹紧力较小，一般用于没有振动或振动较小、夹紧力要求不大的场合。

6.2.3 夹具的选择

（1）定位与夹紧方案的确定

工件的定位基准与夹紧方案的确定，应该注意下列三点。

① 力求设计基准、工艺基准与编程原点统一，以减少基准不重合误差和数控编程中的计算工作量。

② 设法减少装夹次数，尽可能做到一次定位装夹后能加工出工件上全部或大部分待加工表面，以减少装夹误差，提高加工表面之间的相互位置精度，充分发挥数控机床的效率。

③ 避免采用占机人工调整式方案，以免占机时间太多，影响加工效率。

（2）夹具的选择

数控加工的特点对夹具提出了两个基本要求：一是保证夹具的坐标方向与机床的坐标方向相对固定；二是要能协调零件与机床坐标系的尺寸。除此之外，重点应考虑以下几点。

① 单件小批量生产时，优先选用组合夹具、可调夹具和其他通用夹具，以缩短生产准备时间和节省生产费用。

② 在成批生产时，才考虑采用专用夹具，并力求结构简单。

③ 零件的装卸要快速、方便、可靠，以缩短机床的停顿时间。

④ 夹具上各零部件应不妨碍机床对零件各表面的加工，即夹具要敞开，其定位、夹紧

机构元件不能影响加工中的走刀（如产生碰撞等）。

⑤ 为提高数控加工的效率，批量较大的零件加工可以采用多工位、气动或液压夹具。

6.3　铣削用刀具的类型及选用

6.3.1　对刀具的基本要求

① 铣刀刚性要好。要求铣刀刚性好的目的，一是满足为提高生产效率而采用大切削用量的需要；二是为适应数控铣床加工过程中难以调整切削用量的特点。在数控铣削中，因铣刀刚性较差而断刀并造成零件损伤的事例是经常有的，所以解决数控铣刀的刚性问题是至关重要的。

② 铣刀的耐用度要高。当一把铣刀加工的内容很多时，如果刀具磨损较快，不仅会影响零件的表面质量和加工精度，而且会增加换刀与对刀次数，从而导致零件加工表面留下因对刀误差而形成的接刀台阶，降低零件的表面质量。

除上述两点之外，铣刀切削刃的几何角度参数的选择与排屑性能等也非常重要。切屑粘刀形成积屑瘤在数控铣削中是十分忌讳的。总之，根据被加工工件材料的热处理状态、切削性能及加工余量，选择刚性好、耐用度高的铣刀，是充分发挥数控铣床的生产效率并获得满意加工质量的前提条件。

6.3.2　常用铣刀的种类

① 面铣刀。如图 6-28 所示，面铣刀圆周方向切削刃为主切削刃，端部切削刃为副切削刃。面铣刀多制成套式镶齿结构，刀齿为高速钢或硬质合金，刀体为 40Cr。高速钢面铣刀按国家标准规定，直径 $d=80\sim250$mm，螺旋角 $\beta=10°$，刀齿数 $Z=10\sim26$。

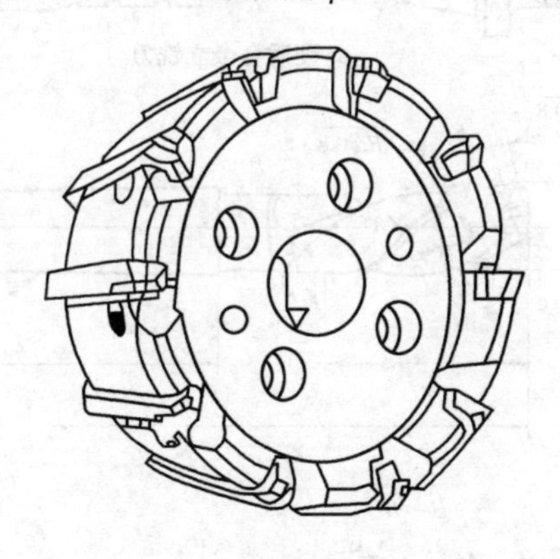

图 6-28　面铣刀

硬质合金面铣刀的铣削速度、加工效率和工件表面质量均高于高速钢铣刀，并可加工带有硬皮和淬硬层的工件，因而在数控加工中得到了广泛的应用。图 6-29 所示为几种常用的硬质合金面铣刀，由于整体焊接式和机夹焊接式面铣刀难以保证焊接质量，刀具耐用度低，重磨较费时，目前已被可转位式面铣刀所取代。可转位式面铣刀的直径已经标准化，采用公比 1.25 的标准直径（mm）系列：16、20、25、32、40、50、63、80、100、125、160、200、250、315、400、500、630，参见 GB/T 5342.3—2006。

② 立铣刀。立铣刀是数控机床上用得最多的一种铣刀，其结构如图 6-30 所示。立铣刀的圆柱表面和端面上都有切削刃，它们可同时进行切削，也可单独进行切削。立铣刀圆柱表面的切削刃为主切削刃，端面上的切削刃为副切削刃。主切削刃一般为螺旋齿，这样可以增加切削平稳性，提高加工精度。因普通立铣刀端面中心处无切削刃，所以立铣刀不能作轴向进给，端面刃主要用来加工与侧面相垂直的底平面。为了能加工较深的沟槽，并保证有足够的备磨量，立铣刀的轴向长度一般较长。为改善切屑卷曲情况，增大容屑空间，防止切屑堵塞，刀齿数比较少，容屑槽圆弧半径则较大。

一般粗齿立铣刀齿数 $Z=3\sim4$，细齿立铣刀齿数 $Z=5\sim8$，套式结构 $Z=10\sim20$，容屑

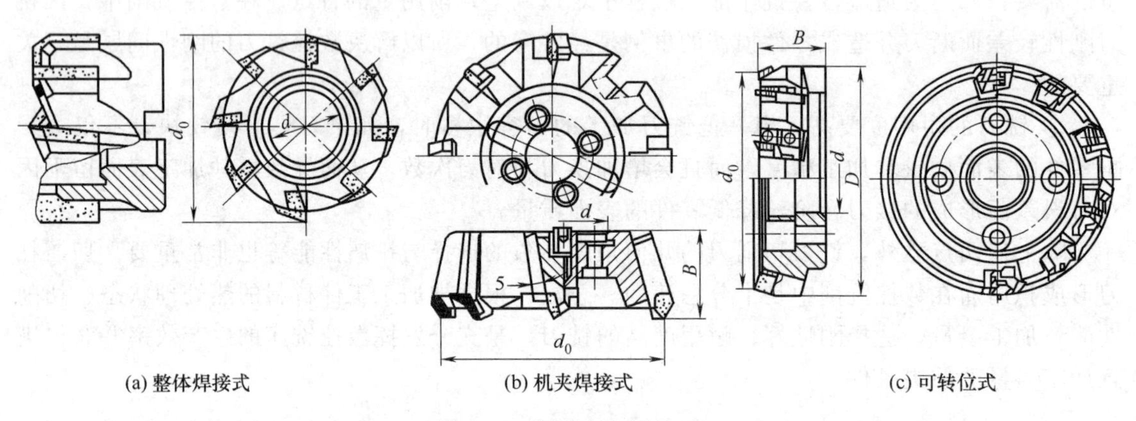

(a) 整体焊接式　　(b) 机夹焊接式　　(c) 可转位式

图 6-29　硬质合金面铣刀

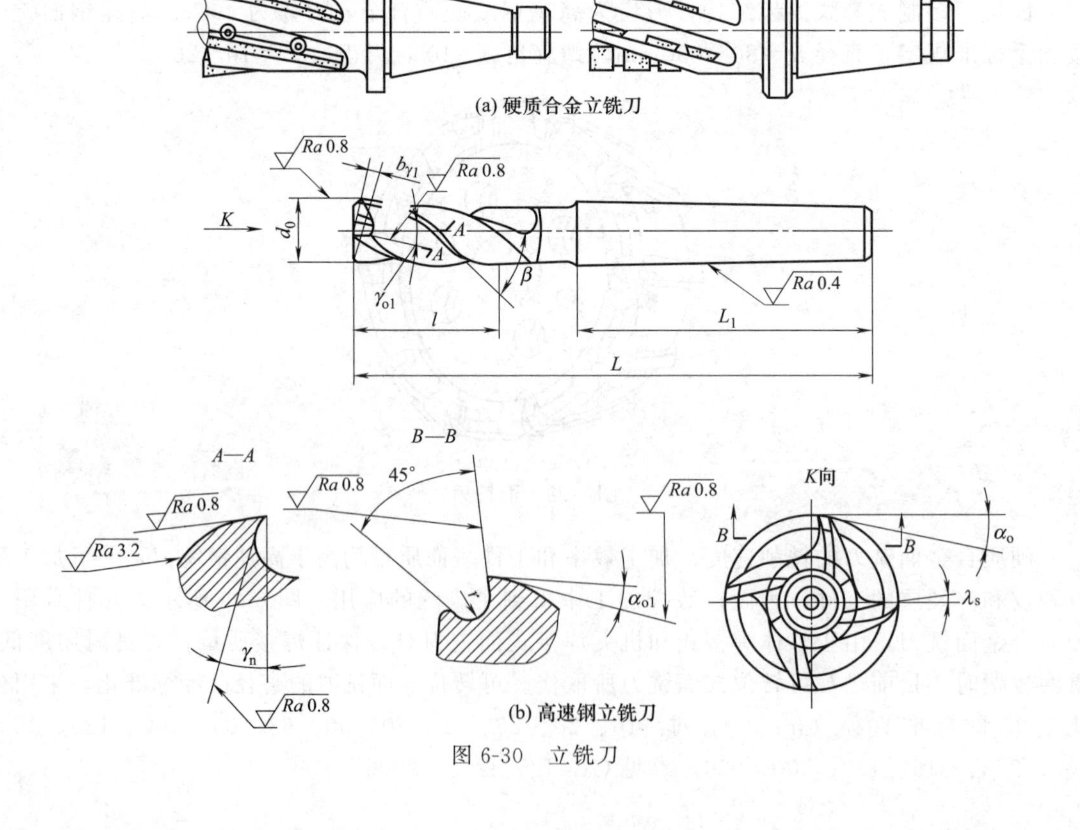

(b) 高速钢立铣刀

图 6-30　立铣刀

槽圆弧半径 $r=2\sim5$mm。当立铣刀直径较大时，可制成不等齿距结构，以增强抗振作用，使切削过程平稳。标准立铣刀的螺旋角 β 为 40°～45°（粗齿）和 30°～35°（细齿），套式结构立铣刀的 β 为 15°～25°。直径较小的立铣刀，一般制成带柄形式。2～7mm 的立铣刀制成直柄；6～63mm 的立铣刀制成莫氏锥柄；25～80mm 的立铣刀做成 7：24 锥柄，内有螺孔用来拉紧刀具。但是由于数控机床要求铣刀能快速自动装卸，故立铣刀柄部形式也有很大不同，一般是由专业厂家按照一定的规范设计制造成统一形式、统一尺寸的刀柄。直径大于 40～60mm 的立铣刀可做成套式结构。

③ 模具铣刀。模具铣刀由立铣刀发展而成，可分为圆锥形立铣刀（圆锥半角 $\alpha/2=3°$、5°、7°、10°）、圆柱形球头立铣刀和圆锥形球头立铣刀三种，其柄部有直柄、削平型直柄和莫氏锥柄。它的结构特点是球头或端面上布满了切削刃，圆周刃与球头刃圆弧连接，可以作径向和轴向进给。铣刀工作部分用高速钢或硬质合金制造。国家标准规定直径 $d=4\sim63$mm。图 6-31所示为高速钢制造的模具铣刀，图 6-32 所示为用硬质合金制造的模具铣刀。小规格的硬质合金模具铣刀多制成整体结构，16mm 以上直径的，制成焊接或机夹可转位刀片结构。

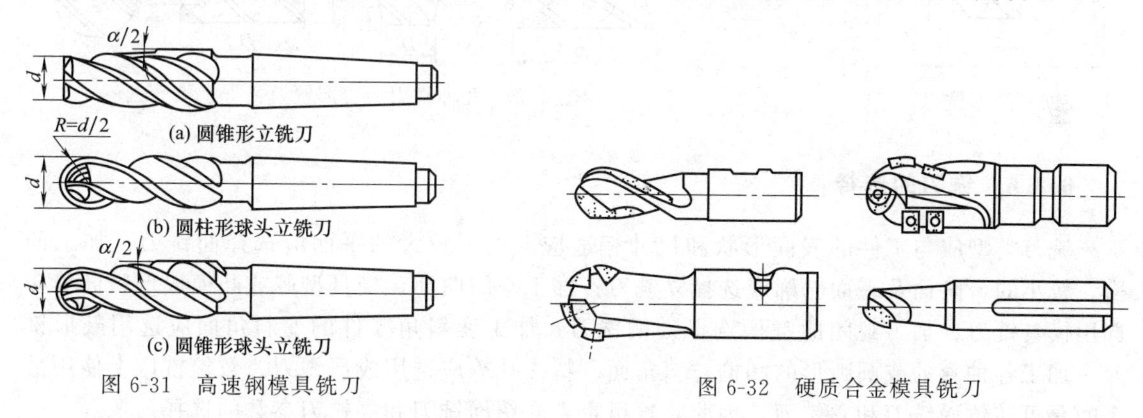

图 6-31 高速钢模具铣刀　　图 6-32 硬质合金模具铣刀

④ 键槽铣刀。键槽铣刀如图 6-33 所示，它有两个刀齿，圆柱面和端面都有切削刃，端面刃延至中心，既像立铣刀，又像钻头。加工时先轴向进给达到槽深，然后沿键槽方向铣出键槽全长。

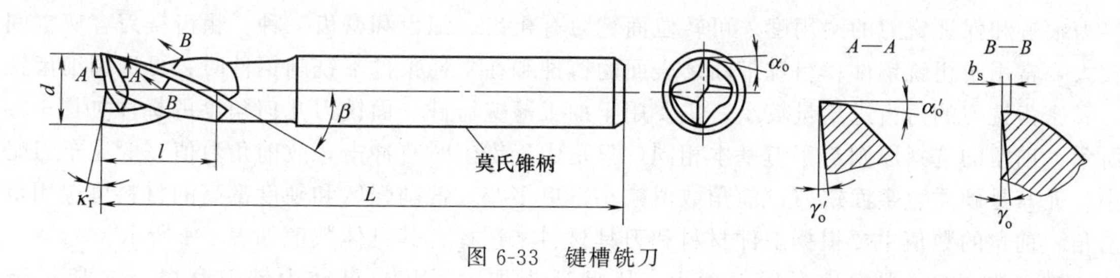

图 6-33 键槽铣刀

按国家标准规定，直柄键槽铣刀直径 $d=2\sim22$mm，锥柄键槽铣刀直径 $d=14\sim50$mm。键槽铣刀直径的偏差有 e8 和 d8 两种。键槽铣刀的圆周切削刃仅在靠近端面的一小段长度内发生磨损，重磨时，只需刃磨端面切削刃，因此重磨后铣刀直径不变。

⑤ 鼓形铣刀。图 6-34 所示为一种典型的鼓形铣刀，它的切削刃分布在半径为 R 的圆弧面上，端面无切削刃。加工时控制刀具上下位置，相应改变刀刃的切削部位，可以在工件上切出从负到正的不同斜角。R 越小，鼓形铣刀所能加工的斜角范围越广，但所获得的表面质量也越差。这种刀具的特点是刃磨困难，切削条件差，而且不适于加工有底的轮廓表面。

⑥ 成形铣刀。成形铣刀一般是为特定形状的工件或加工内容专门设计制造的，如渐开线齿面、燕尾槽和T形槽等。几种常用的成形铣刀如图6-35所示。除了上述几种类型的铣刀外，数控铣床也可使用各种通用铣刀。但因不少数控铣床的主轴内有特殊的拉刀装置，或因主轴内锥孔有别，必须配过渡套和拉钉。

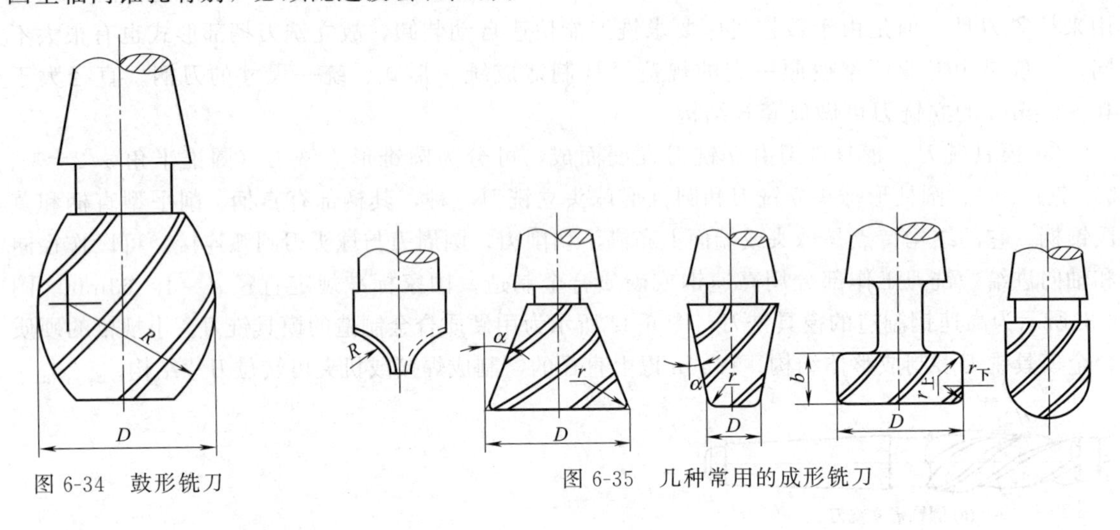

图6-34 鼓形铣刀

图6-35 几种常用的成形铣刀

6.3.3 铣刀的选择

铣刀类型应与工件的表面形状和尺寸相适应。加工较大的平面应选择面铣刀；加工凹槽、较小的台阶面及平面轮廓应选择立铣刀；加工空间曲面、模具型腔或凸模成形表面等多选用模具铣刀；加工封闭的键槽选择键槽铣刀；加工变斜角零件的变斜角面应选用鼓形铣刀；加工各种直的或圆弧形的凹槽、斜角面、特殊孔等应选用成形铣刀。数控铣床上使用最多的是可转位面铣刀和立铣刀，因此，这里重点介绍面铣刀和立铣刀参数的选择。

（1）面铣刀主要参数的选择

主要参数的选择标准可转位面铣刀直径为16～630mm，应根据侧吃刀量a_e选择适当的铣刀直径，尽量包容工件整个加工宽度，以提高加工精度和效率，减小相邻两次进给之间的接刀痕迹和保证铣刀的耐用度。可转位面铣刀有粗齿、细齿和密齿三种。粗齿铣刀容屑空间较大，常用于粗铣钢件；粗铣带断续表面的铸件和在平稳条件下铣削钢件时，可选用细齿铣刀；密齿铣刀的每齿进给量较小，主要用于加工薄壁铸件。面铣刀几何角度的标注如图6-36所示。前角的选择原则与车刀基本相同，只是由于铣削时有冲击，故前角数值一般比车刀略小，尤其是硬质合金面铣刀，前角数值减小得更多些。铣削强度和硬度都高的材料可选用负前角。前角的数值主要根据工件材料和刀具材料来选择，其具体数值如表6-4所示。

铣刀的磨损主要发生在后刀面上，因此适当加大后角，可减少铣刀磨损。常取$\alpha_o=5°\sim12°$，工件材料软时取大值，工件材料硬时取小值；粗齿铣刀取小值，细齿铣刀取大值。铣削时冲击力大，为了保护刀尖，硬质合金面铣刀的刃倾角常取$\lambda_s=-5°\sim15°$。只有在铣削低强度材料时，取$\lambda_s=5°$。主偏角κ_r在45°～90°范围内选取，铣削铸铁常用45°，铣削一般钢材常用75°，铣削带凸肩的平面或薄壁零件时要用90°。

（2）立铣刀主要参数的选择

立铣刀主切削刃的前角在法剖面内测量，后角在端剖面内测量，前、后角的标注如图6-30（b）所示。前、后角都为正值，分别根据工件材料和铣刀直径选取，其具体数值可分

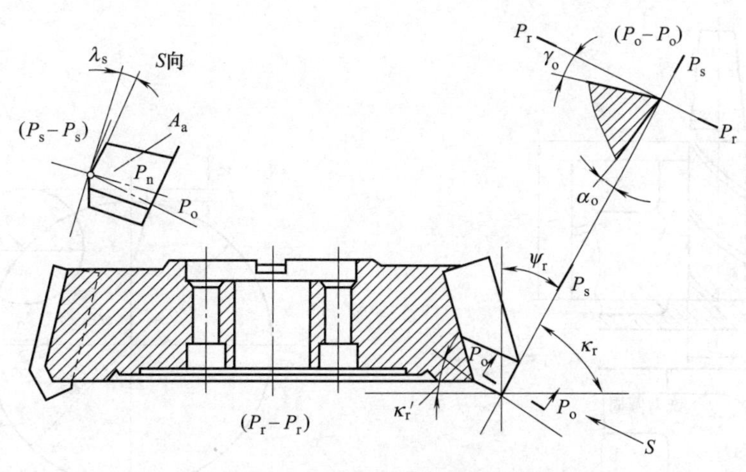

图 6-36　面铣刀几何角度的标注

别参见表 6-5 和表 6-6。

表 6-4　面铣刀的前角数值

工件材料 / 刀具材料	钢	铸铁	黄铜、青铜	铝合金
高速钢	10°～20°	5°～15°	10°	25°～30°
硬质合金	−15°～15°	−5°～5°	4°～6°	15°

表 6-5　立铣刀前角数值

工件材料		前角
钢	$\sigma_b<0.589$GPa	20°
	0.589GPa$<\sigma_b<$0.981GPa	15°
	$\sigma_b>0.981$GPa	10°
铸铁	≤150HBS	15°
	>150HBS	10°

表 6-6　立铣刀后角数值

铣刀直径 d_0/mm	后角
≤10	25°
10～20	20°
>20	16°

立铣刀的尺寸参数（图 6-37）推荐按下述经验数据选取。

① 刀具半径 R 应小于零件内轮廓面的最小曲率半径 ρ，一般取 $R=(0.8\sim0.9)\rho$。

② 零件的加工高度 $H\leqslant(1/4\sim1/6)R$，以保证刀具具有足够的刚度。

③ 对不通孔（深槽），选取 $l=H+(5\sim10)$mm（l 为刀具切削部分长度，H 为零件高度）。

④ 加工外形及通槽时，选取 $l=H+r+(5\sim10)$mm（r 为端刃圆角半径）。

⑤ 粗加工内轮廓面时（图 6-38），铣刀最大直径 D 粗可按下式计算。

$$D_{粗}=\frac{2\left(\delta\sin\dfrac{\varphi}{2}-\delta_1\right)}{1-\sin\dfrac{\varphi}{2}}+D \tag{6-2}$$

式中 D——轮廓的最小凹圆角直径；

δ——圆角邻边夹角等分线上的精加工余量；

δ_1——精加工余量；

φ——圆角两邻边的夹角。

⑥ 加工筋时，刀具直径为 $D=(5\sim10)b$（b 为筋的厚度）。

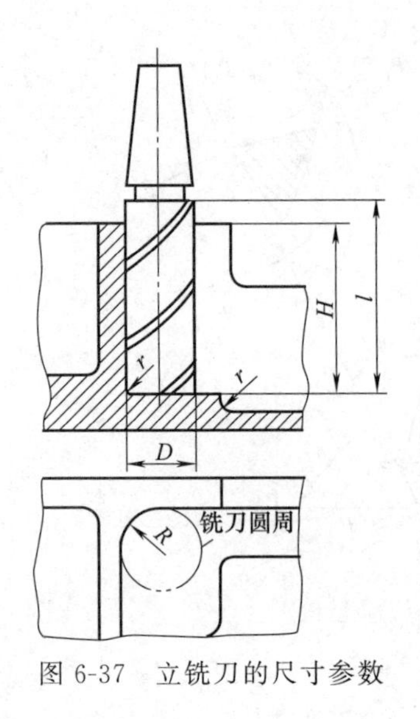

图 6-37 立铣刀的尺寸参数

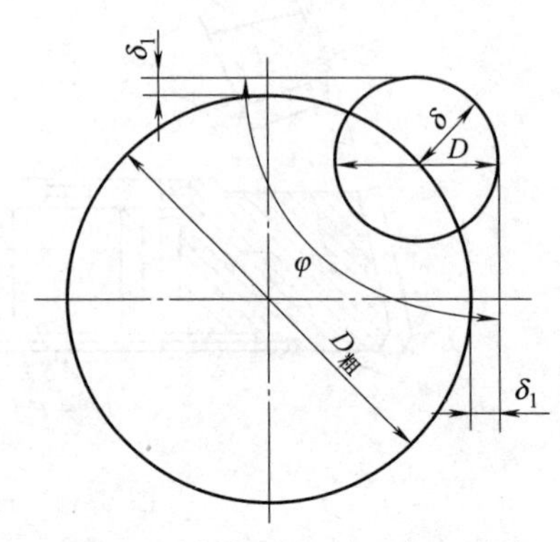

图 6-38 粗加工立铣刀直径计算

6.4 选择切削用量

如图 6-39 所示，铣削加工切削用量包括主轴转速（切削速度）、进给速度、背吃刀量和侧吃刀量。切削用量的大小对切削力、切削功率、刀具磨损、加工质量和加工成本均有显著影响。数控加工中选择切削用量时，就是在保证加工质量和刀具耐用度的前提下，充分发挥机床性能和刀具切削性能，使切削效率最高，加工成本最低。

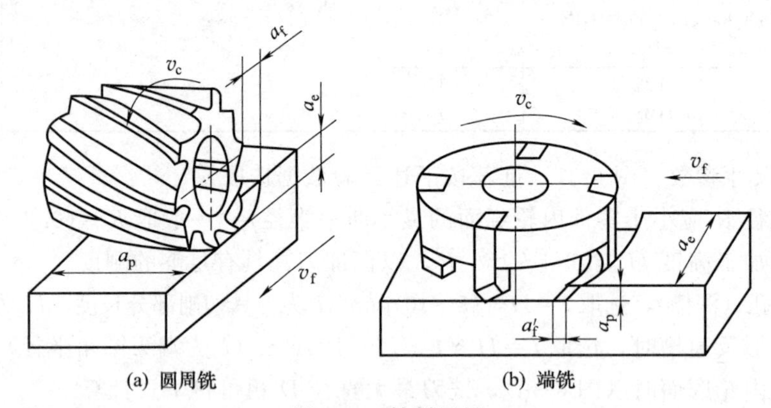

图 6-39 铣削用量

为保证刀具的耐用度，铣削用量的选择方法是：先选取背吃刀量或侧吃刀量，其次确定进给速度，最后确定切削速度。

① 背吃刀量（端铣）或侧吃刀量（圆周铣）的选择。背吃刀量 a_p 为平行于铣刀轴线测量的切削层尺寸，单位为 mm。端铣时，a_p 为切削层深度；而圆周铣削时，a_p 为被加工表面的宽度。侧吃刀量 a_e 为垂直于铣刀轴线测量的切削层尺寸，单位为 mm。端铣时，a_e 为被加工表面宽度；而圆周铣削时，a_e 为切削层的深度。背吃刀量或侧吃刀量的选取主要由加工余量和对表面质量的要求决定。

a. 在工件表面粗糙度值要求为 $Ra=12.5\sim25\mu m$ 时，如果圆周铣削的加工余量小于

5mm，端铣的加工余量小于6mm，则粗铣一次进给就可以达到要求。但在余量较大，工艺系统刚性较差或机床动力不足时，可分两次进给完成。

b. 在工件表面粗糙度值要求为 $Ra=3.2\sim12.5\mu m$ 时，可分粗铣和半精铣两步进行。粗铣时背吃刀量或侧吃刀量选取同前。粗铣后留0.5～1.0mm余量，在半精铣时切除。

c. 在工件表面粗糙度值要求为 $Ra=0.8\sim3.2\mu m$ 时，可分粗铣、半精铣、精铣三步进行。半精铣时背吃刀量或侧吃刀量取1.5～2mm；精铣时圆周铣侧吃刀量取0.3～0.5mm，面铣刀背吃刀量取0.5～1mm。

② 进给量 f_z（mm/r）与进给速度 v_f（mm/min）的选择。铣削加工的进给量是指刀具转一周，工件与刀具沿进给运动方向的相对位移量；进给速度是单位时间内工件与铣刀沿进给方向的相对位移量。进给量与进给速度是数控铣床加工切削用量中的重要参数，根据零件的表面粗糙度、加工精度要求、刀具及工件材料等因素，参考切削用量手册选取或参考表6-7选取。工件刚性差或刀具强度低时，应取小值。铣刀为多齿刀具，其进给速度 v_f、刀具转速 n、刀具齿数 Z 及进给量 f_z 的关系为 $v_f=nZf_z$。

表6-7 铣刀每齿进给量 f_z

工件材料	每齿进给量 f_z/mm			
	粗铣		精铣	
	高速钢铣刀	硬质合金铣刀	高速钢铣刀	硬质合金铣刀
钢	0.10～0.15	0.10～0.25	0.02～0.05	0.10～0.15
铸铁	0.12～0.20	0.15～0.30		

③ 切削速度 v_c（m/min）的选择。根据已经选定的背吃刀量、进给量及刀具耐用度选择切削速度。可用经验公式计算，也可根据生产实践经验，在机床说明书允许的切削速度范围内查阅有关切削用量手册或参考表6-8选取。实际编程中，切削速度 v_c 确定后，还要按式 $v_c=\pi dn/1000$ 计算出铣床主轴转速 n（r/min），并填入程序单中。

表6-8 铣削速度参考值

工件材料	硬度(HBS)	铣削速度 v_c/(m/min)	
		高速钢铣刀	硬质合金铣刀
钢	＜225	18～42	66～150
	225～325	12～36	54～120
	325～425	6～21	36～75
铸铁	＜190	21～36	66～150
	190～260	9～18	45～90
	160～320	4.5～10	21～30

6.5 典型零件的数控铣削加工工艺分析

6.5.1 平面槽形凸轮零件

图6-40所示为平面槽形凸轮零件，其外部轮廓尺寸已经由前道工序加工完，本工序的任务是在铣床上加工槽与孔。零件材料为HT200，其数控铣床加工工艺分析如下。

① 零件图工艺分析。凸轮槽内、外轮廓由直线和圆弧组成，几何元素之间关系描述清楚完整，凸轮槽侧面与 $\phi20^{+0.021}_{0}$、$\phi12^{+0.018}_{0}$ 两个内孔表面粗糙度要求较高，为 $Ra1.6\mu m$。凸轮槽内、外轮廓面和 $\phi20^{+0.021}_{0}$ 孔与底面有垂直度要求。零件材料为HT200，切削加工性

能较好。根据上述分析，凸轮槽内、外轮廓及 $\phi20^{+0.021}_{0}$、$\phi12^{+0.018}_{0}$ 两个孔的加工应分粗、精加工两个阶段进行，以保证表面粗糙度要求。同时以底面 A 定位，提高装夹刚度以满足垂直度要求。

② 定装夹方案。根据零件的结构特点，加工 $\phi20^{+0.021}_{0}$、$\phi12^{+0.018}_{0}$ 两个孔时，以底面 A 定位（必要时可设工艺孔），采用螺旋压板机构夹紧。加工凸轮槽内、外轮廓时，采用“一面两孔”方式定位，即以底面 A 和 $\phi20^{+0.021}_{0}$、$\phi12^{+0.018}_{0}$ 两个孔为定位基准，装夹示意如图 6-41 所示。

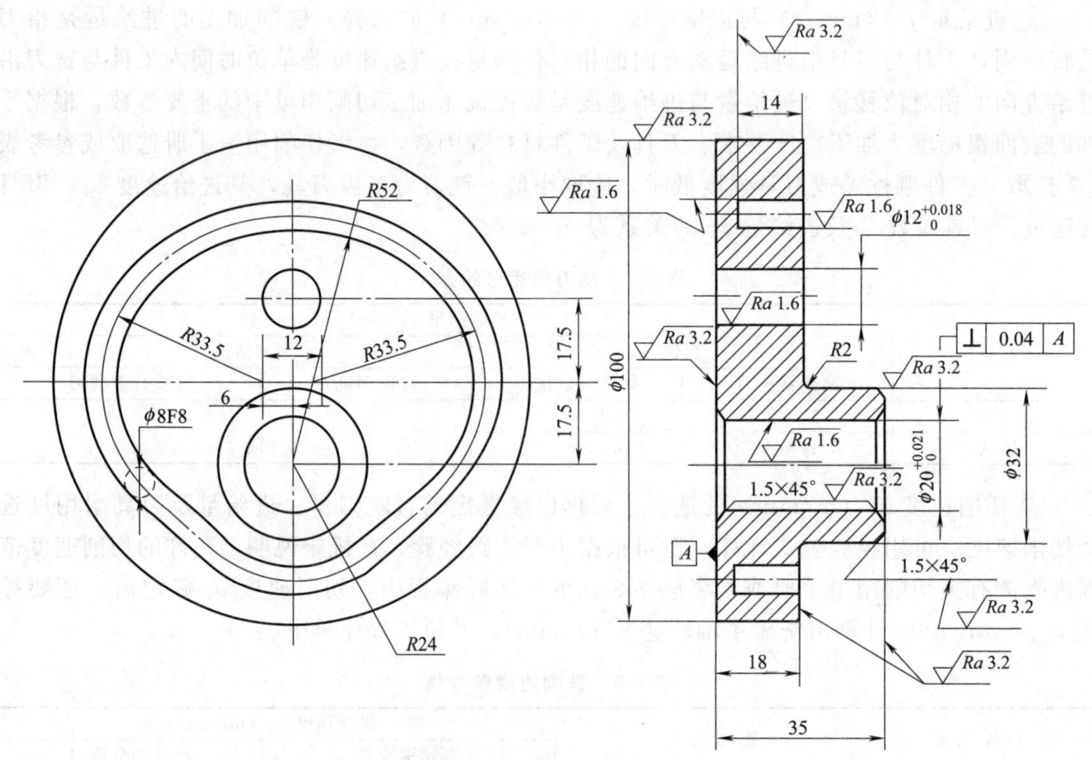

图 6-40 平面槽形凸轮零件

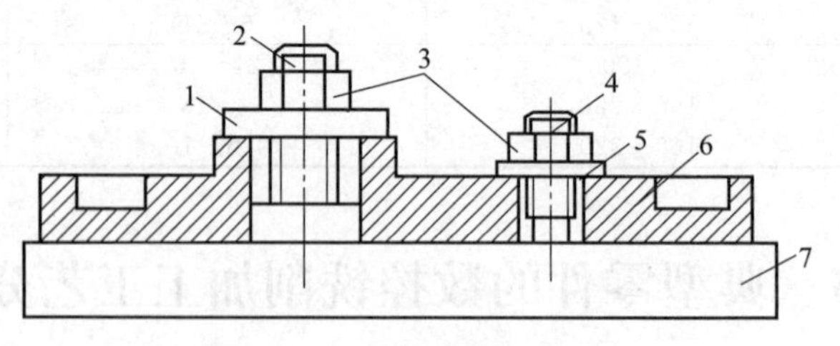

图 6-41 凸轮槽加工装夹示意

1—开口垫圈；2—带螺纹圆柱销；3—压紧螺母；4—带螺纹削边销；5—垫圈；6—工件；7—垫块

③ 定加工顺序及走刀路线。加工顺序的拟定按照基面先行、先粗后精的原则确定。因此应先加工用作定位基准的 $\phi20^{+0.021}_{0}$、$\phi12^{+0.018}_{0}$ 两个孔，再加工凸轮槽内、外轮廓表面。为保证加工精度，粗、精加工应分开，其中 $\phi20^{+0.021}_{0}$、$\phi12^{+0.018}_{0}$ 两个孔的加工采用钻孔→粗铰→精铰方案。走刀路线包括平面进给和深度进给两部分。平面进给时，外凸轮廓从切线

方向切入，内凹轮廓从过渡圆弧切入。为使凸轮槽表面具有较好的表面质量，采用顺铣方式铣削。深度进给有两种方法：一种是在 XOZ 平面（或 YOZ 平面）来回铣削逐渐进刀到既定深度；另一种方法是先打一个工艺孔，然后从工艺孔进刀到既定深度。

④ 刀具的选择。根据零件的结构特点，铣削凸轮槽内、外轮廓时，铣刀直径受槽宽限制，取为 $\phi6$ 粗加工选用 ϕ6mm 高速钢立铣刀，精加工选用 ϕ6mm 硬质合金立铣刀。所选刀具及其加工表面见表 6-9 平面槽形凸轮数控加工刀具卡片。

⑤ 切削用量的选择。凸轮槽内、外轮廓精加工时留 0.1mm 铣削余量，精铰 $20^{+0.021}_{0}$、$12^{+0.018}_{0}$ 两个孔时留 0.1mm 铰削余量。选择主轴转速与进给速度时，先查切削用量手册，确定切削速度与每齿进给量，然后按式 $v_c=\pi dn/1000$、式 $v_f=nZf_z$ 计算主轴转速与进给速度（计算过程从略）。

⑥ 填写数控加工工序卡片。将各工步的加工内容、所用刀具和切削用量填入表 6-10 平面槽形凸轮数控加工工序卡片。

表 6-9 平面槽形凸轮数控加工刀具卡片

产品名称或代号		零件名称	平面槽形凸轮	零件图号		
序号	刀具号	刀具			加工表面	备注
		规格名称	数量	刀长/mm		
1	T01	ϕ5 中心钻	1		钻 ϕ5 中心孔	
2	T02	ϕ9.6 钻头	1	45	ϕ20 孔粗加工	
3	T03	ϕ11.6 钻头	1	30	ϕ12 孔粗加工	
4	T04	ϕ20 铰刀	1	45	ϕ20 孔精加工	
5	T05	ϕ12 铰刀	1	30	ϕ12 孔精加工	
6	T06	90°倒角铣刀	1		ϕ20 孔倒角 $C1.5$	
7	T07	ϕ6 高速钢立铣刀	1		粗加工凸轮槽内外轮廓	底圆角 $R0.5$
8	T08	ϕ6 硬质合金立铣刀	1	20	精加工凸化槽内外轮廓	
编制	审核		批准		年 月 共 页	第 页

表 6-10 平面槽形凸轮数控加工工序卡片

单位名称			产品名称或代号		零件名称		零件图号	
					平面槽形凸轮			
工序号	程序编号		夹具名称		使用设备		车间	
			螺旋压板		J1VMC40M		数控	
工步号	工步内容	刀具号	刀具规格/mm	主轴转速/(r/min)	进给速度/(mm/min)	背吃刀量/mm	备注	
1	A 面定位钻 ϕ5 中心孔(2处)	T01	ϕ5	800			手动	
2	钻 ϕ9.6 孔	T02	ϕ19.6	400	50		自动	
3	钻 ϕ11.6 孔	T03	ϕ11.6	400	50		自动	
4	铰 ϕ20 孔	T04	ϕ20	150	30	0.2	自动	
5	铰 ϕ12 孔	T05	ϕ12	150	320	0.2	自动	
6	ϕ20 孔倒角 $C1.5$	T06	90°	400	30		手动	
7	一面两孔定位，粗铣凸轮槽内轮廓	T07	ϕ6	1200	50	4	自动	
8	粗铣凸轮槽外轮廓	T07	ϕ6	1200	50	4	自动	
9	精铣凸轮槽内轮廓	T08	ϕ6	1500	30	14	自动	
10	精铣凸轮槽外轮廓	T08	ϕ6	1500	30	14	自动	
11	翻面装夹，铣 ϕ20 孔另一侧倒角 $C1.5$	T06	90°	400	30		手动	
编制		审核		批准		年 月 日	共 页	第 页

6.5.2 箱盖类零件

图 6-42 所示的泵盖零件，材料为 HT200，毛坯尺寸（长×宽×高）为 170mm×110mm×30mm，小批量生产，试分析其数控铣床加工工艺过程。

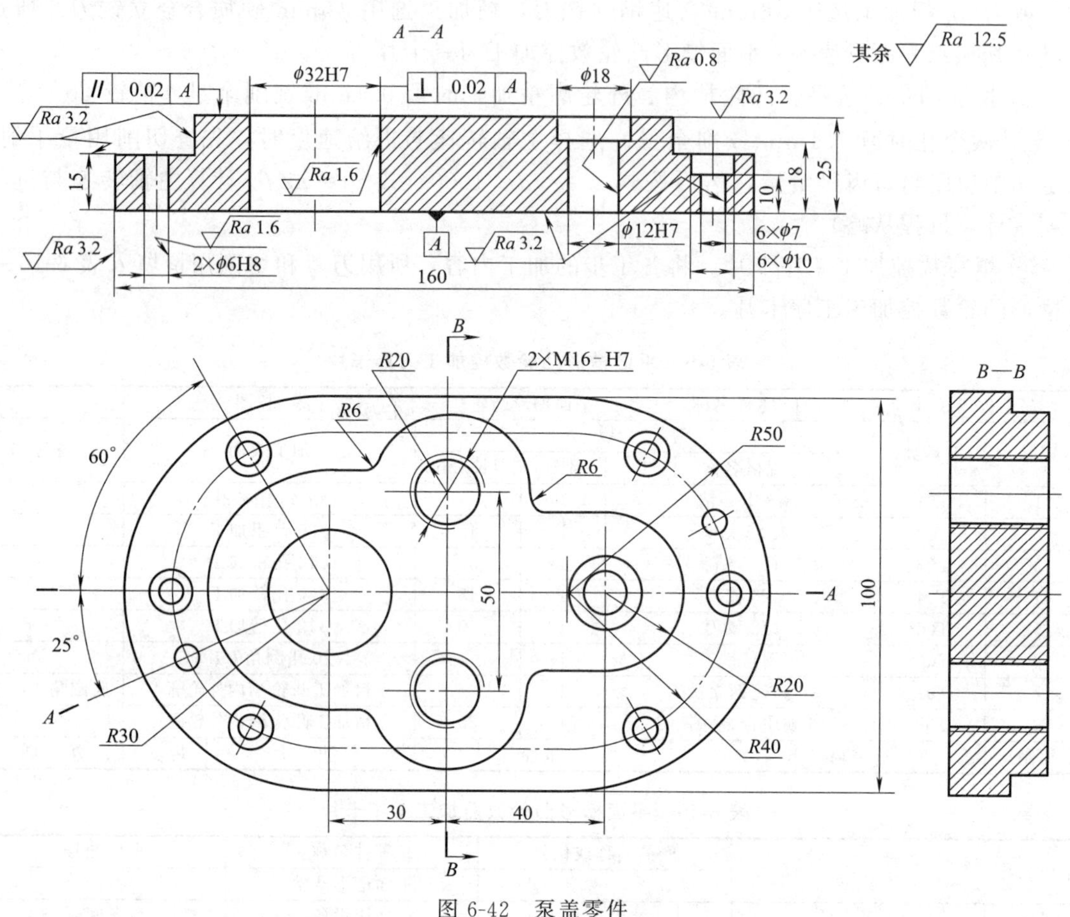

图 6-42　泵盖零件

(1) 零件图工艺分析

该零件主要由平面、外轮廓以及孔系组成。其中 ϕ32H7 和 2-ϕ6H8 三个内孔的表面粗糙度要求较高，为 $Ra1.6\mu m$；而 ϕ12H7 内孔的表面粗糙度要求更高，为 $Ra0.8\mu m$；ϕ32H7 内孔表面对 A 面有垂直度要求，上表面对 A 面有平行度要求。该零件材料为铸铁，切削加工性能较好。根据上述分析，ϕ32H7 孔、2×ϕ6H8 孔与 ϕ12H7 孔的粗、精加工应分开进行，以保证表面粗糙度要求。同时以底面 A 定位，提高装夹刚度以满足 ϕ32H7 内孔表面的垂直度要求。

(2) 选择加工方法

① 上、下表面及台阶面的粗糙度要求为 $Ra3.2\mu m$，可选择“粗铣→精铣”方案。

② 孔加工方法的选择。孔加工前，为便于钻头引正，先用中心钻加工中心孔，再钻孔。内孔表面的加工方案在很大程度上取决于内孔表面本身的尺寸精度和粗糙度。对于精度较高、粗糙度 Ra 值较小的表面，一般不能一次加工到规定的尺寸，而要划分加工阶段逐步进行。该零件孔系加工方案的选择如下。

a. 孔 ϕ32H7，表面粗糙度为 Ra1.6μm，选择“钻→粗镗→半精镗→精镗”方案。

b. 孔 ϕ12H7，表面粗糙度为 Ra0.8μm，选择“钻→粗铰→精铰”方案。

c. 孔 6×ϕ7，表面粗糙度为 Ra3.2μm，无尺寸公差要求，选择“钻→铰”方案。

d. 孔 2×ϕ6H8，表面粗糙度为 Ra1.6μm，选择“钻→铰”方案。

e. 孔 ϕ18 和 6×ϕ10，表面粗糙度为 Ra12.5μm，无尺寸公差要求，选择“钻孔→锪孔”方案。

f. 螺纹孔 2×M16-H7，采用先钻底孔，后攻螺纹的加工方法。

（3）确定装夹方案

该零件毛坯的外形比较规则，因此在加工上下表面、台阶面及孔系时，选用平口虎钳夹紧；在铣削外轮廓时，采用“一面两孔”的定位方式，即以底面 A、ϕ32H7 孔和 ϕ12H7 孔定位。

（4）确定加工顺序及走刀路线

按照基面先行、先面后孔、先粗后精的原则确定加工顺序，详见表 6-12 泵盖零件数控加工工序卡片。外轮廓加工采用顺铣方式，刀具沿切线方向切入与切出。

（5）刀具选择

① 零件上、下表面采用端铣刀加工，根据侧吃刀量选择端铣刀直径，使铣刀工作时有合理的切入/切出角；且铣刀直径应尽量包容工件整个加工宽度，以提高加工精度和效率，并减小相邻两次进给之间的接刀痕迹。

② 台阶面及其轮廓采用立铣刀加工，铣刀半径 R 受轮廓最小曲率半径限制，R=6mm。

③ 孔加工各工步的刀具直径根据加工余量和孔径确定。该零件加工所选刀具详见表 6-11泵盖零件数控加工刀具卡片。

表 6-11　泵盖零件数控加工刀具卡片

产品名称或代号			零件名称	泵盖	零件图号	
序号	刀具编号	刀具规格名称	数量	加工表面		备　注
1	T01	ϕ125 硬质合金端面铣刀	1	铣削上、下表面		
2	T02	ϕ12 硬质合金立铣刀	1	铣削台阶面及其轮廓		
3	T03	ϕ3 中心钻	1	钻中心孔		
4	T04	ϕ27 钻头	1	钻 ϕ32H7 底孔		
5	T05	内孔镗刀	1	粗镗、半精镗和精镗 ϕ32H7 孔		
6	T06	ϕ11.8 钻头	1	钻 ϕ12H7 底孔		
7	T07	ϕ18×11 锪钻	1	锪 ϕ18 孔		
8	T08	ϕ12 铰刀	1	铰 ϕ12H7 孔		
9	T09	ϕ14 钻头	1	钻 2×M16 螺纹底孔		
10	T10	90°倒角铣刀	1	2×M16 螺孔倒角		
11	T11	M16 机用丝锥	1	攻 2×M16 螺纹孔		
12	T12	ϕ6.8 钻头	1	钻 6×ϕ7 底孔		
13	T13	ϕ10×5.5 锪钻	1	锪 6×ϕ10 孔		
14	T14	ϕ7 铰刀	1	铰 6×ϕ7 孔		
15	T15	ϕ5.8 钻头	1	钻 2×ϕ6H8 底孔		
16	T16	ϕ6 铰刀	1	铰 2×ϕ6H8 孔		
17	T17	ϕ35 硬质合金立铣刀	1	铣削外轮廓		
编制		审核	批准	年　月　日	共　页	第　页

（6）切削用量选择

该零件材料切削性能较好，铣削平面、台阶面及轮廓时，留 0.5mm 精加工余量；孔加工精镗余量留 0.2mm、精铰余量留 0.1mm。选择主轴转速与进给速度时，先查切削用量手册，确定切削速度与每齿进给量，然后按式 $v_c=\pi dn/1000$、$v_f=nZf_z$ 计算主轴转速与进给速度（计算过程从略）。

（7）拟定数控铣削加工工序卡片

为更好地指导编程和加工操作，把该零件的加工顺序、所用刀具和切削用量等参数编入表 6-12 所示的泵盖零件数控加工工序卡片中。

表 6-12　泵盖零件数控加工工序卡片

单位名称		产品名称或代号		零件名称		零件图号	
				泵盖			
工序号	程序编号	夹具名称		使用设备		车间	
		平口虎钳和一面两销自制夹具		J1VMC40M		数控	
工步号	工步内容	刀具号	刀具规格/mm	主轴转速/(r/min)	进给速度/(mm/min)	背吃刀量/mm	备注
1	粗铣定位基准面 A	T01	ϕ125	200	50	2	自动
2	精铣定位基准面 A	T01	ϕ125	200	30	0.5	自动
3	粗铣上表面	T01	ϕ125	200	50	2	自动
4	精铣上表面	T01	ϕ125	200	30	0.5	自动
5	粗铣台阶面及其轮廓	T02	ϕ12	900	50	4	自动
6	精铣台阶面及其轮廓	T02	ϕ12	900	30	0.5	自动
7	钻所有孔的中心孔	T03	ϕ3	1000			自动
8	钻 ϕ32H7 底孔至 ϕ27	T04	ϕ27	200	50		自动
9	粗镗 ϕ32H7 孔至 ϕ30	T05		500	80	1.5	自动
10	半精镗 ϕ32H7 孔至 ϕ31.6	T05		700	70	0.8	自动
11	精镗 ϕ32H7 孔	T05		800	60	0.2	自动
12	钻 ϕ12H7 底孔至 ϕ11.8	T06	ϕ11.8	600	60		自动
13	锪 ϕ8 孔	T07	ϕ18×11	200	30		自动
14	粗铰 ϕ12H7	T08	ϕ12	100	50	0.1	自动
15	精铰 ϕ12H7	T08	ϕ12	100	50		自动
16	钻 2×M16 底孔至 ϕ14	T09	ϕ14	500	60		自动
17	2×M16 底孔倒角	T10	90°倒角铣刀	300	50		手动
18	攻 2×M16 螺纹孔	T11	M16	100	200		自动
19	钻 6×ϕ7 底孔至 ϕ6.8	T12	ϕ6.8	700	70		自动
20	锪 6×ϕ10 孔	T13	ϕ10× 5.5	150	30		自动
21	铰 6×ϕ7 孔	T14	ϕ7	100	30	0.1	自动
22	钻 2×ϕ6H8 底孔至 ϕ5.8	T15	ϕ5.8	900	80		自动
23	铰 2×ϕ6H8 孔	T16	ϕ6	100	30	0.1	自动
24	一面两孔定位粗铣外轮廓	T17	ϕ35	600	50	2	自动
25	精铣外轮廓	T17	ϕ35	600	30	0.5	自动
编制		审核		批准	年　月　日	共　页	第　页

习　题

6-1　数控铣削有哪些主要加工对象？

6-2　数控铣削加工工艺有哪些特点？

6-3　数控铣削加工工艺有哪些内容？

6-4　数控铣削加工工艺路线的拟定要考虑哪些问题？

6-5　数控铣床有哪些常用夹具？

6-6　数控铣床有哪些常用刀具？

第 7 章　数控机床编程基础

数控机床的程序编制必须严格遵守相关的标准，数控编程是一项很严格的工作，首先必须掌握一些基础知识，才能学好编程的方法并编出正确的程序。本章介绍数控机床坐标系、数控编程的数值处理以及主要的数控加工编程方法。

7.1　数控机床坐标系

数控机床坐标系是为了确定工件在机床中的位置，机床运动部件特殊位置及运动范围，即描述机床运动和产生数据信息而建立的几何坐标系。通过机床坐标系的建立，可确定机床位置关系，获得所需的相关数据。

在数控编程时，为了描述机床的运动，简化程序编制的方法及保证纪录数据的互换性，并使编出的程序对同类型机床有通用性，同时也给维修和使用带来极大的方便，数控机床坐标轴及其运动的方向均已标准化，国际标准化组织于 1974 年制订了有关数控机床坐标系的国际标准 ISO 841—1974。我国机械工业部于 1982 年也颁布了专业标准 JB 3051—82《数字控制机床坐标和运动方向的命名》，并于 1999 年修订了标准，新版专业标准 JB/T 3015—1999《数控机床坐标和运动方向的命名》，对数控机床的坐标和运动方向作了明文规定。通过本章的学习，能够掌握机床坐标系、编程坐标系、加工坐标系的概念，具备实际动手设置机床加工坐标系的能力。

7.1.1　数控机床坐标系

为了统一数控机床的坐标系以便于数控机床的设计与制造，保证同类数控机床零件加工程序的通用性以及数控机床的广泛应用，国际标准化组织于 1974 年制订了数控标准，规定数控机床标准坐标系采用右手直角笛卡儿坐标系。

笛卡儿坐标系由 17 世纪法国哲学家、数学家雷内·笛卡儿（1596～1650 年）提出。其基本原理是：它用 XY 坐标定义一个平面二维点，用 XYZ 坐标定义空间的三维点。如图 7-1 所示，该坐标系规定了 X、Y、Z 三个相互垂直的直线坐标轴，又称基本坐标系，以及分别绕三个直线坐标轴回转的坐标轴 A、B、C。

坐标系中各坐标轴应与机床各主要导轨平行设置，坐标轴 X、Y、Z 的正向由右手定则确定，伸出右手的大拇指、食指和中指，并互为 90°。则大拇指代表 X 坐标，食指代表 Y 坐标，中指代表 Z 坐标。大拇指的指向为 X 坐标的正方向，食指的指向为 Y 坐标的正方向，中指的指向为 Z 坐标的正方向。坐标轴 A、B、C 的正向由右手螺旋法则而定，大拇指的指向为 X、Y、Z 坐标中任意轴的正向，则其余四指的旋转方向即为旋转坐标 A、B、C 的正向。

（1）坐标和运动方向命名的原则

机床在加工零件时是刀具移向工件，还是工件移向刀具，为了根据图样确定机床的加工

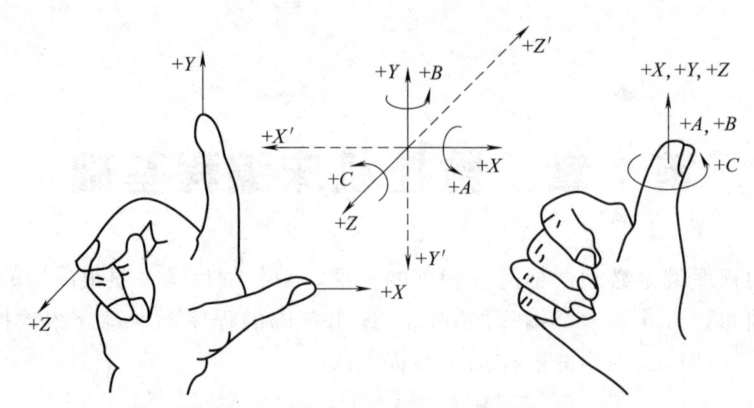

图 7-1 右手直角笛卡儿坐标系

过程，特规定：数控坐标系是假定工件不动，刀具相对静止的工件运动，此时，坐标系用 $XYZABC$ 表达；若刀具不动，工件相对于刀具运动，在坐标轴符号上加“′”，即相应的坐标系用 $X'Y'Z'A'B'C'$ 来表达。两种坐标系中的正运动方向正好相反。规定刀具远离工件的运动方向为坐标轴正方向。机床主轴旋转运动的正方向是按右旋螺纹进入工件的方向。

（2）坐标轴的规定

① Z 坐标轴。在机床坐标系中，Z 坐标轴的运动由传递切削力的主轴决定，与主轴平行的标准坐标轴为 Z 坐标轴。对于车床、磨床等主轴带动零件旋转，与主轴轴线平行的坐标轴即为 Z 坐标轴，如图 7-2 所示；对于铣床、钻床、镗床等主轴带动刀具旋转，与主轴平行的坐标系即为 Z 坐标，如图 7-3 所示；如果没有主轴（如牛头刨床、数控龙门刨床等），Z 坐标轴垂直于工件装夹面。如机床上有几个主轴，可选择一个垂直于工件装夹面的主要轴为主轴，并以它确定 Z 坐标轴。

Z 坐标的正方向为增大工件与刀具之间距离的方向。如在钻床加工中，钻入工件的方向为 Z 坐标的负方向，退出方向为正方向。

② X 坐标轴。X 坐标为水平的且平行于工件的装夹面，这是在刀具或工件定位平面内运动的主要坐标。对于工件旋转的机床（如车床、磨床等），X 坐标的方向是在工件的径向上，且平行于横滑座，刀具离开工件旋转中心的方向为 X 轴正方向，如图 7-4、图 7-5 所示。对于刀具旋转的机床（如铣床、镗床、钻床等），若 Z 坐标是水平（卧式）的，当从主要刀具的主轴向工件看时，X 坐标轴的正方向指向右方，如图 7-6 所示；若 Z 坐标是垂直（立式）的，当从主要刀具的主轴向立柱看时，X 坐标轴的正方向指向右方，如图 7-7 所

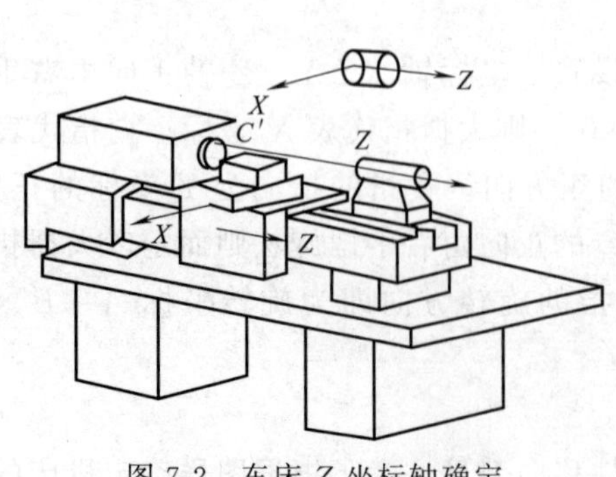

图 7-2 车床 Z 坐标轴确定

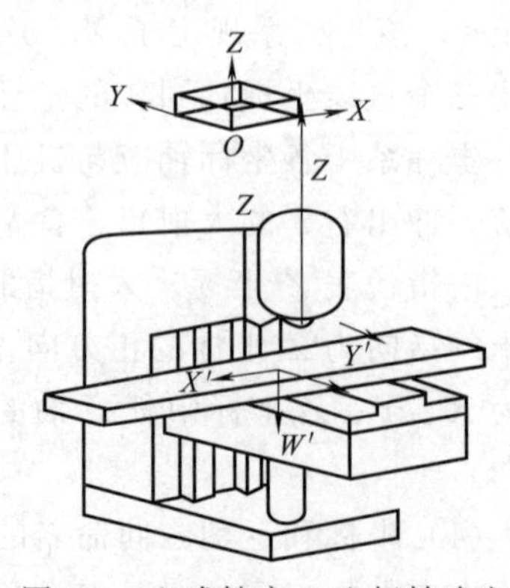

图 7-3 立式铣床 Z 坐标轴确定

示。对于双立柱的龙门铣床，当由主轴向左侧立柱看时，X 坐标轴的正方向指向右方。对刀具或工件均不旋转的机床（如刨床），X 坐标平行于主要的进给方向，并以该方向为正方向。

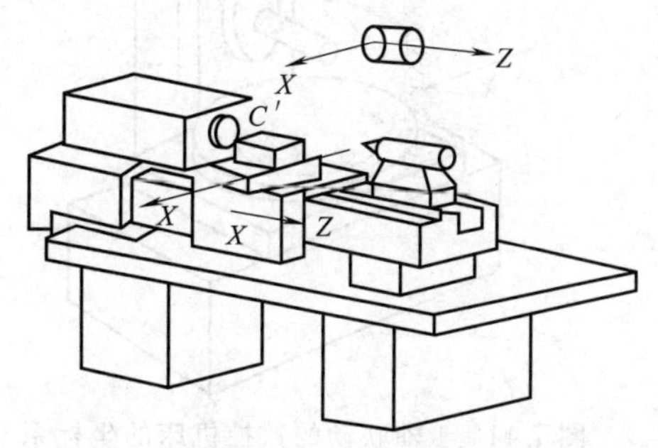

图 7-4　前置刀架车床 X 坐标轴确定

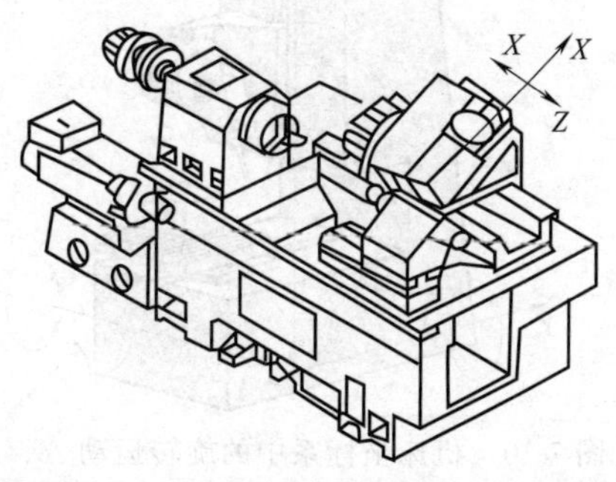

图 7-5　后置刀架车床 X 坐标轴确定

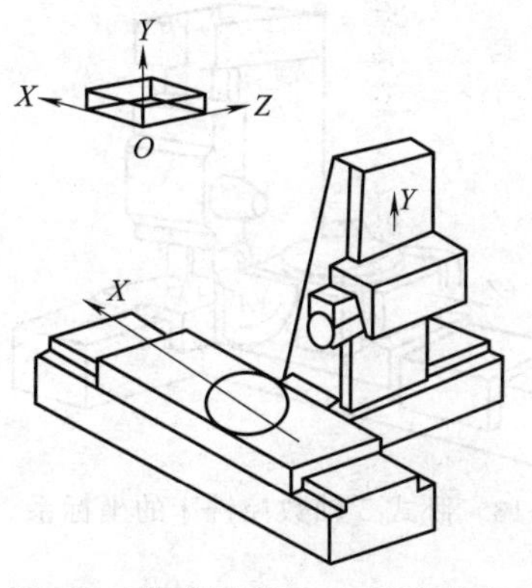

图 7-6　卧式铣床 X 坐标轴确定

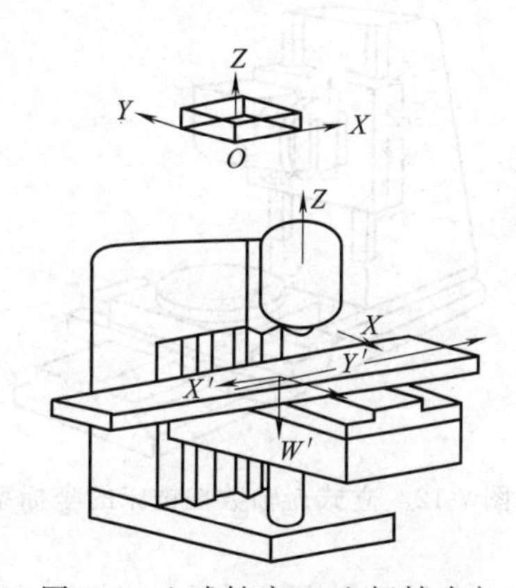

图 7-7　立式铣床 X 坐标轴确定

③ Y 坐轴。Y 坐标轴垂直于 X、Z 坐标轴，Y 运动的正方向根据 X 和 Z 坐标的正方向，按右手直角坐标系来判断。如图 7-8、图 7-9 所示。

④ 旋转运动 A、B 和 C。A、B 和 C 相应地表示其轴线平行于 X、Y 和 Z 坐标的旋转运动。A、B 和 C 的正方向，相应地表示在 X、Y 和 Z 坐标正方向上，按照右手螺旋前进的方向，如图 7-10 所示。如在 X、Y、Z 主要直线运动之外还有第二组平行于它们的运动，可分别将它们坐标定为 U、V、W。图 7-11 所示为 4 轴联动的数控机床的坐标系，图 7-12 所示为立式 5 轴数控铣床的坐标系，图 7-13 所示为卧式 5 轴数控铣床的坐标系。

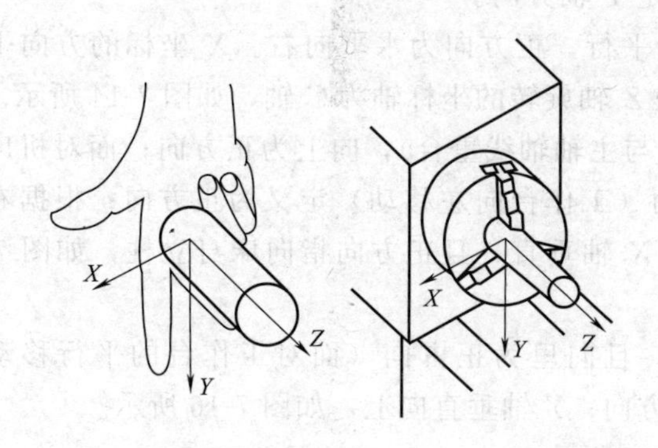

图 7-8　数控卧式车床坐标系 Y 坐标轴确定

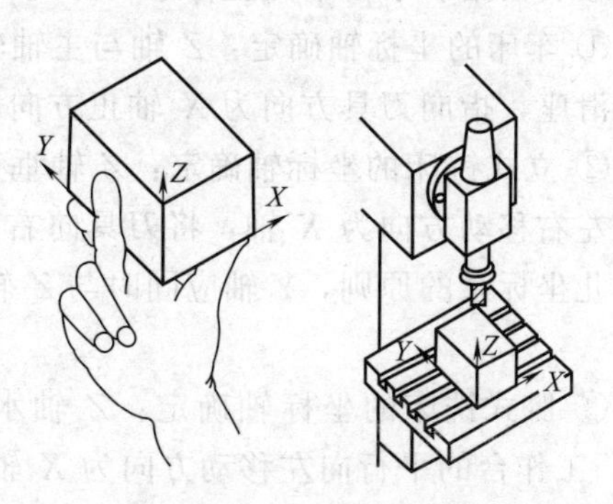

图 7-9　数控立式铣床坐标系 Y 坐标轴确定

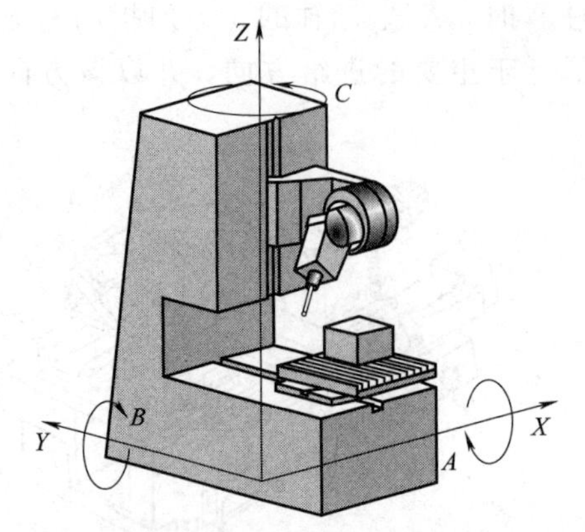

图 7-10　机床坐标系中的旋转运动 A、B 和 C

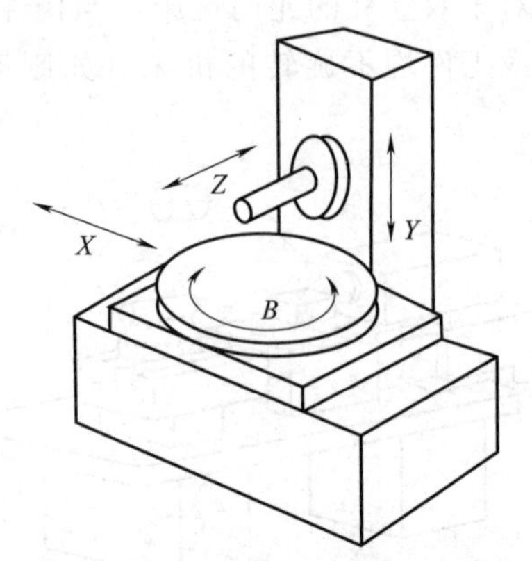

图 7-11　4 轴联动的数控机床的坐标系

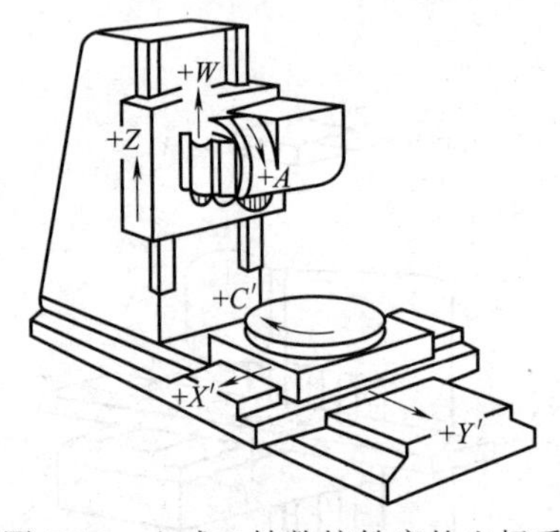

图 7-12　立式 5 轴数控铣床的坐标系

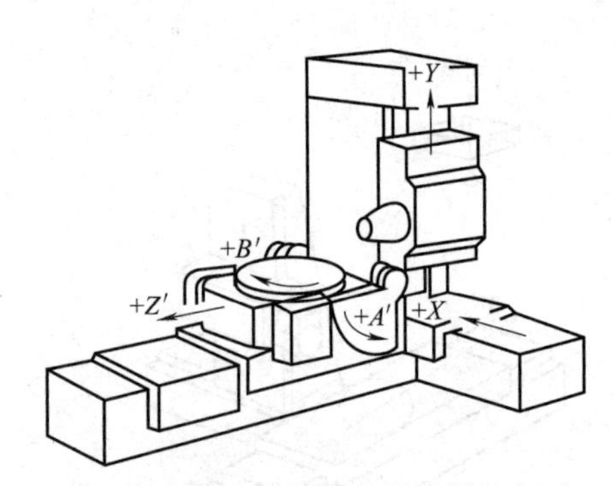

图 7-13　卧式 5 轴数控铣床的坐标系

⑤ 主轴正旋转方向与 c 轴正方向的关系。主轴正旋转方向是从主轴尾端向前端（装刀具或工件端）看顺时针方向旋转为主轴正旋转方向，对于普通卧式数控车床，主轴的正旋转方向与 C 轴正方向相同；对于钻、镗、铣加工中心机床，主轴的正旋转方向为右旋螺纹进入工件的方向，与 C 轴正方向相反。

(3) 常见机床坐标系的确定

在机床上，我们始终认为工件静止，而刀具是运动的。数控机床的动作是由数控装置来控制的，例如 5 坐标数控机床上的运动控制，直线坐标轴和旋转坐标轴遵循右手笛卡儿坐标系，有机床的纵向运动、横向运动以及垂直方向运动，先确定 Z 轴方向，然后确定 X 轴方向，最后根据右手笛卡儿坐标系的原则，确定 Y 轴方向。

① 车床的坐标轴确定：Z 轴与主轴轴线平行，正方向为水平向右。X 坐标的方向平行于横滑座，指向刀具方向为 X 轴正方向，绕 Z 轴旋转的坐标轴为C 轴，如图 7-14 所示。

② 立式铣床的坐标轴确定：Z 轴垂直（与主轴轴线重合），向上为正方向；面对机床立柱的左右移动方向为 X 轴，将刀具向右移动（工作台向左移动）定义为正方向；根据右手笛卡儿坐标系的原则，Y 轴应同时与 Z 轴和 X 轴垂直，且正方向指向床身立柱，如图 7-15 所示。

③ 卧式铣床的坐标轴确定：Z 轴水平，且向里为正方向（面对工作台的平行移动方向）；工作台的平行向左移动方向为 X 轴正方向；Y 轴垂直向上，如图 7-16 所示。

常见数控机床的坐标系如图 7-17～图 7-22 所示。

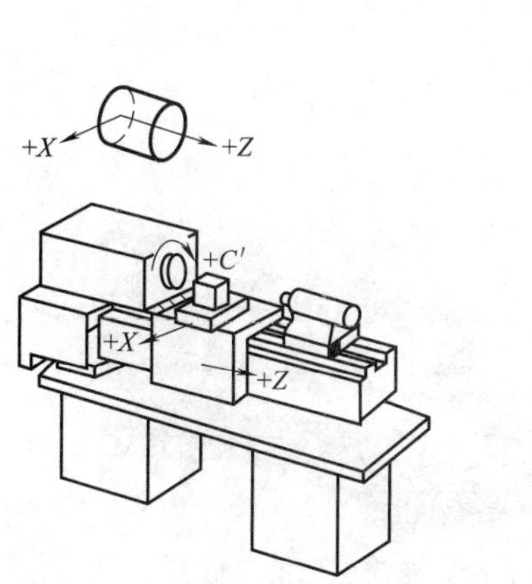

图 7-14　卧式车床坐标系

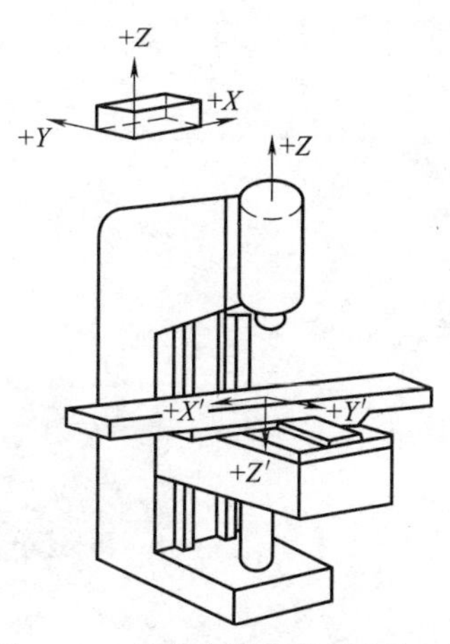

图 7-15　立式升降台铣床坐标系

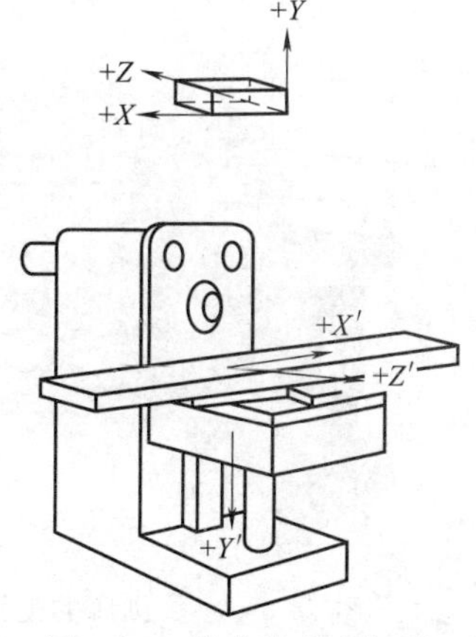

图 7-16　卧式铣床坐标系

图 7-17　前置刀架数控车床的坐标系

图 7-18　后置刀架数控车床的坐标系

图 7-19　立式数控铣床的坐标系

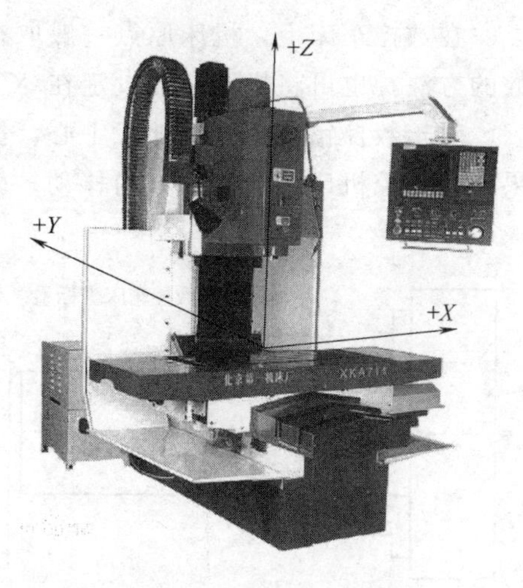

图 7-20　卧式数控铣床的坐标系

图 7-21 牛头刨床的坐标系

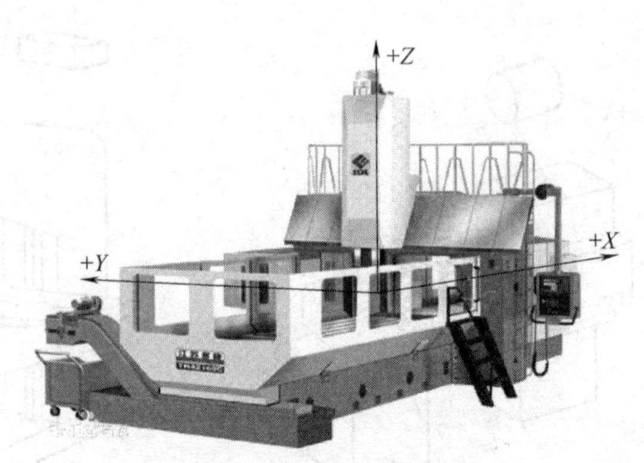

图 7-22 龙门刨床的坐标系

7.1.2 机床坐标系与工件坐标系

数控加工坐标系是进行数控编程和加工的重要基础，其基础坐标系是笛卡儿坐标系。另外数控机床在设计、制造和使用过程中涉及几种不同的坐标系，分别是机床坐标系和工件坐标系，绝对坐标系和相对坐标系等。

（1）机床坐标系与机床原点、机床参考点

机床坐标系 MCS（Machine Coordinate System）是机床上固有的坐标系，用于确定被加工零件在机床中的坐标、机床运动部件的位置（如换刀点、参考点）以及运动范围（如行程范围、保护区）等。这个坐标系就是标准坐标系，在编制程序时，以该坐标系来规定运动的方向和距离。

机床坐标系的原点（Machine Origin 或 Home Position）称为机床原点或机床零点，也称为机床绝对原点（Machine Absolute Origin）。在机床经过设计、制造和调整后，这个原点便被确定下来，它是固定的点，也是工件坐标系、机床参考点的基准点，也是数控机床进行加工运动的基准参考点。机床原点用字母 M 表示，其作用是使机床与控制系统同步，建立测量机床运动坐标的起始点，一般数控机床原点都在数控机床坐标系的极限位置。

在数控车床上，机床原点一般取在卡盘端面法兰盘与主轴中心线的交点处。通过设置参数的方法，也可将机床原点设定在 X、Z 坐标的正方向极限位置上，如图 7-23 所示。

对于数控钻铣床及铣加工中心，机床原点都在 X、Y、Z 坐标的正方向极限位置上，如果此时数控机床继续向正方向移动，就会超程，如图 7-24 所示。

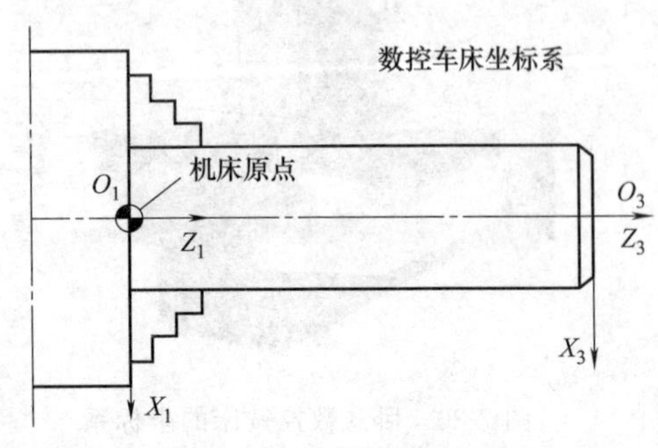

图 7-23 车床的机床原点

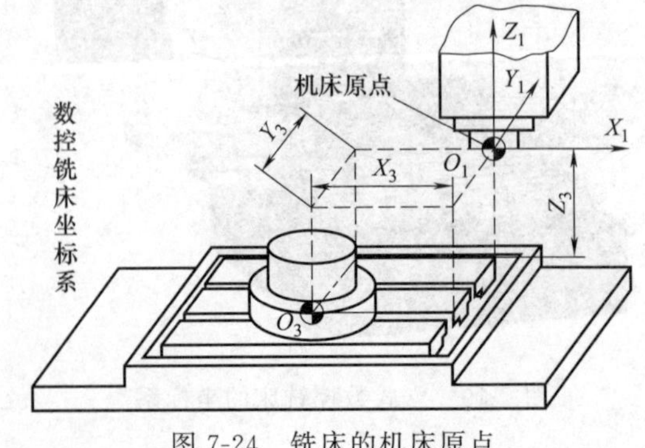

图 7-24 铣床的机床原点

机床参考点是用于对机床运动进行检测和控制的固定位置点，用字母 R 表示。机床参考点的位置是由机床制造厂家在每个进给轴上用限位开关精确调整好的，坐标值已输入数控系统中。因此，参考点对机床原点的坐标是一个已知数，机床参考点可以与机床原点重合也可以不重合，通过参数指定机床参考点到机床原点的距离。通常，在数控铣床上，机床原点和机床参考点是重合的，加工中心的参考点为机床的自动换刀位置。在数控车床上，机床参考点是离机床原点最远的极限点。数控车床的机床坐标系形式如图7-25所示，图中 Z 轴与机床导轨平行（取卡盘中心线），X 轴与 Z 轴垂直，机床原点 O 取在卡盘后端面与中心线的交点之处。而机床参考点则是机床上一个固定的参考点，该点在机床坐标系中的坐标为：$x=540$mm，$z=900$mm。

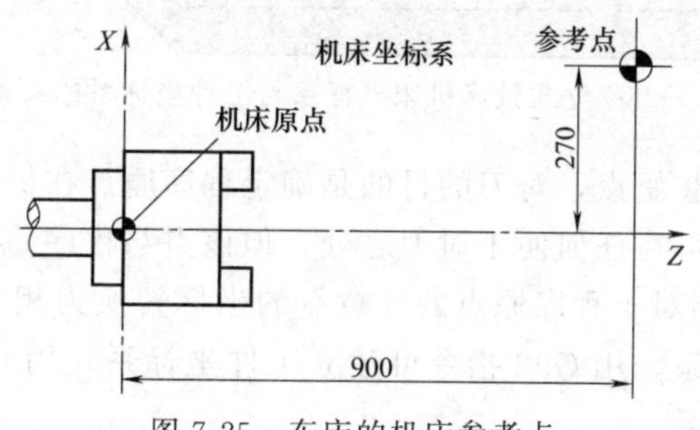

图7-25　车床的机床参考点

数控装置上电时并不知道机床原点，为了正确地在机床工作时建立机床坐标系，通常在每个坐标轴的移动范围内设置一个机床参考点（测量起点），机床启动时，通常要进行机动或手动回参考点，以建立机床坐标系。通过参数指定机床参考点到机床原点的距离。以参考点为原点，坐标方向与机床坐标方向相同建立的坐标系叫做参考坐标系，在实际使用中通常以参考坐标系计算坐标值。机床参考点也是机床上的一个固定点，不同于机床原点，机床参考点对机床原点的坐标是已知值，即可根据机床参考点在机床坐标系中的坐标值间接确定机床原点的位置，回零操作（回参考点）后表明机床坐标系建立。

（2）工件坐标系与工件原点、对刀点

工件坐标系是编程人员在编程时使用的，编程人员选择工件上的某一已知点为工件原点，建立一个新的坐标系，称为工件坐标系。工件坐标系一旦建立便一直有效，直到被新的工件坐标系所取代，工件坐标系坐标轴的确定与机床坐标系坐标轴方向一致。工件坐标系的原点称为工件原点或工件零点，也称编程原点或程序原点。它是编程人员在数控编程过程中定义在工件上的几何基准点，根据编程计算方便性、机床调整方便性、对刀方便性、在毛坯上位置确定的方便性等具体情况定义在工件上的几何基准点，一般为零件图上最重要的设计基准点。工件坐标系的原点选择要尽量满足编程简单，尺寸换算少，引起的加工误差小等条件，工件原点选择原则为：

① 与设计基准一致；

② 尽量选在尺寸精度高，粗糙度低的工件表面；

③ 最好在工件的对称中心上；

④ 要便于测量和检测。

工件原点可用程序指令来设置和改变。根据编程需要，在一个零件的加工程序中可一次或多次设定或改变工件原点。工件原点用字母 W 表示，程序原点用字母 P 表示。一般情况下，工件原点应选在尺寸标注的基准或定位基准上，如图 7-26 所示。对车床编程而言，工件坐标系原点一般选在工件轴线与工件的前端面、后端面、卡爪前端面的交点上。

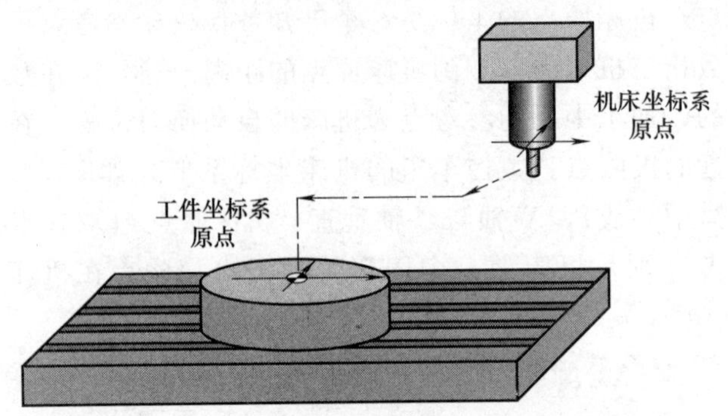

图 7-26 立式铣床机床坐标系与工件坐标系的关系

对刀点是零件程序的起始点，对刀的目的是确定程序原点在机床坐标系中的位置，对刀点可与程序原点重合，也可在任何便于对刀之处，但该点与程序原点之间必须有确定的坐标联系。可以通过 CNC 将相对于程序原点的任意点的坐标转换为相对于机床零点的坐标。加工开始时要设置工件坐标系，用 G92 指令可建立工件坐标系；用 G54～G59 及 T 指令（刀具指令）可选择工件坐标系。

为了建立机床坐标系和工件坐标系的关系，需要设立“对刀点”。所谓“对刀点”就是用刀具加工零件时，刀具相对于工件运动的起点。如图 7-27 所示，对刀点相对于机床原点的坐标为（X_0，Y_0），而工件原点相对于机床原点的坐标为（X_1+X_0，Y_0+Y_1），这样就把机床坐标系、工件坐标系和对刀点之间的关系明确地表达出来了。编程时，根据需要，有时把对刀点视为编程起点，也有时把程序原点（即工件原点）视为编程起点，这时程序的第一段内容就是使刀具从工件原点走到对刀点。图 7-28 所示为车床和铣床的机床原点、工件原点、参考点和编程原点。

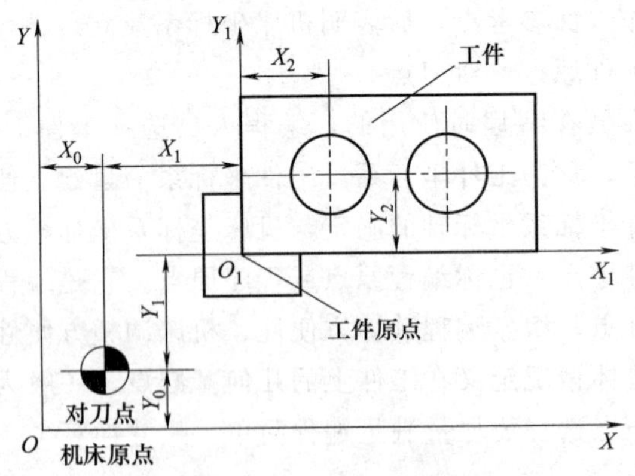

图 7-27 铣床对刀点

(3) 绝对坐标系和相对（增量）坐标系

绝对坐标系是指在该坐标系中，工件所有点的坐标值基于固定的坐标系（机床或工件）的原点来确定。相对坐标系是指在该坐标系中，运动轨迹的终点坐标值是相对于起点计算的。如在图 7-29（a）的绝对坐标系中，B 点的坐标值为（25，50），在图 7-29（b）的绝对坐标系中，B 点的坐标值为（15，30）。

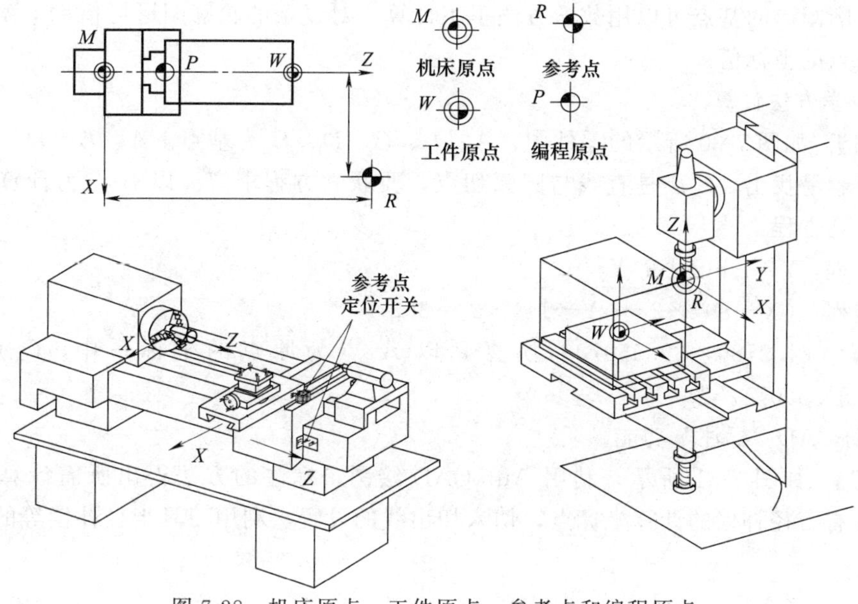

图 7-28　机床原点、工件原点、参考点和编程原点

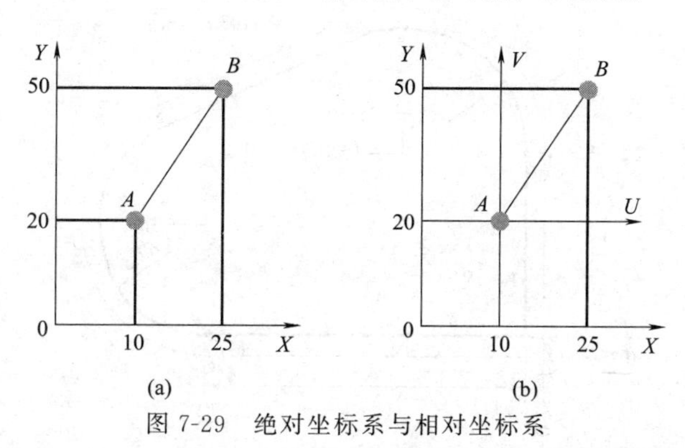

图 7-29　绝对坐标系与相对坐标系

7.2　数值处理

对零件图形进行数值处理是数控编程前的一个关键性的环节。数值计算是指根据工件的图样要求，按照确定的加工路线和允许的编程误差，计算出数控系统所需输入的数据。对于带有自动刀补功能的数控装置来说，通常要计算出零件轮廓上一些点的坐标数值。一般数控编程的数值处理包括基点和节点的坐标计算、刀位点轨迹的计算、辅助计算等内容。

7.2.1　常见的数值计算

① 基点的计算。一个零件的轮廓曲线一般是由许多不同的几何元素组成的，如直线、圆弧、二次曲线及列表点曲线等，把各几何元素之间的连接点称为基点，显然，相邻基点间只能是一个几何元素，如图 7-30 中，A、B、C、D、E 为基点。

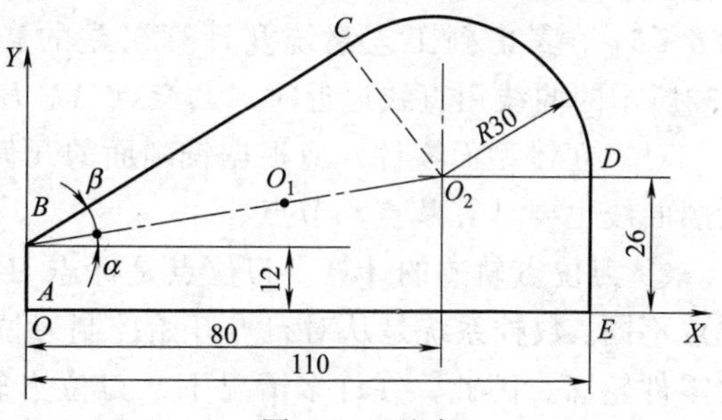

图 7-30　基点

简单轮廓图形的基点可以用数学方法手工计算，对复杂的轮廓图形可借助 CAD“标注”功能获得基点的坐标值。

a. 用数学方法计算。

【例 7-1】 如图 7-30 所示的零件中，A、B、C、D、E 为基点。A、B、D、E 的坐标值从图中很容易找出，C 点是直线与圆弧切点，要联立方程求解。以 B 点为计算坐标系原点，联立下列方程：

直线方程：$Y=\tan(\alpha+\beta)X$

圆弧方程：$(X-80)\times 2+(Y-14)\times 2=302$

可求得（64.2786，39.5507），换算到以 A 点为原点的坐标系中，C 点坐标为（64.2786，51.5507）。

b. 借助 CAD“标注”功能。

【例 7-2】 如图 7-31 所示，利用 AutoCAD 绘图，标注的方法得出所需计算的基点数据。分析具有刀径补偿的计算坐标点，切入切出线的设置，利用刀具半径补偿等的情况。

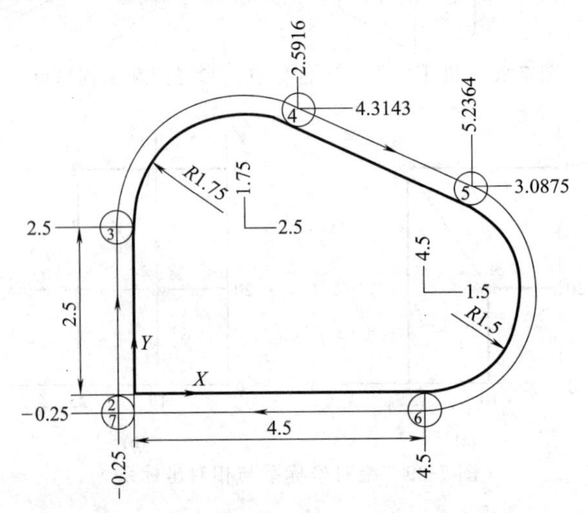

图 7-31 借助 CAD“标注”功能求基点坐标

② 节点的计算。一般数控系统具有直线和圆弧插补功能，当零件的形状是由直线段或圆弧之外的其他曲线构成，而数控装置又不具备该曲线的插补功能时，其数值计算就比较复杂。将组成零件轮廓曲线，按数控系统插补功能的要求，在满足允许的编程误差的条件下，将曲线分割成若干个直线段，用若干直线段或圆弧来逼近给定的曲线，逼近线段与被加工曲线交点称为节点。编写程序时，应按节点划分程序段。逼近线段的近似区间愈大，则节点数目愈少，相应地程序段数目也会减少，但逼近线段的误差 δ 应小于或等于编程允许误差 $\delta_{允}$，即 $\delta\leqslant\delta_{允}$。考虑到工艺系统及计算误差的影响，$\delta_{允}$ 一般取零件公差的 1/10～1/5。对图 7-32所示的曲线用直线逼近时，其交点 A、B、C、D、E、F 等即为节点。

对于立体型面零件，应根据铣削面的几何形状精度要求分割成不同的铣道，各铣道上的轮廓曲线也要计算基点和节点。

③ 刀位点轨迹的计算。刀位点是标志刀具所处不同位置的坐标点，不同类型刀具的刀位点不同。数控系统是从对刀点开始控制刀位点运动的，并由刀具的切削刃部分加工出要求的零件轮廓。因此，在许多情况下，刀位点轨迹并不与零件轮廓完全重合。刀具半径为 r 时，刀位点轨迹与零件轮廓形状类似，偏离距离为 r。对于具有刀具半径补偿功能的数控机

床，只要在编写程序时，在程序的适当位置写入建立刀具补偿的有关指令，操作时设置补偿值，仍按轮廓的基点或节点坐标编程，就可以保证在加工过程中，使刀位点按一定的规则自动偏离编程轨迹，达到正确加工的目的。这时可直接按零件轮廓形状，计算各基点和节点坐标，并作为编程时的坐标数据。当机床所采用的数控系统不具备刀具半径补偿功能时，编程时需对刀具的刀位点轨迹进行数值计算，按轮廓偏移半径值后的刀位点轨迹进行数值计算，若更改刀具则需要修改程序。

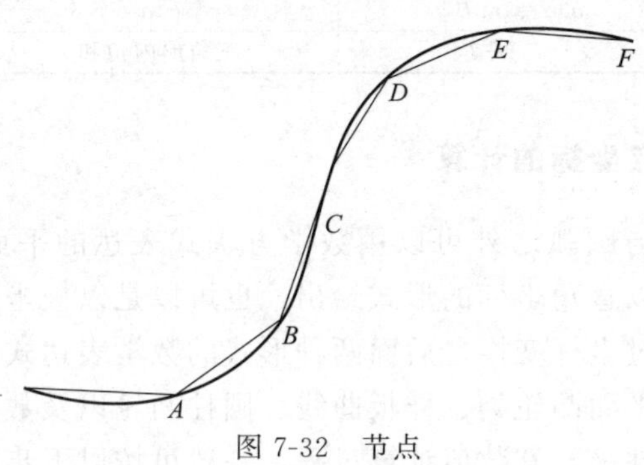

图 7-32　节点

④ 辅助计算。辅助计算包括增量计算、脉冲数计算、辅助程序段的数值计算等。辅助程序段是指开始加工时，刀具从对刀点到切入点，或加工完时，刀具从切出点返回到对刀点而特意安排的程序段。数值计算时要计算出相关点的坐标，切入点位置的选择应依据零件加工余量而定，适当离开零件一段距离，而切出点位置的选择，应避免刀具在快速返回时发生撞刀。使用刀具补偿功能时，建立刀补的程序段应在加工零件之前写入，加工完成后应取消刀具补偿。某些零件的加工，要求刀具“切向”切入和“切向”切出，以上程序段的安排，在绘制走刀路线时，即应明确地表达出来。数值计算时，按照走刀路线的安排，计算出各相关点的坐标。

7.2.2　基点坐标计算

零件轮廓或刀位点轨迹的基点坐标计算，一般采用代数法或几何法。代数法是通过列方程组的方法求解基点坐标，这种方法虽然已根据轮廓形状，将直线和圆弧的关系归纳成若干种方式，并变成标准的计算形式，方便了计算机求解，但手工编程时采用代数法进行数值计算还是比较烦琐。根据图形间的几何关系利用三角函数法求解基点坐标，计算比较简单、方便，与列方程组解法比较，工作量明显减少。要求重点掌握三角函数法求解基点坐标。

对于由直线和圆弧组成的零件轮廓，采用手工编程时，常利用直角三角形的几何关系进行基点坐标的数值计算，图 7-33 为直角三角形的几何关系，三角函数计算公式列于表 7-1。

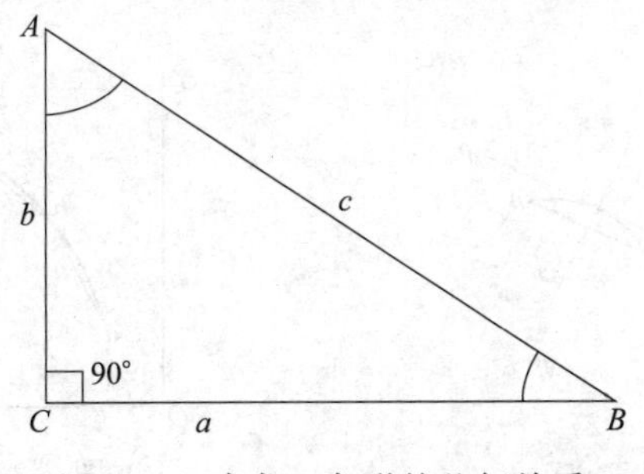

图 7-33　直角三角形的几何关系

表 7-1　直角三角形中的几何关系

已知角	求相应的边	已知边	求相应的角
A	$a/c=\sin A$	a,c	$A=\arcsin(a/c)$
A	$b/c=\cos A$	b,c	$A=\arccos(b/c)$
A	$a/b=\tan A$	a,b	$A=\arctan(a/b)$
B	$b/c=\sin B$	b,c	$B=\arcsin(b/c)$
B	$a/c=\cos B$	a,c	$B=\arccos(a/c)$
B	$b/a=\tan B$	b,a	$B=\arctan(b/a)$
勾股定理	$c^2=a^2+b^2$	三角形内角和	$A+B+90°=180°$

7.2.3　非圆曲线节点坐标的计算

数控加工中把除直线与圆弧之外可以用数学方程式表达的平面轮廓曲线，称为非圆曲线。其数学表达式可以是以直角坐标的形式给出，也可以是以极坐标形式给出，还可以是以参数方程的形式给出。通过坐标变换，后面两种形式的数学表达式可以转换为直角坐标表达式。非圆曲线类零件包括平面凸轮类、样板曲线、圆柱凸轮以及数控车床上加工的各种以非圆曲线为母线的回转体零件等。其数值计算过程，一般可按以下步骤进行。

① 选择插补方式。即应首先决定是采用直线段逼近非圆曲线，还是采用圆弧段或抛物线等二次曲线逼近非圆曲线。

② 确定编程允许误差。

③ 选择数学模型，确定计算方法。在决定采取什么算法时，主要应考虑的因素有两条，其一是尽可能按等误差的条件，确定节点坐标位置，以便最大限度地减少程序段的数目；其二是尽可能寻找一种简便的算法，简化计算机编程，省时快捷。

④ 根据算法，画出计算机处理流程图。

⑤ 用高级语言编写程序，上机调试程序，并获得节点坐标数据。

非圆曲线节点坐标的计算用直线段逼近非圆曲线，目前常用的节点计算方法有等间距法、等程序段法、等误差法和伸缩步长法；用圆弧段逼近非圆曲线，常用的节点计算方法有曲率圆法、三点圆法、相切圆法和双圆弧法。

① 等间距直线段逼近法——等间距法就是将某一坐标轴划分成相等的间距。如图 7-34 所示。

② 等程序段法直线逼近的节点计算——等程序段法就是使每个程序段的线段长度相等。如图 7-35 所示。

③ 等误差法直线段逼近的节点计算——任意相邻两节点间的逼近误差为等误差。各程序段误差 δ 均相等，程序段数目最少。但计算过程比较复杂，必须由计算机辅助才能完成计算。在采用直线段逼近非圆曲线的拟合方法中，是一种较好的拟合方法，如图 7-36 所示。

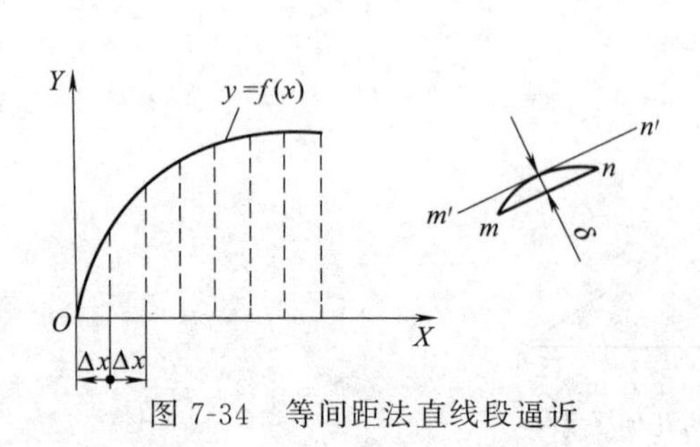

图 7-34　等间距法直线段逼近

图 7-35　等程序段法直线段逼近

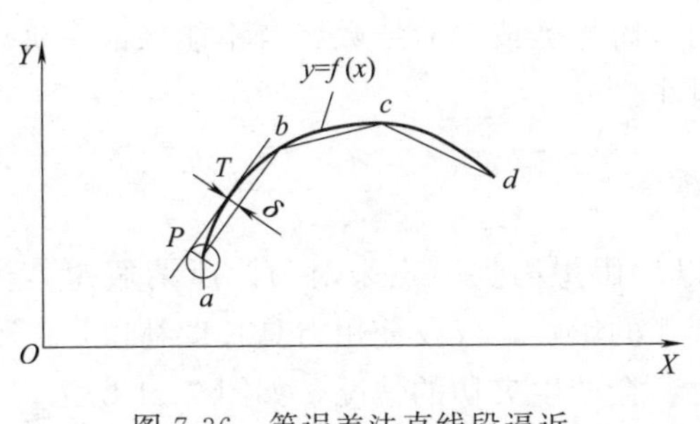

图 7-36 等误差法直线段逼近

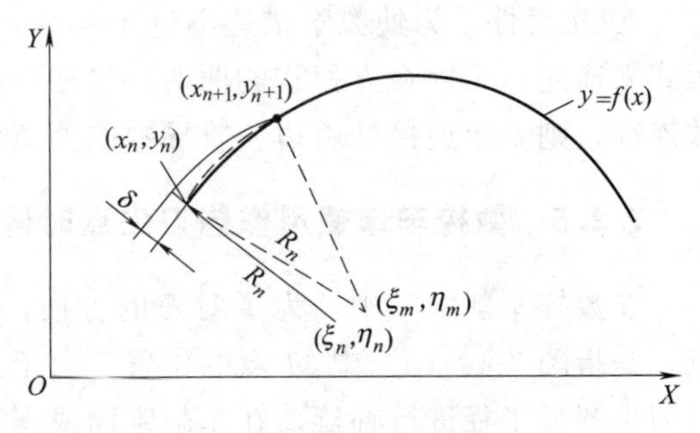

图 7-37 曲率圆法圆弧段逼近

④ 曲率圆法圆弧逼近的节点计算——曲率圆法是用彼此相交的圆弧逼近非圆曲线。其基本原理是从曲线的起点开始，作与曲线内切的曲率圆，求出曲率圆的中心，如图 7-37 所示。

⑤ 三点圆法圆弧逼近的节点计算——三点圆法是在等误差直线段逼近求出各节点的基础上，通过连续三点作圆弧，并求出圆心点的坐标或圆的半径，如图 7-38 所示。

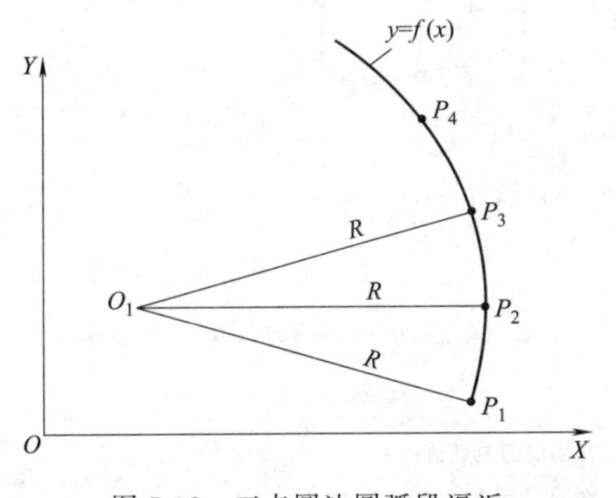

图 7-38 三点圆法圆弧段逼近

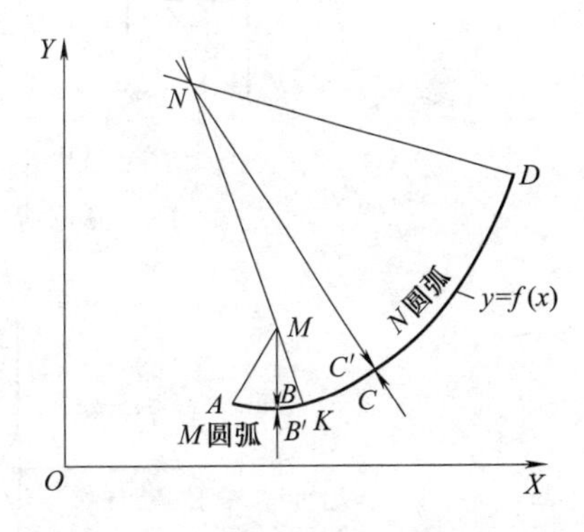

图 7-39 相切圆法圆弧段逼近

⑥ 相切圆法圆弧逼近的节点计算——如图 7-39 所示，采用相切圆法，每次可求得两个彼此相切的圆弧，由于在前一个圆弧的起点处与后一个终点处均可保证与轮廓曲线相切，因此，整个曲线是由一系列彼此相切的圆弧逼近实现的。可简化编程，但计算过程烦琐。

7.2.4 列表曲线型值点坐标的计算

实际零件的轮廓形状，除了可以用直线、圆弧或其他非圆曲线组成之外，有些零件图的轮廓形状是通过实验或测量的方法得到的。零件的轮廓数据在图样上是以坐标点的表格形式给出，这种由列表点（又称为型值点）给出的轮廓曲线称为列表曲线。

在列表曲线的数学处理方面，常用的方法有牛顿插值法、三次样条曲线拟合、圆弧样条拟合与双圆弧样条拟合等。由于以上各种拟合方法在使用时，往往存在着某种局限性，目前处理列表曲线的方法通常是采用二次拟合法。

为了在给定的列表点之间得到一条光滑的曲线，对列表曲线逼近一般有以下要求：

① 方程式表示的零件轮廓必须通过列表点。

② 方程式给出的零件轮廓与列表点表示的轮廓凹凸性应一致，即不应在列表点的凹凸性之外再增加新的拐点。

③ 光滑性。为使数学描述不过于复杂，通常一个列表曲线要用许多参数不同的同样方程式来描述，希望在方程式的两两连接处有连续的一阶导数或二阶导数，若不能保证一阶导数连续，则希望连接处两边一阶导数的差值应尽量小。

7.2.5 数控车床使用假想刀尖点时偏置计算

在数控车削加工中，为了对刀的方便，总是以“假想刀尖”点来对刀。所谓假想刀尖点，是指图 7-40（a）中 M 点的位置。由于刀尖圆弧的影响，仅仅使用刀具长度补偿，而不对刀尖圆弧半径进行补偿，在车削锥面或圆弧面时，会产生欠切的情况，如图 7-41 所示。

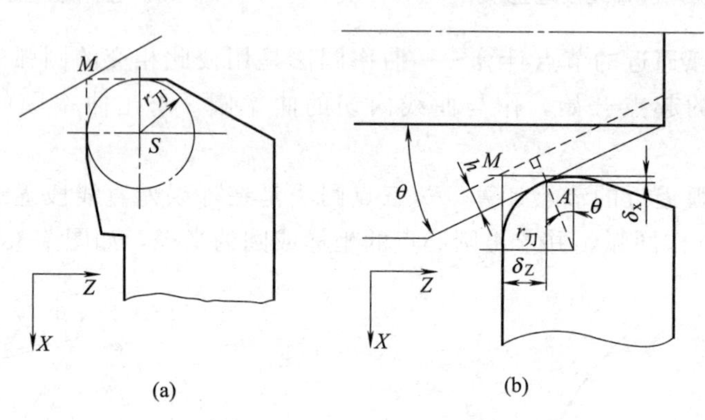

图 7-40 假想刀尖点编程时的补偿计算

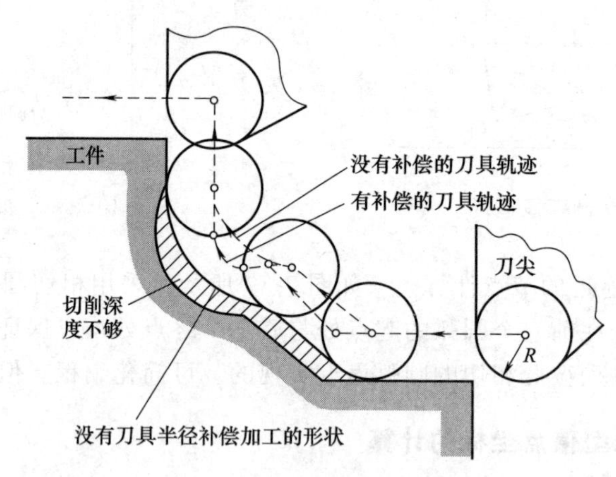

图 7-41 欠切与过切现象

7.2.6 简单立体型面零件的数值计算

用球头刀或圆弧盘铣刀加工立体型面零件，刀痕在行间构成了被称为切残量的表面不平度 h，又称为残留高度。残留高度对零件的加工表面质量影响很大，须引起注意。如图 7-42 所示。

数控机床加工简单立体型面零件时，数控系统要有 3 个坐标控制功能，但只要有 2 坐标连续控制（2 坐标联动），就可以加工平面曲线。刀具沿 Z 方向运动时，不要求 X、Y 方向也同时运动。这种用行切法加工立体型面时，3 坐标运动、2 坐标联动的加工编程方法称为 2 轴半联动加工。

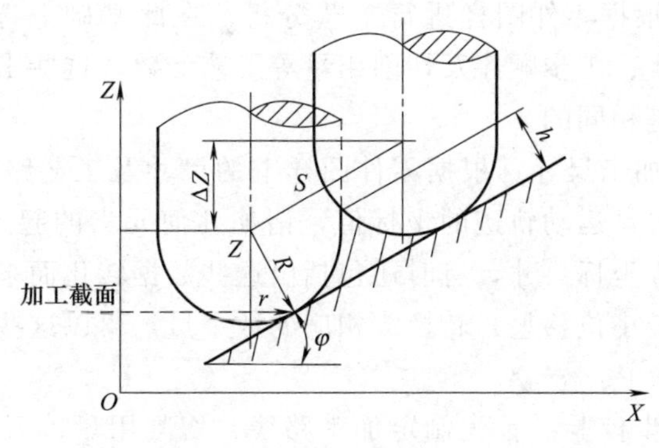

图 7-42　行距与切残量的关系

7.3　数控加工编程方法简介

程序编制可分成手工编程和自动编程两类。手工编程时，整个程序的编制过程是由人工完成的，这要求编程人员不仅要熟悉数控代码及编程规则，还必须具备机械加工工艺知识和数值计算能力。对于点位加工或几何形状不太复杂的零件，数控编程计算较简单，程序段不多，手工编程即可实现。自动编程是用计算机把人们输入的零件图纸信息改写成数控机床能执行的数控加工程序，就是说数控编程的大部分工作由计算机来实现，它使得一些计算烦琐、手工编程困难或无法编出的程序能够实现。

7.3.1　手工编程

(1) 手工编程的概念及特点

利用规定的代码和格式，人工制定零件加工程序的工作，称为手工零件程序编制，简称为手工编程。手工编程的优点是：在加工形状较简单的零件时，非常简便；不需要具备特别的条件（如价格较高的自动编程机及相应的硬件和软件等）；机床操作者或程序员不受特别条件的制约；另外还具有较大的灵活性和编程费用少等。但在进行复杂零件加工时，虽然可以采用一些高效的计算工具，甚至在编制一些较为复杂的加工程序时应用计算机进行数值计算，但是从写算式、记数据、填写程序单一直到穿孔制带、程序与纸带的校验等都需要大量的人工工作，即烦琐又容易出错。所以手工编程适合于不太复杂加工程序的编制。

(2) 手工编程的步骤

手工编程的步骤如图 7-43 所示。

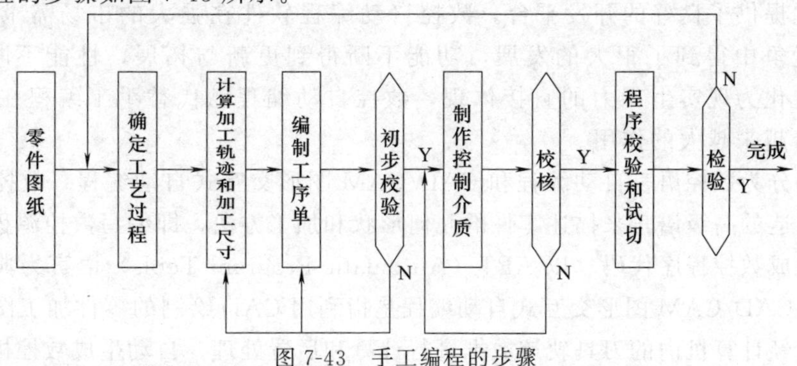

图 7-43　手工编程的步骤

① 确定工艺过程。根据零件图样进行工艺分析，在此基础上选定机床、刀具和夹具，确定零件加工的工艺路线、工步顺序及切削用量等工艺参数，这些工作与普通机床加工零件时的编制工艺规程基本是相同的。

② 计算加工轨迹和加工尺寸。根据零件图样上的尺寸及工艺路线的要求，在规定的坐标系内计算零件轮廓和刀具运动轨迹的坐标值，诸如几何元素的起点、终点、圆弧的圆心、几何元素的交点或切点等坐标尺寸，有时还包括由这些数据转化而来的刀具中心轨迹的坐标尺寸，并按脉冲当量（最小位移量）转换成相应的数字量，再以这些坐标值和数字量作为编程的尺寸。

③ 编制工序单及初步校验。首先制定加工路线、切削用量、刀具号码、刀具补偿、辅助动作及刀具运动轨迹等条件，再按照机床数控装置指令代码及程序格式的规定，编写工序单，并进行校验，检查上述两个步骤中的错误。

④ 制带。将工序单上的内容记录在控制带上，作为数控装置的输入信息。若程序较简单，也可直接将其通过键盘输入。

⑤ 程序校验和试切削。所制备的控制带，必须经过进一步的校验和试切削才能用于正式加工。通常的方法是将控制介质的内容输入数控装置进行机床的空运转检查。对于平面轮廓工件，可在机床上用笔代替刀具、坐标纸代替工件进行空运行绘图；对于空间曲面零件，可用木料或塑料工件进行试切，以检查机床运动轨迹与动作的正确性。在具有图形显示的机床上，用图形的静态显示（在机床闭锁的状态下形成的运动轨迹）或动态显示（模拟刀具和工件的加工过程）则更为方便。但这些方法只能检查运动轨迹的正确性，无法检查工件的加工误差。首件试切削方法不仅可查出程序单和控制介质是否有错，而且还可知道加工精度是否符合要求。当发现错误时，应分析错误的性质，或修改工序单或调整刀具补偿尺寸，直到符合图样规定的精度要求为止。

7.3.2 自动编程

自动编程（Automatic Programming）也称为计算机编程。将输入计算机的零件设计和加工信息自动转换成为数控装置能够读取和执行的指令（或信息）的过程就是自动编程。随着数控技术的发展，数控加工在机械制造业的应用日趋广泛，使数控加工方法的先进性和高效性与冗长复杂、效率低下的数控编程之间的矛盾更加尖锐，数控编程能力与生产不匹配的矛盾日益明显。如何有效地表达、高效地输入零件信息，实现数控编程的自动化，已成为数控加工中亟待解决的问题。计算机技术的逐步完善和发展，给数控技术带来了新的发展奇迹，其强大的计算功能，完善的图形处理能力都为数控编程的高效化、智能化提供了良好的开发平台。数控自动编程软件在强大的市场需求驱动下和软件业的激烈竞争中得到了很大的发展，功能不断得到更新与拓展，性能不断完善提高。作为高科技转化为现实生产力的直接体现，数控自动编程已代替手工编程在数控机床的使用中发挥着越来越大的作用。

自动编程分为数控语言自动编程和 CAD/CAM 图形交互式自动编程。数控语言自动编程是用面向制造的高级语言来描述零件的几何形状和加工方法，即编写数控源程序，源程序经计算机处理成数控程序代码。以 APT（Automatic Program Tools）语言为典型代表，现已逐渐淘汰。CAD/CAM 图形交互式自动编程是指利用 CAD 绘制的零件加工图样，补充输入工艺参数，经计算机内的刀具轨迹数据进行计算和后置处理，自动生成数控机床零部件加工程序代码，以实现CAD与CAM的集成，不需要编写源程序。目前，CAD/CAM图形交互式自动编程已得到较多的应用，是数控技术发展的新趋势。随着CIMS技术的发展，当前又出现了CAD/CAPP/CAM集成的全自动编程方式，其编程所需的加工工艺参数不必由人工参与，直接从系统内的CAPP数据库获得，推动数控机床系统自动化的进一步发展。

（1）CAD/CAM软件分类

CAD/CAM技术经过几十年的发展，先后走过大型机、小型机、工作站、微机时代，每个时代都有当时流行的CAD/CAM软件。现在，工作站和微机平台的CAD/CAM软件已经占据主导地位，并且出现了一批比较优秀、流行的商品化软件。按照三维CAD/CAM软件的集成度、功能，可将目前流行的CAD/CAM软件划分为三类：

① 高档CAD/CAM软件。提供机械制造全过程的一揽子解决方案，具有高度集成的CAD/CAE/CAM和部分PDM（产品研发数据管理）功能集成。高档CAM软件的代表有：Unigraphics、Pro/Engineer、CATIA、I-DEAS等。

这类软件的特点是：具有优越的参数化设计、变量化设计及特征造型技术与传统的实体和曲面造型功能结合在一起；加工方式完备，计算准确，实用性强，可以从简单的2轴加工到以5轴联动方式来加工极为复杂的工件表面；并可以对数控加工过程进行自动控制和优化；同时提供了二次开发工具允许用户扩展其功能。它们是大、中型企业的首选CAD/CAM软件。

② 中档CAD/CAM软件。提供CAD/CAE/CAM和PDM的部分功能。CIMATRON是中档CAD/CAM软件的代表，其他还有Mastercam、Surfcam、Solidwork、SolidEdge、CAXA制造工程师等。这类软件实用性强，提供了比较灵活的用户界面，优良的三维造型、工程绘图，全面的数控加工，各种通用、专用数据接口以及集成化的产品数据管理。主要应用在中小企业的模具行业。

③ 低档CAD软件。这类软件仅有二维工程图设计能力，无法提供与数控加工机床的一体化应用。这类软件主要有AUTOCAD、CAXA等。

（2）常用自动编程软件简介

① CAXA制造工程师。CAXA-ME（CAXA制造工程师）是我国北航海尔软件公司开发的针对数控铣、加工中心的CAD/CAM软件。它基于PC平台，采用原创Windows菜单和交互方式，全中文界面，便于用户轻松地学习和操作；全面支持图标菜单、工具条、快捷键。它功能强大，提供基于实体的特征造型、自由曲面造型以及实体和曲面混合造型功能，可实现对任意复杂形状零件的造型设计。还具有生成2～5轴（5轴加工模块需另配）的加工代码的数控加工功能，可用于加工具有复杂三维曲面的零件。其特点是易学易用、价格较低，已在国内众多企业（如宝鸡机床厂、北京仪表机床厂等）和科研院所得到应用。如图7-44所示。

② Mastercam。Mastercam是美国CNC Software公司的CAD/CAM软件，功能上与CAXA-ME基本相同，它具有很强的加工功能，尤其在对复杂曲面自动生成加工代码方面，具有独到的优势。由于Mastercam主要针对数控加工，零件的设计造型功能不强，但对硬件的要求不高，且操作灵活、易学易用、价格较低，目前在国内有较多的用户。Mastercam现在的版本已发展到MastercamV10。如图7-45所示。

③ Pro/Engineer。Pro/Engineer是由美国PTC公司研制和开发的商用CAD/CAM软件，该软件具有基于特征、全参数、全相关和单一数据库的特点，可用于设计和加工复杂的

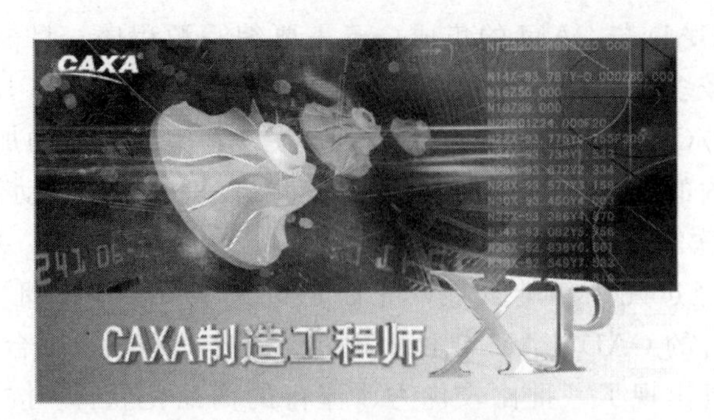

图 7-44 CAXA 制造工程师软件界面

图 7-45 Mastercam 软件界面

零件。另外，它还具有零件装配、机构仿真、有限元分析、逆向工程、同步工程等功能。该软件也具有较好的二次开发环境和数据交换能力。Pro/Engineer 已广泛应用于模具、工业设计、汽车、航天、玩具等行业，并在国际 CAD/CAM/CAE 市场上占有较大的份额。如图 7-46 所示。

图 7-46 Pro/Engineer 软件界面

④ UG NX。UG NX 是美国 UGS（Unigraphics Solutions）公司的产品，现在已被西门子收购，是 Siemens PLM Software 公司出品的一个产品工程解决方案，软件运行对计算机的硬件配置要求较高，早期版本只能在小型机和工作站上使用。随着微机性能飞速提高，已开始在微机上使用。它不仅具有复杂造型和丰富数控加工编程功能，还具有管理复杂产品装配，进行多种设计方案的对比分析和优化等功能。它具有较好的二次开发环境和数据交换能力。其庞大的模块群可为企业提供从产品设计、产品分析、加工装配、检验，到过程管理、

虚拟运作等全系列的技术支持。目前该软件在国际 CAD/CAM/CAE 市场上占有较大的份额，是目前市场上数控加工编程能力最强的 CAD/CAM 集成系统之一。如图 7-47 所示。

（3）数控加工自动编程步骤

为适应复杂形状零件的加工、多轴加工、高速加工，一般计算机辅助编程的步骤如图 7-48 所示。

① 零件的几何建模。对于基于图纸以及型面特征点测量数据的复杂形状零件数控编程，其首要环节是建立被加工零件的几何模型。

② 加工方案与加工参数的合理选择。数控加工的效率与质量有赖于加工方案与加工参数的合理选择，其中刀具、刀轴控制方式、走刀路线和进给速度的优化选择是满足加工要求、机床正常运行和刀具寿命的前提。

图 7-47　UG NX8.0 软件界面

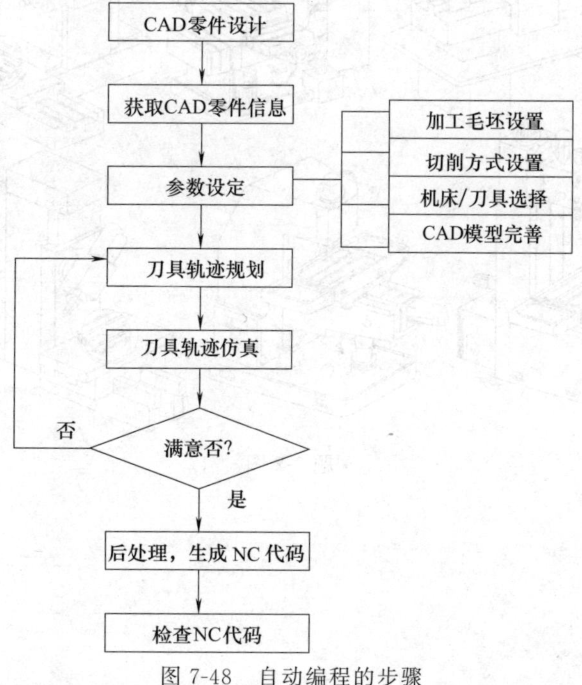

图 7-48　自动编程的步骤

③ 刀具轨迹生成。刀具轨迹生成是复杂形状零件数控加工中最重要的内容，能否生成有效的刀具轨迹直接决定了加工的可能性、质量与效率。刀具轨迹生成的首要目标是使所生成的刀具轨迹能满足无干涉、无碰撞、轨迹光滑、切削负荷光滑并满足要求、代码质量高。同时，刀具轨迹生成还应满足通用性好、稳定性好、编程效率高、代码量小等条件。

④ 数控加工仿真。由于零件形状的复杂多变以及加工环境的复杂性，要确保所生成的加工程序不存在任何问题十分困难，其中最主要的是加工过程中的过切与欠切、机床各部件之间的干涉碰撞等。对于高速加工，这些问题常常是致命的。因此，实际加工前采取一定的措施对加工程序进行检验并修正是十分必要的。数控加工仿真通过软件模拟加工环境、刀具路径与材料切除过程来检验并优化加工程序，具有柔性好、成本低、效率高且安全可靠等特点，是提高编程效率与质量的重要措施。

⑤ 后置处理。后置处理是数控加工编程技术的一个重要内容，它将通用前置处理生成的刀位数据转换成适合于具体机床数据的数控加工程序。其技术内容包括机床运动学建模与求解、机床结构误差补偿、机床运动非线性误差校核修正、机床运动的平稳性校核修正、进给速度校核修正及代码转换等。因此后置处理对于保证加工质量、效率与机床可靠运行具有重要作用。

习　题

7-1　简述常用自动编程软件。

7-2　请说出题 7-2 图所示机床的名称并标注坐标系。

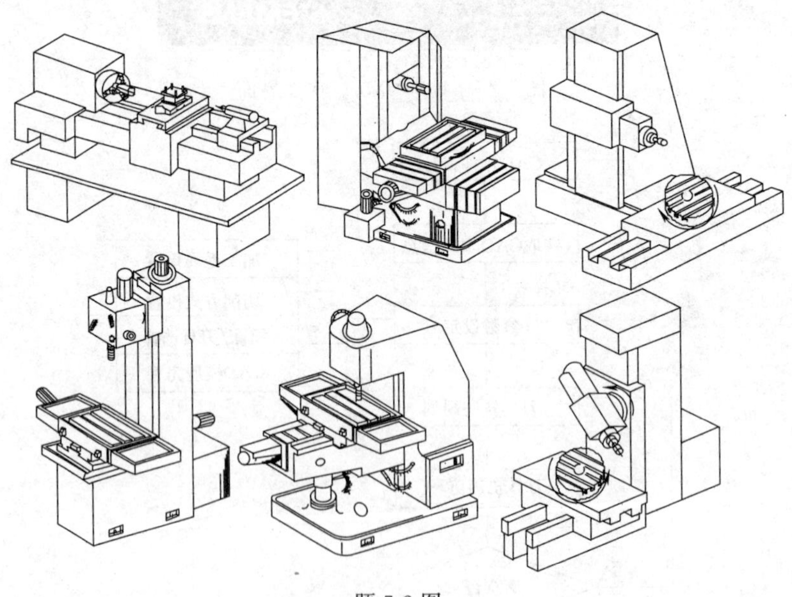

题 7-2 图

第 8 章　数控车床（FANUC）编程

8.1　FANUC 数控系统的基本功能

FANUC 数控系统是世界两大著名的数控系统之一，目前广泛应用在数控车床上的数控系统型号有 FANUC 0-TD、FANUC 0i（mate）-TC、FANUC 0i（mate）-TD、FANUC 0i（mate）-TA 等，本节主要介绍 FANUC 0i 数控系统的数控车床手工编程的方法。

8.1.1　准备功能（G 功能或 G 指令）

准备功能就是控制机床运动方式的指令，它是用地址字 G 和后面的数字组合起来表示，格式是：G××；准备功能分为模态指令和非模态指令；模态指令就是在同一 G 指令出现之前一直有效的 G 指令，非模态指令就是只在程序段中有效的 G 指令。表 8-1 为 FANUC 0i 数控系统规定的 G 功能的定义。

表 8-1　FANUC 0i 数控系统常用 G 功能指令

序号	G 指令	组号	功能
1	G00	01	快速点定位
2	G01		直线插补
3	G02		顺时针圆弧插补
4	G03		逆时针圆弧插补
5	G04	00	暂停
6	G10		可编程数据输入
7	G20	02	英制尺寸
8	G21		米制尺寸
9	G27	08	自动返回参考点确认
10	G28		返回参考点
11	G32	01	恒螺距螺纹切削
12	G34		变螺距螺纹切削
13	G40	07	取消刀具半径补偿
14	G41		刀具半径左补偿
15	G42		刀具半径右补偿
16	G50	00	设定坐标系、主轴转速
17	G54～G59	14	工件坐标系选定
18	G65	00	调用宏指令
19	G66	12	模态宏调用
20	G67		模态宏调用注销

续表

序号	G指令	组号	功能
21	G70	00	精车固定循环
22	G71		外径/内径粗车复合循环
23	G72		端面粗车复合循环
24	G73		固定形状粗车循环
25	G74		Z向啄式钻孔及端面沟槽循环
26	G75		外径沟槽切削循环
27	G76		多重螺纹切削复合循环
28	G90	01	外圆切削循环
29	G92		螺纹切削循环
30	G94		端面切削循环
31	G96	05	恒线速度控制有效
32	G97		恒线速度控制取消
33	G98	02	进给速度按每分钟设定
34	G99		进给速度按每转设定

8.1.2 辅助功能（M功能或M指令）

辅助功能就是用于控制零件程序的走向，以及机床各种辅助功能动作（如冷却液的开关、主轴正反转等）的指令。辅助功能由地址字M和其后的一或两位数字组成，M功能有非模态M功能和模态M功能两种形式。

① 非模态M功能（当段有效代码）：只在书写了该代码的程序段中有效。

② 模态M功能（续效代码）：一组可相互注销的M功能，这些功能在被同一组的另一个功能注销前一直有效。FANUC 0i系统常用辅助功能如表8-2所示。

表8-2 FANUC 0i系统常用的辅助功能指令

M指令	功　能	说　明
M00	程序暂停	用M00暂停程序的执行，按"循环启动"键加工继续执行
M01	选择停止	与M00一样，但仅在机床操作面板上"选择停"的选择开关压下时才生效
M02	主程序结束	自动运行停止且CNC装置被复位
M03	主轴正转	
M04	主轴反转	
M05	主轴停止	
M08	切削液开	
M09	切削液关	
M30	主程序结束	主程序结束并返回程序起点
M98	调用子程序	
M99	子程序结束，返回主程序	

注：当一个程序段中指定了运动指令和辅助功能时，按下面两种方法之一执行指令：

a. 运动指令和辅助功能指令同时执行。

b. 在运动指令执行完成后执行辅助功能指令。

选择哪种顺序取决于机床制造商的设定。

8.1.3 进给功能（F 功能）

进给功能主要用来指定切削时刀具的进给速度。对于车床，进给方式可分每分钟进给和每转进给，FANUC 系统用 G98、G98 规定。

① 每转进给指令 G99。系统开机状态为 G99 状态，只有输入 G98 指令后，G99 才被取消。在含有 G99 的程序段后面，再遇到 F 指令时，则认为 F 所指定的进给速度单位为 mm/r。

② 每分钟进给指令 G98。在含有 G98 的程序段后面，遇到 F 指令时，则认为 F 所指定的进给速度单位为 mm/min，G98 被执行一次后，系统将保持 G98 状态，直到被 G99 取消为止。

8.1.4 刀具功能（T 功能）

刀具功能也称 T 功能，用来指定数控系统进行换刀或选刀。

在 FANUC 0i 系统中，T 后跟四位数字，其中前两位表示选择的刀具号，后两位表示刀具补偿号。例如 T0101 表示采用 1 号刀具和 1 号刀补。

8.1.5 主轴转速功能（S 功能）

主轴转速功能也称 S 功能，用来指定主轴转速或速度。

① 恒线速度控制指令 G96。G96 是恒速切削控制有效指令。系统执行 G96 指令后，S 后面的数值表示切削速度。例如：G96 S80 表示切削速度是 80m/min。FANUC 系统指令功能与 SIEMENS 系统中的恒线速度控制指令类似，同样采用 G97 指令取消恒线速度功能。

② 主轴转速控制指令 G97。G97 是取消恒线速切削控制指令。系统执行 G97 后，S 后面的数值表示主轴每分钟的转数。例如：G97 S1000 表示主轴转速为 1000r/min。系统开机状态为 G97 状态。

③ 主轴最高速度限定 G50。G50 除具有坐标系设定功能外，还有主轴最高转速设定功能，即用 S 指定的数值设定主轴每分钟的最高转速。例如：G50 S1800 表示主轴转速最高为 1800r/min。

8.2 FANUC 数控系统的基本编程指令

8.2.1 坐标相关指令

（1）绝对和相对坐标指令 G90 和 G91

指令格式：

G90

G91

说明：

G90：绝对值编程，每个编程坐标轴上的编程值是相对于程序原点的。

G91：相对值编程，每个编程坐标轴上的编程值是相对于前一位置而言的，该值等于沿轴移动的距离。

G90、G91 为模态功能，可相互注销，G90 为缺省值。G90 和 G91 指令不决定到终点位置的轨迹，刀具运行轨迹由 G 功能组中的其他指令决定。如图 8-1 所示，

绝对方式（A—B）：G90 G01 X25. Z-20.；

相对方式（A—B）：G91 G01 U10. W-20.；

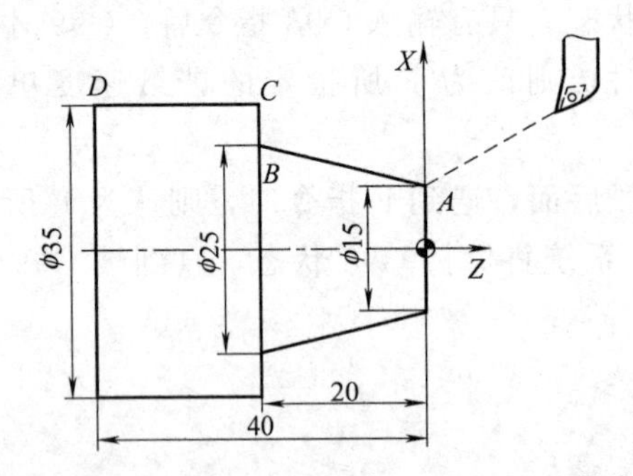

图 8-1 绝对和相对坐标指令 G90 和 G91 的应用

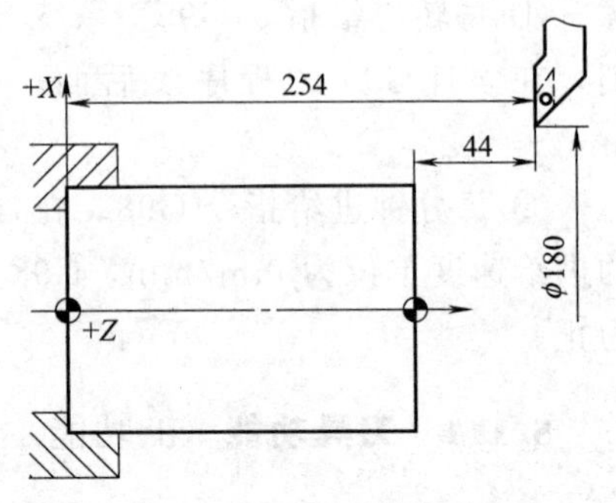

图 8-2 工件坐标系的设定 G50

（2）工件坐标系的设定 G50

指令格式：G50 X（U）__ Z（W）__；

说明：X、Z 为起刀点到工件坐标系原点的有向距离。

当执行 G50 指令后，系统内部即对（X，Z）进行记忆，并建立一个使刀具当前点坐标值为（X，Z）的坐标系，系统控制刀具在此坐标系中按程序进行加工。执行该指令只建立一个坐标系，刀具并不产生运动。

例如，图 8-2 所示坐标系的设定，当以工件左端面为工件原点时，建立的工件坐标系为 G50 X180 Z254；当以工件右端面为工件原点时，建立的工件坐标系为 G50 X 180 Z44。

（3）工件坐标系的选择与设定

指令格式：

$$\begin{Bmatrix} \text{G54} \\ \text{G55} \\ \text{G56} \\ \text{G57} \\ \text{G58} \\ \text{G59} \end{Bmatrix}$$

说明：G54～G59 是系统预定的 6 个坐标系，可根据需要任意选用。

加工时其坐标系的原点，必须设为工件坐标系的原点在机床坐标系中的坐标值，否则加工出的产品就有误差或报废，甚至出现危险。这 6 个预定工件坐标系的原点在机床坐标系中的值（工件零点偏置值）可用 MDI 方式输入，系统自动记忆。工件坐标系一旦选定，后续程序段中绝对值编程时的指令值均为相对此工件坐标系原点的值。G54～G59 为模态功能，可相互注销，G54 为缺省值。

【例 8-1】 如图 8-3 所示，使用工件坐标系编程。要求刀具从当前点移动到 A 点，再从 A 点移动到 B 点。

```
O3301;
N01   G54   G00 G90 X40 Z30;
```

N02　G59；
N03 G00　X30 Z30；
N04 M30；

说明：使用该组指令前，先用 MDI 方式输入各坐标系的坐标原点在机床坐标系中的坐标值。

使用该组指令前，必须先回参考点。

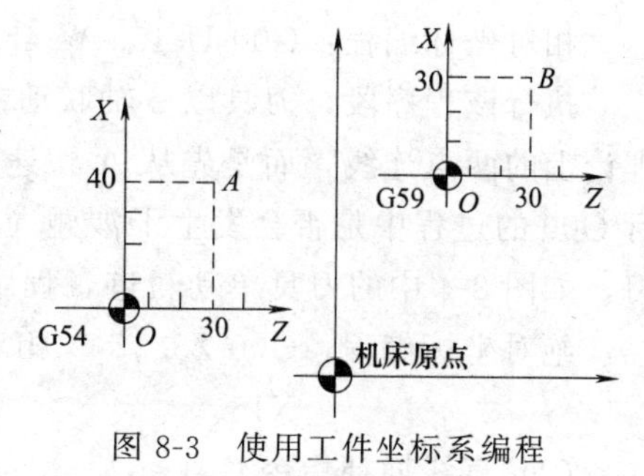

图 8-3　使用工件坐标系编程

8.2.2　单位相关指令

指令格式：G20
　　　　　G21

说明：G20　英制尺寸；
　　　G21　米制尺寸。

G20 和 G21 指令分别代表程序中输入的是英制尺寸和米制尺寸，模态有效。它们是两个互相取代的 G 指令，系统一般设定为 G21 状态。

8.2.3　常用准备功能

（1）快速定位 G00

指令格式：G00　X（U）_ Z（W）_；

说明：X、Z：绝对编程时，快速定位终点在工件坐标系中的坐标；
　　　U、W：增量编程时，快速定位终点相对于起点的位移量。

G00 指令刀具相对于工件以各轴预先设定的速度，从当前位置快速移动到程序段指令的定位目标点。

G00 指令中的快移速度由机床参数“快移进给速度”对各轴分别设定，不能用 F 规定。G00 一般用于加工前快速定位或加工后快速退刀。快移速度可由面板上的快速修调按钮修正。G00 为模态功能，可由 G01、G02、G03 或 G32 功能注销。注意在执行 G00 指令时，由于各轴以各自速度移动，不能保证各轴同时到达终点，因而联动直线轴的合成轨迹不一定是直线。操作者必须格外小心，以免刀具与工件发生碰撞。常见的做法是，将 X 轴移动到安全位置，再放心地执行 G00 指令。

如图 8-4 所示，要求刀具从 A 点快速移动到 B 点的程序段为：

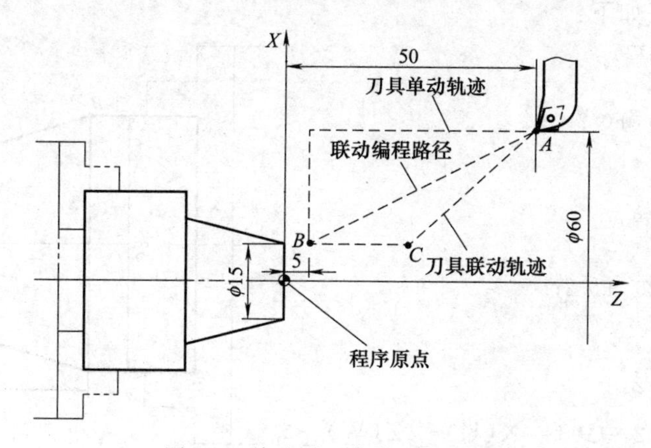

图 8-4　快速进刀指令 G00 轨迹

绝对坐标编程：G00 X15. Z5.；

相对坐标编程：G00 U-45. W-45.；

执行该程序段，刀具以 2 轴联动方式从 A 点快速移动到 B 点，但刀具实际轨迹却不是理论上的两点连线，而是先从 A 快速移动到 C 再到达 B 点。因此，在实际加工中要考虑执行 G00 的过程中是否会发生干涉碰撞。如果有发生碰撞的危险，可以让两个坐标轴单独进刀，如图 8-4 中的刀具单动轨迹，程序如下：

绝对坐标编程：G00 Z5.； 相对坐标编程：G00 W-45.；

X15.； U-45.；

（2）直线插补指令 G01

指令格式：G01 X（U）＿ Z（W）＿ F；

说明：X、Z：绝对编程时终点在工件坐标系中的坐标；

U、W：增量编程时终点相对于起点的位移量；

F：进给速度。

G01 指令刀具以联动的方式，按 F 规定的合成进给速度，从当前位置按线性路线（联动直线轴的合成轨迹为直线）移动到程序段指令的终点。G01 是模态代码，可由 G00、G02、G03 或 G32 功能注销。

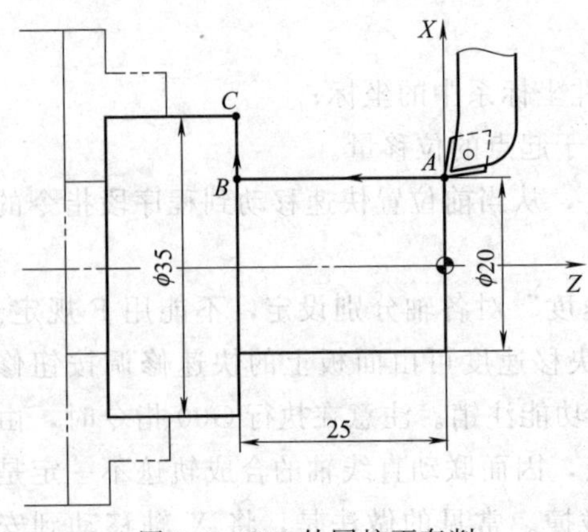

图 8-5 G01 外圆柱面车削

① 外圆柱面车削，如图 8-5 所示，刀具从 A 点切削至 C 点，程序如下：

```
O101;(绝对坐标编程)
……
N60 G01 X20. Z-25. F0.2;
N70 X35.;/Z 轴移动量为 0 可省略
N80 M05;
N90 M30;
O102;(相对坐标编程)
……
N60 G01 U0 W-25. F0.2;
N70 U15. W0.;
N80 M05;
N90 M30;
```

② 外圆锥面车削，如图 8-6 所示，刀具从 A 点切削至 B 点，程序如下：

```
O104;(绝对坐标编程)
……
N20 G01 X35. Z-25. F0.2;
N40 M05;
N60 M30;
O105;(相对坐标编程)
……
N20 G01 U15. W-25. F0.2;
N40 M05;
N60 M30;
```

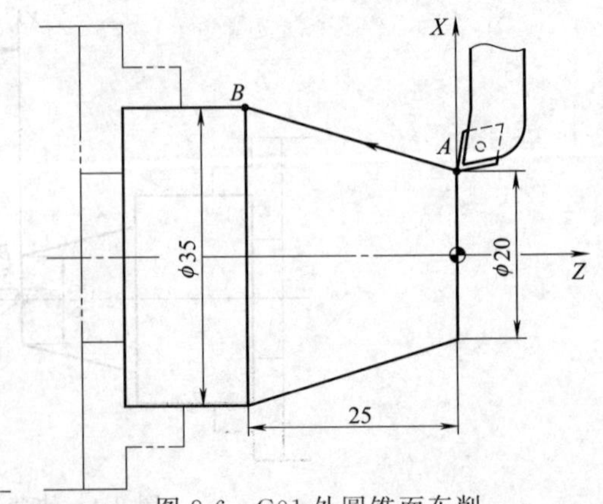

图 8-6 G01 外圆锥面车削

（3）圆弧插补指令

指令格式： G02 /G03 X(U)＿ Z(W)＿ R＿F＿；

或　　G02 /G03　X(U)＿ Z(W)＿ I＿ K＿ F＿；

说明：

① X、Z：绝对编程时，圆弧终点在工件坐标系中的坐标；

U、W：增量编程时，圆弧终点相对于圆弧起点的位移量；

I、K：圆心相对于圆弧起点的增加量，等于圆心的坐标减去圆弧起点的坐标，在绝对、增量编程时都是以增量方式指定，在直径、半径编程时 I 都是半径值；

R：圆弧半径，同时编入 R 与 I、K 时，R 有效；

F：进给速度。

② G02 指令表示圆弧插补方向为顺时针，G03 指令表示圆弧插补方向为逆时针。均为模态指令。

③ 判别圆弧插补方向：如图 8-7 所示，从 Y 轴负方向去观察顺时针就用顺时针圆弧插补指令 G02，逆时针就用顺时针圆弧插补指令 G03。在数控车床上简单判别方法是认为刀架是后置刀架，从上往下观察顺时针就是 G02，逆时针就是 G03。

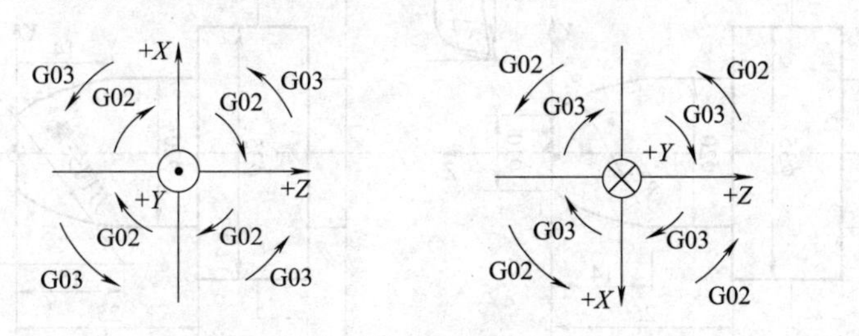

图 8-7　G02 /G03 插补方向

如图 8-8 所示，G02 两种格式的程序段如下：

圆弧终点坐标和半径格式：

G00 X10. Z0；

G02 X20. Z-9. R30. F0. 3；

或

G00 X10. Z0. ；

G02 U10. W-9. R30. F0. 3；

圆弧终点坐标和分矢量格式：

G00 X10. Z0. ；

G02 X20. Z-9. I28. K11. F0. 3；

或

G00 X10. Z0. ；

G02 U10. W-9. I28. K11. F0. 3；

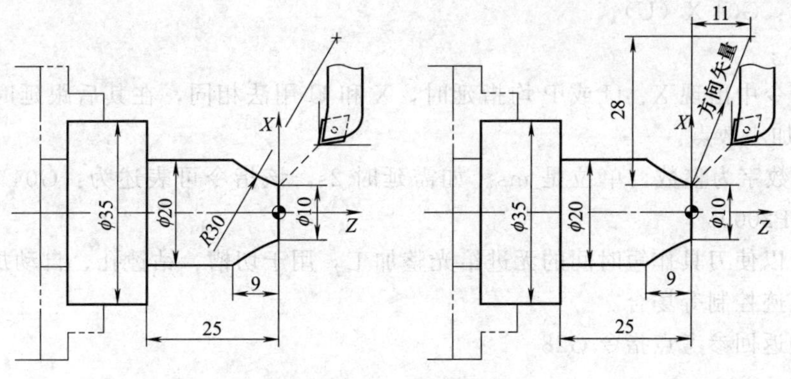

图 8-8　G02 圆弧插补

如图 8-9 所示，G03 两种格式的程序段如下：

圆弧终点坐标和半径格式：

G00 X10. Z0；

G03 X20. Z-14. R25. F0.3；

或

G00 X10. Z0.；

G03 U10. W-14. R25. F0.3；

圆弧终点坐标和分矢量格式：

G00 X10. Z0.；

G03 X20. Z-14. I-20. K-15. F0.3；

或

G00 X10. Z0.；

G03 U10. W-14. I-20. K-15. F0.3；

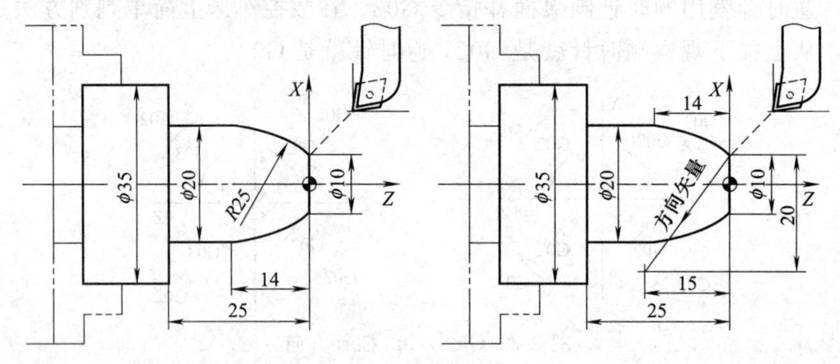

图 8-9 G03 圆弧插补

圆弧插补指令的使用注意事项：

① 圆弧半径 R 值指定的圆弧角度应小于 180°；

② I 或 K 值为 0 时，可省略该地址符；

③ 圆弧插补的程序段内不能有刀具功能指令 T；

④ 当 I、K 和 R 同时被指定时，R 指令优先，I、K 值无效。

(4) 暂停指令 G04

指令格式：G04 X (U)；

或 G04 P ；

说明：指令中出现 X、U 或 P 均指延时，X 和 U 用法相同，在其后跟延时时间，单位是 s，其后需加小数点。

P 后面的数字为整数，单位是 ms。如需延时 2s，该指令可表述为：G04 X2.0 或 G04 U2.0 或 G04 P2000。

该指令可以使刀具作短时间的无进给光整加工，用于切槽、钻镗孔、自动加工螺纹，也可用于拐角轨迹控制等场合。

(5) 自动返回参考点指令 G28

指令格式：T00；

G28 X (U)_ Z (W)_；

说明：该指令使刀具以快速定位 (G00) 的方式，经过中间点返回到参考点。执行该指令应取消刀尖圆弧半径补偿，并且 X 向坐标均为直径值。

如图 8-10 所示，希望刀具经过 A 点返回到参考点，程序段如下：

T00；

G28 X30. Z25.；

或 G28 X30. Z25. T00；

如果希望刀具直接从当前点返回到参考点，程序段如下：

T00；

G28 U0 W0；

或 G28 U0 W0 T00；

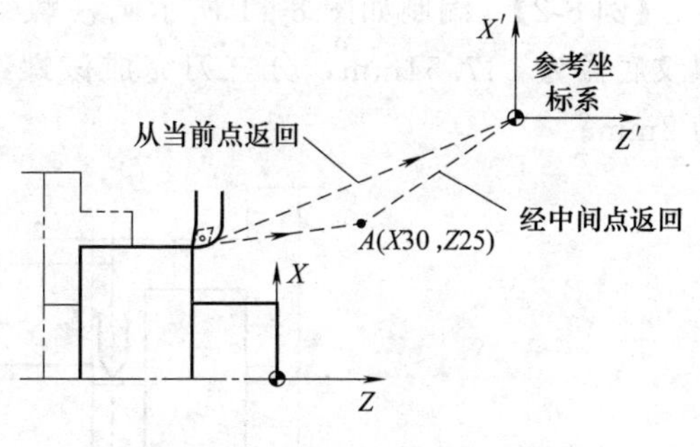

图 8-10　G28 指令编程示例

（6）恒螺距螺纹切削指令 G32

指令格式：G32 X（U）_ Z（W）_ F _；

G32 主要用于等螺距的内外圆柱螺纹和圆锥螺纹的车削，地址 F 后面的数字不再代表进给率，而是表示螺纹导程（对于单线螺纹，F 表示螺距）。

螺纹车削加工为成形车削，且切削进给量较大，刀具强度较差，一般要求分数次进给加工。常用螺纹切削的进给次数与吃刀量可参考表 8-3。

表 8-3　常用螺纹切削的进给次数与吃刀量

米制螺纹								
螺距		1.0	1.5	2	2.5	3	3.5	4
牙深(半径量)		0.649	0.974	1.299	1.624	1.949	2.273	2.598
（直径量）切削次数及吃刀量	1 次	0.7	0.8	0.9	1.0	1.2	1.5	1.5
	2 次	0.4	0.6	0.6	0.7	0.7	0.7	0.8
	3 次	0.2	0.4	0.6	0.6	0.6	0.6	0.6
	4 次		0.16	0.4	0.4	0.4	0.6	0.6
	5 次			0.1	0.4	0.4	0.4	0.4
	6 次				0.15	0.4	0.4	0.4
	7 次					0.2	0.2	0.4
	8 次						0.15	0.3
	9 次							0.2
英制螺纹								
牙/in		24	18	16	14	12	10	8
牙深(半径量)		0.678	0.904	1.016	1.162	1.355	1.626	2.033
（直径量）切削次数及吃刀量	1 次	0.8	0.8	0.8	0.8	0.9	1.0	1.2
	2 次	0.4	0.6	0.6	0.6	0.6	0.7	0.7
	3 次	0.16	0.3	0.5	0.5	0.6	0.6	0.6
	4 次		0.11	0.14	0.3	0.4	0.4	0.5
	5 次				0.13	0.21	0.4	0.5
	6 次						0.16	0.4
	7 次							0.17

注：1. 从螺纹粗加工到精加工，主轴的转速必须保持一常数。

2. 在没有停止主轴的情况下，停止螺纹的切削将非常危险；因此螺纹切削时进给保持功能无效，如果按下进给保持按键，刀具在加工完螺纹后停止运动。

3. 在螺纹加工中不使用恒定线速度控制功能。

4. 在螺纹加工轨迹中应设置足够的升速进刀段 δ 和降速退刀段 δ'，以消除伺服滞后造成的螺距误差。

1）圆柱螺纹的车削。

【例 8-2】 编制如图 8-11 所示圆柱螺纹的车削程序，公称直径为 M20，螺距为 2mm，螺纹底径为 ϕ17.54mm，分三刀完成该螺纹的车削，引入距离 D_1 为 5mm，引出距离 D_2 为 2mm。

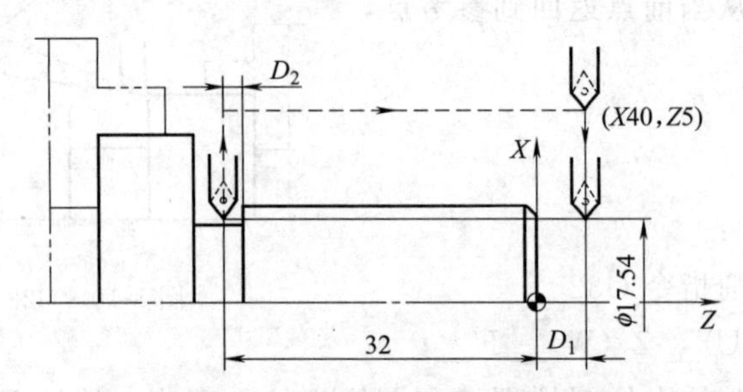

图 8-11 G32 指令车削圆柱螺纹示例

```
O109;
G00 G40 G97 G99 S400 M03 T0101;/主轴正转,01 号刀具,01 号刀补
X40. Z5.;/快速定位到进刀起点
G01 X19.18 F0.3;/以 0.3mm/r 的进给速度移动到第一刀车削起点
G32 Z-32. F2.;/第一刀螺纹车削
G00 X40.;
Z5.;/快速返回到进刀起点
G01 X18.36 F0.3;
G32 Z-32. F2.;/第二刀螺纹车削
G00 X40.;
Z5.;
G01 X17.54 F0.3;
G32 Z-32. F2.;/第三刀螺纹车削
G00 X40.;
Z5.;
G28 U0 W0 T00;
M30;/程序结束,返回程序头
```

设定引入距离 D_1 和引出距离 D_2 是为了避免由于伺服系统的延迟而产生的不完整螺纹。D_1 和 D_2 的最小值可以查询有关手册获得，根据实际加工经验，通常选取引入距离 D_1 为 2～5mm，引出距离 D_2 取为 $D_{1/2}$。但要注意螺纹刀具与工件其他部位的干涉问题。

2）圆锥螺纹的车削。

【例 8-3】 编制如图 8-12 所示圆锥螺纹的车削程序，螺距为 3mm，螺纹底径为 ϕ15.95mm，分两刀完成该螺纹的车削，引入距离 D_1 为 5mm，引出距离 D_2 为 2mm。

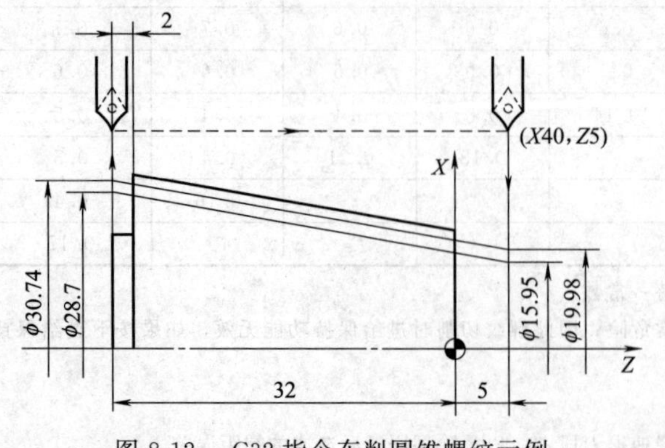

图 8-12 G32 指令车削圆锥螺纹示例

```
O110;
G00 G40 G97 G99 S400 M03 T0202;
X40. Z5.;
G01 X19.98. F0.3;
G32 X30.74 Z-32. F3.;
G00 X40.;
Z5.;
G01 X15.95. F0.3;
G32 X28.7 Z-32. F3.
G00 X40.;
```

```
Z5.;
G28 U0 W0 T00;
M05;
M30;
```

8.2.4 刀具补偿指令

刀具的补偿包括刀具的偏置和磨损补偿，刀尖半径补偿。

(1) 刀具偏置补偿和刀具磨损补偿

编程时，由于刀具的几何形状及安装的不同，其刀尖位置是不一致的，其相对于工件原点的距离也是不同的。因此需要将各刀具的位置值进行比较或设定，称为刀具偏置补偿。刀具偏置补偿可使加工程序不随刀尖位置的不同而改变。刀具偏置补偿有两种形式：

① 绝对补偿形式。见图 8-13，绝对刀偏即机床回到机床零点时，工件零点，相对于刀架工作位上各刀刀尖位置的有向距离。当执行刀偏补偿时，各刀以此值设定各自的加工坐标系。因此，虽刀架在机床零点时，各刀由于几何尺寸不一致，各刀刀位点相对工件零点的距离不同，但各自建立的坐标系均与工件坐标系重合。

② 相对补偿形式。如图 8-14 所示，在对刀时，确定一把刀为标准刀具，并以其刀尖位置 A 为依据建立坐标系。这样，当其他各刀转到加工位置时，刀尖位置 B 相对标刀刀尖位置 A 就会出现偏置，原来建立的坐标系就不再适用，因此应对非标刀具相对于标准刀具之间的偏置值 Δx、Δz 进行补偿，使刀尖位置 B 移至位置 A。

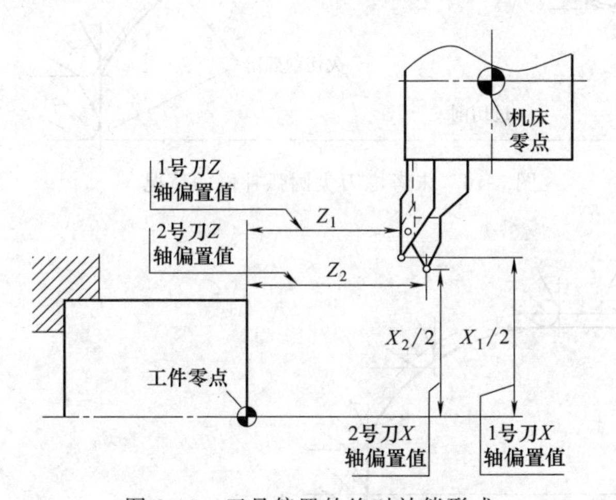

图 8-13　刀具偏置的绝对补偿形式

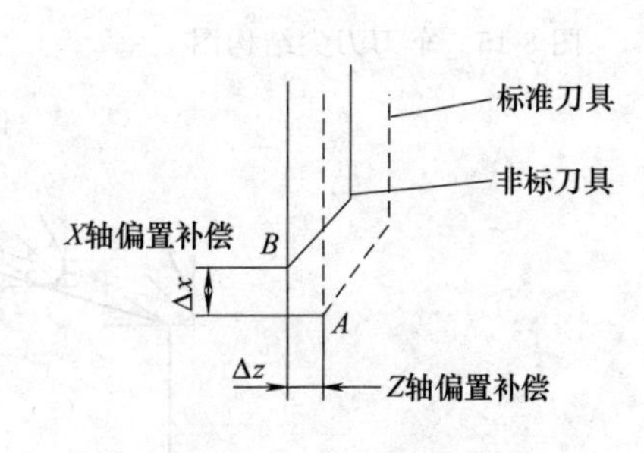

图 8-14　刀具偏置的相对补偿形式

标刀偏置值为机床回到机床零点时，工件零点相对于工作位上标刀刀位点的有向距离。

刀具的补偿功能由 T 代码指定，其后的 4 位数字分别表示选择的刀具号和刀具偏置补偿号。

T 代码的说明如下：

T　　　　××+××

刀具号　　刀具补偿号

刀具补偿号是刀具偏置补偿寄存器的地址号，该寄存器存放刀具的 X 轴和 Z 轴偏置补偿值、刀具的 X 轴和 Z 轴磨损补偿值。

T 加补偿号表示开始补偿功能。补偿号为 00 表示补偿量为 0，即取消补偿功能。

系统对刀具的补偿或取消都是通过拖板的移动来实现的。

补偿号可以和刀具号相同，也可以不同，即一把刀具可以对应多个补偿号（值）。

（2）刀尖圆弧半径补偿功能（G41、G42、G40）

编制数控车削程序时，将车刀刀尖假想为理想尖点，该尖点沿着零件的尺寸轮廓运动，完成零件加工。实际上，车刀刀尖并不是理想的尖点，总是存在着一段半径为 R 的小圆弧，如图 8-15 所示，假想尖点 P 实际上是不存在的。

由于刀尖圆弧半径 R 的存在，以假想刀尖 P 为刀位点进行编程加工时，虽然不影响端面和内、外圆柱面的车削，但车削锥面和圆弧面时，会产生欠切或过切现象，影响加工精度，如图 8-16 所示。

如图 8-17 所示，为了消除刀尖圆弧半径的影响，可以人工计算刀尖圆弧的圆心相对于工件轮廓偏置一个刀尖圆弧半径 R 的轨迹 C，并以圆心为刀位点，按照轨迹 C 的尺寸编制加工程序。但不同的刀具其刀尖圆弧半径值不同，所以当同一轮廓需要多把刀具进行加工时，每把刀都需要计算偏置轨迹，这种方式显然不可行。大部分数控系统都具有刀尖圆弧半径补偿功能，将刀尖圆弧半径值输入到补偿寄存器中，便可按照零件的实际轮廓尺寸编程，由数控系统自动完成偏置轨迹的计算。

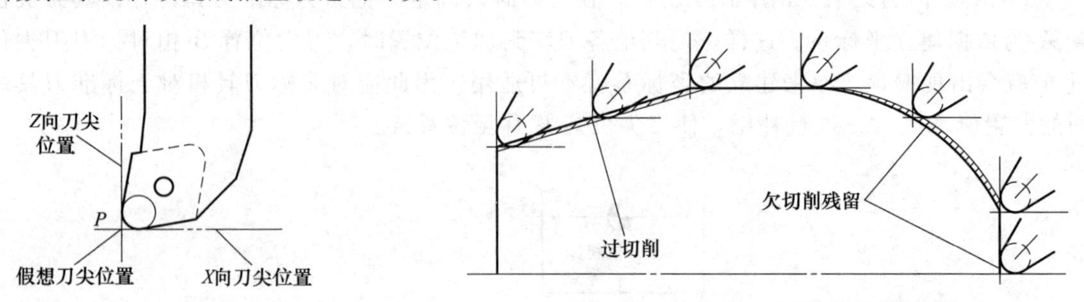

图 8-15 车刀刀尖结构图

图 8-16 未考虑刀尖圆弧补偿的情况

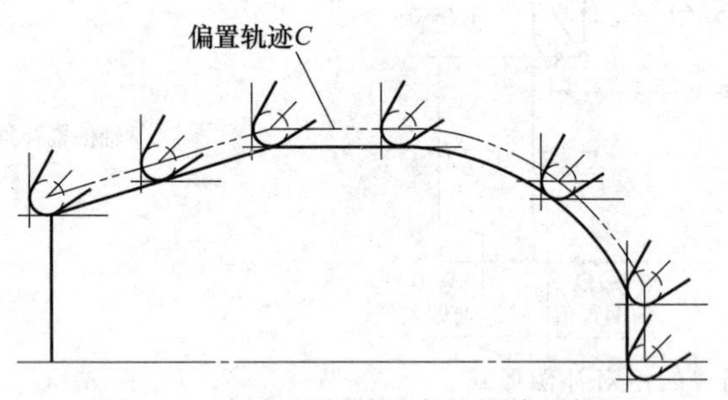

图 8-17 考虑刀尖圆弧半径补偿的情况

不同的车刀其假想刀尖的位置也是不同的，如图 8-18 所示，所以要成功建立半径补偿，必须将假想刀尖位置序号输入到偏置寄存器的 TIP 项中，图 8-19 列出了几种常用数控车刀假想刀尖位置序号。

常见的刀尖圆弧半径为 0.2mm、0.4mm、0.8mm、1.2mm。

指令格式：$\begin{Bmatrix} \mathrm{G40} \\ \mathrm{G41} \\ \mathrm{G42} \end{Bmatrix} \begin{Bmatrix} \mathrm{G00} \\ \mathrm{G01} \end{Bmatrix}$ X__ Z__

说明：刀尖圆弧半径补偿是通过 G41、G42、G40 代码及 T 代码指定的刀尖圆弧半径补偿号，加入或取消半径补偿。其中：

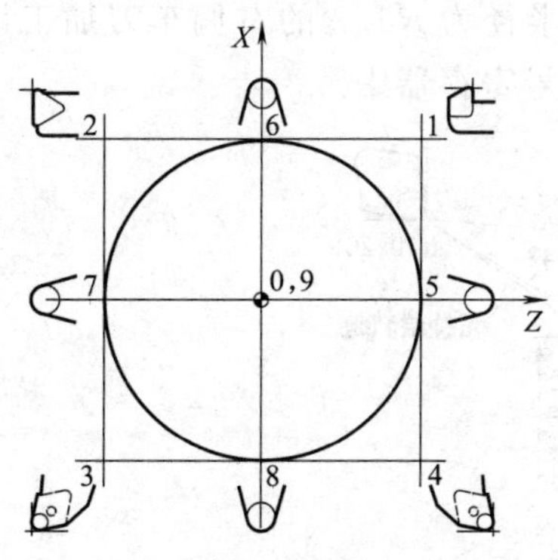

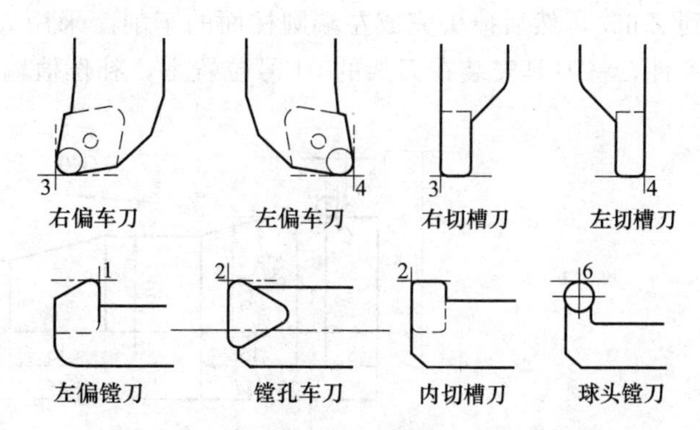

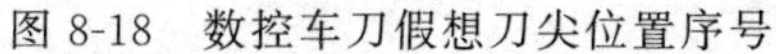

图 8-18　数控车刀假想刀尖位置序号

图 8-19　常用数控车刀假想刀尖位置序号

1）刀尖圆弧半径左补偿 G41。沿着车刀进给方向看，刀具在车削表面的左侧时，利用左补偿指令 G41 完成刀尖圆弧半径的补偿，如图 8-20（a）所示，通常用于左偏车刀的补偿。

2）刀尖圆弧半径右补偿 G42。沿着车刀切削进给方向看，刀具在车削表面的右侧时，利用右补偿指令 G42 完成刀尖圆弧半径的补偿，如图 8-20（b）所示，通常用于右偏车刀的补偿。

3）取消刀尖圆弧半径补偿 G40。在程序中应与 G41 或 G42 成对出现，即切削开始加上补偿，切削结束后利用 G40 取消补偿。

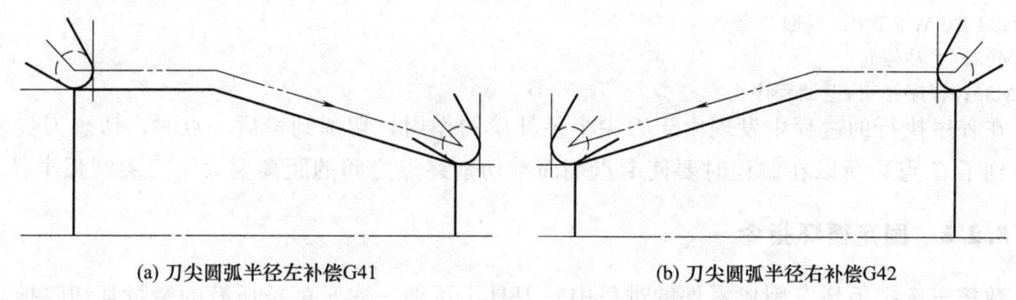

图 8-20　刀尖圆弧半径左、右补偿

4）刀尖圆弧半径补偿使用注意事项。

① G41、G42 指令后面不跟参数，其参数由刀具功能指令 T□□□□的后两位数字指定。如 01 号刀具的刀尖圆弧半径补偿值输入到 02 号寄存器中，实现刀具半径右补偿的程序段为：

```
T0102；/系统只获得了 02 号刀具补偿寄存器中的值，并不执行补偿
G42；/开始刀尖半径右补偿
```

② G41、G42 指令只能在 G00、G01 模式下进行补偿，不能与 G02、G03 写在同一个程序段，否则系统会报警。

③ G41、G42 指令为模态指令，所以在切削加工完成后，返回刀具起始点之前要用 G40 取消刀补，否则刀具不能正确地返回到起始点。

④ 包含 G41 或 G42 指令的程序段，其后不允许连续出现两个只包含非移动指令的程序段，即补偿开始后加工平面内必须有坐标轴的移动，否则会发生过切或欠切的情况。

【例 8-4】 编制如图 8-21 所示的数控车削程序。先车削零件右端大部分轮廓，右端车削

到 Z-65.，然后掉头完成左端圆柱面的车削。采用刀尖圆弧半径为 $R1.2$ 的右偏车刀加工该零件，将刀具安装在刀架的 01 号位置上，补偿值输入到 03 号寄存器中。

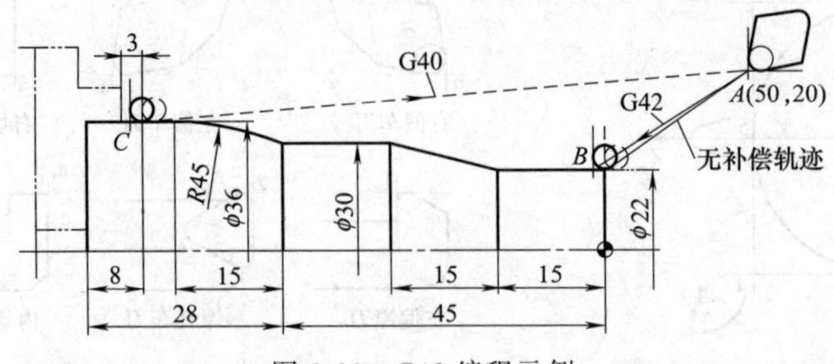

图 8-21 G42 编程示例

```
O108;(右端加工程序)
G00 G40 G97 G99 S500 M03 T0103 F0.3;/主轴正转,01 号刀,03 号刀补
X50. Z20.;/快速定位到程序起点 A(X50,Z20)
G01 G42 X22. Z0.;/右补偿进给到切削起点,实际到达 B(X22,Z-1.2)点
U0 W-15.;
X30. W-15.;
U0 Z-45.;
G03 X36. W-15. R45.;/逆时针插补车削 R45 圆弧
G01 U0. Z-65.;/刀尖半径右补偿的有效,实际到达 C(X36,Z-66.2)
G00 G40 X50. Z20.;/取消刀尖半径右补偿,快速返回到程序起点 A
G28 U0 W0 T00;/返回参考点
M05;/主轴停转
M30;/程序结束,返回程序头
```

在程序执行的过程中发现由于刀尖半径补偿的作用，切削到最后一点时，假想刀尖实际运动到了 C 点，所以在编程时要使卡盘端面与切削终点之间的距离要大于刀尖圆弧半径。

8.2.5 固定循环指令

数控车床把毛坯车削成零件的过程中，刀具不可能一次车削把所有的余量都切除掉。如图 8-22 所示，在实际加工中总是将切削余量按照一定的规律分层切除，如果用前述的编程方法需要计算每一层刀具轨迹的尺寸节点，并且刀具反复执行相同的退刀和进刀使程序冗长。为了简化编程，可以使用固定循环指令。图示中切削进给用细实线表示，快速定位用虚线表示。

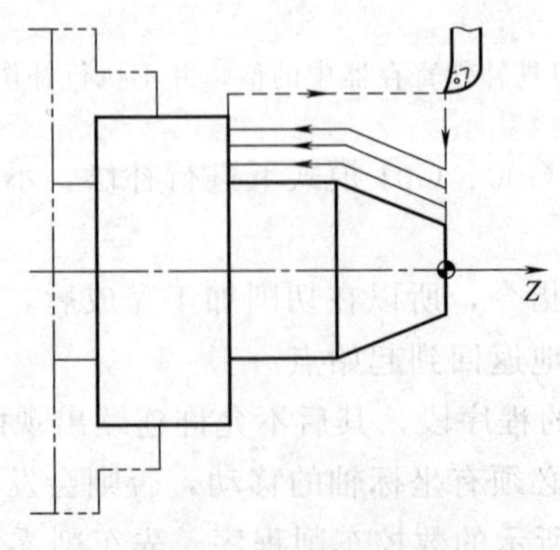

图 8-22 固定循环示例

（1）单一固定循环指令

单独地对一个几何要素（如柱面、锥面、端面、螺纹等）进行车削时，利用单一固定循环指令，可以实现一个程序段指定刀具反复切削。这里介绍一下圆柱及圆锥螺纹车削单一固定循环指令 G92，限于篇幅，其他指令略。G92 指令可完成内外圆柱、圆锥螺纹的车削，能够实现用一个程序段使刀具的切入、螺纹切削、退刀等一系列动作循环执行，而不用像 G32 指令那样需要反复指定刀具动作，提高编程效率。螺纹车削时，引入距离和引出距离的规定参考 G32 指令选取。

① 车削圆柱螺纹。

指令格式：G92X（U）__ Z（W）__ F __；

说明：X（U）和 Z（W）为螺纹切削的终点在工件坐标系中的坐标，F 为螺纹导程（对于单线螺纹，F 表示螺距）。

【例 8-5】 利用 G92 编制图 8-12 所示圆锥螺纹车削程序。

```
O114;
G00 G40 G97 G99 S500 M03 T0404;
X40. Z5.;
G92 X19.1 Z-32. F2.;
G00 X100. Z20.;
G28 U0 W0 T00;
X18.5;
X17.9;
X17.54
M05;
M30;
```

② 车削圆锥螺纹。

指令格式：G92 X（U）__ Z（W）__ R __ F __；

说明：圆锥螺纹车削时的循环动作与车削圆柱螺纹时相似，R 为径向锥度参数，其值为车削起点的直径与终点直径差值的一半。

【例 8-6】 利用 G92 指令编制图 8-23 所示圆锥螺纹车削程序，螺距为 2.5mm。

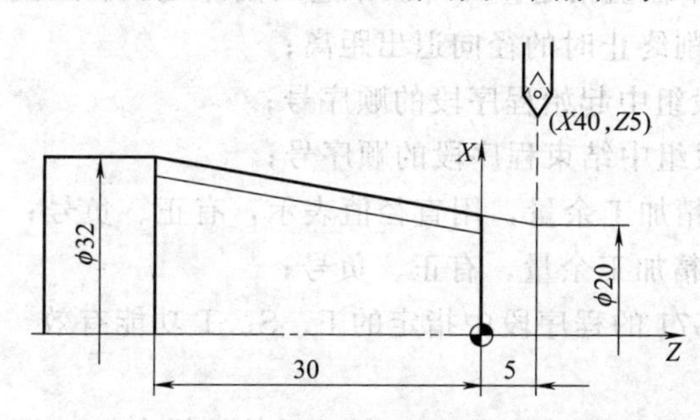

图 8-23 G92 指令圆锥螺纹车削示例

```
O115;
G00 G40 G97 G99 S500 M03 T0101;
X40. Z5.;
G92 X31. Z-30. R-6. F2.5;
X30.3;
X29.7;
X29.3;
X28.9;
X28.75;
G00 X100. Z20.;
G28 U0 W0 T00;
M05;
M30;
```

利用 G32 或 G92 指令车削螺纹时每次进刀所需要的背吃刀量如表 8-3 所示。

(2) 复合固定循环指令

单一固定循环指令只能实现单一几何形状的车削循环，但大部分工件是有几种几何要素共同组成的整体，如图 8-24 所示，该零件由圆柱面和圆锥面组合而成，如果用单一固定循环指令进行编程会使编程工作困难，而且程序复杂，可以利用复合固定循环指令实现复合零件的车削加工编程。

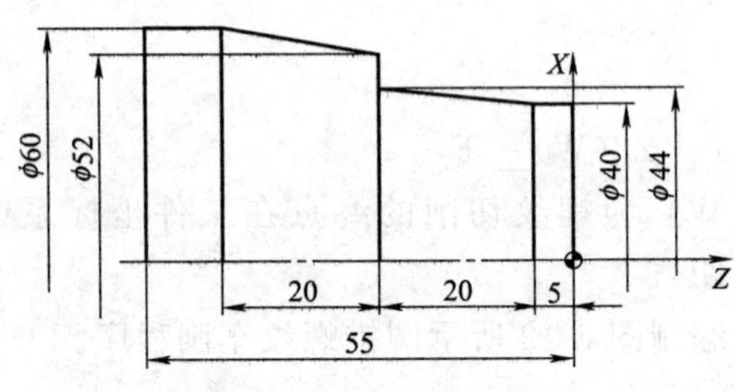

图 8-24 复合形状的零件

1) 内、外径粗车复合固定循环指令 G71。

指令格式：G71 U（Δd）R（e）；

G71 P（n_s）Q（n_f）U（Δu）W（Δw）F __ S __ T __；

说明：

N（n_s）……；
……
N（n_f）……； } n_s～n_f 之间为根据工件尺寸形状编制的刀具精车程序段组

Δd：背吃刀量，用半径值指定，即每次单边切削深度，取正值且为模态指定；

e：退刀量，每次切削终止时的径向退出距离；

n_s：精车形状程序段组中起始程序段的顺序号；

n_f：精车形状程序段组中结束程序段的顺序号；

Δu：X 方向预留的精加工余量，用直径值表示，有正、负号；

Δw：Z 方向预留的精加工余量，有正、负号；

F、S、T：在包含 G71 的程序段中指定的 F、S、T 功能有效，但在 n_s～n_f 之间指定的 F、S、T 功能将被忽略。

【例 8-7】 利用 G71 指令编制如图 8-24 所示零件的粗车加工程序。

```
O116；
G00 G40 G97 G99 S500 M03 T0101 F0.3；
G42 X62. Z2.；/沿着进给方向看,刀具在被加工表面的右侧
G71 U2.5 R1.；
G71 P10 Q11 U2. W1.；
N10 G00 X40.；
G01 Z-5.；
X44. W-20.；
X52.；
X60. W-20.；
Z-55.；
N11 X62.；
G00 G40 X100. Z100.；
```

```
G28 U0 W0 T00;
M05;
M30;
```

G71 编程刀具路径如图 8-25 所示，本例中刀具首先从程序以外的点快速定位到循环起始点 S（$X62$，$Z2$），然后快速定位到 S_1（$X63$，$Z3$）点，S_1 点是 S 点在 Z 向偏置 Δw，在 X 方向偏置 $\Delta u/2$ 得到的实际进刀点。刀具从 S_1 点出发，分四次完成粗车循环，每次 X 向的单边切除量为 Δd（2mm）。在每层切削进给终点，刀具以进给速度沿 45°方向退刀，退刀量为 e（1mm），然后快速定位到实际进刀点 S_1 的 Z 向位置开始下一刀循环。

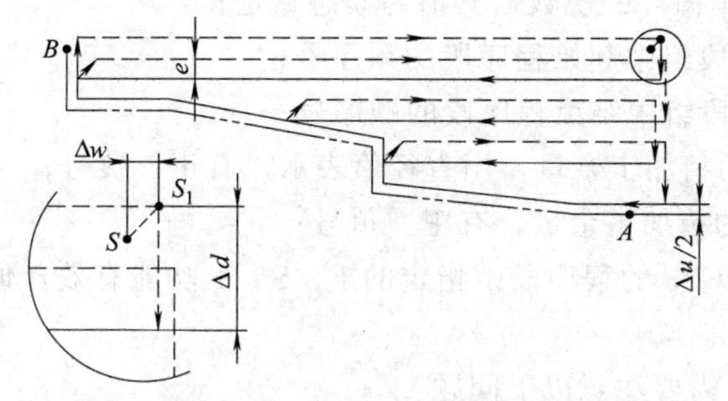

图 8-25　G71 编程刀具路径

最后一刀车削是沿着精车形状在 X 和 Z 向分别偏置 $\Delta u/2$ 和 Δw 的轮廓走刀，从而得到留有余量的工件轮廓。需要说明的是每次循环 X 向的快速进刀轨迹是处在同一条线上的，本书为了表达清楚才将 X 向各进刀轨迹互相错开一个距离。

使用 G71 指令时，还需要注意以下问题：

① 精车形状起始程序段（顺序号 n_s）中，只能用 G00 或 G01 指定 X 轴的移动，而不能指定 Z 轴的移动。

② 只能在精车形状程序段组之外指定刀尖圆弧半径补偿 G41/G42 和取消刀尖圆弧半径补偿 G40。

③ G71 指令通常用于具有较大长径比的轴类零件的粗车循环。

④ G71 切削的形状有四种模式，如图 8-26 所示。X 轴和 Z 轴均须单调增加或单调减少的形状。在 $U(+)$ 的情况下，不可加工比循环起点 A 更高位置的形状。在 $U(-)$ 的情况下，不可加工比循环起点 A 更低的形状。

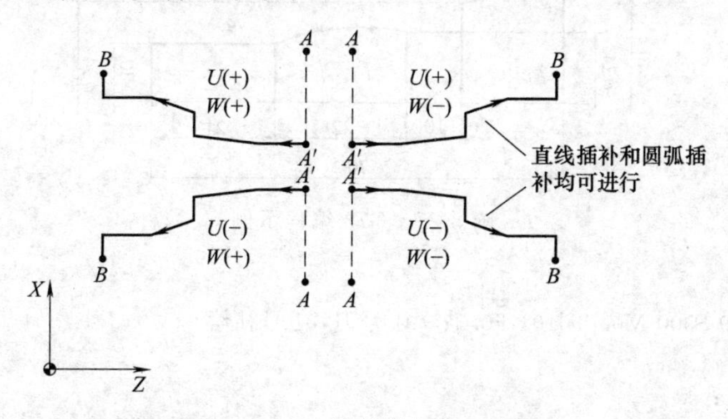

图 8-26　G71 切削形状的 4 种模式

2）闭合车削固定循环指令 G73。

指令格式：G73 U(Δi) W(Δk) R(d)；

G73 P(n_s) Q(n_f) U(Δu) W(Δw) F __ S __ T __;

说明：

N(n_s) ……;
……
N(n_f) ……;
$n_s \sim n_f$之间为根据工件尺寸形状编制的刀具精车程序段组

Δi：X 方向的总退刀量，即 X 方向的毛坯切除余量，用半径值指定；

Δk：Z 方向的总退刀量，即 Z 方向的毛坯切除余量；

d：分割次数即粗车循环的次数，其值为模态指定；

n_s：精车形状程序段组中起始程序段的顺序号；

n_f：精车形状程序段组中结束程序段的顺序号；

Δu：X 方向预留的精加工余量，用直径值表示，有正、负号；

Δw：Z 方向预留的精加工余量，有正、负号；

F、S、T：在包含 G73 的程序段中指定的 F、S、T 功能有效，但在 $n_s \sim n_f$ 之间指定的 F、S、T 功能将被忽略。

使用 G73 指令时，需要注意以下问题：

① 精车形状起始程序段（顺序号 ns）中，只能用 G00 或 G01 指定；

② 只能在精车形状程序段组之外指定刀尖圆弧半径补偿 G41/G42 和取消刀尖圆弧半径补偿 G40；

③ G73 指令通常用于毛坯为铸件或锻件的零件，即已具备与零件相似的基本轮廓；

④ G73 指令对工件轮廓的单调性没有要求。

3）精车固定循环指令 G70。

指令格式：G70 P(n_s) Q(n_f)；

该指令与 G71、G72、G73 指令配合使用，用于去除粗车循环留下的加工余量完成精加工。通常放在粗车循环完成后的程序段，调用 $n_s \sim n_f$ 所描述的精车形状，使刀具沿着精车形状走刀。

【例 8-8】 利用 G73 和 G70 指令编制图 8-27 所示零件的加工程序，粗加工车刀为 01 号，精加工车刀为 02 号。

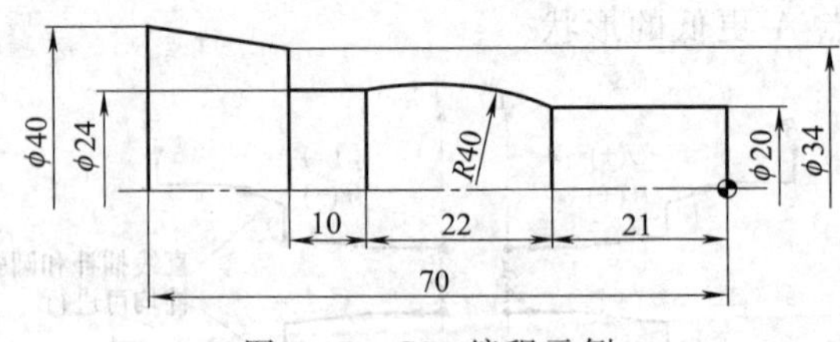

图 8-27 G73 编程示例

```
O118;
G00 G40 G97 G99 S500 M03 T0101 F0.3; /01 号刀,01 号补偿
G42 X70. Z5.;
G73 U9. W9 R3.;
G73 P60 Q80 U2. W1.;
N60 G00 X20. Z0;
G01 Z-21.;
G03 X24. W-22. R40.;
```

```
G01 W-10.;
X34;
N80 X40. Z-70.;
G00 G40 X100. Z100.; /粗车循环结束返回指定点
G00 G40 G97 G99 S800 M03 T0202 F0.1; /换02号刀,02号补偿
G42 X70. Z5.;
G70 P60 Q80;  /调用精车形状程序段组,完成精加工
G00 G40 X100. Z100.;
G28 U0 W0 T00;
M05;
M30;
```

G73编程刀具路径如图8-28所示，本例中刀具先从程序外的点快速定位到点S（$X70$，Z5），再经点M($X71$，$Z6$）快速定位到点S_1($X90$，$Z15$)。从S_1点出发，经过3次粗车循环得到留有精车余量的工件轮廓。

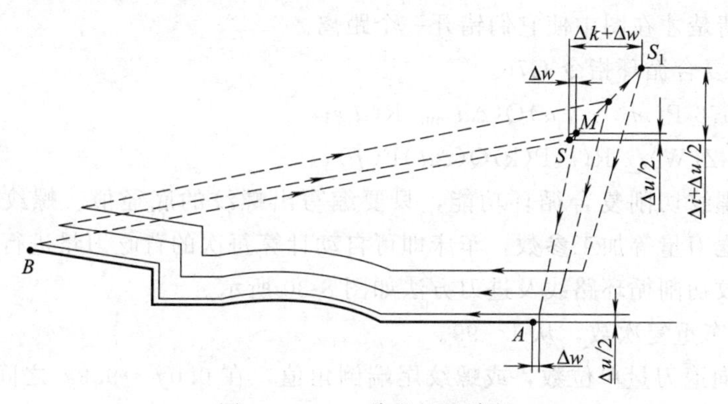

图8-28 G73编程刀具路径

4）切槽固定循环指令G75。

指令格式：G75 R（e）；

G75 X（U）_ Z（W）_ P（Δi）Q（Δk）R（Δd）F_；

说明：

e：X向退刀量，刀具每次沿径向切削进给后的退回量，用半径值指定，其值为模态指定；

X(U)：径向进刀的终点坐标（图8-29中B点的X向坐标)；

Z(W)：轴向进刀的终点坐标（图8-29中C点的Z向坐标)；

Δi：X方向每次进刀量，用半径值指定，不可以用带小数点的数输入，其单位为μm；

Δk：完成一次径向循环后，刀具在Z方向的移动量，不可以用带小数点的数输入，其单位为μm；

Δd：刀具每次循环切削到槽底位置时，Z方向的退刀量。

G75指令主要用于切断或切槽加工，不可进行刀尖圆弧半径补偿。其刀具路径为：如图8-29所示，切槽刀从设定点快速定位到循环点A，并以每次切除量Δi沿X向分次切削进给。

每次进刀Δi后刀具都快速回缩一个退刀量e，而后再继续进刀，如此往复直到槽底位置B。到达B点后刀具沿Z向退刀Δd，并以快速移动方式返回，之后向C点方向快速移动Δk，再次进行切削。需要说明的是实际切削时刀具沿着X向的进、退刀动作处于同一直

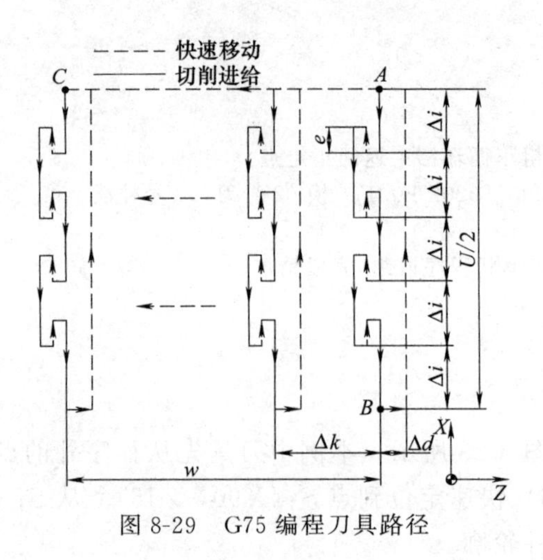

图 8-29　G75 编程刀具路径

线上，为了表达清楚才在图中使它们错开一个距离。

5）螺纹切削复合循环指令 G76。

指令格式：G76 P(m　r　α)Q($\Delta d_{\min}$)R(d)；

G76 X(U)＿Z(W)＿R(i)P(k)Q(Δd)F(f)；

说明：利用螺纹切削复合循环功能，只要编写出螺纹的底径值、螺纹 Z 向终点位置、牙深及第一次背吃刀量等加工参数，车床即可自动计算每次的背吃刀量进行循环切削，直到加工完为止。螺纹切削循环路线及进刀方法如图 8-30 所示。

① m 表示精车重复次数，从 1～99。

② r 表示斜向退刀量单位数，或螺纹尾端倒角值，在 $0.0f$～$9.9f$ 之间，以 $0.1f$ 为一单位（即为 0.1 的整数倍），用 00～99 两位数字指定（其中 f 为螺纹导程）。

③ α 表示刀尖角度，从 80°、60°、55°、30°、29°、0°六个角度选择。

④ $\Delta d_{\min}$表示最小切削深度，当计算深度小于 $\Delta d_{\min}$，则取 $\Delta d_{\min}$作为切削深度。

⑤ d 表示精加工余量，用半径编程指定；Δd：表示第一次粗切深（半径值）。

⑥ X 、Z 表示螺纹终点的坐标值。

⑦ U 表示增量坐标值。

⑧ W 表示增量坐标值。

⑨ I 表示锥螺纹的半径差，若 $i=0$，则为直螺纹。

⑩ k 表示螺纹高度（X 方向半径值）。

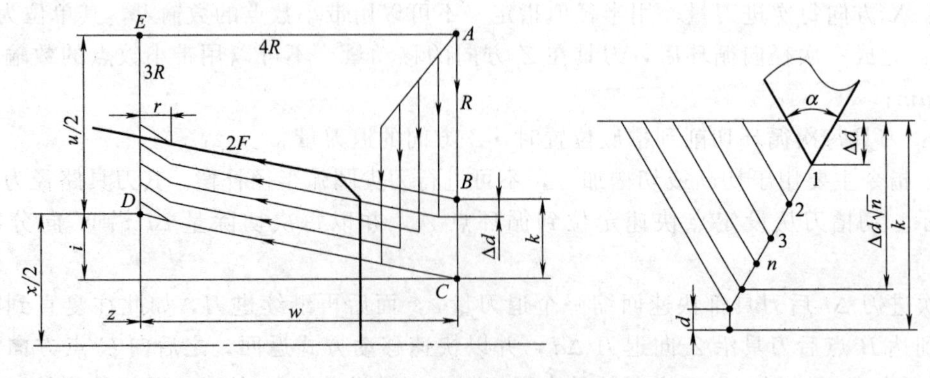

图 8-30　螺纹切削复合循环路线及进刀法

【例 8-9】 用 G76 指令编写图 8-31 所示的螺纹。

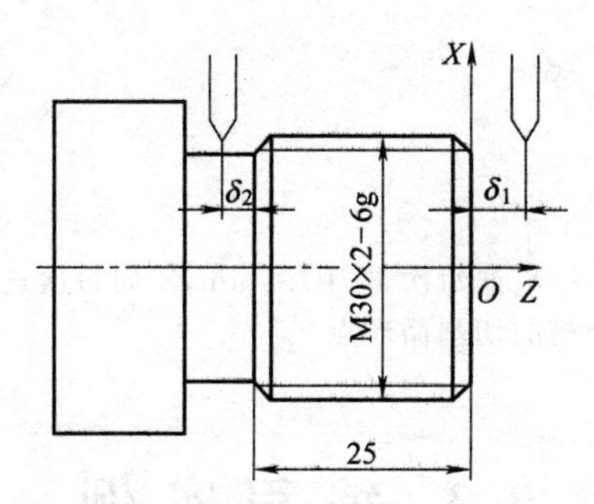

图 8-31　螺纹切削复合循环指令 G76 的应用

```
O1010
N5 G54 G98 G21;
N10 M3 S600;
N15 T0303;
N20 G0 X32 Z4;/快速到达循环起点,考虑空刀导入量
N25 G76 P10160 Q50 R0.1;/螺纹切削复合循环
N30 G76 X27.4 Z-27 R0 P1300 Q450 F2;
N35 G0 X100 Z200;/快速退出
N40 M30;
```

8.2.6　子程序的调用

如图 8-32 所示，该工件由若干个等尺寸的槽组成，用 G75 指令按上述方法编程时，刀具在每一个槽的位置都要执行相同的程序段，这样不仅程序语句多，也增加了编程工作量。所以考虑将切槽动作编写为一个子程序，然后由主程序定位切槽循环点的位置并调用子程序进行加工。

子程序调用指令格式：M98 P __ L __；

返回主程序指令：M99；

子程序由 M99 指令结束，在主程序中用 M98 调用子程序，P 用来指定调用的子程序号，L 用来指定调用次数，调用与返回的关系如图 8-33 所示，主、子程序可以多级调用。

【例 8-10】 利用主、子程序编制图 8-32 所示工件切槽的车削程序。

```
O100;(主程序)
G00 G40 G97 G99 S500 M03 T0202 F0.3;
X59. Z-7.;      /考虑到 2mm 的刀宽,刀位点向-Z 方向多移动一个刀宽
```

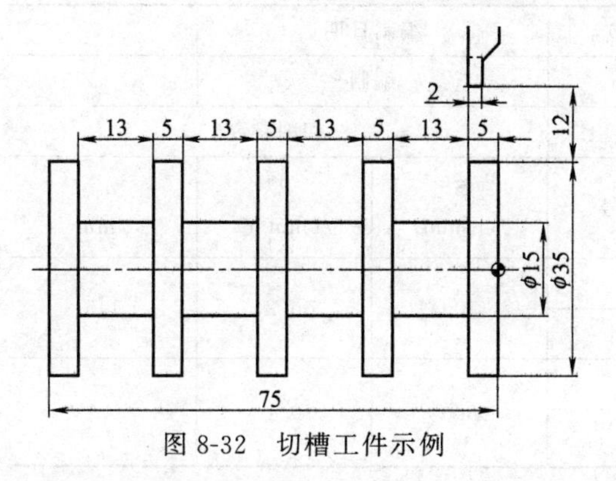

图 8-32　切槽工件示例

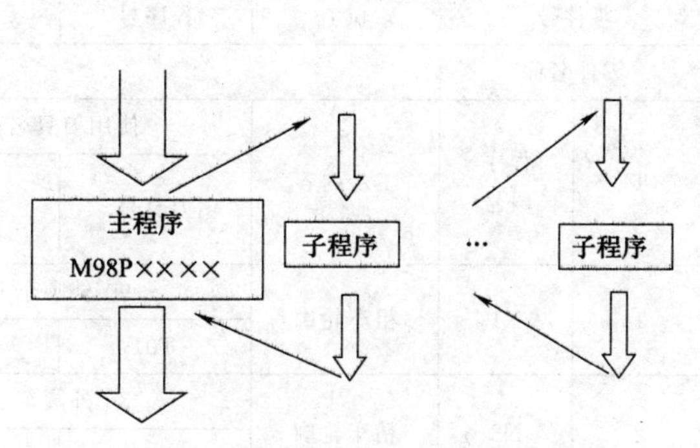

图 8-33　主、子程序调用关系

```
M98 P200 L4;/调用 O200 号子程序,调用 4 次
G28 U0 W0 T00;
M05;
M30;
O200;(子程序)
G75 R0.5;/退刀量 0.5mm
G75 U-44. W-11. P1500 Q1500;/X 向每次进刀 1.5mm,Z 向每次进刀 1.5mm
G00 W-18.;/快速移动到下一个槽的切削循环点
M99;
```

8.3 编程实例

【例 8-11】 编制如图 8-34 所示工件的加工程序，零件毛坯为 $\phi58$ 的长棒料，材料为铝。

① 工艺分析：该工件毛坯为 $\phi58$ 的长棒料，加内容为外轮廓、退刀槽和螺纹，根据工件结构选择卧式数控车床进行加工，选择三爪卡盘装夹。

② 加工路线：根据表面粗糙度和尺寸精度要求，确定加工路线为：粗车轮廓—精车轮廓—切槽—车螺纹—切断—掉头平端面的，粗车为精车留单边 0.2mm 的余量。

③ 刀具选择：粗车选择 90°外圆车刀，精车选择 35°精车刀，切槽和切断选择 4mm 切断刀，车螺纹选择 60°螺纹车刀。

④ 切削参数：如表 8-4 所示。

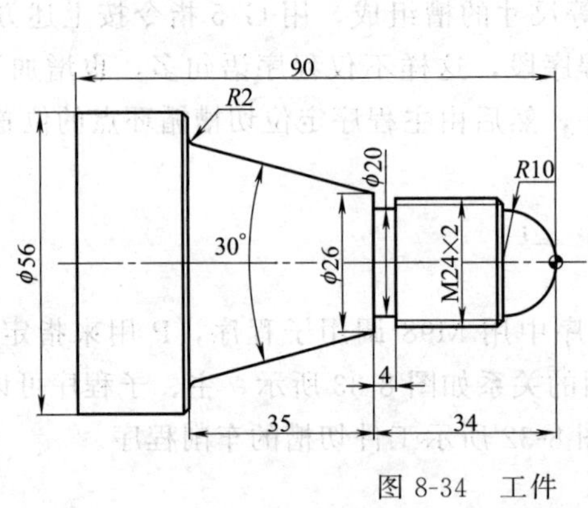

图 8-34 工件

表 8-4 数控加工工序卡

零件号		001	程序号	O100	编制日期		
零件名称					编制		
工步号	程序段号	工步内容	使用刀具名称		切削参数		
			刀具号	补偿号	S /(r/min)	F /(mm/r)	a_p /mm
1	N1	粗车轮廓	90°外圆车刀		500	0.2	1.5
			T01	01			
2	N2	精车轮廓	35°外圆车刀		800	0.1	0.2
			T02	02			

续表

工步号	程序段号	工步内容	使用刀具名称		切削参数		
			刀具号	补偿号	S /(r/min)	F /(mm/r)	a_p /mm
3	N3	切槽	4mm 切断刀		400	0.15	0.5
			T03	03			
4	N4	车螺纹	60°螺纹车刀		500	L	
			T04	04			
5	N5	切断	4mm 切断刀		400	0.15	1
			T03	03			

⑤ 数学处理：选择工件左端面中心为工件坐标系，该工件上所有编程节点相对于工件坐标系原点的坐标值只有 30°圆锥面的终点坐标不能直接读出，利用几何计算得到锥面的终点坐标为（44.76，－69）。

⑥ 编制程序。

```
O100；
N1；    /粗车轮廓段
X80. Z20.；
G42 X60. Z2；
G71 U1.5 R0.5；
G71 P30 Q40 U0.4 W0.2；
N30 G00 X0；
G01 Z0.；
G03 X20. Z-10. R10.；
G01 X24. C-1.；
Z-34.；
X26.；
X44.76 Z-79. R2.；
X56. C-1.；
Z-95.；   /因为是长棒料需要切断，所以多切
出 5mm 作为切断区域
N40 X60.；
   G00 G40 X80. Z20.；
   M05；
N2；      /精车轮廓
G00 S800 M03 T0404 F0.1；
G42 X60. Z2.；
G70 P30 Q40；
G00 G40 X80. Z20.；
M05；
N3；      /切槽
G00 S400 M03 T0303 F0.15；
Z-34；    /考虑切断刀宽度
X30.；
G00 G40 G97 G99 S500 M03 T0101 F0.2；
G75 R0.5；
G75 X20 P500；
      G00 X80.；
Z20.；
M05；
N4；     /车螺纹
G00 S500 M03 T0404；
X26. Z-8.；/切削螺纹循环点
G92 X23.1 Z-31. F2.；
X22.5；
X21.9；
X21.5；
X21.4；
      G00 X80.；
Z20.；
M05；
N5；/切断
G00 S400 M03 T0303 F0.15；
Z-94.5；/考虑刀宽和平端面余量
X58.；
G75 R0.5；
G75 X0.5 P1000；
      G00 X80.；
Z20.；
M05；
M30；
```

【例 8-12】 编制如图 8-35 所示工件的加工程序，零件毛坯如图（a）所示，图（b）为零件图。

① 工艺分析：加工内容为外轮廓和阶梯孔，根据零件结构选择卧式数控车床进行加工，加工内孔和右侧轮廓时选择三爪卡盘装夹，装夹位置和工件坐标系原点如图 8-36（a）所示；加工左侧轮廓时选择 ϕ24 可胀心轴装夹，装夹位置和工件坐标系原点如图 8-36（b）所示，图中粗实线为一次装夹要完成的加工内容。

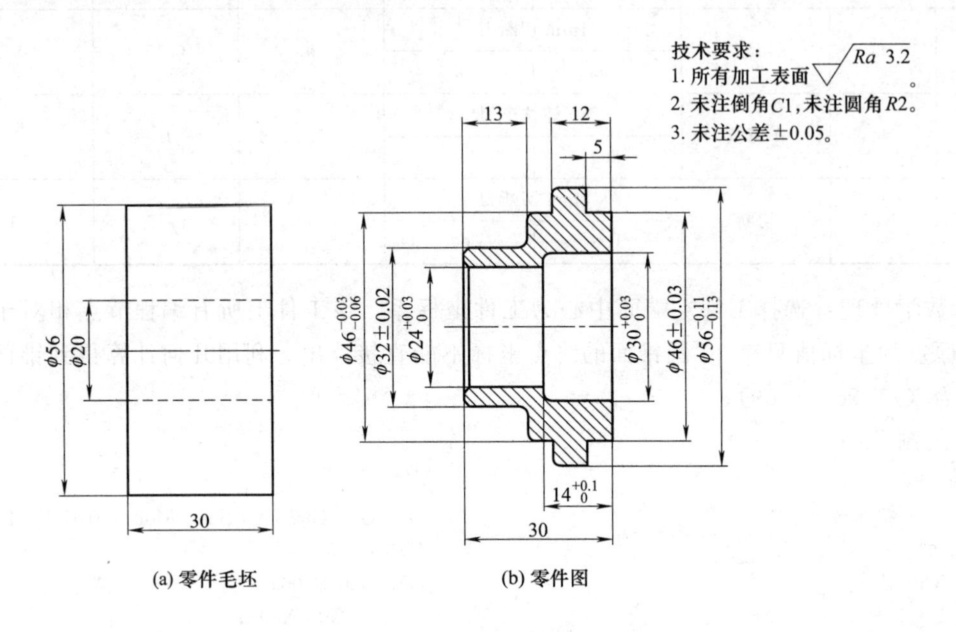

(a) 零件毛坯　　(b) 零件图

图 8-35　工件

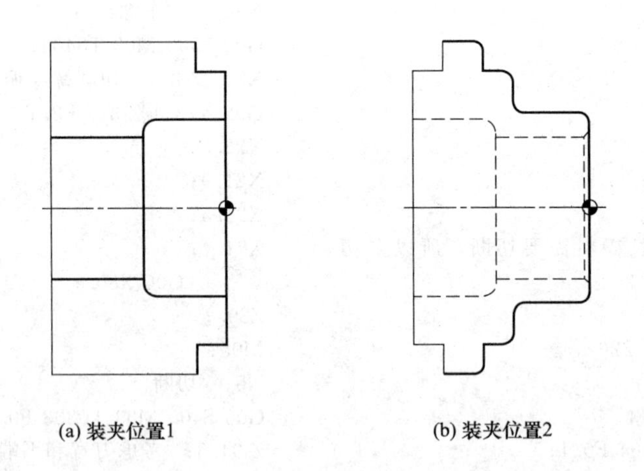
(a) 装夹位置1　　(b) 装夹位置2

图 8-36　装夹位置

② 加工路线：根据表面粗糙度和尺寸精度要求，选择加工路线：粗车右侧轮廓—精车右侧轮廓—粗镗阶梯孔—精镗阶梯孔—掉头粗车左侧轮廓—精车左侧轮廓，粗车为精车留单边 0.2mm 的余量。

③ 刀具选择：粗车选择 90°外圆车刀，精车选择 35°精车刀，粗镗孔刀，精镗孔刀。

④ 切削参数：如表 8-5 所示。

⑤ 数学处理：该工件上所有编程节点相对于工件坐标系原点的坐标值均能读出。

表 8-5　数控加工工序卡

零件号		001	程序号	O200	编制日期		
零件名称					编制		
工步号	程序段号	工步内容	使用刀具名称		切削参数		
			刀具号	补偿号	S /(r/min)	F /(mm/r)	a_p /mm
1	N1	粗车右侧轮廓	90°外圆车刀		500	0.2	1.5
			T01	01			
2	N2	精车右侧轮廓	35°外圆车刀		800	0.1	0.2
			T02	02			
3	N3	粗镗阶梯孔	粗镗孔刀		300	0.2	1
			T03	03			
4	N4	精镗阶梯孔	精镗孔刀		400	0.1	0.2
			T04	04			
5	N5	粗车左侧轮廓	90°外圆车刀		500	0.2	1.5
			T01	01			
6	N6	精车左侧轮廓	35°外圆车刀		800	0.1	0.2
			T02	02			

⑥ 编制程序。

```
O200;
N1;/粗车右侧外轮廓
G00 G40 G97 G99 S500 M03 T0101 F0.2;
X80. Z20.;
G42 X58. Z2;
G71 U1.5 R0.5;
G71 P10 Q20 U0.4 W0.2;
N10 G00 X0;
G01 Z0.;
G01 X46.;
Z-5.;
N3;/粗镗阶梯孔
G00 S300 M03 T0303 F0.2;
G41 X14. Z2;
G71 U1. R0.5;
G71 P30 Q40 U-0.4 W0.2;
N30 G00 X30;
G01 Z-12.;
G03 X26. Z-14. R2.;
G01 X24.;
Z-30. C1.;
N40 X14.;
    G00 G40 Z20.;
    X80.;
    M05;
N4;   /精镗阶梯孔
G00 S400 M03 T0404 F0.1;
G41 X14. Z2;
G70 P30 Q40;
G00 G40 Z20.;
X80.;
M05;
N5;/粗车左侧外轮廓
G00 G40 G97 G99 S500 M03 T0101 F0.2;
X80. Z20.;
G42 X58. Z2;
G71 U1.5 R0.5;
G71 P50 Q60 U0.4 W0.2;
N50 G00 X0;
G01 Z0.;
X56.;
N20 X58.;
    G00 G40 X80. Z20.;
    M05;
N2;/精车右侧外轮廓
G00 S800 M03 T0202 F0.1;
G42 X58. Z2.;
G70 P10 Q20;
G00 G40 X80. Z20.;
M05;
G01 X32. R-2.;
```

```
Z-16. R2.;                      N6; /精车左侧外轮廓
X46. R-2.;                      G00 S800 M03 T0202 F0.1;
Z-5.;                           G42 X58. Z2.;
X56. R-2.;                      G70 P50 Q60;
Z-30.;                          G00 G40 X80. Z20.;
N60 X58.;                       M05;
G00 G40 X80. Z20.;              M30;
M05;
```

习 题

8-1 熟悉进给控制指令 G00/G01 的使用方法。看题 8-1 图试编写该零件的加工程序。

8-2 熟悉进给控制指令 G02/G03 的使用方法。看题 8-2 图试编写该零件的加工程序。

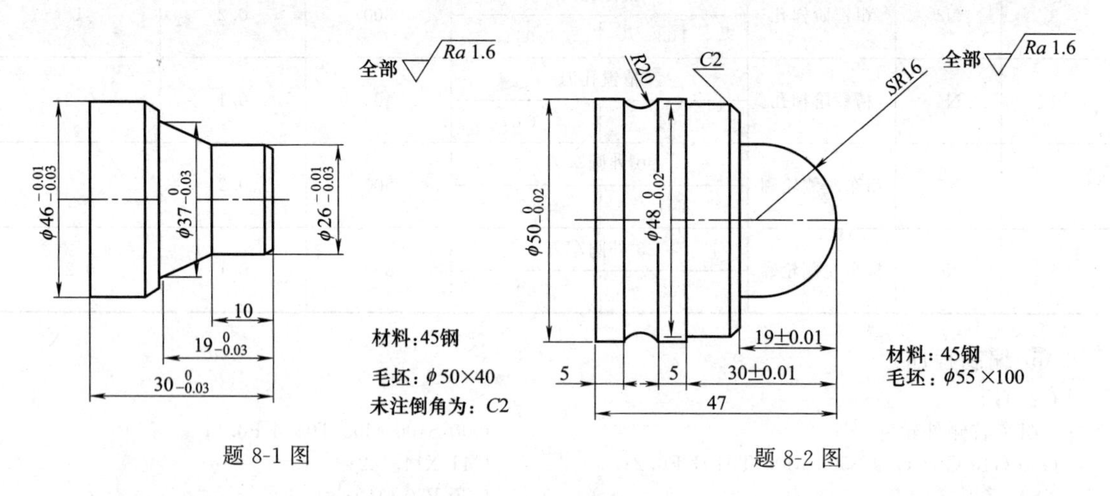

题 8-1 图　　题 8-2 图

8-3 熟悉螺纹切削 G32 的使用方法，并掌握螺纹切削循环 G92 的应用。看题 8-3 图试编写该零件的加工程序。

8-4 熟悉粗车复合循环 G71 的使用方法。看题 8-4 图试编写该零件的加工程序。

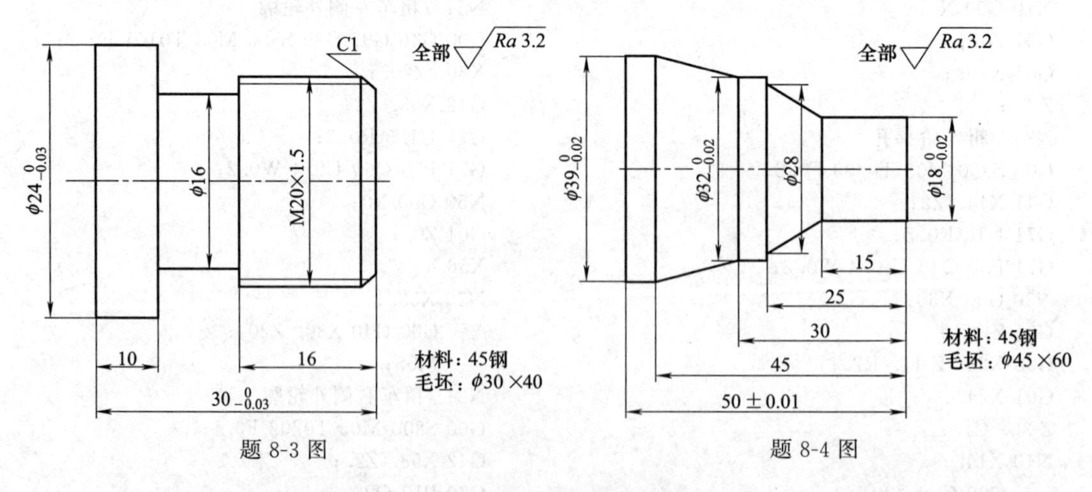

题 8-3 图　　题 8-4 图

8-5 熟悉螺纹切削复合循环 G76 的使用方法。看题 8-5 图试编写该零件的加工程序。

8-6 综合练习。看题 8-6 图试编写该零件的加工程序。

8-7 综合练习。看题 8-7 图试编写该零件的加工程序。

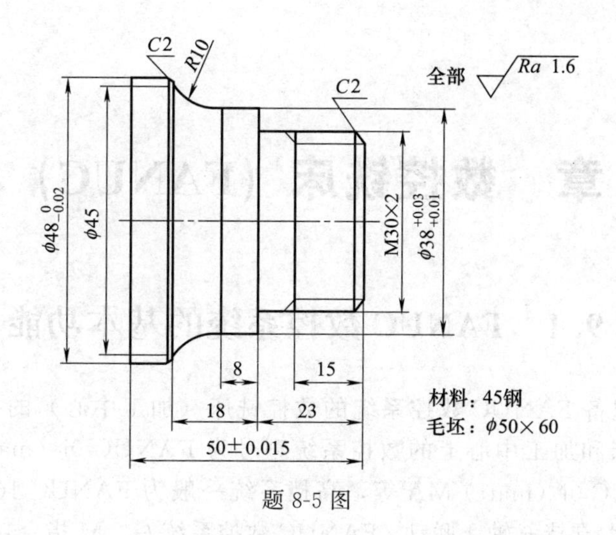

题 8-5 图

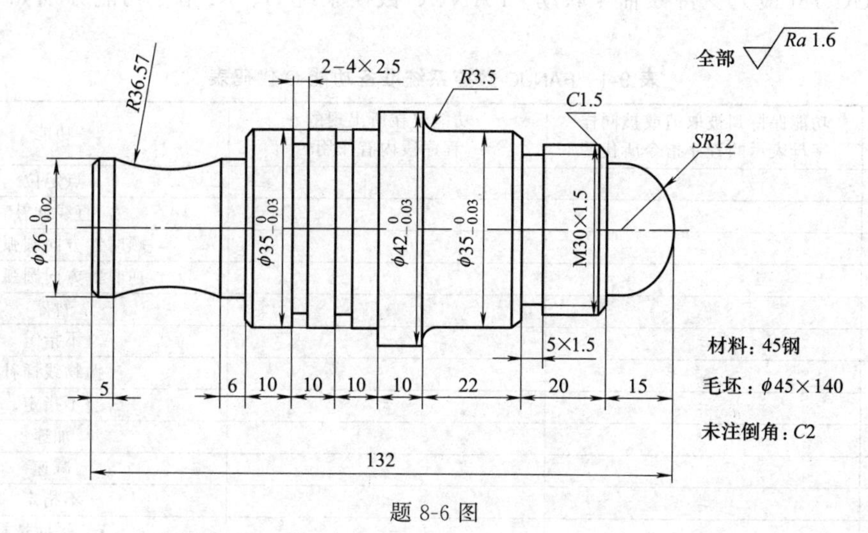

题 8-6 图

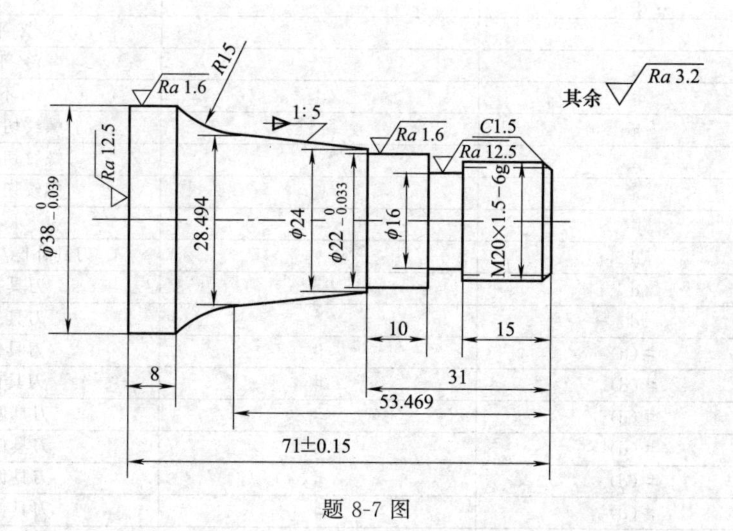

题 8-7 图

第 9 章　数控铣床（FANUC）编程

9.1　FANUC 数控系统的基本功能

本章主要介绍配备 FANUC 数控系统的数控铣床（加工中心）的手工编程方法，目前广泛应用在数控铣床和加工中心上的数控系统型号为 FANUC 0i（mate)-MC、FANUC 0i (mate)-MD、FANUC 0i（mate)-MA 等，高档系统一般为 FANUC 16i 最大支持 8 轴 6 联动，FANUC 18i 最大支持 6 轴 4 联动。FANUC 数控系统 G、M 指令功能分别如表 9-1、表 9-2 所示。

表 9-1　FANUC 数控系统准备功能 G 代码表

代　　码	功能保持到被取消或被同样字母表示的程序指令所代替	功能仅在所出现的程序段内有作用	功能
G00	a		点定位
G01	a		直线插补
G02	a		顺时针方向圆弧插补
G03	a		逆时针方向圆弧插补
G04		*	暂停
G05	#	#	不指定
G06	a		抛物线插补
G07	#	#	不指定
G08		*	加速
G09		*	减速
G10～G16	#	#	不指定
G17	c		*XY* 平面选择
G18	c		*ZX* 平面选择
G19	c		*YZ* 平面选择
G20～G32	#	#	不指定
G33	a		螺纹切削,等螺距
G34	a		螺纹切削,增螺距
G35	a		螺纹切削,减螺距
G36～G39	#	#	永不指定
G40	d		刀具补偿/刀具偏置注销
G41	d		刀具补偿－左
G42	d		刀具补偿－右
G43	#(d)	#	刀具偏置－正
G44	#(d)	#	刀具偏置－负
G45	#(d)	#	刀具偏置＋/＋
G46	#(d)	#	刀具偏置＋/－
G47	#(d)	#	刀具偏置－/－
G48	#(d)	#	刀具偏置－/＋
G49	#(d)	#	刀具偏置 0/＋
G50	#(d)	#	刀具偏置 0/－

续表

代　码	功能保持到被取消或被同样字母表示的程序指令所代替	功能仅在所出现的程序段内有作用	功能
G51	#(d)	#	刀具偏置+/0
G52	#(d)	#	刀具位置-/0
G53	f		直线偏移,注销
G54	f		直线偏移 X
G55	f		直线偏移 Y
G56	f		直线偏移 Z
G57	f		直线偏移 XY
G58	f		直线偏移 XZ
G59	f		直线偏移 YZ
G60	h		准确定位 1(精)
G61	h		准确定位 2(中)
G62	h		快速定位(粗)
G63		*	攻螺纹
G64～G67	#	#	不指定
G68	#(d)	#	刀具偏置,内角
G69	#(d)	#	刀具偏置,外角
G70～G79	#	#	不指定
G80	e		固定循环注销
G81～G89	e		固定循环
G90	j		绝对尺寸
G91	j		增量尺寸
G92		*	预置寄存
G93	k		时间倒数,进给率
G94	k		每分钟进给
G95	k		主轴每转进给
G96	I		恒线速度
G97	I		每分钟转数(主轴)
G98、G99	#	#	不指定

注：1. # 号表示如选作特殊用途，必须在程序格式说明中说明。

2. 如在直线切削控制中没有刀具补偿，则 G43～G52 可指定作其他用途。

3. 在表中左栏括号中的字母（d）表示：可以被同栏中没有括号的字母 d 所注销或代替，也可被有括号的字母（d）所注销或代替。

4. G45～G52 的功能可用于机床上任意两个预定的坐标。

5. 控制机上没有 G53～G59、G63 功能时，可以指定作其他用途。

表 9-2　FANUC 数控系统辅助功能 M 代码表

代 码	功能开始时间		功能保持到被注销或被适当程序指令代替	功能仅在所出现的程序段内有作用	功能
	与程序段指令运动同时开始	在程序段指令运动完成后开始			
M00		*		*	程序停止
M01		*		*	计划停止
M02		*		*	程序结束
M03	*		*		主轴顺时针方向
M04	*		*		主轴逆时针方向
M05		*	*		主轴停止
M06	#	#		*	换刀
M07	*		*		2 号冷却液开
M08	*		*		1 号冷却液开
M09		*	*		冷却液关

续表

代码	功能开始时间		功能保持到被注销或被适当程序指令代替	功能仅在所出现的程序段内有作用	功能
	与程序段指令运动同时开始	在程序段指令运动完成后开始			
M10	#	#	*		夹紧
M11	#	#	*		松开
M12	#	#	#	#	不指定
M13	*		*		主轴顺时针方向,冷却液开
M14	*		*		主轴逆时针方向,冷却液开
M15	*			*	正运动
M16	*			*	负运动
M17、M18	#	#	#	#	不指定
M19		*	*		主轴定向停止
M20～M29	#	#	#	#	永不指定
M30	#	#		*	纸带结束
M31	*	*		*	互锁旁路
M32～M35	#	#	#	#	不指定
M36	*		#		进给范围 1
M37	*		#		进给范围 2
M38	*		#		主轴速度范围 1
M39	*		#		主轴速度范围 2
M40～M45	#	#	#	#	如有需要作为齿轮换挡,此外不指定
M46、M47	#	#	#	#	不指定
M48		*	*		注销 M49
M49	*		#		进给率修正旁路
M50	*		#		3 号冷却液开
M51	*		#		4 号冷却液开
M52～M54	#	#	#	#	不指定
M55	*		#		刀具直线位移,位置 1
M56	*		#		刀具直线位移,位置 2
M57～M59	#	#	#	#	不指定
M60		*		*	更换工件
M61	*				工件直线位移,位置 1
M62	*		*		工件直线位移,位置 2
M63～M70	#	#	#	#	不指定
M71	*		*		工件角度位移,位置 1
M72	*		*		工件角度位移,位置 2
M73～M89	#	#	#	#	不指定
M90～M99	#	#	#	#	永不指定

注：1. # 号表示如选作特殊用途，必须在程序说明中说明。

2. M90～M99 可指定为特殊用途。

9.2 FANUC 数控系统的基本编程指令

(1) 工作平面选择指令（G17～G19）

如图 9-1 所示，数控铣床的三个坐标轴构成了一个空间坐标系，铣削二维轮廓的工件时，将轮廓面平行于不同的坐标平面安装，刀具运动的工作平面则不尽相同，所以需要根据工件的不同安装方式合理地选择刀具工作平面。

G17：指定刀具当前工作平面为 XY 平面。

G18：指定刀具当前工作平面为 XZ 平面。

G19：指定刀具当前工作平面为 YZ 平面。

（2）工作坐标系指定（G54～G59）

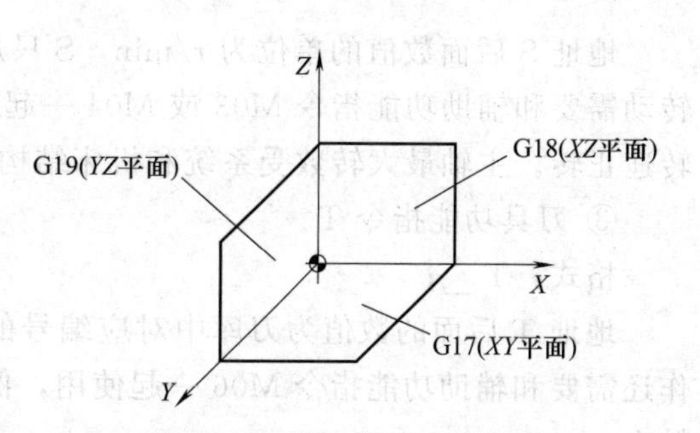

图 9-1　刀具工作平面的指定

数控铣床（加工中心）的坐标系统包括机床坐标系（Machine）、参考坐标系（Reference）和工件坐标系（Work），如图 9-2 所示，工件坐标系与机床坐标系之间的坐标偏置关系是通过参考坐标系间接建立的，而参考坐标系与机床坐标系之间的位置关系是机床出厂前设定好的。

编程时选择工件上的某一点作为编程基准原点即工件坐标系的原点，但工件加工时，需要将工件安装到机床工作台上的某个位置，此时工件坐标系和机床坐标系之间的相对位置关系并没有输入到数控系统中，机床无法控制刀具完成加工。所以在加工前需要通过对刀操作将工件坐标系和机床坐标系之间的相对位置关系输入到如图 9-3 所示的数控系统坐标设定界面中的预置工件坐标系 G54～G59 中。

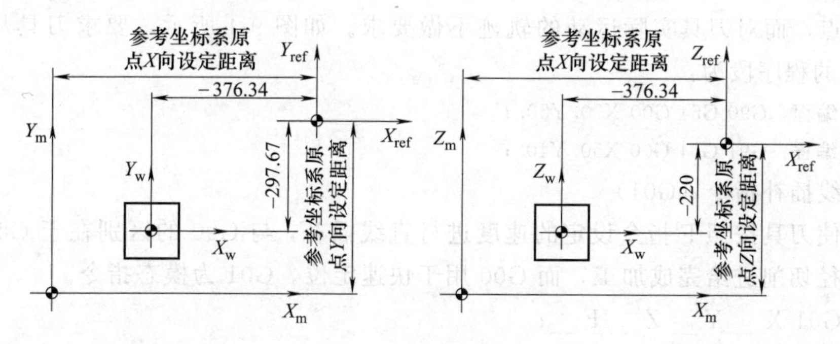

图 9-2　数控铣床坐标系统

在运行加工程序时，通过调用存有正确偏置信息的某个坐标系（G54～G59）建立工件坐标系和机床坐标系之间的联系。例如工件坐标系与机床坐标系的偏置值存储在 G54 中，起始程序段表示为：

G17 G90 G54 G00 X10. Y5. S500 M03；

表示 XY 平面内以绝对坐标方式编程，调用 G54 中的偏置值，建立当前工件坐标系与机床坐标系的关系，此后坐标地址指定的移动量都是以工件坐标系原点为基准的坐标值。

（3）编程方式选择（G90/G91）

数控铣削程序的编制可以采用绝对坐标方式或相对坐标方式，与车削程序不同，铣削程序中用 G90 指定绝对坐标编程方式，用 G91 指定相对坐标方式，二者均为模态指令，可以互相替代。

（4）F、S、T 功能指令

① 切削进给指令 F。

格式：F __；

地址 F 后的数值单位为 mm/min，直线插补和圆弧插补均需要 F 指定进给速度。

② 主轴功能指令 S。

格式：S __；

地址 S 后面数值的单位为 r/min，S 只规定主轴每分钟的转数，要使主轴按指定的转数转动需要和辅助功能指令 M03 或 M04 一起使用，例如 S600 M03；表示主轴以 600r/min 的转速正转。主轴最大转数受系统和机床结构的限制。

③ 刀具功能指令 T。

格式：T __；

地址 T 后面的数值为刀库中对应编号的刀具，T 只规定选择某一把刀，要完成换刀动作还需要和辅助功能指令 M06 一起使用，例如 T08 M06；表示将刀库中的 6 号刀具换到主轴上。

(5) 快速定位指令（G00）

格式：G00 X __ Y __ Z __；

执行 G00 指令，刀具以机床系统设定的“快移进给速度”从当前点移动到目标点。快速移动速度不能在地址 F 中规定，速度可由面板上的快速修调按钮调整。在 G90 模式下，X、Y、Z 后面的数字为刀具目标点在工件坐标系中的坐标值（下文同），G00 为模态指令，即被指定后一直有效，只有被同组模态指令取代时才失效。该指令属于点位控制，即只要求刀具到达目标点，而对刀具实际运动的轨迹不做要求。如图 9-4 所示，要求刀具从 *A* 点快速移动到 *B* 点的程序段为：

绝对坐标编程：G90 G54 G00 X70. Y50.；

相对坐标编程：G91 G54 G00 X50. Y40.；

(6) 直线插补指令（G01）

该指令使刀具按照 F 指令设定的速度进行直线插补，与 G00 的区别在于 G01 控制刀具沿指定的路径切削进给完成加工，而 G00 用于快速定位。G01 为模态指令。

格式：G01 X __ Y __ Z __ F __；

```
WORK COONDATES         O        N
  (G54)
 番号  数据               番号  数据
 00     X    0.000      02     X    0.000
 (EXT)  Y                (G55)  Y    0.000
        Z    0.000             Z    0.000

 01     X -376.340      03     X    0.000
 (G54)  Y -297.670      (G56)  Y    0.000
        Z -220.000             Z    0.000
 )
  REF **** *** ***
 [NO检索] [ 测量 ] [     ] [+输入 ] [ 输入 ]
```

图 9-3 数控系统坐标输入界面

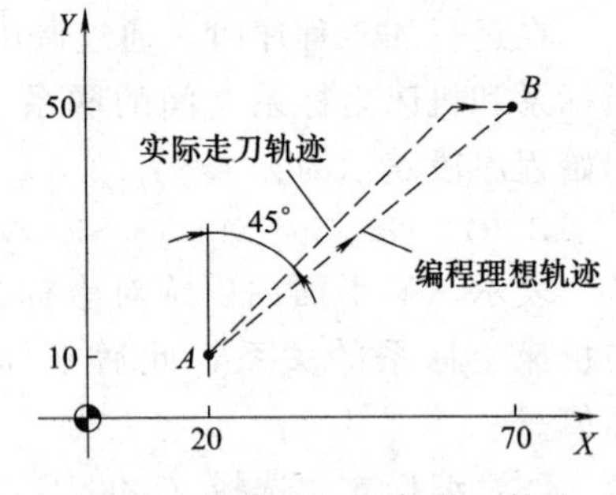

图 9-4 快速进刀指令 G00 轨迹

如图 9-5 所示，*XY* 平面轮廓铣削程序如下：

O101；(绝对坐标编程)

……

N50 G90 G54 G00 X10. Y10；/快速定位到 *A* 点，G90 为模态指令未见 G91 替代时续效

N60 G01 X10. Y50. F50；　/以 50mm/min 的进给速度切削至 *B* 点

N70 X60.；　/切削至 *C* 点，G01 续效，F 续效

N80 Y10.；/切削至 *D* 点，*X* 坐标无变化可省略

N90 X10. Y10.；　　　/切削至 *A* 点

……

O102；（相对坐标编程）

......

N50 G91 G54 G00 X10. Y10；

N60 G01 X0 Y40. F50；

N70 X50.；

N80 Y-40.；

N90 X-50.；

......

（7）圆弧插补指令（G02、G03）

该指令使刀具按照给定的进给速度在刀具工作平面内作逆时针或顺时针的圆弧插补运动，铣削出具有圆弧轮廓的零件。G02 为顺时针圆弧插补，G03 为逆时针圆弧插补，均为模态指令。各工作平面上的插补方向判别如图 9-6 所示，在 *XY* 平面内，逆着 *Z* 轴的正方向看，刀具顺时针运动为 G02，刀具逆时针运动为 G03；同样在 *YZ* 平面内。逆着 *X* 轴的正方向看，刀具顺时针运动为 G02，刀具逆时针运动为 G03。

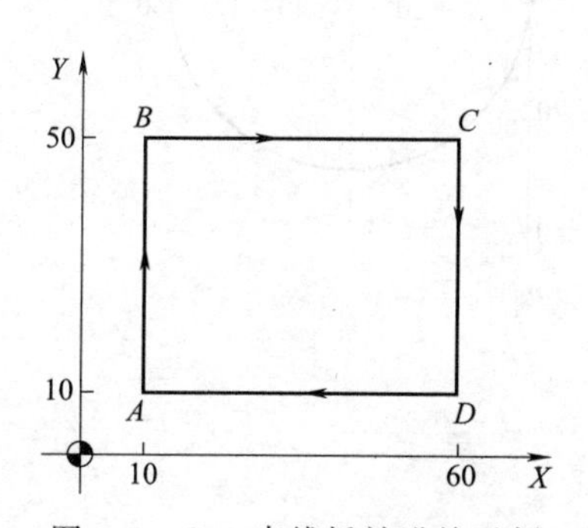

图 9-5　G01 直线插补进给示例

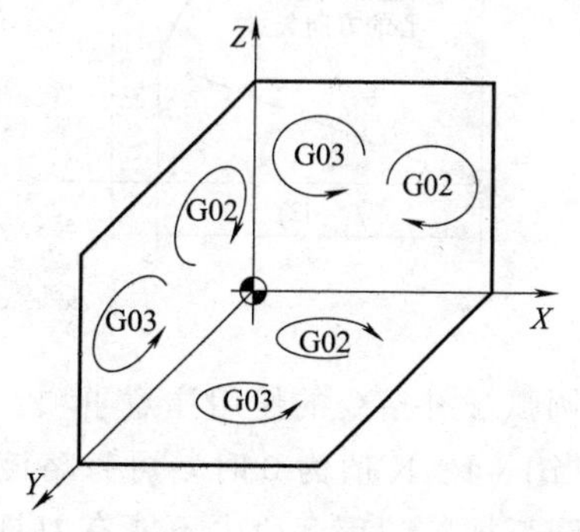

图 9-6　顺、逆时针圆弧插补判断

① 圆弧终点坐标和半径插补格式。

G17 G02/G03 X_ Y_ R_ F_；

G18 G02/G03 X_ Z_ R_ F_；

G19 G02/G03 Y_ Z_ R_ F_；

② 圆弧终点坐标和分矢量插补格式。

G17 G02/G03 X_ Y_ I_ J_ F_；

G18 G02/G03 X_ Z_ I_ K_ F_；

G19 G02/G03 Y_ Z_ J_ K_ F_；

其中，X、Y、Z 为圆弧插补终点坐标；R 为圆弧半径值，当圆弧的圆心角≤180°时 R 取正值，当圆弧的圆心角>180°时 R 取负值；I、J、K 为圆弧起点到圆弧圆心的方向矢量在对应轴上的投影，与坐标轴同向取正值，反之取负值。如图 9-7 所示，在 *XY* 平面内两种格式的圆弧插补程序段如下：

圆弧终点坐标和半径格式：

G17G90 G54 G00 X43. Y16.；

G03 X16. Y43. R46. F100；

圆弧终点坐标和分矢量格式：

G17 G90 G54 G00 X43. Y16.；

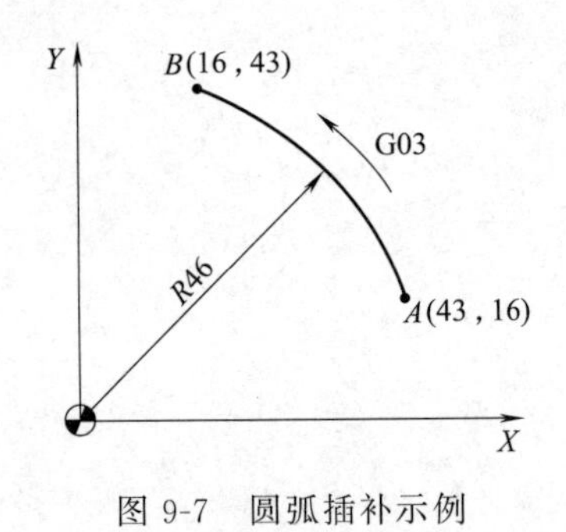

图 9-7　圆弧插补示例

G03 X16. Y43. I-43. J-16. F100；

【例 9-1】 编制如图 9-8 所示 XY 平面圆弧插补程序。

G17 G90 G54 G00 X0 Y0 S600 M03 F100；

G02 I30.；

G03 X-30. Y30. R30.；

G03 X-15. Y15. R-15.；

M05；

M30；

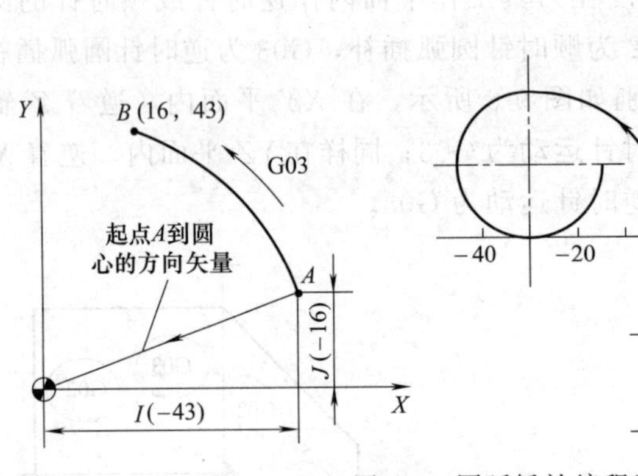

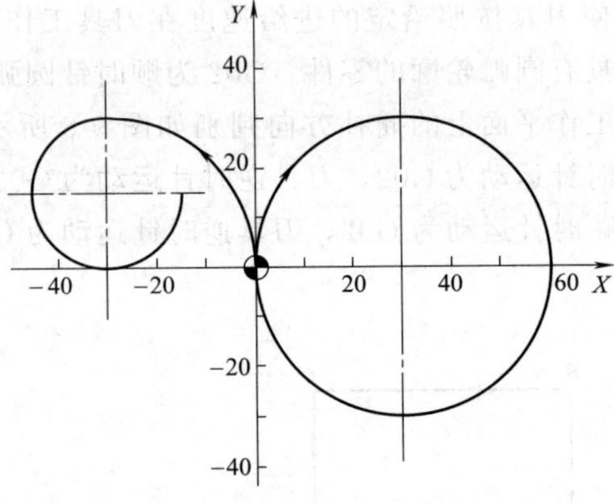

图 9-8　圆弧插补编程示例

③ 圆弧插补指令的使用注意事项：

a. 当 I、J、K 值为 0 时，可省略该地址符；

b. 圆弧插补的程序段内不能有刀具功能指令 T；

c. 当 I、J、K 和 R 同时被指定时，R 指令优先，I、K 值无效。

（8）暂停指令（G04）

在数控铣床（加工中心）上进行孔加工时，为了使被加工表面获得较好的质量，通常在主轴保持转动的同时，刀具在孔底停留一段时间。指令格式为：

G04 P__；

P 后面的数字为整数，单位为 ms。G04 为非模态指令，只在当前程序段有效。

（9）辅助功能指令（M 指令）

辅助功能字主要对加工过程中的辅助动作及其状态进行设定，常用的辅助功能字主要有：

① 程序停止指令 M00。在零件加工过程中，需要临时停机检验工件或进行调整、清理切屑等操作时，可使用 M00 指令使机床暂时停止。当再次按下循环启动按钮时，才能执行后面的程序。

② 程序选择停止指令 M01。该指令与 M00 功能相似，但只有打开机床控制面板上的“选择停止”控制键才能使该指令有效。

③ 程序结束指令 M02。执行该指令使主程序结束，机床停止运转，加工过程结束，但该指令并不能使指令指针自动返回到程序的起始段。

④ 程序结束指令 M30。该指令与 M02 具有相同的功能，不同的是该指令使指令指针自动返回到程序的起始段。

⑤ 主轴正转指令 M03。该指令与 S 指令结合使主轴按照 S 设定的速度正向旋转，如 S500 M03 主轴正转定义为：逆着 Z 轴的正向看，主轴顺时针旋转为正转。

⑥ 主轴反转指令 M04。使主轴按照 S 指令设定的速度反向旋转，如 S500 M04 主轴反转定义为：逆着 Z 轴的正向看，主轴逆时针旋转为反转。

⑦ 主轴停转指令 M05。如果其他指令与 M05 在同一个程序段内，则待其他指令执行完成之后才使主轴停转。

⑧ 自动刀具交换指令 M06。与刀具指令 T 配合使用，将 T 指令指定的刀具自动换到主轴上，如 T12 M06。

⑨ 打开冷却液指令 M08。

⑩ 关闭冷却液指令 M09。

（10）刀具半径补偿

实际的铣刀并不是理想的直径为零的线，任何铣刀都是有径向尺寸的，数控程序中坐标移动控制的是刀位点的运动，如图 9-9 所示为立铣刀和球铣刀的刀位点。如果在编程时不考虑铣刀的径向尺寸则不能加工出符合尺寸要求的工件。

【例 9-2】 编制如图 9-10 所示 XY 平面内轮廓铣削程序，立铣刀直径 $D=10$mm，Z 向切深为 5mm，工件坐标系原点如图所示。

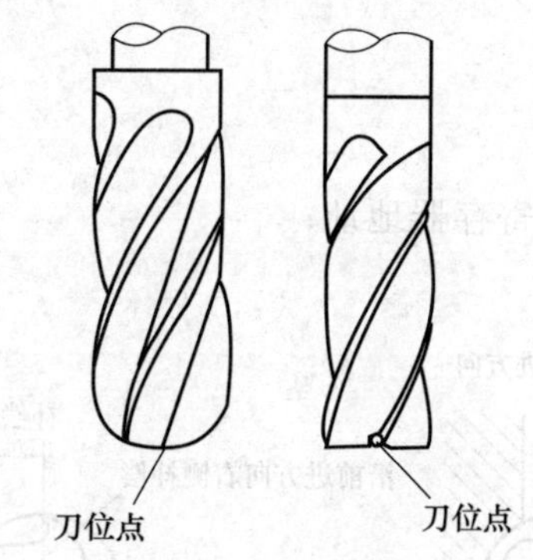

图 9-9　铣刀的刀位点

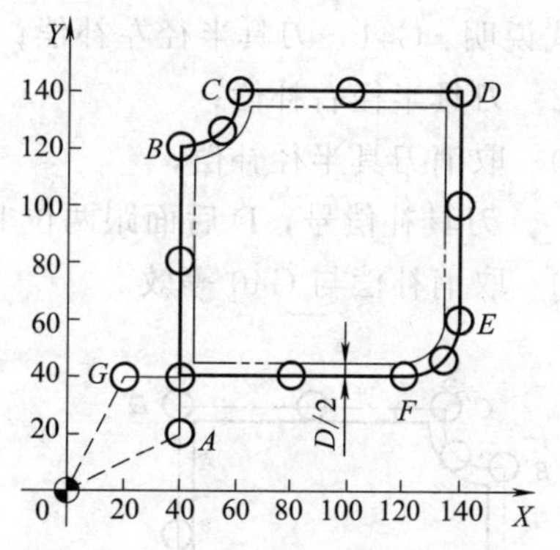

图 9-10　未考虑铣刀半径的编程

O300；

N001 G90 G54 G17 G00 X0 Y0 S800 M03；

N002 Z100.；　/快速定位到原点上方 100mm

N003 Z5.；　/快速定位到原点上方 5mm

N004 [　] X40. Y20. [　]；　/快速定位到点 A

N005 G01 Z-5. F50；　/Z 向进给切削－5mm

N006 Y120. F100；　/进给到 B 点

N007G03 X60. Y140. R20.；　/进给到点 C

N008G01 X140.；　/进给到 D 点

N009 Y60.；　/进给到 E 点

N010 G02 X120. Y40. R20.；/进给到 F 点

N011 G01 X20.；　/进给到 G 点

N012 G00 [　] X0. Y0.；　/快速定位到原点

N013 Z100.；/快速抬刀至原点 Z 向 100mm

N014 M05；

N015 M30；

如图 9-10 所示，编程控制的是铣刀刀位点的运动轨迹，D10 铣刀的刀位点位于刀具中心与底面的交点。但实际切削过程中并不是刀具中心在切削工件而是刀具圆周上的切削刃切削。因此实际加工出来的工件每个边都被多切掉了一个刀具半径，如图中双点画线所示。显然按工件设计尺寸编制加工程序时若不考虑刀具半径的存在是不能加工出满足尺寸要求的工件的。

如图 9-11 所示，为了加工出满足尺寸要求的工件，需要控制刀位点相对工件轮廓偏置一个半径值，即沿着 $A'—B'—C'—D'—E'—F'—G'$ 的轨迹运动，从而保证参与切削的刀刃与工件轮廓相切。

数控程序不仅要按照工件的设计尺寸编制，还要使刀位点轨迹相对于工件轮廓偏置一定的距离。这就需要使用刀具半径补偿指令 G41 和 G42，G41 刀具半径左补偿，如图 9-12（a）所示，左补偿为沿着刀具进给方向看刀具位于被加工轮廓的左侧；G42 为刀具半径右补偿，如图 9-12（b）所示，右补偿为沿着刀具进给方向看刀具位于被加工轮廓的右侧；G41 为顺铣，G42 为逆铣，数控铣削编程中常采用顺铣加工方式。

1）指令格式：G00（G01）G41（G42）X __ Y __ D __；/进行补偿

G00（G01）G40 X __ Y __；/取消补偿

格式说明：G41　刀具半径左补偿；

G42　刀具半径右补偿；

G40　取消刀具半径补偿；

D __　刀具补偿号，D 后面跟两位非 0 数字表示补偿寄存器地址；

D00　取消补偿与 G40 等效。

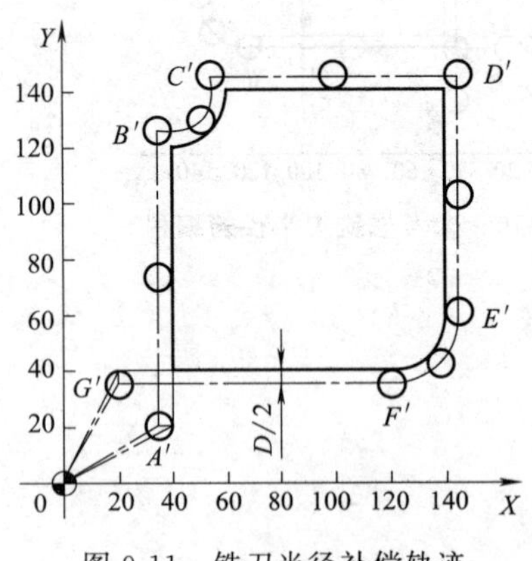

图 9-11　铣刀半径补偿轨迹

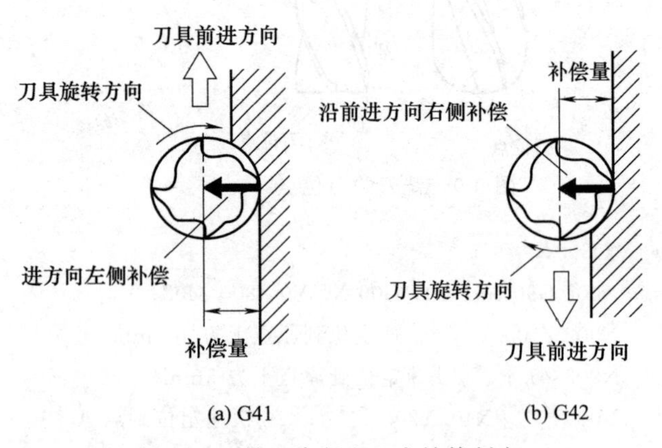

图 9-12　铣刀半径左、右补偿判定

将刀具半径补偿指令用于例 9.2 中，使刀具按照图 9-11 所示轨迹运动的程序如下：

O300；

N001 G90 G54 G17 G00 X0 Y0 S800 M03；

N002 Z100.；

N003 Z5.；

N004 [G41] X40. Y20. [D01]；/刀具半径左补偿，并调用 01 号补偿寄存器中的补偿值

N005 G01 Z-5. F50；　/Z 向进给切削－5mm

N006 Y120. F100；　/进给到 B 点
N007 G03 X60. Y140. R20.；/进给到点 C
N008 G01 X140.；/进给到点
N009 Y60.；　/进给到 E 点
N010 G02 X120. Y40. R20.；/进给到 F 点
N011 G01 X20.；　/进给到 G 点
N012 G00［G40］X0. Y0.；/取消刀具半径补偿，并回工件坐标系原点
N013 Z100.；　/快速抬刀至原点 Z 向 100mm
N014 M05；
N015 M30；

说明：

① 程序中有［　］标记的地方是与没有使用刀具半径补偿程序的不同之处；

② 刀具半径补偿必须在程序结束前取消，否则刀具中心将不能回到程序原点上；

③ D01 是刀具补偿号，其具体数值在加工或试运行前已设定在补偿寄存器中；

④ D 代码是续效（模态）代码。

2）刀具半径补偿的建立过程。

参考例 9-2，见图 9-11。

① 开始补偿。以下条件成立时，机床以移动坐标轴的形式开始补偿动作：

a. 有 G41 或 G42 被指定；

b. 在补偿平面内有坐标轴的移动；

c. 指定了一个补偿号，但不能是 D00；

d. 偏置（补偿）平面被指定或已经被指定；

e. G00 或者 G01 模式有效，若用 G02 或 G03 机床会报警。

例 9-2 中，当 G41 被指定时，包含 G41 语句的下边两句被预读（N5，N6）。N4 指令执行完成后机床的坐标位置由以下方法确定：将含有 G41 语句的坐标点与下边两句中在补偿平面内有坐标移动的且与当前点最近的目标点相连，其连线垂直方向为偏置方向，G41 为左偏，G42 为右偏，偏置大小为指定的偏置（D01）寄存器中的数值。在这里 N4 坐标点与 N6（N5 中没有补偿平面内的坐标移动）坐标点连线垂直于 X 轴，所以刀具中心位置应在 X40.0 Y20.0 左偏一个刀具半径处，即（$X35$，$Y20$）处。

当补偿从 N4 开始建立的时候机床只能预读两句，若 N5、N6 都为 Z 轴移动没有 XY 轴移动，机床无法判断下一步补偿的矢量方向，这时机床不会报警，补偿照常进行，只是 N4 目的点发生变化。刀具中心将会运动到 N4 目标点与原点连线垂直方向左偏 D01 值，这时会发生过切，如图 9-13 所示。

② 补偿模式保持。在补偿开始以后，进入补偿模式，此时半径补偿在 G01、G02、G03、G00 情况下均有效。在补偿模式下，机床同样要预读两句程序段以确定目标点的位置。如图 9-11 所示。执行 N6 语句时刀具沿 Y 轴正向运动，但刀位点的目标点不再是 $Y120$ 而是当前补偿轨迹与下一句偏置轨迹的交点 B'，以确保机床把下一个工件轮廓向外补偿一个偏置量。以此类推，其结果相当于把整个工件轮廓向外偏置一个补偿量，得到刀位点的轨迹。

③ 取消补偿。以下两种情况之一发生时补偿模式被取消，这个过程为取消补偿：

a. 给出 G40，与 G40 同时要有补偿平面内坐标轴移动；

b. 刀具补偿号为 D00。

注：必须在 G00、G01 模式下取消补偿（用 G02、G03 机床将会报警）。

3）刀具半径补偿的使用。

① 可以通过改变半径补偿值来实现同一程序进行粗、精加工：

粗加工刀补＝刀具半径＋精加工余量

精加工刀补＝刀具半径＋修正量

若刀具尺寸准确或零件上下偏差相等修正量可为 0。

② 改变补偿号，一般情况下刀具半径补偿号要在半径补偿取消后才能变换，如果在补偿方式下变换补偿号，当前程序段目标点的补偿量将按照新给定的值，而当前开始点补偿量则不变。

③ 半径补偿的过切现象。

a. 当工件的内圆弧半径小于刀具半径时，向圆弧圆心方向的半径补偿将会导致过切，这时机床或会过切，或会报警并停止在要过切的程序段起始点上，如图 9-14 所示，所以只有在过渡圆角 $R>$（刀具半径 r＋精加工余量）情况下才可正常切削。

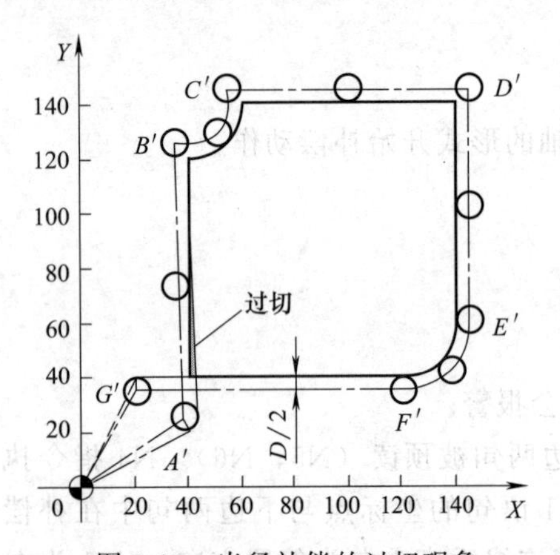

图 9-13 半径补偿的过切现象

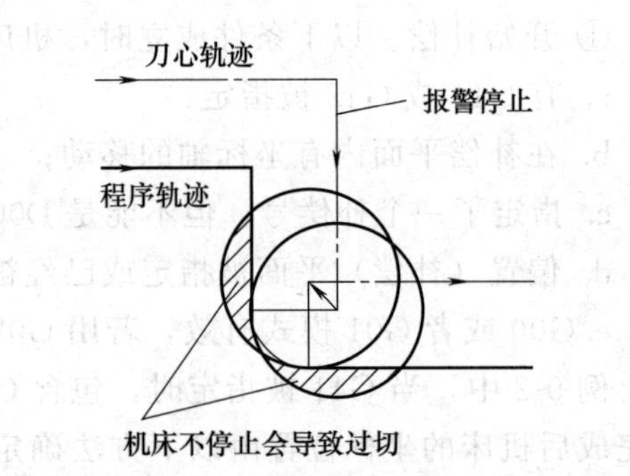

图 9-14 内圆弧半径＜刀具半径的补偿

b. 被铣削槽底宽小于刀具直径时，刀具半径补偿使刀具中心向编程路径反方向运动，这时将会导致过切。在这种情况下，机床或会过切，或会报警并停留在该程序段的起始点，如图 9-15 所示。

④ 无移动类指令，在包含补偿指令的语句后面两句全为无坐标移动指令时，会出现过切的危险。无坐标轴移动语句大致有以下几种：

M05；

G04 P1000；

G90；

G91 X0；

S1000；

（11）刀具长度补偿

在数控铣床或加工中心上进行工件的加工时往往需要用多把刀具才能完成，而每把刀具的长度不尽相同，加工工件时按第一把刀具的长度设定了工件坐标系，如果其他刀具也采用按第一把刀的长度设定的坐标系，将会发生碰撞或过切。可以通过将不同的刀具设定在不同的工件坐标系（G54～G59）中，这种方法不仅容易混乱而且当使用的刀具超过 6 把时也不能使用。通常的做法是使用刀具长度补偿指令，并把工作坐标系中的 Z 值清零，如图 9-16 所示为长度补偿原理。需要说明的是当加工只使用 1 把刀具时，可以将刀具长度设定在所使用的工作坐标系中。

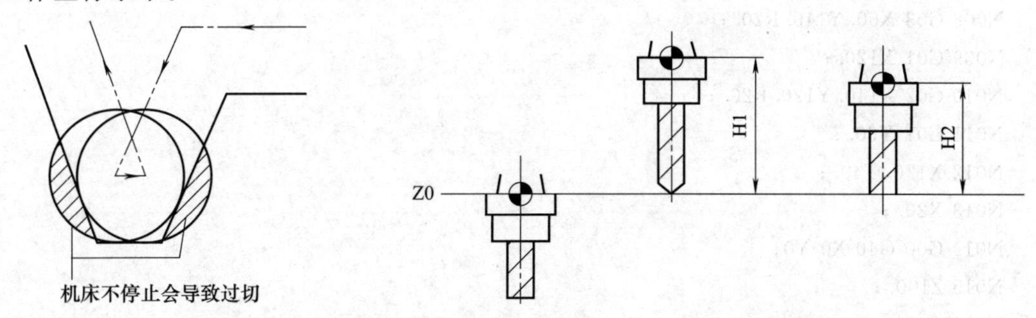

图 9-15 槽底宽度＜刀具直径的补偿　　图 9-16 刀具长度补偿原理

设定工作坐标系时，让主轴锥孔基准面与工件上表面理论上重合。在使用每一把刀具时可以让机床按刀具长度升高一段距离，使刀尖正好在工件上表面上，这段高度就是刀具长度补偿值，其值可在刀具预调仪或自动测长装置上测出。

实现这种功能的 G 代码是 G43、G44 和 G49。G43 是把刀具向上补偿，G44 是把刀具向下补偿，G49 是取消长度补偿。图 9-16 中钻头用 G43 命令向上补偿了 H1 值，铣刀用 G43 命令向上补偿了 H2 值。

刀具长度补偿指令格式如下：

① 刀具长度正向补偿。

G00/G01G43 Z __ H __；

……

G49；

② 刀具长度负向补偿。

G00/G01G44 Z __ H __；

……

G49；

H 后面跟两位数字表示长度补偿寄存器号，与半径补偿类似，H 后边指定的寄存器地址中存有刀具长度补偿值，如图 9-17 所示。进行长度补偿时，刀具要有 Z 轴移动。

如图 9-18 所示为不同命令下刀具的实际位置。其中程序段 G90 G54 G0 Z0；在 Z 向移动的情况下没有 G43 指令进行补偿时，将造成严重事故。

工具补正　　O　　N

番号	形状(H)	摩耗(H)	形状(D)	摩耗(D)
001	-482.560	0.000	5.200	0.000
002	0.000	0.000	0.000	0.000
003	0.000	0.000	0.000	0.000
004	0.000	0.000	0.000	0.000
005	0.000	0.000	0.000	0.000
006	0.000	0.000	0.000	0.000
007	0.000	0.000	0.000	0.000
008	0.000	0.000	0.000	0.000

现在位置(相对坐标)

X -300.000 Y -215.000 Z -125.000

〉　　S 0　　T

REF **** *** ***

[NO检索] [测量] [　　] [+输入] [输入]

图 9-17 刀具长度补偿输入界面

【例 9-3】 编制如图 9-19 所示 XY 平面内轮廓铣削程序，立铣刀直径 $D=16$mm，Z 向切深为 10mm，工件坐标系原点如图所示。

```
O400;
N001 G90 G54 G17G40 S600 M03;
N002 G00 X0 Y0;
N003 [G43] Z100. [H01];
N004 Z5.;
```

```
N005 G41 X40. Y20. D01;
N006 G01 Z-10. F50;
N007 Y120. F100;
N008 G03 X60. Y140. R20. ;
N009 G01 X120. ;
N010 G02 X140. Y120. R20. ;
N011 G01 Y60. ;
N012 X120. Y40. ;
N013 X20. ;
N014 G00 G40 X0 Y0;
N015 Z100. ;
N016 G49;
N017 M05;
N018 M30;
```

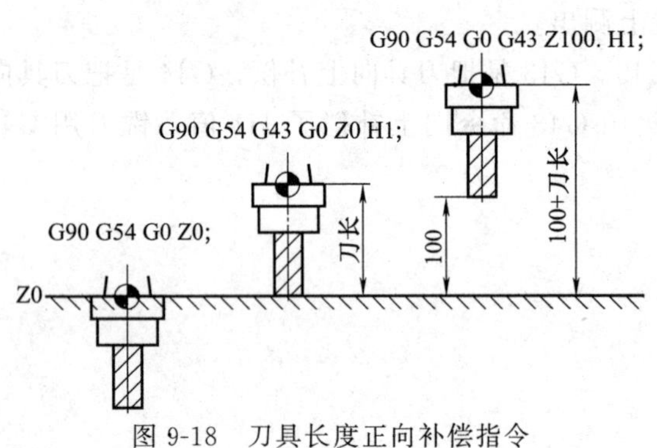

图 9-18　刀具长度正向补偿指令

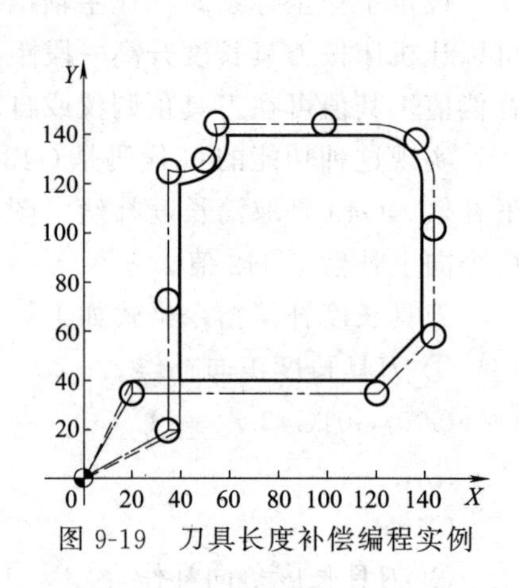

图 9-19　刀具长度补偿编程实例

(12) 自动返回参考点指令 (G28)

该指令使刀具以快速定位 (G00) 的方式，经过中间点返回到参考点。

格式 1：G90 (G40) G28 X __ Y __ Z __;

格式 2：G91 (G40) G28 X __ Y __ Z __;

格式 1 为在 G90 模式下执行 G28 指令，使刀具先回到以工件坐标系原点为基准的中间点，再返回到机床坐标系的原点；

格式 2 为在 G91 模式下执行 G28 指令，使刀具先回到基于刀具当前点测量的中间点，再回到参考坐标系的原点，如图 9-20 所示。

程序段为：

G91 G28 X-100. Y-100. Z100. ;

G28 指令使用注意事项：

①执行 G91 G28 Z0；程序段时，刀具从当前点移动至机床 Z 轴原点。若为 G91 G28 X0；则刀具直接返回机床 X 轴原点。

② 使用 G28 前，必须取消刀具半径补偿 (G40) 功能。

③ 在返回原点后使用刀具长度补偿取消 (G49) 功能。

(13) 固定循环指令

加工中心进行钻孔、攻螺纹和镗孔加工时，刀具通常要根据加工特点往复执行一系列的动作。如钻孔过程中刀具需要往复执行定位－切削－退刀的动作，这些动作如果用 G00 和 G01 来指定，需要在程序中反复指定，不仅使程序量增大，而且容易出现错误。FANUC 系统规定了一系列的固定循环指令，利用循环指令来指定钻孔过程中的一系列动作，从而简化了程序的编制。

1）钻孔固定循环 G81/G73/G83。

① G81 钻孔时，刀具以 G00 方式定位到钻孔位置上方的起始点，再定位到钻孔平面上方的安全点 R 后，以 G01 方式钻削至孔底 Z 点，然后快速抬刀，在 G98 模式下刀具抬到起始点，在 G99 模式下刀具抬到安全点，G81 方式适用于较大直径的钻头钻孔，如图 9-21 所示。

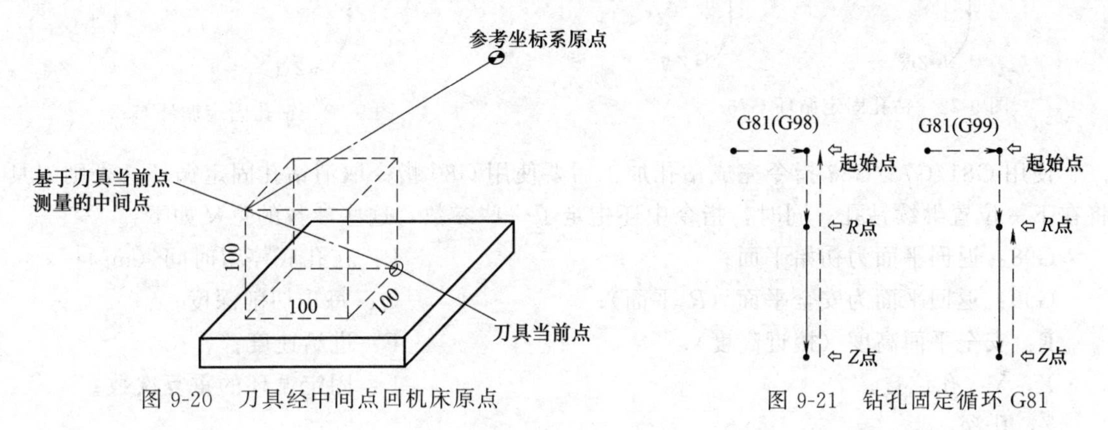

图 9-20　刀具经中间点回机床原点　　　图 9-21　钻孔固定循环 G81

指令格式：

$\left\{\begin{matrix}G98\\G99\end{matrix}\right\}$G81X __ Y __ Z __ R __ F __；

……

G80；

② G73 钻孔时，刀具以 G00 方式定位到钻孔位置上方的起始点，再定位到钻孔平面上方的安全点 R 后，每次按 Q 指定的深度钻削后，再按 d 给定的距离快速抬刀，循环执行这组动作直至钻削至孔底 Z 点，最后快速抬刀，在 G98 模式下刀具抬到起始点，在 G99 模式下刀具抬到安全点，G73 方式适用于高速钻孔，如图 9-22 所示。

指令格式：

$\left\{\begin{matrix}G98\\G99\end{matrix}\right\}$G73X __ Y __ Z __ R __ P __ Q __ F __；

……

G80；

③ G83 钻孔时，刀具以 G00 方式定位到钻孔位置上方的起始点，再定位到钻孔平面上方的安全点 R 后，每次按 Q 指定的深度钻削后，快速抬刀至安全平面，循环执行这组动作直至钻削至孔底，最后快速抬刀，在 G98 模式下刀具抬到起始点，在 G99 模式下刀具抬到安全点，G83 方式适用于深孔钻削，如图 9-23 所示。

指令格式：

$\left\{\begin{matrix}G98\\G99\end{matrix}\right\}$G83X __ Y __ Z __ R __ P __ Q __ F __；

……

G80；

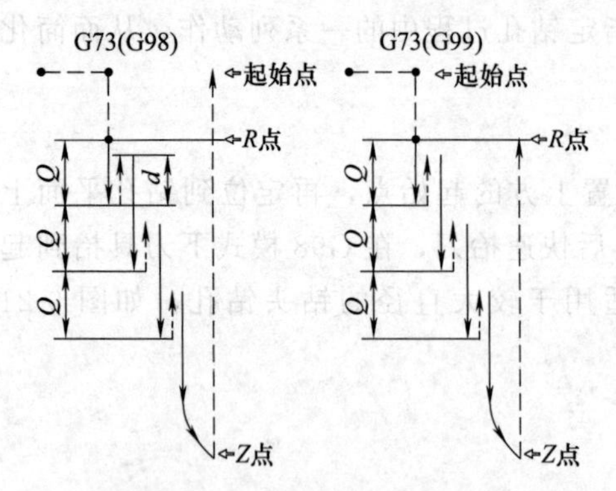

图 9-22　钻孔固定循环 G73

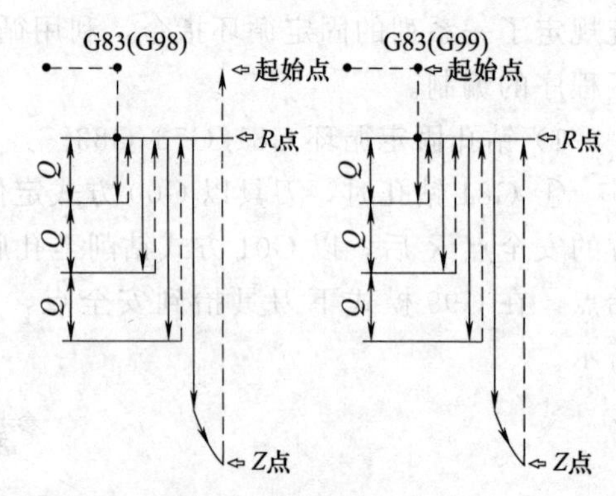

图 9-23　钻孔固定循环 G83

使用 G81/G73/G83 指令完成钻孔加工后要使用 G80 指令取消钻孔固定循环，否则刀具将在下一位置继续钻孔。同时，指令中还指定了一些参数，这些参数的意义如下：

G98：返回平面为初始平面；

G99：返回平面为安全平面（*R* 平面）；

R：安全平面高度（接近高度）；

X，Y：孔位置；

Z：孔深。

P：在孔底停留时间（ms）；

Q：每步切削深度；

F：进给速度；

L：固定循环的重复次数；

【例 9-4】　编制如图 9-24 所示 *XY* 平面内钻孔程序，工件坐标系原点如图所示。

```
O1；(G81 模式)
G90 G54 G00 X0 Y0 S1000 M03；
Z100.；/初始平面
G98 G81 X50. Y25. R5. Z-10. F100；
X-50.；/在各个指定位置循环
Y-25.；
X50.；
G80 ；/取消循环
G00 X0 Y0；
M05；
M30；O2；(G83 模式)
G90 G54 G00 X0 Y0 S1000 M03；
Z100.；/初始平面
G99 G83 X50. Y25. R5. Z-10. Q1. F100；
X-50.；/在各个指定位置循环
Y-25.；
X50.；
G80；/取消循环
G00X0 Y0；
M05；
M30；
```

程序 O1 是在 G98 模式下利用 G81 指令完成钻孔，每个孔钻削完成后刀具抬到初始平面上再定位到下一个钻孔位置；程序 O2 是在 G99 模式下利用 G83 指令完成钻孔，每个孔钻削完成后刀具抬到 *R* 指定的安全高度上再定位到下一个钻孔位置，如图 9-25 所示。

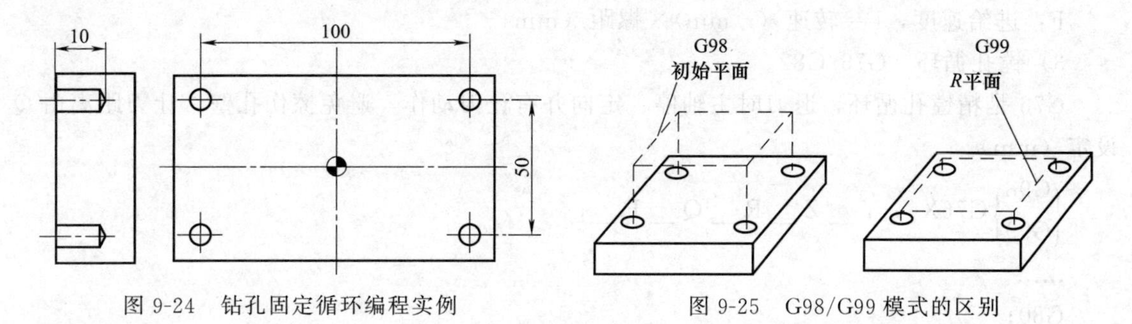

图 9-24 钻孔固定循环编程实例　　图 9-25 G98/G99 模式的区别

【例 9-5】 如图 9-26 所示，*Z* 轴开始高度为 50mm，安全平面为工件上表面 2mm，切深 20mm，使用 L 控制循环次数。

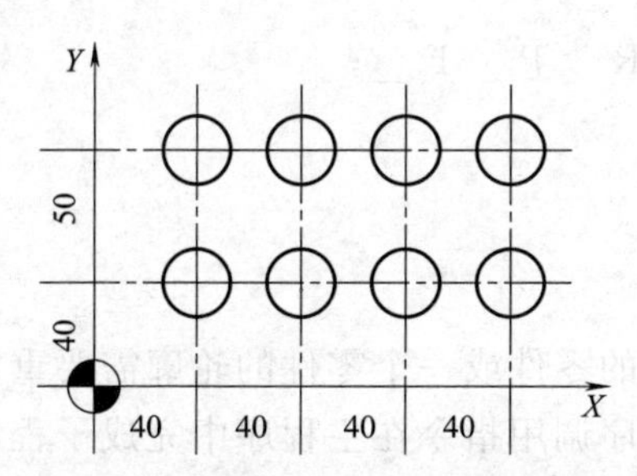

图 9-26 用循环次数 L 进行钻孔循环

```
O100;
G90 G54 G00 X0 Y0 S1000 M03;
Z50.;
G98 G83 Y40. R2. Z-20. Q1. 0 F100 L0;
G91 X40. L4;
X-160. Y50. L0;
X40. L4;
G90 G00 G80 X0 Y0;
M05;
M30;
```

注：a. L0 表示刀具运动到目标点，但并不执行循环动作。

b. L 命令需要用 G91 方式。

c. 上边介绍的程序为 G90 与 G91 的混合应用，即 *Z* 轴动作为 G90 方式，包括初始平面高度 *R*、*Z*、*Q* 值，而 *XY* 平面内移动为 G91 方式。

d. L 命令仅在当前句有效。

e. 允许在主程序中指定固定循环参数，在子程序中指定坐标位置。

2）攻螺纹循环　G74（左旋）需主轴逆时针旋转，G84（右旋）需主轴顺时针旋转。

$\begin{Bmatrix} G98 \\ G99 \end{Bmatrix}$ G74X __ Y __ Z __ R __ P __ F __;

……

G80；

R：不小于7mm。

P：丝锥在螺纹孔底暂停时间（ms）。

F：进给速度，F=转速（r/min）×螺距（mm）。

3）镗孔循环　G76/G82。

G76是精镗孔循环，退刀时主轴停、定向并有让刀动作，避免擦伤孔壁，让刀距离由Q设定（mm）。

$\begin{Bmatrix}G98\\G99\end{Bmatrix}$G76X__Y__Z__R__Q__F__；

……

G80；

G82适用于盲孔、台阶孔的加工，镗刀在孔底保持一段时间后退刀，暂停时间由P设定（ms）。

$\begin{Bmatrix}G98\\G99\end{Bmatrix}$G82X__Y__Z__R__P__F__；

……

G80；

（14）子程序的调用

在一次装夹多个相同轮廓的零件或一个零件的轮廓需要重复加工的情况下可将工件轮廓编制成子程序，然后利用子程序调用指令在主程序中完成子程序的调用。每次调用子程序时坐标系、刀具、半径补偿值、长度补偿值、切削用量等可根据情况改变。

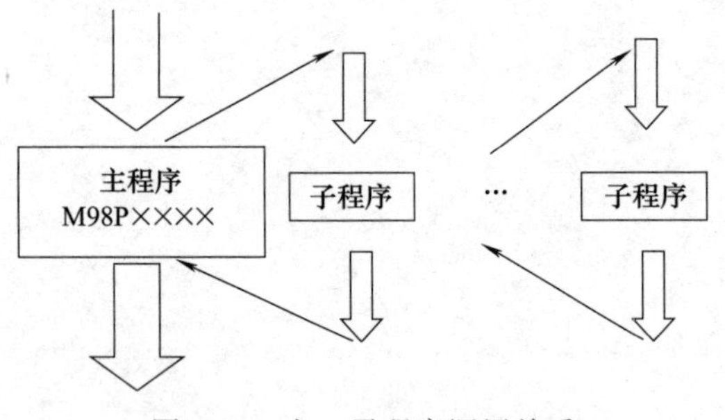

图9-27　主、子程序调用关系

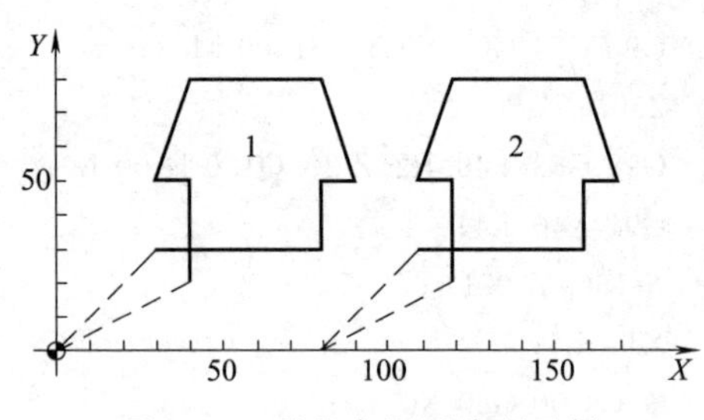

图9-28　子程序调用编程示例

子程序调用指令：M98 P__ L__；

返回主程序指令：M99；

子程序由M99指令结束，在主程序中用M98调用子程序，P用来指定调用的子程序号，L用来指定调用次数，调用与返回的关系如图9-27所示，主、子程序可以多级调用。

【例9-6】 如图9-28所示，一次装夹两个相同轮廓的工件进行加工，Z轴开始点为工件上方100mm处，切深10mm，利用主、子程序完成加工。

分析：工件1和工件2具有相同的轮廓，要在一次装夹中完成两件的加工，可以在相对坐标模式（G91）下编制工件轮廓的加工程序作为子程序，然后在绝对坐标模式（G90）模式下将刀具移动到起刀点调用子程序，程序如下：

主程序

```
O0001；
G90 G54 G00 X0 Y0 S1000 M03；
Z100.；
M98 P200；
G90 G00 X80.0；
M98 P200；
G90 G00 X0 Y0 ；
M05；
M30；
```

子程序

```
O200；
G91 G00 Z-95.；
G41 X40. Y20. D01；
G01 Z-15. F100；
Y30.；
X-10.；
X10. Y30.；
X40.；
X10. Y-30.；
X-10.；
Y-20.；
X-50.；
G00 Z110.；
G40 X-30. Y-30.；
M99；
```

（15）镜像指令

如图 9-29 所示，当工件加工轮廓相对于某一个坐标轴或原点对称时，可以将某一象限的轮廓编制成子程序，然后在主程序进行子程序调用时使用镜像指令完成其他象限轮廓的切削。

① X 轴镜像：M21 使 X 轴运动指令的正负号相反，这时 X 轴的实际运动是程序指定方向的反方向。

② Y 轴镜像：M22 使 Y 轴运动指令的正负号相反，这时 Y 轴的实际运动是程序指定方向的反方向。

③ 相对于原点镜像：M21；M22。

④ 取消镜像：M23。

【例 9-7】 使用镜像指令编制如图 9-30 所示工件轮廓铣削程序，Z 轴起始高度 100mm，切深 10mm。

分析：两个工件的轮廓相对于 X 轴反向，要在一次装夹中完成两件的加工可以在先将第一象限的工件轮廓编制成子程序，然后在主程序中在调用子程序时使用 M21 指令，程序如下：

```
O01；（主程序）
G90 G54 G00 X0 Y0 S1000 M03；
Z100.；
M98 P300；
```

```
M21;
M98 P300;
M23;
M05;
M30;
O300;(子程序)
G90 Z2.;
G41 X20. Y10. D01;
G01 Z-10. F100;
Y60.;
G03 X30. Y70. R10.;
G01 X60.;
G02 X70. Y60. R10.;
G01 Y30.0;
X60. Y20.;
X10.;
G00 Z100.0;
G40 X0 Y0;
M99;
```

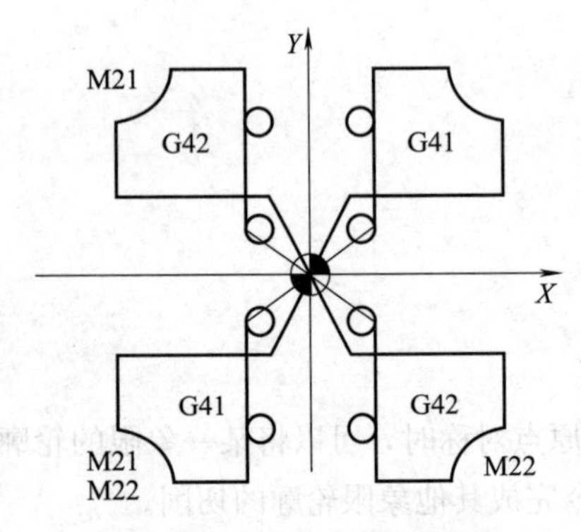

图 9-29 镜像指令的使用

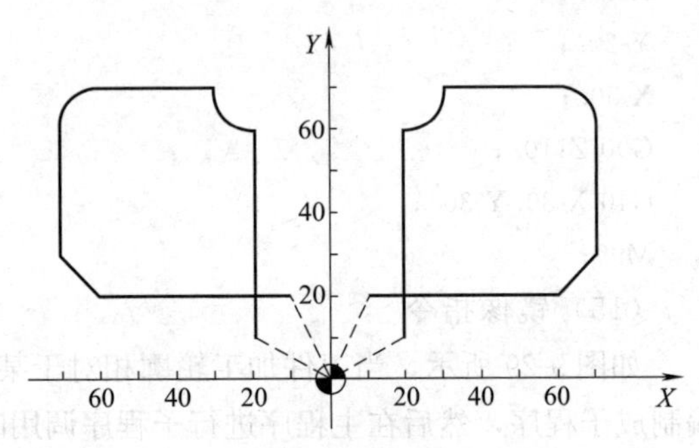

图 9-30 镜像编程实例

使用镜像指令的注意事项：

① 当只对 X 轴或 Y 轴进行镜像时，刀具的实际切削顺序将与源程序相反，刀补矢量方向相反，圆弧插补转向相反。当同时对 X 轴和 Y 轴进行镜像时，切削顺序、刀补方向、圆弧插补方向均不变。

② 使用镜像功能后，必须用 M23 取消镜像。

③ 在 G90 模式下，镜像功能必须在工件坐标系坐标原点开始使用，取消镜像也要回到该点。

9.3 编程实例

9.3.1 编程实例（一）

【例 9-8】 编制如图 9-31 所示工件的加工程序，工件毛坯尺寸为 90mm×55mm×

21mm，工件材料为铝。

① 工艺分析：该工件的加工表面为上表面、深度为 10mm 的外轮廓和 ϕ10mm 的通孔，根据工件结构形状和表面粗糙度要求，选择配备 FANUC 0i 系统的立式加工中心，将工件通过液压虎钳安装在机床工作台上。加工路线为：粗铣顶面—粗铣外轮廓—钻、铰 ϕ20 通孔—精铣顶面—精铣外轮廓。

② 刀具选择：D18 立铣刀，D10 立铣刀，D3 点钻，D19.8 钻头，D20 铰刀。

③ 切削参数：主轴转数、背吃刀量和进给率应根据机床、刀具和工件毛坯材料综合考虑来确定，查阅机械加工工艺师手册并结合实际经验，具体参数见表 9-3。

④ 走刀设计：顶面粗加工和精加工的走刀采用 D18 立铣刀先定位到工件外一点，然后在 XY 平面往复直线运动，粗加工预留 0.2mm 的精加工余量，将 XY 平面的往复移动编制成子程序，主程序中指定切削深度实现粗、精加工；加工深度为 10mm 的外轮廓刀位点将通过刀具半径补偿功能按照如图 9-32 所示路径运动，这时会留下残留区域，在粗加工时还需编写去残留程序段。粗、精加工同样利用不同的刀具补偿值来调用轮廓铣削子程序实现，精加工余量 0.2mm。

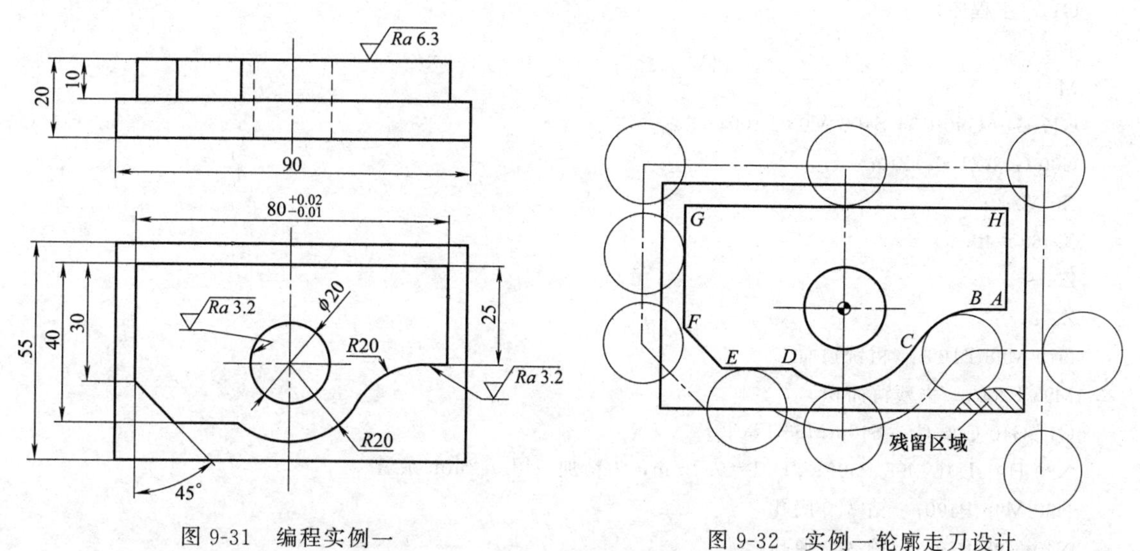

图 9-31　编程实例一

图 9-32　实例一轮廓走刀设计

⑤ 图形的数学处理：如图 9-32 所示，工件坐标系的 XY 原点选择 ϕ20 孔中心，Z 向原点选择工件上表面。采用绝对方式编制程序时，需要 $A \sim H$ 各点相对于坐标原点的坐标值，而图中 B、C、D 点并不能根据图纸标注的尺寸读出，这些点可以根据几何计算得出，也可以利用绘图软件的查询功能获得。本例中利用绘图软件的查询功能得到各点相对于坐标原点的坐标值为：B（35，0）；C（17，−10）；D（−13，−15）。

根据上述分析列出数控加工工序卡，如表 9-3 所示。

表 9-3　数控加工工序卡

零件号		001	零件名称			编制日期		
程序号		O1				编制		
工步号	程序段号	工步内容	使用刀具名称			切削参数		
			刀具号	长度补偿	半径补偿	S/(r/min)	F/(mm/min)	a_p/mm
1	N10	粗铣顶面	D18 立铣刀			400	100	
			T01	H01				

续表

<table>
<tr><th rowspan="2">工步号</th><th rowspan="2">程序段号</th><th rowspan="2">工步内容</th><th colspan="3">使用刀具名称</th><th colspan="3">切削参数</th></tr>
<tr><th>刀具号</th><th>长度补偿</th><th>半径补偿</th><th>S/(r/min)</th><th>F/(mm/min)</th><th>ap/mm</th></tr>
<tr><td rowspan="2">2</td><td rowspan="2">N20</td><td rowspan="2">粗铣外轮廓</td><td colspan="3">D18 立铣刀</td><td rowspan="2">400</td><td rowspan="2">80</td><td rowspan="2"></td></tr>
<tr><td>T01</td><td>H01</td><td>D01</td></tr>
<tr><td rowspan="2">3</td><td rowspan="2">N30</td><td rowspan="2">钻 ϕ20 底孔</td><td colspan="3">3mm 点钻/D19.8 钻头</td><td rowspan="2">2000/300</td><td rowspan="2">50/100</td><td rowspan="2"></td></tr>
<tr><td>T02/T03</td><td>H02/H03</td><td></td></tr>
<tr><td rowspan="2">4</td><td rowspan="2">N40</td><td rowspan="2">铰 ϕ20 通孔</td><td colspan="3">D20 铰刀</td><td rowspan="2">150</td><td rowspan="2">20</td><td rowspan="2"></td></tr>
<tr><td>T04</td><td>H04</td><td></td></tr>
<tr><td rowspan="2">5</td><td rowspan="2">N50</td><td rowspan="2">精铣顶面</td><td colspan="3">D18 立铣刀</td><td rowspan="2">600</td><td rowspan="2">60</td><td rowspan="2"></td></tr>
<tr><td>T01</td><td>H01</td><td></td></tr>
<tr><td rowspan="2">6</td><td rowspan="2">N60</td><td rowspan="2">精铣外轮廓</td><td colspan="3">D10 立铣刀</td><td rowspan="2">850</td><td rowspan="2">100</td><td rowspan="2">0.2</td></tr>
<tr><td>T05</td><td>H05</td><td>D02</td></tr>
</table>

⑥ 编写程序（FANUC 0i 系统）。

```
O1；（主程序）
T01；
M06；
G17 G40 G90 G54 S400 M03 F100；
G00 G43 Z100. H01；
X0 Y0；
X-46. Y-40.；
Z5.；
Z0.2；
N10 M98 P100；/粗铣顶面
M98 P200；/去残留面积
G17 G40 G90 G54 S400 M03 F80；
N20 H01 D01 M98 P300；/D01＝9.2mm，为精加工留 0.2mm 余量
N30 M98 P400；/钻 ϕ20 底孔
N40 M98 P500；/铰 ϕ20 通孔
T01；
M06；
G17 G40 G90 G54 S600 M03 F60；
G00 G43 Z100. H01；
X0 Y0；
X-46. Y-40.；
Z5.；
Z0；
N50 M98 P100；/精铣顶面
T05；
M06；
G17 G40 G90 G54 S850 M03 F100；
N60 H05 D02 M98 P300；/精铣外轮廓，D02＝5mm
G49；
```

```
M30;
O100;（铣平面子程序）
G01Y40.;
X-38.;（刀间距为8mm）
Y-40.;
X-30.;
Y40.;
X-22.;
Y-40.;
X-14.;
Y40.;
X-6.;
Y-40.;
X2.;
Y40.;
X10.;
Y-40.;
X18.;
Y40.;
X26.;
Y-40.;
X34.;
Y40.;
X42.;
Y-40.;
G00 Z100.;
M05;
M99; O200;（去残留子程序）
G17 G40 G90 G54 S400 M03 F40;
G00 X0 Y0;
X60. Y40.;
G43 Z100. H01;
Z5.;
G01 Z-10.;
X60. Y-27.5;
X35.;
Y-40.;
G00 Z100.;
M05;
M99; O300;（铣外轮廓子程序）
G00 G43 Z100.;
X0 Y0;
X60. Y-40.;
Z5.;
```

```
G41 X60. Y0. ;
G01 Z-10. ;
X35. ;
G03 X17. Y-10. R20. ;
G02 X-13. Y-15. R20. ;
G01 X-30. ;
X-40. Y-5. ;
Y25. ;
X40. ;
Y-40. ;
G00 Z100. ;
G40 X60. Y-40. ;
M05;
M99;
O400;(钻 φ20 底孔)
T2;
M06;
G17 G40 G54 G90 S2000 M03 F50;
G00 G43 Z100. H02;
X0 Y0;
G98 G81 X0 Y0 Z-2. R5. ;
G80;
M05;
T03;
M06;
G54 G90 S300 M03 F100;
G00 G43 Z100. H03;
X0 Y0;
G98 G83 X0 Y0 Z-26. R5. Q2. ;
G80;
M05;
M99;
O500;(铰 φ20 通孔)
T04;
M06;
G17 G40 G54 G90 S120 M03 F20;
G00 G43 Z100. H04;
X0 Y0;
G01 Z-21. ;
Z5. ;
G00 Z100. ;
M05;
M99;
```

9.3.2　编程实例（二）

【例 9-9】　编制如图 9-33 所示工件的加工程序，工件毛坯尺寸为 50mm×50mm×20mm，工件材料为 45 钢。

① 工艺分析：该工件毛坯的长、宽、高已加工到零件轮廓尺寸，所以加工表面为深度 10mm 的外轮廓、深度 15mm 的 5×ϕ6 孔、深度 5mm 的 ϕ16 孔和月牙槽。根据工件结构形状和表面粗糙度要求，选择配备 FANUC 0i 系统的立式加工中心，将工件通过液压虎钳安装在机床工作台上。加工路线为：粗、精铣外轮廓—钻 5×ϕ6 孔—粗铣 ϕ16 孔—粗铣月牙槽—精铣 ϕ16—精铣月牙槽。

② 刀具选择：D12 立铣刀，D10 立铣刀，D8 立铣刀，D6 立铣刀，D3 点钻，D6 钻头。

③ 切削参数：主轴转数、背吃刀量和进给率应根据机床、刀具和工件毛坯材料综合考虑来确定，查阅机械加工工艺师手册并结合实际经验，具体参数见表 9-4。

④ 走刀设计：加工深度为 10mm 的外轮廓和 ϕ16 孔及月牙槽时，刀位点将通过刀具半径补偿功能按照如图 9-34 所示路径运动，铣削深度为 10mm 的外轮廓时，刀具采用圆弧切入和圆弧切除的方式进刀，粗、精加工利用不同的刀具补偿值来调用轮廓铣削子程序实现，精加工余量 0.2mm。钻 5×ϕ6 孔时采用 G83 方式。

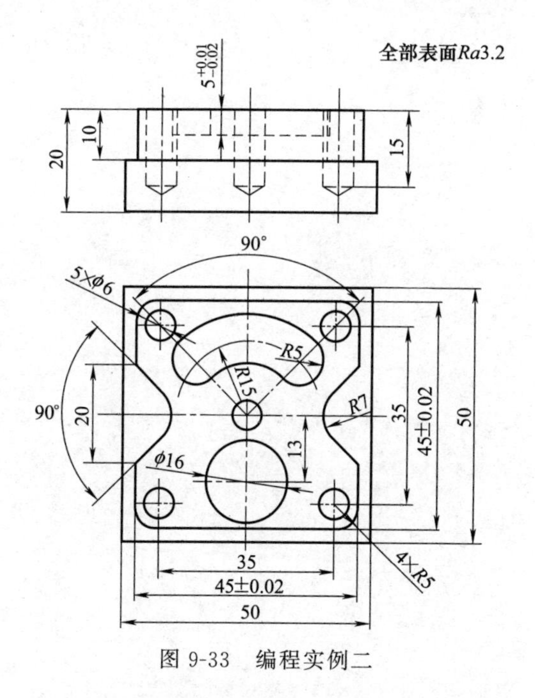

图 9-33　编程实例二

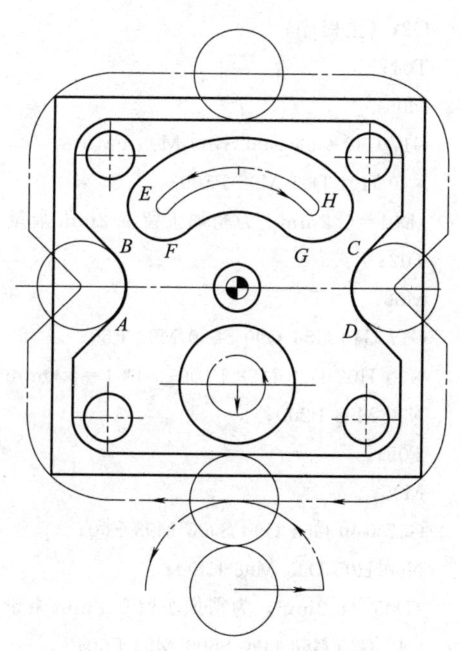

图 9-34　实例二轮廓走刀设计

⑤ 图形的数学处理：如图 9-34 所示工件坐标系的 XY 原点选择工件中心，Z 向原点选择工件上表面。采用绝对方式编制程序时，图中 A～H 点并不能根据图纸标注的尺寸读出，本例中利用绘图软件的查询功能得到各点相对于坐标原点的坐标值为：A（−17，−5）；B（−17，5）；C（17，5）；D（17，−5）；E（−14，14）；F（−7，7）；G（7，7）；H（14，14）。

根据上述分析列出数控加工工序卡，如表 9-4 所示。

表 9-4 数控加工工序卡

零件号		002	零件名称			编制日期		
程序号		O2				编制		
工步号	程序段号	工步内容	使用刀具名称			切削参数		
			刀具号	长度补偿	半径补偿	S/(r/min)	F/(mm/min)	a_p/mm
1	N10	粗铣外轮廓	D12 立铣刀			400	80	
			T01	H01	D01			
2	N20	精铣外轮廓	D10 立铣刀			600	60	0.2
			T02	H02	D02			
3	N30	钻 5-ϕ6 孔	D3 点钻/D6 头			2000/800	30/60	
			T03/T04	H03/H04				
4	N40	粗铣 ϕ16 孔	D8 立铣刀			600	60	
			T05	H05	D05			
5	N50	粗铣月牙槽	D8 立铣刀			600	60	
			T05	H05	D05			
6	N60	精铣 ϕ16 孔	D6 立铣刀			800	40	0.2
			T06	H06	D06			
7	N70	精铣月牙槽	D6 立铣刀			800	40	0.2
			T06	H06	D06			

⑥ 编写程序（FANUC 0i 系统）。

```
O2；（主程序）
T01；
M06；
G17 G40 G54 G90 S400 M03 F80；
N10 H01 D01 M98 P100；
/D01＝6.2mm，为精加工留 0.2mm 余量
T02；
M06；
G17 G40 G54 G90 S600 M03 F60；
N20 H02 D02 M98 P100；/D01＝5.0mm
N30 M98 P200；
T05；
M06；
G17 G40 G54 G90 S600 M03 F60；
N40 H05 D05 M98 P300；
/D05＝4.2mm，为精加工留 0.2mm 余量
G17 G40 G54 G90 S600 M03 F60；
N50 H05 D05 M98 P400；
T06；
M06；
G17 G40 G54 G90 S800 M03 F40；
N60 H06 D06 M98 P300；/ D06＝3.0mm
G17 G40 G54 G90 S800 M03 F40；
N70 H06 D06 M98 P400；
G49；
```

```
M30;
O100;(铣外轮廓子程序)
G00 G43 Z100.;
X0 Y0;
Y-37.;
Z5.;
G01 Z-10.;
G41 X12.;
G03 X0. Y-25. R12.;
G01 X-17.5;
G02 X-22.5. Y-17.5 R5.;
G01 Y-10.;
X-17. Y-5.;
G03 X-17. Y5. R7.;
G01 X-22.5 Y10.;
Y17.5;
G02 X-17.5 Y22.5 R5.;
G01 X17.5;
G02 X22.5 Y17.5 R5.;
G01 Y10.;
X17. Y5.;
G03 X17. Y-5. R7.;
G01 X22.5 Y-10.;
Y-17.5;
G02 X17. Y-22.5 R5.;
G01 X0;
G03 X-12. Y-37. R12.;
G40 G01 X0. Y-37.;
G00 Z100.;
M05;
M99;
O200;(钻 5×ϕ6 孔)
T3;
M06;
G17 G40 G54 G90 S2000 M03 F30;
G43 Z100. H03;
G00 X0 Y0
G98 G81 X0 Y0 Z-2. R5.;
G80;
M05;
T04;
M06;
G54 G90 G00 X0 Y0 S800 M03 F60;
G43 Z100. H04;
```

```
G98 G83 X0 Y0 Z-16.7 R5. Q2.;
X17.5 Y17.5;
Y-17.5;
X-17.5;
Y17.5;
G80;
M05;
M99;
O300;(铣 ϕ16 子程序)
G00 G43 Z100.;
X0 Y0;
Y-13.;
Z5.;
G01 Z-5.;
G41 X0. Y-21.;
G03 J8.;
G40 G01 Y-13.;
G00 Z100.;
M05;
M99;
O400;(铣月牙槽子程序)
G00 G43 Z100.;
X0 Y0;
Y15.;
Z5.;
G01 Z-5.;
G41 X0. Y20.;
G03 X-14. Y14. R20.;
X-7. Y7. R5.;
G02 X7. Y7. R10.;
G03 X14. Y14. R5.;
X0. Y20.;
G40 G01 Y15.;
G00 Z100.;
M05;
M99;
```

9.3.3 编程实例（三）

【例 9-10】

（1）零件

编制如图 9-35 所示零件的数控铣床加工程序。零件材料为 45 钢，毛坯为 200mm×200mm×30mm。

（2）工件安装

工件安装放在钳口中间部位，安装平口虎钳时，要对它的固定钳口找正，工件被加工部分要高出钳口，避免刀具与钳口发生干涉。安装工件时，注意工件上浮。如图 9-35 所示，将工件坐标系 G54 建立在工件上表面，零件的对称中心处。

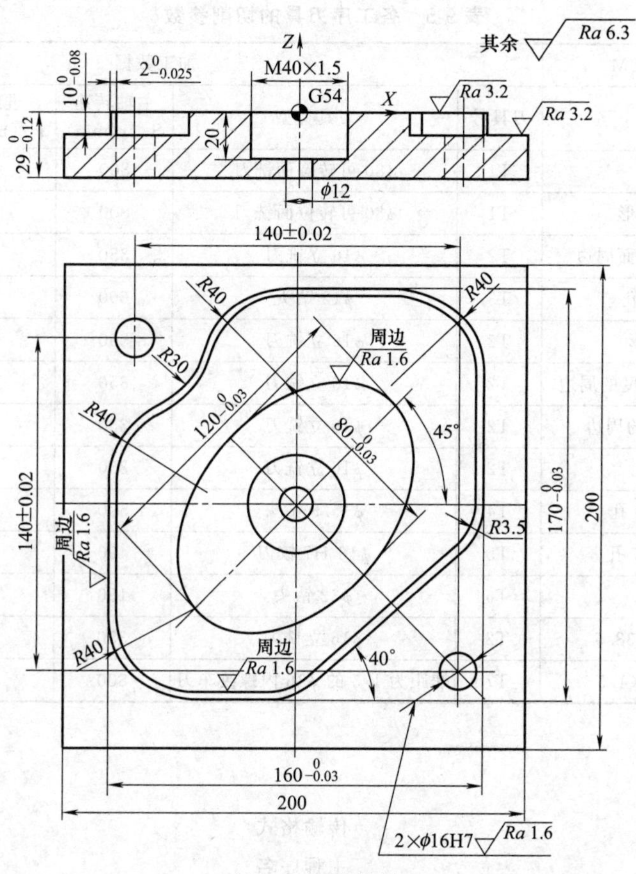

图 9-35　零件图

(3) 加工工序

① 铣上平面，保证尺寸 29，选用 ϕ80 可转位面铣刀（T1）。

② 粗铣轮廓外形，选用 ϕ80 可转位面铣刀（T1）。

③ 精铣外轮廓外形面周边，选用 ϕ16 立铣刀（T2）。

④ 钻 4×ϕ12 孔，两个为工艺孔，选用 ϕ12 钻头（T3）。

⑤ 铣内轮廓 2mm 厚度的周边，选用 ϕ16 立铣刀（T2）。

⑥ 铣内轮廓椭圆的周边，选用 ϕ16 立铣刀（T2）。

⑦ 铣边角料，选用 ϕ16 立铣刀（T2）。

⑧ 钻 2×ϕ15.8 孔，选用 ϕ15.8 钻头（T4）。

⑨ 铰 2×ϕ16H7 孔，选用 ϕ16H7 的铰刀（T5）。

⑩ 钻 ϕ32 孔，选用 ϕ32 钻头（T6）。

⑪ 铣螺纹底孔 ϕ38.5，选用 ϕ16 立铣刀（T2）。

⑫ 铣螺纹 M40×1.5，选用螺距为 1.5 的内螺纹车刀（T7）。

(4) 刀具的选择

加工工序中采用的刀具为 ϕ80 可转位面铣刀、ϕ16 立铣刀、ϕ12 钻头、ϕ15.8 钻头、

ϕ16H7 铰刀、ϕ32 钻头，螺距为 1.5 的内螺纹车刀。

(5) 切削参数的选择

各工序刀具的切削参数见表 9-5。

表 9-5 各工序刀具的切削参数

机床型号:J1VMC40M		加工数据					
序号	加工面	刀具号	刀具类型	主轴转速 S/(r/min)	进给速度 F/(mm/min)	刀具补偿号	
						长度	半径
1	铣上平面	T1	ϕ80 可转位面铣刀	800	100	H01	D01
2	粗铣轮廓外形	T1	ϕ80 可转位面铣刀	800	100	H01	D01
3	精铣外轮廓外形面周边	T2	ϕ16 立铣刀	350	40	H02	D02
4	钻 4×ϕ12 孔	T3	ϕ12 钻头	600	35	H03	
5	铣整个外形	T2	ϕ16 立铣刀	350	40	H03	D03
6	铣内轮廓 2mm 厚度的周边	T2	ϕ16 立铣刀	350	40	H02	D02
7	铣内轮廓椭圆的周边	T2	ϕ16 立铣刀	350	40	H02	D02
8	铣边角料	T2	ϕ16 立铣刀	350	40	H02	D02
9	钻 2×ϕ15.8 孔	T4	ϕ15.8 钻头	500	30	H04	
10	铰 2×ϕ16H7 孔	T5	ϕ16 H7 铰刀	400	35	H05	
11	钻 ϕ32 孔	T6	ϕ32 钻头	150	30	H06	
12	铣螺纹底孔 ϕ38.5	T2	ϕ16 立铣刀	350	40	H02	D02
13	铣螺纹 M40×1.5	T7	螺距为 1.5 的 ϕ16 内螺纹车刀	800	30	H07	

(6) 加工程序

①主程序。

```
%;                                  传输格式
O551;                               主程序名
N5 G54 G90 G94 G40 G17 G49 G21;     建立工件坐标系，选用 1 号 φ80 可转位面铣刀
N10 S500 M03;                       主轴正转，转速 500r/min
N20 G00 X145 Y-50;                  快速定位
N30  G00 G43 Z50 H01;               Z 轴快速定位，调用 1 号刀具长度补偿
N40 Z0.1 M07;                       Z 轴进刀，留 0.1mm 铣削深度余量，切削液开
N50 G01 X-145 F120;                 平面铣削，进给速度 120mm/min
N60 G00 Z50;                        抬刀
N70 X145 Y0;                        快速定位铣削起点
N80 Z0.1;                           快速进刀
N90 G01 X-145 F120;                 平面铣削进刀
N100 G00 Z50;                       抬刀
N110 X145 Y50;                      快速定位铣削起点
N120 Z0.1;                          快速进刀
N130 G01 X-145 F120;                平面铣削进刀
N140 G00 Z50;                       抬刀
N150 S800 M03;                      换速，转速 800r/min
N160 G00 X145 Y-50;                 快速定位
```

```
N170 Z0;                    快速进刀
N180 G01 X-145 F120;        平面铣削进刀
N190 G00 Z50;               抬刀
N200 X145 Y0;               快速定位铣削起点
N210 Z0;                    快速进刀
N220 G01 X-145 F120;        平面铣削进刀
N230 G00 Z50;               抬刀
N240 X145 Y50;              快速定位铣削起点
N250 Z0;                    快速进刀
N260 G01 X-145 F120;        平面铣削进刀
N270 G00 Z50;               抬刀
N280 S500 M03;              换速，转速500r/min
N290 G00 X180 Y0;           快速定位
N300 Z-2;                   快速进刀
N310 M98 P0001;             调用子程序O0001，粗铣外轮廓
N320 G00 X180 Y0;           快速定位
N330 Z-4;                   快速进刀
N340 M98 P0001;             调用子程序O0001，粗铣外轮廓
N350 G00 X180 Y0;           快速定位
N360 Z-6;                   快速进刀
N370 M98 P0001;             调用子程序O0001，粗铣外轮廓
N380 G00 X180 Y0;           快速定位
N390 Z-8;                   快速进刀
N400 M98 P0001;             调用子程序O0001，粗铣外轮廓
N410 G00 X180 Y0;           快速定位
N420 Z-9.9;                 快速进刀
N430 M98 P0001;             调用子程序O0001，粗铣外轮廓
N440 S800;                  换速，转速800r/min
N450 G0 X180 Y0;            快速定位
N460 Z-10;                  快速进刀
N470 M98 P0001;             调用子程序O0001，粗铣外轮廓
N480 M09;                   切削液关
N490 M05;                   主轴停转
N500 M00;                   程序暂停，手动换2号φ16立铣刀
N510 S350 M03;              主轴正转，转速350r/min
N520 G00 G43 Z50 H02;       Z轴快速定位，调用2号刀具长度补偿
N530 M98 P0002;             调用子程序O0002，铣削整个外轮廓
N540 M09;                   切削液关
N550 M05;                   主轴停转
N560 M00;                   程序暂停，手工换3号φ12钻头
N570 S600 M3 F35;           主轴正转，转速600r/min
N580 G00 X0 Y0;             快速定位
N590 G00 G43 Z50 H03;       Z轴快速定位，调用3号刀具长度补偿
N600 M07;                   切削液开
```

```
N610 G98 G83 X0 Y0 Z-35 R3 Q6;        钻孔循环定位钻孔（回起始平面）
N620 X70 Y-70;                        定位钻孔位置点
N630 X-70 Y70;                        定位钻孔位置点
N640 G80 G0 Z30;                      取消固定循环
N650 G00 Z50;                         快速抬刀
N660 G98 G81 X63 Y0 Z-14 R3;          钻孔循环定位钻孔（回起始平面）
N670 G80 G00 Z30;                     取消固定循环
N680 M9;                              切削液关
N690 M5;                              主轴转停
N700 M00;                             程序暂停，手工换2号φ16立铣刀
N710 S350 M03 ;                       主轴正转，转速350r/min
N720 G00 X0 Y0;                       快速定位
N730 G00 G43 Z50 H02;                 快速进刀，调用2号刀具长度补偿
N740 G00 X63 Y0 M07;                  快速进给到起点，切削液开
N750 Z2;                              快速下刀
N760 G01 Z-4 F50;                     工进进刀
N770 M98 P0003;                       调用子程序O0003，铣削整个内轮廓
N780 G00 Z50;                         快速抬刀
N790 G00 X63 Y0;                      快速进给到起点
N800 Z2;                              快速下刀
N810 G01 Z-8 F50;                     工进进刀
N820 M98 P0003;                       调用子程序O0003，铣削整个内轮廓
N830 G00 Z50;                         快速抬刀
N840 G00 X63 Y0;                      快速进给到起点
N850 Z2;                              快速下刀
N860 G01 Z-10 F50;                    工进进刀
N870 M98 P0003;                       调用子程序O0003，铣削整个内轮廓，通过更改D02中
                                      的刀具半径值实现轮廓粗和精加工
N880 G00 Z50;                         快速抬刀
N890 G68 X0 Y0 R45;                   坐标旋转45°
N900 G00 X90 Y0;                      定位点
N910 Z2;                              快速进刀
N920 G01 Z-4 F200;                    工进进刀
N930 M98 P0004;                       调用子程序O0004，铣削型腔内部椭圆外形
N940   G00 X90 Y0;                    定位点
N950 Z2;                              快速进刀
N960 G01 Z-8 F200;                    快速进刀
N970      M98 P0004;                  调用子程序O0004，铣削型腔内部椭圆外形
N980 G00 X90 Y0;                      定位点
N990 Z2;                              快速进刀
N1000 G01 Z-10 F200;                  快速进刀
N1010 M98 P0004;                      调用子程序O0004，铣削型腔内部椭圆外形
N1020 G00 Z50;                        快速抬刀
N1030 G69;                            取消坐标旋转
```

```
N1040 G00 X65 Y0;                     快速定位点
N1050 Z2;                             快速进刀
N1060 G01 Z-5 F200;                   快速进刀
N1070 M98 P0005;                      调用子程序 O0005，铣削型腔内部残余料
N1080 G00 X65 Y0;                     快速定位点
N1090 Z2;                             快速进刀
N1100 G01 Z-10 F200;                  工进进刀
N1110 M98 P0005;                      调用子程序 O0005，铣削型腔内部残余料
N1120 M09;                            切削液关
N1130 M5;                             主轴转停
N1140 M00;                            程序暂停，手工换 4 号 φ15.8 钻头
N1150 S500 M03 F30;                   主轴正转，转速 600r/min，进给速度 30mm/min
N1160 G00 X0 Y0;                      快速定位
N1170 G00 G43 Z50 H04;                快速进刀，调用 4 号刀具长度补偿
N1180 M07;                            切削液开
N1190 G98 G83 X70 Y-70 Z-35 R-5 Q5;   钻孔循环定位钻孔（回起始平面）
N2000 G00 X-70 Y70;                   定位钻孔位置点
N2010 G80 G00 Z30   M09;              取消固定循环，切削液关
N2020 M05;                            主轴停转
N2030 M00;                            程序暂停，手工换 5 号 φ16 铰刀
N2040 S300 M03 F30;                   主轴正转，转速 300r/min，进给速度 30mm/min
N2050 G00 X0 Y0;                      快速定位
N2060 G00 G43 Z50 H05 M08;            快速进刀，调用 5 号刀具长度补偿，切削液开
N2070 G98 G85 X70 Y-70 Z-32 R-5;      铰孔循环定位铰孔（回起始平面）
N2080 G00 X-70 Y70;                   定位铰孔位置点
N2090 G80 G00 Z30 M09;                取消固定循环，切削液关
N2100 M05;                            主轴转停
N2110 M00;                            程序暂停，手工换 6 号 φ32 钻头
N2120 S150 M03 F30;                   主轴正转，转速 150r/min
N2130 G00 X0 Y0;                      快速定位
N2140 G00 G43 Z50 H06 M08;            快速进刀，调用 6 号刀具长度补偿，切削液开
N2150 G98 G83 X0 Y0 Z-25 R3 Q5;       钻孔循环定位钻孔（回起始平面）
N2160 G80 G00 Z30 M09;                取消固定循环，切削液关
N2170 M05;                            主轴停转
N2180 M00;                            程序暂停，手工换 2 号 φ16 立铣刀
N2190 S350 M03;                       主轴正转，转速 350r/min
N2200 G00 X0 Y0;                      快速定位
N2210 G00 G43 Z50 H02;                快速进刀，调用 2 号刀具长度补偿
N2220 Z2 M07;                         快速进刀，切削液开
N2230 G01 Z-20 F500;                  进刀到 Z 轴切削深度
N2240 G01 G42 X19.25 D02 F40;         激活刀具半径右补偿进刀
N2250 G02 I-19.25 F50;                顺圆弧切削整圆，粗铣 φ38.5 内孔，改变 D02 中的半径
                                      值可实现
M2260 G01 Z2 F200;                    工进抬刀
```

```
N2270 G01 G40 X0 F500 M09;          取消刀具半径补偿退刀，切削液关
N2280 M05;                          主轴停转
N2290 M00;                          程序暂停，手工换 7 号 ϕ16 内螺纹车刀
N2300 S800 M3;                      主轴正转，转速 800r/min
N2310 G00 X0 Y0;                    快速定位
N2320 G00 G43 Z50 H07 M07;          快速进刀，调用 7 号刀具长度补偿
N2330 G00 Z2;                       快速下刀，切削液开
N2340 X10.5;                        快速定位；螺纹起点包括刀尖到刀杆中心的距离
N2350 #100=0;                       赋初值
N2360 #101=1.5;                     螺距值
N2370 #102=20                       螺纹孔的加工深度
N2380 #103=0;                       赋初值
N2390 WHILE [#103 LT # 102] DO 1;   判别螺纹铣削深度是否到位，到位即条件不满足则退出
                                    循环体
N2400 #100=#100+1;                  增量值为螺距的个数
N2410 #103=#100*#101;               计算得到已铣削螺纹深度
N2420 G02 I-10.5 Z [-#101] F60;     螺旋铣削螺纹
N2430 END 1;                        循环结束
N2440 G01 X0 F500;                  工进退刀
N2450 G00 Z50 M09;                  快速退刀，切削液关
N2460 M05;                          主轴停转
N2470 M30;                          程序结束
```

②子程序。

a. 整个轮廓外形粗加工子程序（O0001）。

```
%                                   传输格式
O0001;                              子程序名
N5 G01 G42 X100 Y50 D01 F120;       激活刀具半径右补偿
N10 X80;                            N10～N70 实现轮廓加工
N15 G03 X40 Y90 R40;
N20 G01 X-2.92;
N25 G03 X-33.28 Y76.04 R40;
N30 G01 X-70.37 Y32.79;
N35 G03 X-80 Y6.75 R40;
N40 G01 Y-40;
N45 G03 X-40 Y-80 R40;
N50 G01 X-12.74;
N55 G03 X9.76 Y-71.81 R35;
N60 G01 X67.5 Y-23.36;
N65 G03 X80 Y3.45 R35;
N70 G01 Y50;
N75 G01 Z0 F500;                    工进抬刀
N80 G00 Z100;                       快速抬刀
N85 G00 G40 X120 Y-120;             取消刀具半径补偿快速回退起始点
N90 M99;                            子程序结束
```

b. 整个轮廓外形精加工子程序（O0002）。

```
%;                                   传输格式
O0002;                               子程序名
N5 G00 X120 Y0;                      快速定位起点
N10 Z2;                              快速进刀
N15 G01 Z-10 F500;                   进刀到所需的深度
N20 G01 G42 X100 Y50 D02 F120;       激活刀具半径右补偿
N25 X80;                             N25～N85 实现轮廓加工
N30 G03 X40 Y90 R40;
N35 G01 X-.92;
N40 G03 X-41.25 Y61.43 R40;
N45 G02 X-57.14 Y42.89 R30;
N50 G03 X-80 Y6.75 R40;
N55 G01 Y-40;
N60 G03 X-40 Y-80 R40;
N65 G01 X-12.74;
N70 G03 X9.76 Y-71.81 R35;
N75 G01 X67.5 Y-23.36;
N80 G03 X80 Y3.45 R35;
N85 G01 Y50;
N90 G01 Z0 F500;                     工进抬刀
N95 G00 Z100;                        快速抬刀
N100 G00 G40 X120 Y-120;             取消刀具半径补偿快速回退起始点
N105 M99;                            子程序结束
```

c. 内轮廓精加工子程序（O0003）。

```
%;                                   传输格式
O0003;                               子程序名
N5 G01 G41 X80 Y3.45 D02 F60;        激活刀具半径左补偿
N10 Y50;                             N10～N65 实现轮廓加工
N15 G03 X40 Y90 R40;
N20 G01 X-2.92;
N25 G03 X-41.25 Y61.43 R40;
N30 G02 X-57.14 Y42.89 R30;
N35 G03 X-80 Y6.75 R40;
N40 G01 Y-40;
N45 G03 X-40 Y-80 R40;
N50 G01 X-12.74;
N55 G03 X9.76 Y-71.81 R35;
N60 G01 X67.5 Y-23.36;
N65 G03 X80 Y3.45 R35;
```

```
N70 G01 Z0 F500;                       工进抬刀
N75 G00 Z100;                          快速抬刀
N80 G00 G40 X0 Y0;                     取消刀具半径补偿快速回退起始点
N85 M99;                               子程序结束
```

d. 内轮廓椭圆周边加工子程序（O0004）。

```
%;                                     传输格式
O0004;                                 子程序名
N5 #100=68;                            定义椭圆长半轴长度需加上刀具半径
N10 #101=48;                           定义椭圆短半轴长度需加上刀具半径
N15 #102=0;                            定义椭圆切削起点
N20 #103=360;                          定义椭圆切削终点
N25 #104=1;                            角度值每次减少量即进给量
N30 WHILE [#102 LE #103] DO 1;         判断角度值是否已到达终点，当条件不满足时退出循环体
N35 #105=#100*COS(#102);               计算椭圆圆周长半轴上的起点坐标
N40 #106=#101*SIN(#102);               计算椭圆圆周短半轴上的起点坐标
N45 G01 X[#105] Y[#106] F120;          进给到轮廓上的点
N50 #102=#102+#104;                    角度递增赋值
N55 END 1;                             循环体结束
N60 G01 Z2 F200;                       工进抬刀
N65 G00 Z100;                          快速抬刀
N70 M99;                               子程序结束
```

e. 型腔内边角残料加工子程序（O0005）。

```
%;                                     传输格式
O0005;                                 子程序名
N5 G01 X62 Y42.16 F80;                 N5～N50 切除残余边角料
N10 Y52;
N15 X25 Y72;
N20 X5;
N25 X-20 Y60;
N30 X-25 Y50;
N35 G01 X-51 Y25 F200;
N40 X-62 Y0 F80;
N45 Y-42;
N50 X-40 Y-63;
N55 G01 Z2 F200;                       工进抬刀
N60 G00 Z50;                           快速抬刀
N65 M99;                               子程序结束
```

习 题

9-1 编写如题 9-1 图所示零件轮廓加工的程序。

9-2 编写如题 9-2 图所示零件内外轮廓加工的程序。

9-3 编写如题 9-3 图～图题 9-7 图所示零件加工程序。

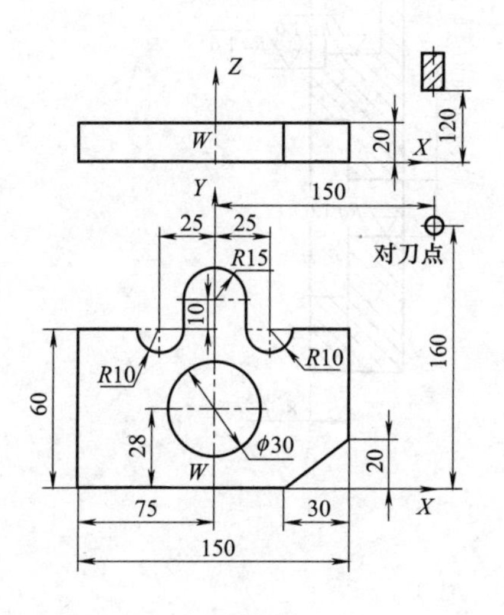

题 9-1 图

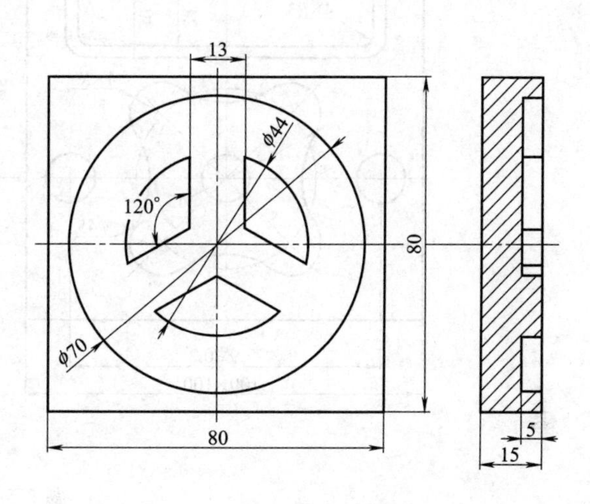

题 9-2 图

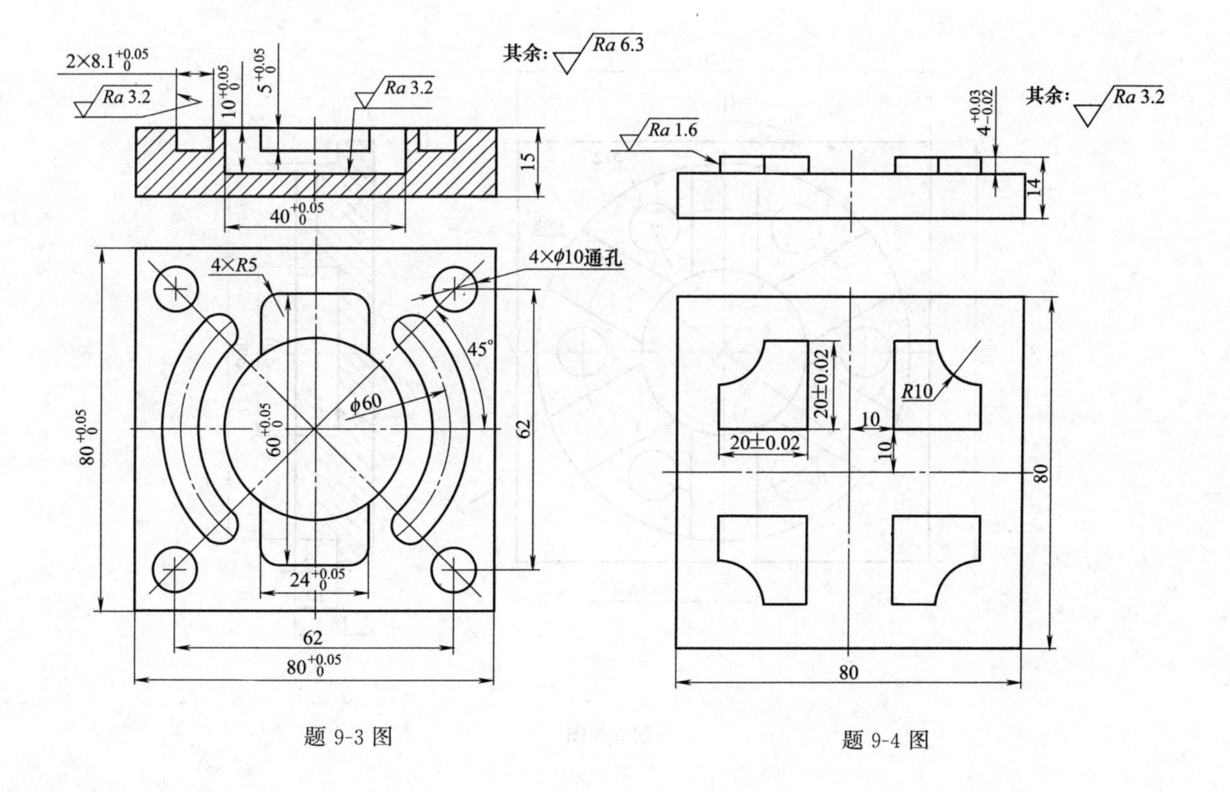

题 9-3 图

题 9-4 图

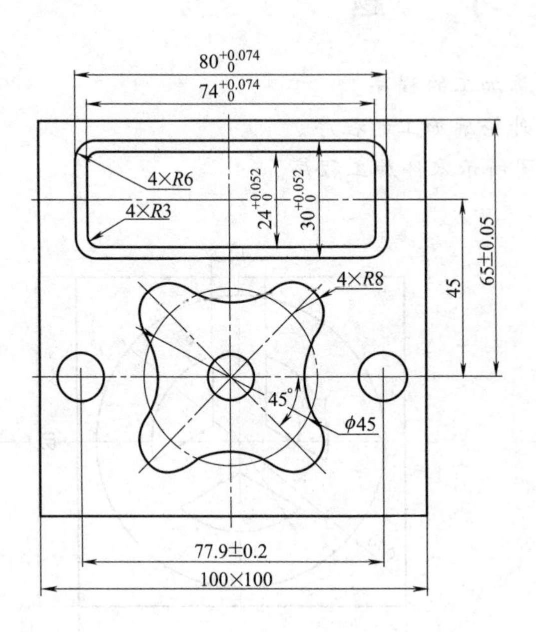
80 $^{+0.074}_{0}$
74 $^{+0.074}_{0}$
4×R6
4×R3
24 $^{+0.052}_{0}$
30 $^{+0.052}_{0}$
4×R8
45
65±0.05
45°
φ45
77.9±0.2
100×100

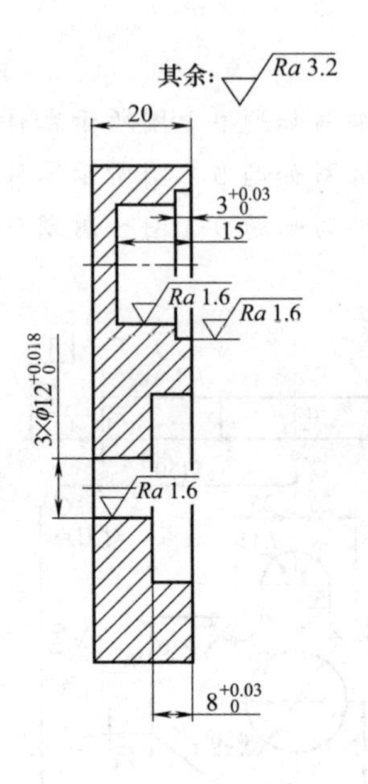
其余: Ra 3.2
20
3 $^{+0.03}_{0}$
15
Ra 1.6
Ra 1.6
3×φ12 $^{+0.018}_{0}$
Ra 1.6
8 $^{+0.03}_{0}$

题 9-5 图

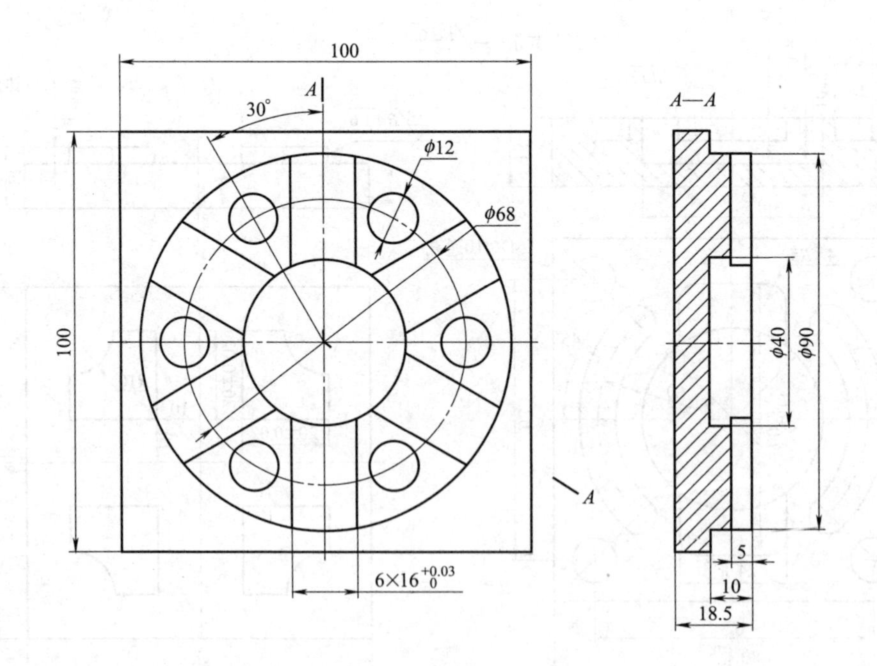
100
A
30°
φ12
φ68
100
A
6×16 $^{+0.03}_{0}$
A—A
φ40
φ90
5
10
18.5

题 9-6 图

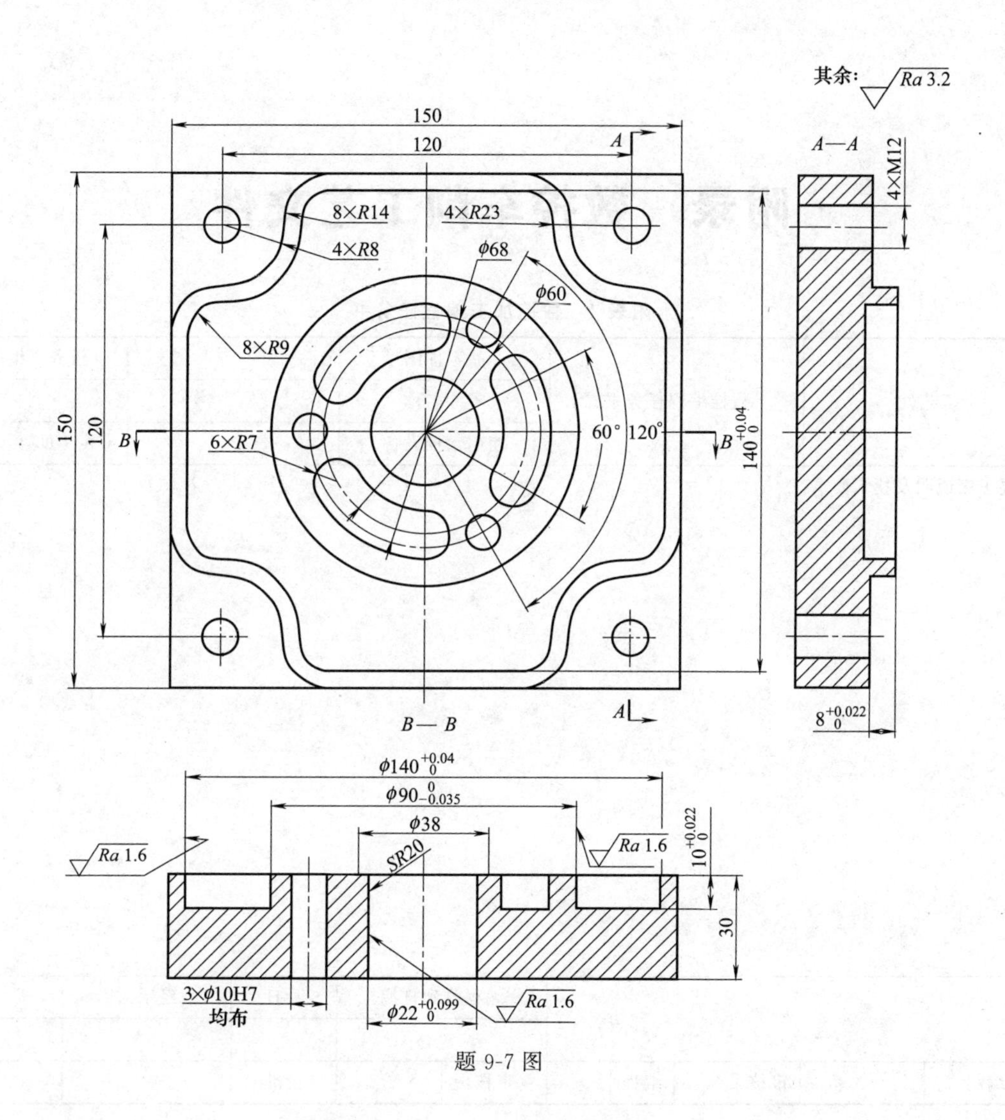

其余: Ra 3.2
150
120
A
A—A
4×M12
8×R14
4×R23
4×R8
φ68
φ60
8×R9
150
120
B
6×R7
60°
120°
B
140 +0.04 0
A
B — B
8 +0.022 0
φ140 +0.04 0
φ90 0 -0.035
φ38
Ra 1.6
SR20
Ra 1.6
10 +0.022 0
30
3×φ10H7
均布
φ22 +0.099 0
Ra 1.6

题 9-7 图

附录　数控车削工艺文件

附表 1　数控加工编程任务书

<table>
<tr><td rowspan="3">工艺处</td><td rowspan="3">数控编程任务书</td><td>产品零件图号</td><td></td><td>任务书编号</td></tr>
<tr><td>零件名称</td><td></td><td></td></tr>
<tr><td>使用数控设备</td><td></td><td>共　页第　页</td></tr>
<tr><td colspan="5">主要工序说明及技术要求：</td></tr>
</table>

<table>
<tr><td colspan="6" rowspan="2"></td><td>编程收到日期</td><td>月日</td><td>经手人</td><td></td></tr>
<tr><td></td><td></td><td></td><td></td></tr>
<tr><td>编制</td><td></td><td>审核</td><td></td><td>编程</td><td></td><td>审核</td><td></td><td>批准</td><td></td></tr>
</table>

附表 2　数控加工工艺卡片

<table>
<tr><td rowspan="2">单位名称</td><td rowspan="2"></td><td>产品名称或代号</td><td>零件名称</td><td>零件图号</td></tr>
<tr><td></td><td></td><td></td></tr>
<tr><td>工序号</td><td>程序编号</td><td>夹具名称</td><td>使用设备</td><td>车间</td></tr>
<tr><td>工序一</td><td></td><td></td><td>数控车床</td><td>数控车间</td></tr>
</table>

<table>
<tr><td>工步号</td><td colspan="2">工步内容</td><td>刀具号</td><td>刀具规格</td><td>主轴转速</td><td>进给速度</td><td>背吃刀量</td><td>备注</td></tr>
<tr><td></td><td colspan="2"></td><td></td><td></td><td></td><td></td><td></td><td></td></tr>
<tr><td></td><td colspan="2"></td><td></td><td></td><td></td><td></td><td></td><td></td></tr>
<tr><td></td><td colspan="2"></td><td></td><td></td><td></td><td></td><td></td><td></td></tr>
<tr><td>编制</td><td></td><td>审核</td><td></td><td>批准</td><td></td><td colspan="2">年月日</td><td>共页</td><td>第页</td></tr>
</table>

附表 3　数控加工走刀路线图

数控加工走刀路线图			零件图号		工序号		工步号		程序号	
机床型号		程序段号		加工内容					共　页	第　页

编程	
校对	
审批	

符号	◎	⊗	⊕	o→	→	走刀线相交符号	o----	铰孔符号	行切符号
含义	抬刀	下刀	编程原点	起刀点	走刀方向	走刀线相交	爬斜坡	铰孔	行切

附表 4　数控加工刀具卡片

产品名称或代号			零件名称		零件图号	
序号	刀具号	刀具规格名称	数量	加工表面	备注	
编制		审核		批准	共　页	第　页

附表 5　数控加工工件安装和原点设定卡片

零件图号		数控加工工件安装和原点设定卡片	工序号	
零件名称			装夹次数	

编制(日期)		批准(日期)	第　页			
审核(日期)			共　页	序号	夹具名称	夹具图号

附表 6　数控加工程序单

程序段号	程序代码	说明

参考文献

[1] 吴明友.数控铣床（FANUC）考工实训教程［M］.北京：化学工业出版社，2016.

[2] 吴明友.加工中心（SIEMENS）考工实训教程［M］.北京：化学工业出版社，2016.

[3] 吴明友，程国标．数控机床与编程［M］.武汉：华中科技大学出版社，2013.

[4] 郑堤.数控机床与编程［M］.北京：机械工业出版社，2011.

[5] 李斌，李馨.数控技术［M］.武汉：华中科技大学出版社，2010.

[6] 吴明友.数控加工技术［M］.北京：机械工业出版社，2008.

[7] 仲兴国.数控机床与编程［M］.沈阳：东北大学出版社，2007.

[8] 张洪江，侯书林.数控机床与编程［M］.北京：北京大学出版社，2009.

[9] 方新.数控机床与编程［M］.北京：高等教育出版社，2007.

[10] 卢秉恒.机械制造技术基础［M］.北京：机械工业出版社，2008.

[11] 彭晓南.数控技术［M］.北京：机械工业出版社，2005.

[12] 王启平.机械制造工艺学［M］.哈尔滨：哈尔滨工业大学出版社，1999.

[13] 楼建勇.数控机床与编程［M］.天津：天津大学出版社，1998.